COMPUTER
NUMERICAL
CONTROL

기초 이론부터 현장 응용까지 CNC 실무지침서

CNC 선반

| 정진식 지음 |

BM (주)도서출판 성안당

preface
머리말

    CNC 선반은 이제 현장에서 범용화되다시피하여 많이 보급되었지만, 기술인력이 그에 따르지 못하는 것이 현실입니다. 그동안 CNC 선반을 다루면서 많은 사람들이 배우고자 하는 부분 또는 어렵게 느끼는 부분을 현장 경험을 토대로 심혈을 기울여 집필하였습니다.

    CNC를 배우고자 하는 많은 사람들이 책만 보고는 이해가 잘 안 된다는 말을 합니다. 이러한 의문을 해결하기 위해 많은 노력을 기울였습니다.

    추상적인 이론보다 현장의 실무 위주로 모든 것을 다루려고 노력했지만, 부족한 것이 많을 것입니다. 이해가 잘 안 되는 부분일수록 차분하게 반복해서 읽기를 권합니다. 이 책이 많은 기술자들에게 조금이나마 보탬이 되어 늘 현장에 함께 있어 준다면 더 없는 보람이 되겠습니다. 많은 지도 편달 바랍니다.

    끝으로 보잘것없는 이 책의 출판을 허락해 주신 성안당출판사의 이종춘 회장님과 수고해 주신 직원 여러분, 특히 바쁜 시간을 쪼개어 그림을 그려준 ㈜대영초음파의 허순희 양에게 감사의 마음을 전합니다.

정 진 식

차   례

제1장

NC 개요

제1장
NC 개요

1. NC란?

Numerical Control의 머리 글자를 딴 약자로서 우리말로는 수치제어란 뜻이다.

2. CNC란?

Computerized Numerical Control의 머리글자를 딴 약자로서 컴퓨터가 내장된 수치제어 즉 컴퓨터 NC를 말하며 요즈음 현장에 보급된 기계들은 거의 모두가 CNC기계를 약해서 NC라 부르고 있다.　＊이하 CNC를 NC라 부른다.

3. program이란?

NC 공작기계로 하여금 사람이 원하는 작업을 할 수 있도록 기계가 알아 들을 수 있는 언어로 지령을 하는 것을 program이라고 할 수 있고, 언어는 영어의 Alphabet과 아라비아 숫자를 사용해서 만든다.

program에서 Alphabet(알파벳)을 **Address**라 하고 아라비아 숫자(0~9)를 **Data**라고 말한다. program을 공부한다는 것은 바로 이 Address에 가장 정확하고 알맞는 Data를 붙임으로써 도면과 똑같은 제품을 신속 정확하게 만들어내는 것을 배워야 하는 것이다.

1) NC선반 program에 사용되는 주요 Address

① O : program번호를 지정한다. 모든 program은 다른 program과 구별하기 위해서 O다음에 4자리 숫자 즉 1~9999까지의 숫자를 붙여서 나타낸다.

$$\overline{O}\ \square\ \square\ \square\ \square$$

예) program번호를 1번으로 하고 싶으면 Ō 0001 ;

　　program번호를 123번으로 하고 싶으면 Ō 0123 ;

　　program번호를 1112번으로 하고 싶으면 Ō 1112 ;

위와 같이 나타내며 숫자는 4자리로 구성된다. 영(0)과 구별하기 위해서 쓸 때는 보통

O와 같이 쓴다.

② N(Sequence Number) : 전개번호를 지정한다.

공정과 공정, 또는 각 지령절(Block)과 지령절을 구분하기 위하여 N다음에 4자리 숫자 (1~9999)를 붙여서 구성한다.

　예) N100 ＿＿＿ :
　　　 N200 ＿＿＿ :

③ X, Z(U, W) : 좌표기능이며 X는 U와 같은 의미이고 Z는 W와 같은 의미라는 것을 일단 기억하자.

X(U), Z(W)다음에 숫자(Data)를 써서 구성한다.

④ G : 준비기능을 말한다.

G다음에 2자리 숫자를 써서 나타낸다.

　예) G00, G01

⑤ S : Spindle 즉 주축기능을 의미한다.

S다음에 4자리 숫자까지 쓸 수 있다.

　예) S 2500;　　 S 500;

⑥ T : Tool, 즉 공구 기능이다. T다음에 4자리 혹은 2자리숫자를 붙인다. 주로 4자리를 붙여서 사용한다.

　예) T0100;　　 T0101;

⑦ M : 보조기능을 말하며 M다음에 2자리 숫자를 붙여서 구성된다.

　예) M02;　　 M30;

⑧ F : Feed, 즉 이송기능을 말한다.

F 다음에 통상 $\frac{1}{1000}$ mm까지 붙일 수 있으며 나사가공의 경우 $\frac{1}{10000}$ mm까지 붙일수 있다.

　* 위에서 든 주요 Address 외에도 많은 것이 있지만 그때 그때 배우기로 하고 우선 위의 것들을 잘 기억하자.

2) program의 구성

① 단어(Word) : Address＋Data로 구성된다.

　예) G01, T0300, M30, S2500
　　　 X20.0;Z1.125;F0.05;

② 지령절(Block) : 한 개의 단어 혹은 몇 개의 단어가 모여서 구성된다. 지령절의 마지막 에는 반드시 End Of Block(EOB;)를 붙여야 한다.

각 지령절의 순서는 통상 다음과 같은 순서로 구성된다.

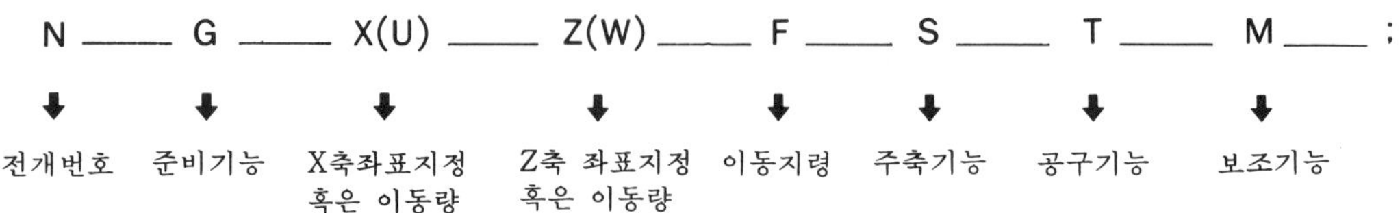

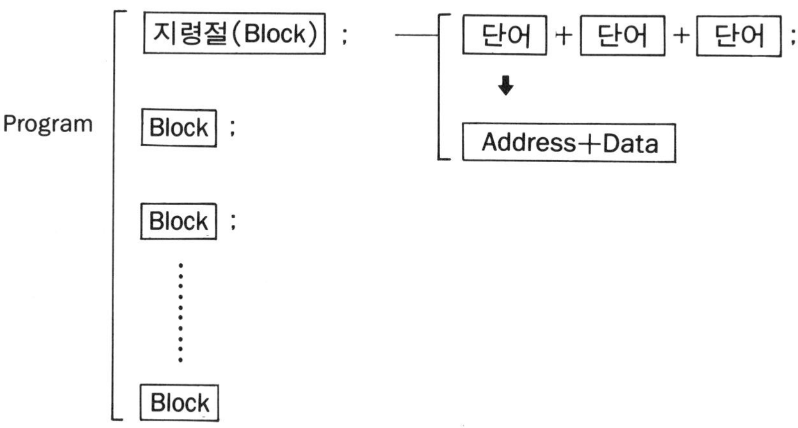

4. NC 선반의 좌표계 (오른손 좌표계를 기준으로 설명하겠다)

NC 선반에는 X, Z의 2개의 축으로 좌표계를 구성하며 다음 그림과 같다.

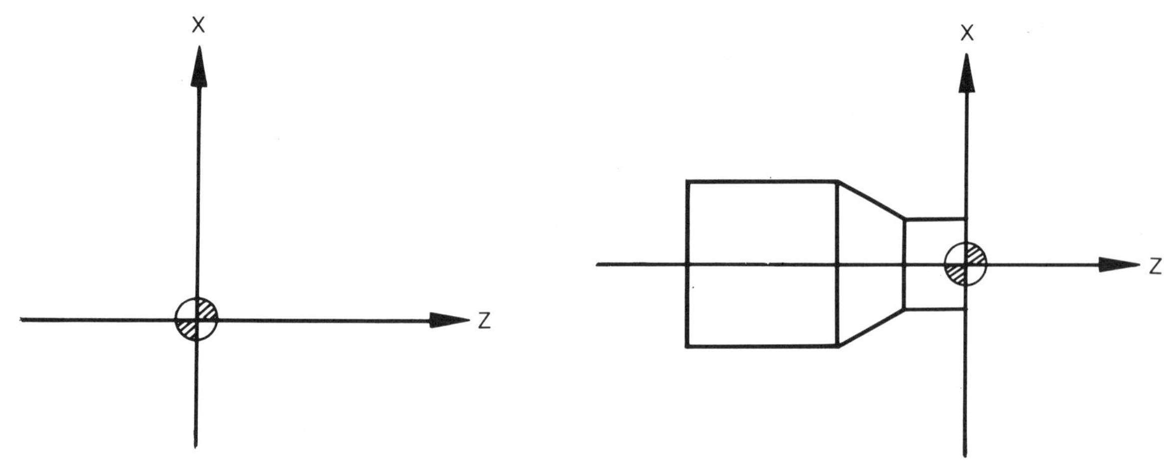

범용선반으로 말하면 제품의 외경을 맞추기 위해서 공구대를 전후로 움직이는 축이 X축이며, 제품의 길이를 맞추기 위해 공구대를 좌우로 움직이는 축이 Z축이다.

주축의 중심으로부터 전후로 멀어지면 X값이 커져서 외경이 커지고, 주축의 단면으로부터 우측으로 멀어지면 Z값이 커져서 제품의 길이가 길어진다고 생각하면 된다.

NC를 공부하는데 있어서 많은 사람들이 혼동을 가져올 수 있을 것이다. 현재 보급되어 있는 NC 시스템이 기종에 따라 또는 메이커에 따라 약간의 차이가 있기 때문이다.

그러나 우리가 수학을 공부함에 있어 기본 원리를 충분히 이해하면 책이 서로 다르다고 해서 문제를 못 푸는 일은 없듯이 NC도 한 시스템을 충분히 알고나면 기본 원리가 갖기 때문에 전혀 문제가 되지 않는다고 본다.

장차 CAM에 의한 프로그램 작성이 많은 비중을 차지하리라 보는데, 이것 역시 사람이 수동으로 계산해서 하는 것을 똑같이 이용하여 컴퓨터가 대신할 뿐, 기본 원리는 같은 것이다. 전자계산기가 있어도 우리가 수학을 손으로 푸는 것과 마찬가지다. 그러므로 충분한 원리와 기초를 알기위해서는 반드시 익혀둬야 할 사항과 고차원적인 프로그램기법이 이 책 안에 있으니 자주 참고하기 바란다.

그리고 보통 교육기관에서 가르치는 내용이나 CAM에 들어있는 프로그램의 모델이 FANUC 시스템 6T를 기준으로 하고 있을 것이다. 그래서 이 책에서 다루고 있는 0T와 약간 차이가 있겠지만 그 기본은 같으니 전혀 염려할 것 없다고 본다.

예를 들면 보조 프로그램 호출에서,

FANUC 6T M 98 P □□□ L ○○○ ;

이런 차이가 있으며

FANUC 0T M 98 P ○○○ □□□□ ;

복합 반복기능 (G70—G76)에서 0T 시스템이 6T 시스템보다 1 블럭이 더 들어가는데 이것은 6T에서 파라메타에 지정했던 정보를 0T에서는 프로그램으로 사용함으로써 편리하게 했을 뿐 나머지는 똑같다.

여담이지만 어떤이는 "기종이 다르기 때문에, 시스템이 다르기 때문에 잘 모르겠라"라고 하는 사람은 NC의 초보단계를 벗어나지 못한 사람이다. NC의 원리와 기초지식 또는 관련지식을 많이 공부하여 다른 시스템이나 기종을 대할 때는 서로 다른점 몇 가지만을 파악하여 바로 대응할 수 있는 능력있는 기술자들이 되기를 부탁한다.

제2장

G기능 (준비기능)

제2장
G기능 (준비기능)

G코드는 program에서 가장 중요하다. NC를 공부하고자 하는 사람은 G기능을 철저히 알아야 한다. 다음에 중요한 G기능을 자세히 설명하기로 한다.

* FANUC 시스템 OT를 중심으로 설명함.

1. G 50 : ① 좌표계 설정 ② 주축의 최고 회전수 제한

1) 좌표계 설정

기계는 사람과 같이 생각하거나 알아서 하는 능력이 없기 때문에 좌표계를 기계에 알려 주어야만 한다. 무슨 말인지 잘 이해되지 않겠지만 다음 그림을 보면서 공부하자.

우측 그림과 같은 표시 가 있는 점이 앞으로 p-rogram 원점이며, X0.0, Z0.0으로 약속한다.

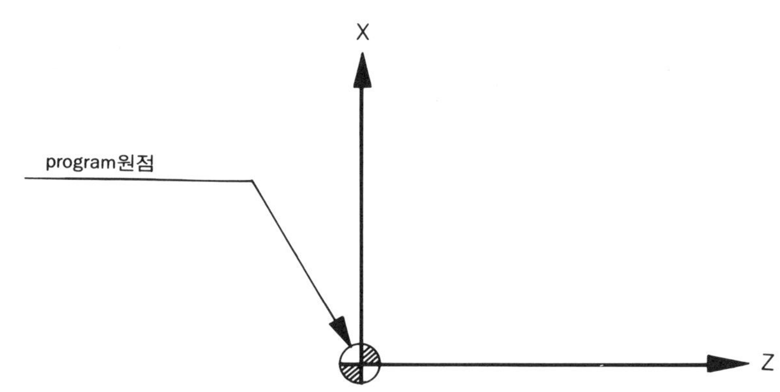

* 직경지령과 반경지령

Z축은 길이 방향이므로 상관이 없으나 X축은 직경으로 지령할 것이냐 반경으로 지령할 것이냐에 따라 달라진다는 사실을 기억하자. 예를 들어 범용선반에서 $\phi 50$을 $\phi 40$까지 절삭할 경우 마이크로칼라 눈금이

반경을 기준으로 되었으면 5만큼 움직이면 될 것이고 직경을 기준으로 되었다면 10만큼 움직여야 할 것이다.
마찬가지로 좌표계 설정에서도 반경으로 할 수 있고 직경으로 할 수 있는데 현재 시중에 보급되어 있는 NC는 거의가 직경기준으로 사용되고 있으므로 X축을 계산할 때는 유의하도록 하자.

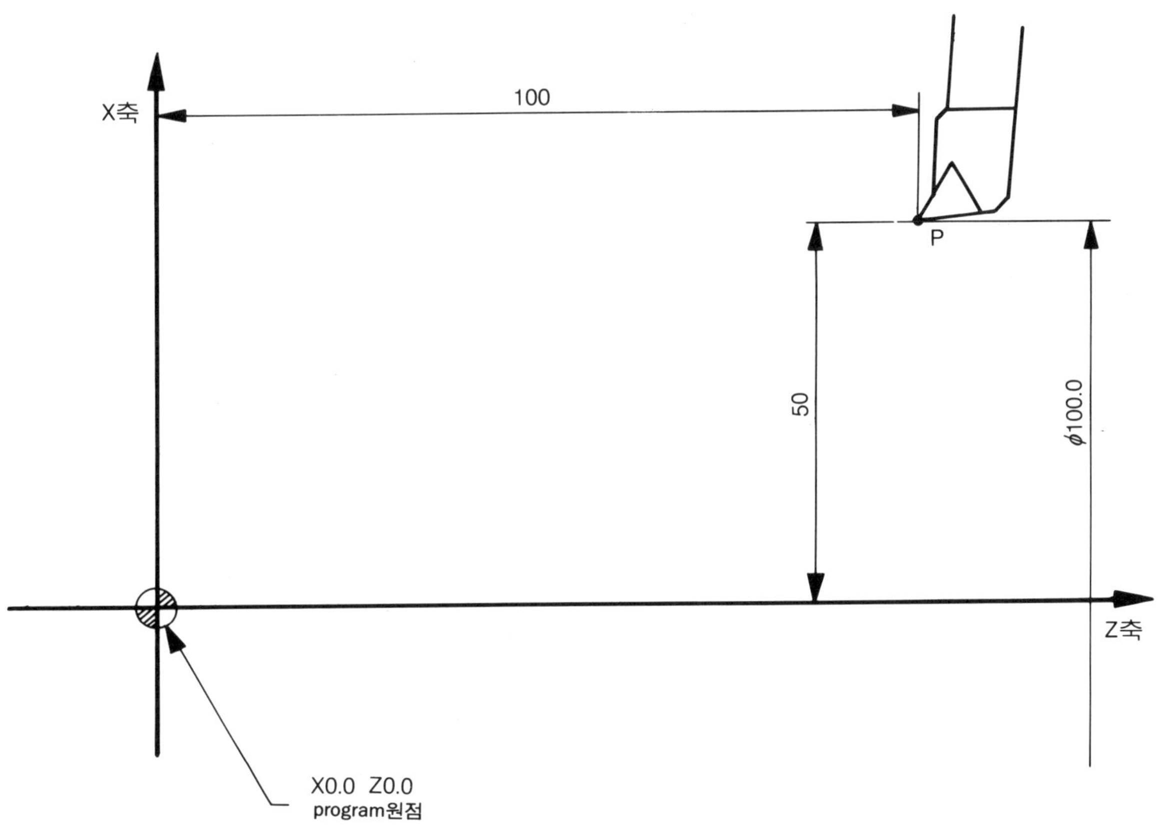

위 그림에서 점 P가 원점으로부터 Z축으로 100.0 중심으로부터 X축으로 50.0떨어져 있다고 할 때 **G50 X100.0 Z100.0;** 이렇게 지령하면 비로소 기계는 좌표를 기억하게 되어 좌표계가 설정된다.

* X100.0으로 된 이유: 중심으로부터 50. 떨어져 있으므로 직경지령으로 하기 위해서 50×2=100해서 나온 값이다.

위 그림과 같은 상태에서 **가령 G 50 X50.0 Z30.0** 이렇게 지령했다면 원점으로부터 떨어진 거리에 관계없이 Bite가 점 P지점에 오면 X50.0 Z30.0으로 기계는 기억하게 된다. 즉 G50 지령으로써 좌표계를 작업자가 편리하도록 마음대로 바꿀 수 있다.

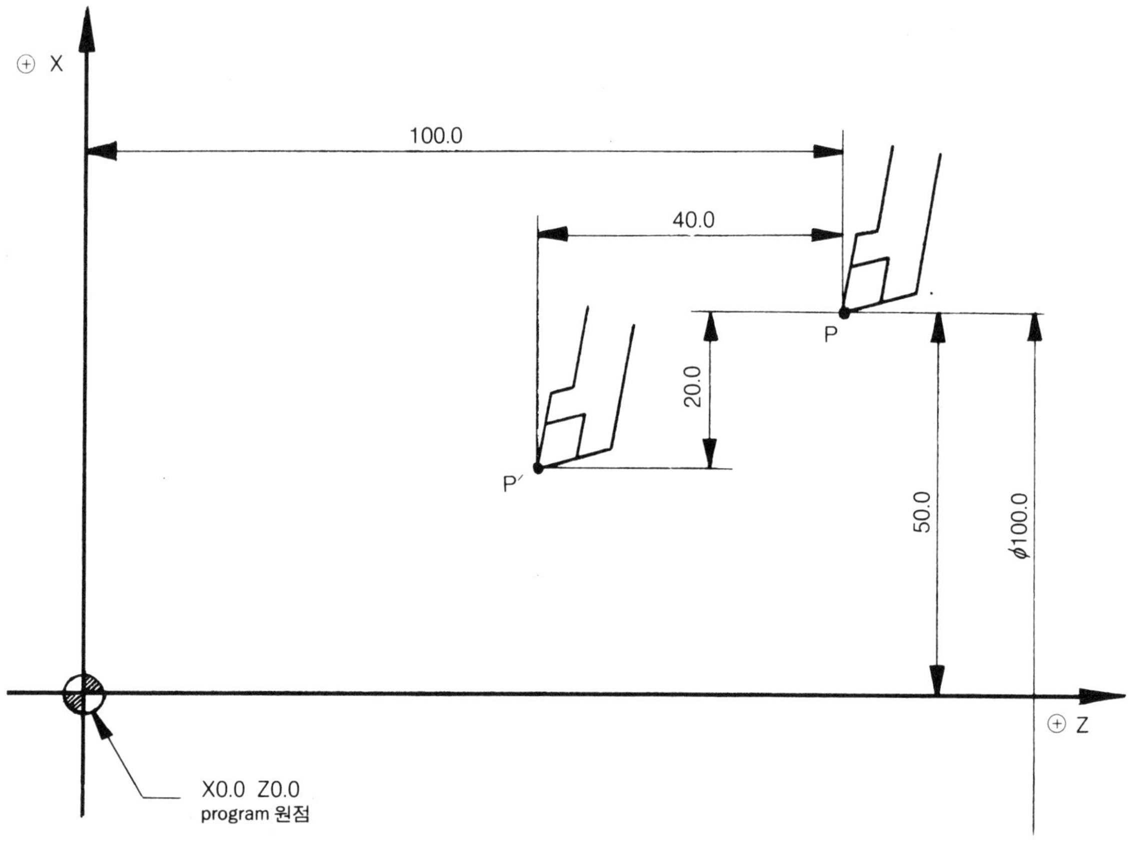

위 그림에서 점 P를 **G50 X100.0 Z100.0**; 이렇게 지령했다면 점 P′에 Bite가 왔을 때는 **X6 0.0 Z60.0** 으로 좌표가 된다는 것을 기계는 기억한다. 만약 위 그림에서 점 P를 G50 X80. 0 Z120.0; 이렇게 지령했다면 점 P′는 X40.0 Z80.0으로 기계는 좌표기억한다.

- **G50 X** α **Z** $\underline{\beta}$ ◌ ←─세미콜론은 프로그램 각 마디의 끝에 반드시 붙이는 표시임.

작업자가 α, β에 어떠한 수치를 부여하든, G50에 의해서 기계가 기억하는 좌표가 정해진다.

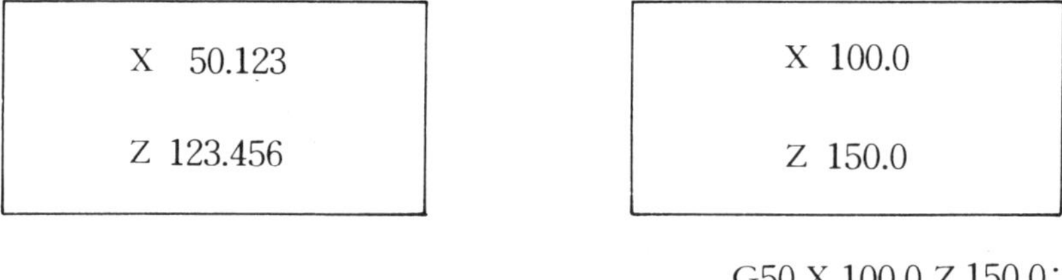

X 50.123	X 100.0
Z 123.456	Z 150.0

<u>G50 X 100.0 Z 150.0;</u>

위 그림에서와 같이 화면에 좌측과 같은 좌표가 있다고 하자. 그런데 지금 내가 화면의 수치를 우측과 같이 바꾸고 싶으면 G50 X100.0 Z150.0; 이렇게 지령하면 좌표가 우측과 같이 바뀜과 동시에 기계가 좌표를 기억하게 된다.

좌표를 설정하는 연습을 해 보자.

[예 1]

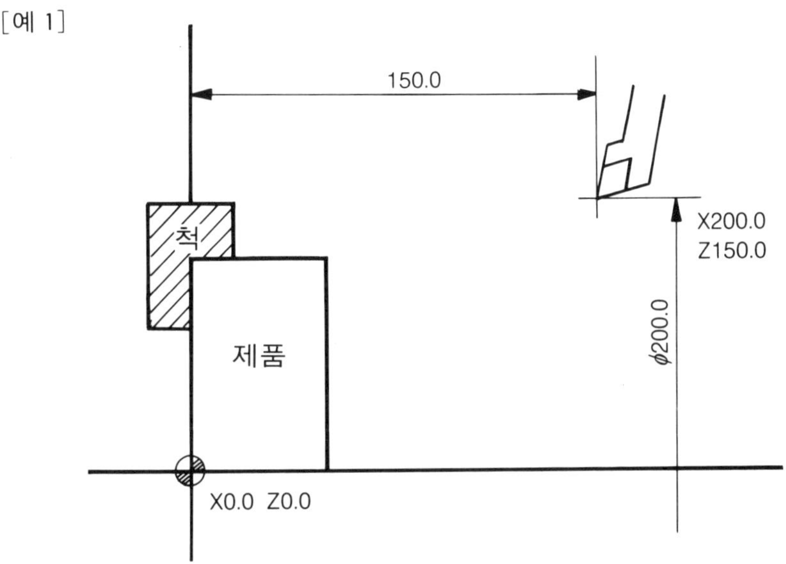

위 그림과 같이 좌표를 설정하고 싶으면
G50 X200.0 Z150.0;

[예 2]

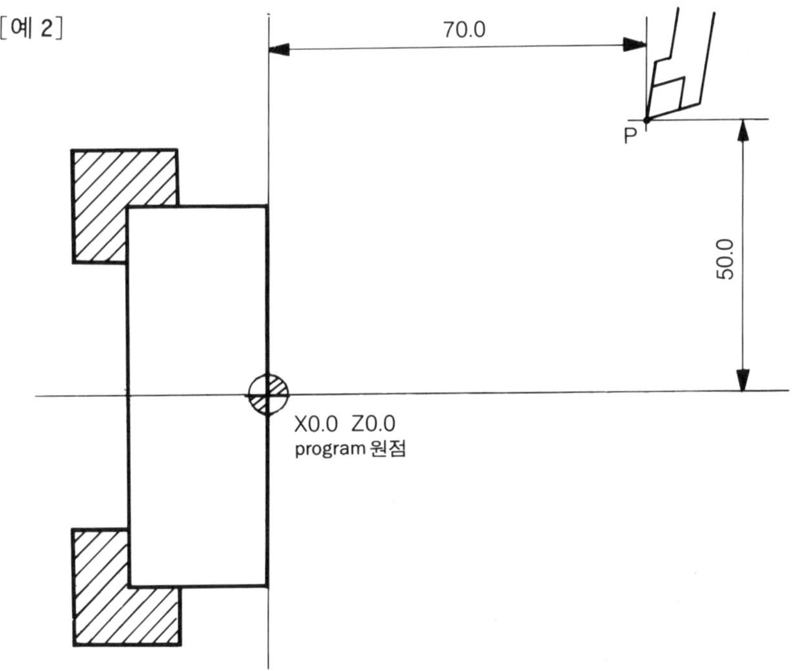

위 그림에서 P점의 좌표를 잡으려면
G50 X100.0 Z70.0;

좌표를 설정할 때 X축은 주축의 중심선, Z축은 제품의 좌측 끝 단면이나 우측의 끝 단면을 program의 원점(X0.0 Z0.0)으로 정하는데, Z축의 경우 후자, 즉 제품의 우측 끝 단면을 제로점으로 정하는 것이 경험으로 볼 때 편리하다는 것을 말하고 싶다.

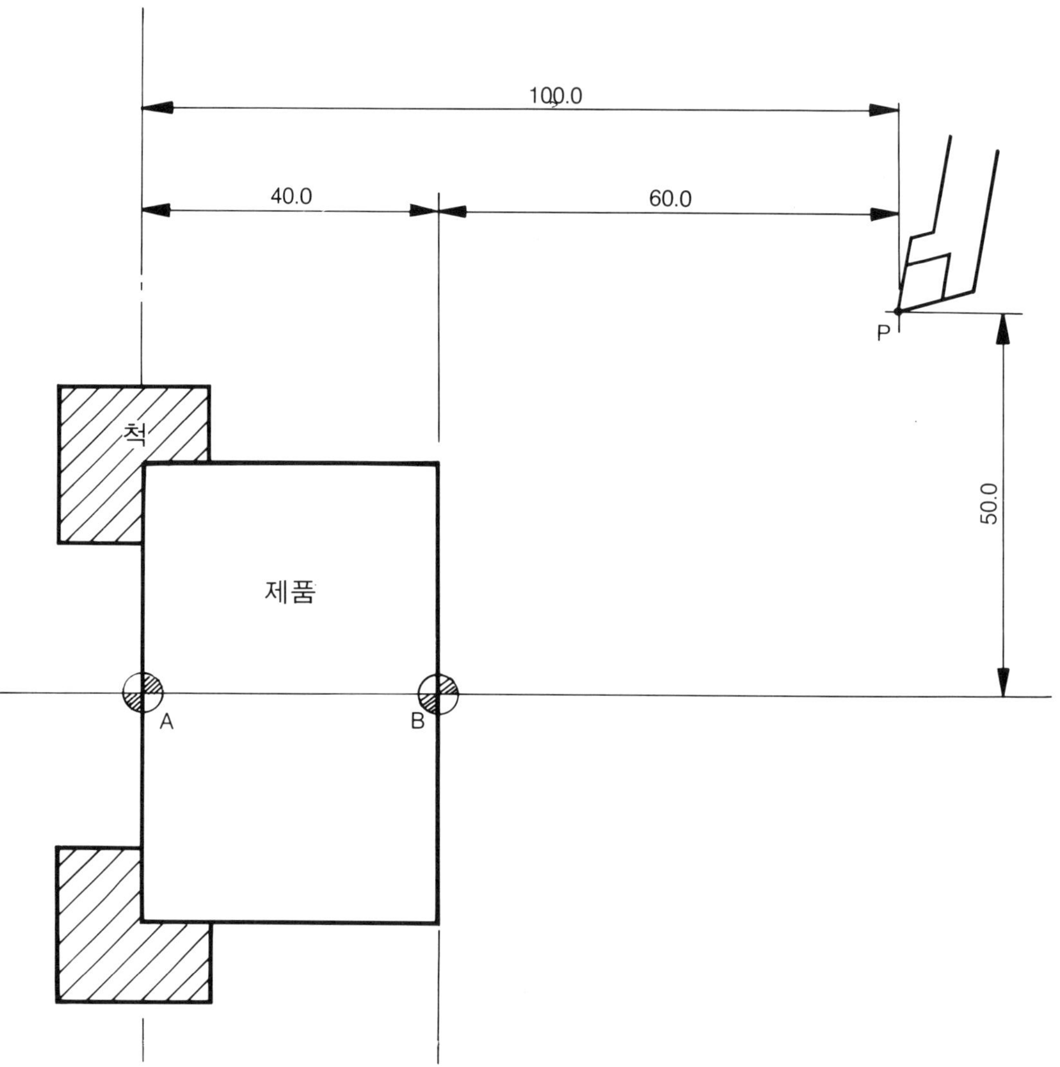

위 그림에서 제품의 좌측의 끝인 A점을 program 원점으로 정하면 P점의 좌표 지령은 **G50 X100.0 Z100.0**; B점인 제품의 우측 끝을 program의 원점으로 정하면 P점의 좌표지령은 **G50 X100.0 Z60.0**;으로 된다. 그런데 실제 현장에서 작업을 해 보면 A점을 program원점으로 정하는 것보다 B점을 program원점으로 잡는 것이 편리하다.

2) 주축의 최고 회전수 제한
G50 S2500;
위와 같이 지령을 했다면 주축의 회전이 2500회전이상 돌아가지 않는다. 모두 아는 바와 같이 다음의 식에 의해서 주축의 회전수가 정해진다.

$$V = \frac{\pi DN}{1000} \qquad\qquad N = \frac{1000V}{\pi D}$$

$$V: \text{절삭속도} \quad D: \text{제품의 지름} \quad N: \text{회전수}$$

　NC선반이 범용선반과 비교해서 우수한 기능 중의 하나가 절삭 속도를 지령하면 일정한 절삭속도를 유지하기 위해서 제품의 지름(D)에 따라서 회전수가 달라진다는 것이다. 즉 제품의 지름이 커지면 회전수가 낮아지고 제품의 지름이 작아지면 회전수가 높아진다.

　제품의 지름이 차츰 작아지는 단면을 절삭하는 경우 지름이 0에 가까워지면 위의 식에 의하면 회전수가 한없이 높아지게 된다. 그런데 실제 기계의 회전은 그에 미치지 못하게 만들어졌으며 또 기계의 최고 회전수에 도달하면 진동, 위험성, 기타 다른 이유 때문에 programer나 작업자가 적당한 회전수로 제한할 필요가 있다. 이때,

G50 S0000: 이와같이 지령을 하면 원하는 회전이상 주축이 돌아가지 않는다.

　G50에 대한 결론
G50 X200.0 Z100.0 S2500:

　위와 같이 program이 되어 있다면

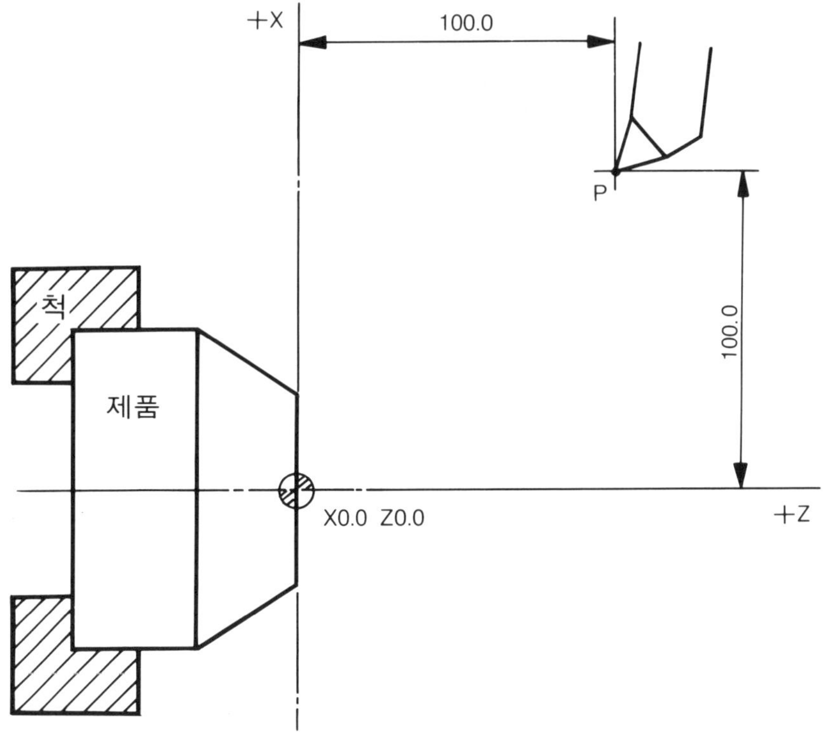

위 그림과 같은 좌표가 설정되며 주축회전은 최고로 돌아도 2500회전을 넘을 수 없다는

것이다. 2500은 1분당 회전수 즉 R.P.M을 뜻한다.

　P점을 program 시작점이라고 하며, 실제로 이 지점에 공구대를 갖다 놓고 작업을 시작한다. 또한 통상 이 지점에서 공구를 교환하며, 작업이 끝나면 이 점으로 공구대가 되돌아오도록 program을 작성한다.

　P점, 즉 program시작점을 정할 때는 X, Z의 어떤 고정된 좌표 개념을 떠나서 공구교환에 간섭을 받지않고, 작업하는데 지장을 주지 않고, 가장 편리하고, 가능한 제품으로부터 가까운 곳에 위치하도록 정한다.

2. G 00 : 위치결정(급속이송)

　공구가 제품을 깎기 위해서 제품 가까이 접근할 때나 가공을 마치고 빠져나올 때 혹은 절삭 하지 않고 다른 지점으로 이송할 때는 가능한 빨리 움직여야 한다. 이와 같이 실제 절삭을 하지 않고 공구대를 빠른 속도로 움직일 때 G00을 사용한다.

　그림을 통하여 반복 연습해 보자.

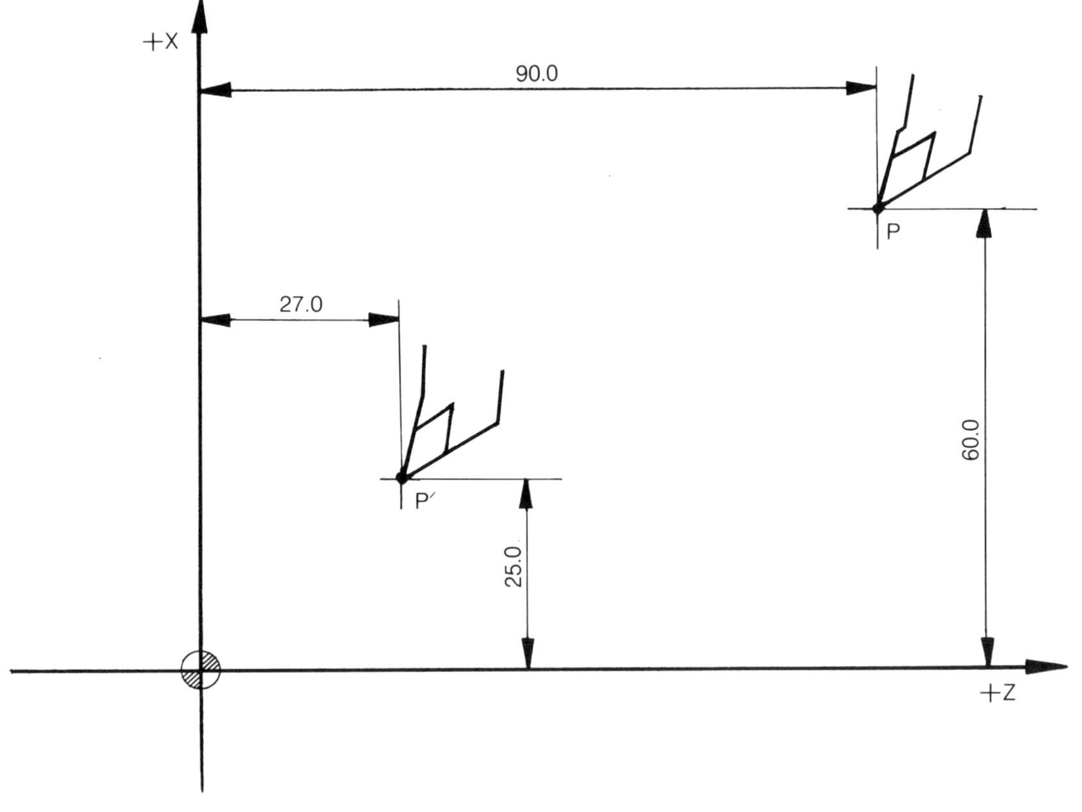

위 그림에서 P점의 좌표는 X120.0 Z90.0, P′의 좌표는 X50.0 Z27.0이 된다.

P⇒ P′로 급속이송을 시키려면
    G00 X50.0 Z27.0;
P′⇒ P로 급속이송을 시키려면
    G00 X120.0 Z90.0;

* 절대지령과 증분지령

  현재 위치에서 다음 위치로 이동할 때 이동할 지점의 좌표를 지령하는 것을 **절대지령** 이라 하며 X, Z를 사용한다. 현재 위치에서 이동할 지점까지의 거리로 지령하는 것을 증분지령이라 하며, U, W로 나타낸다.

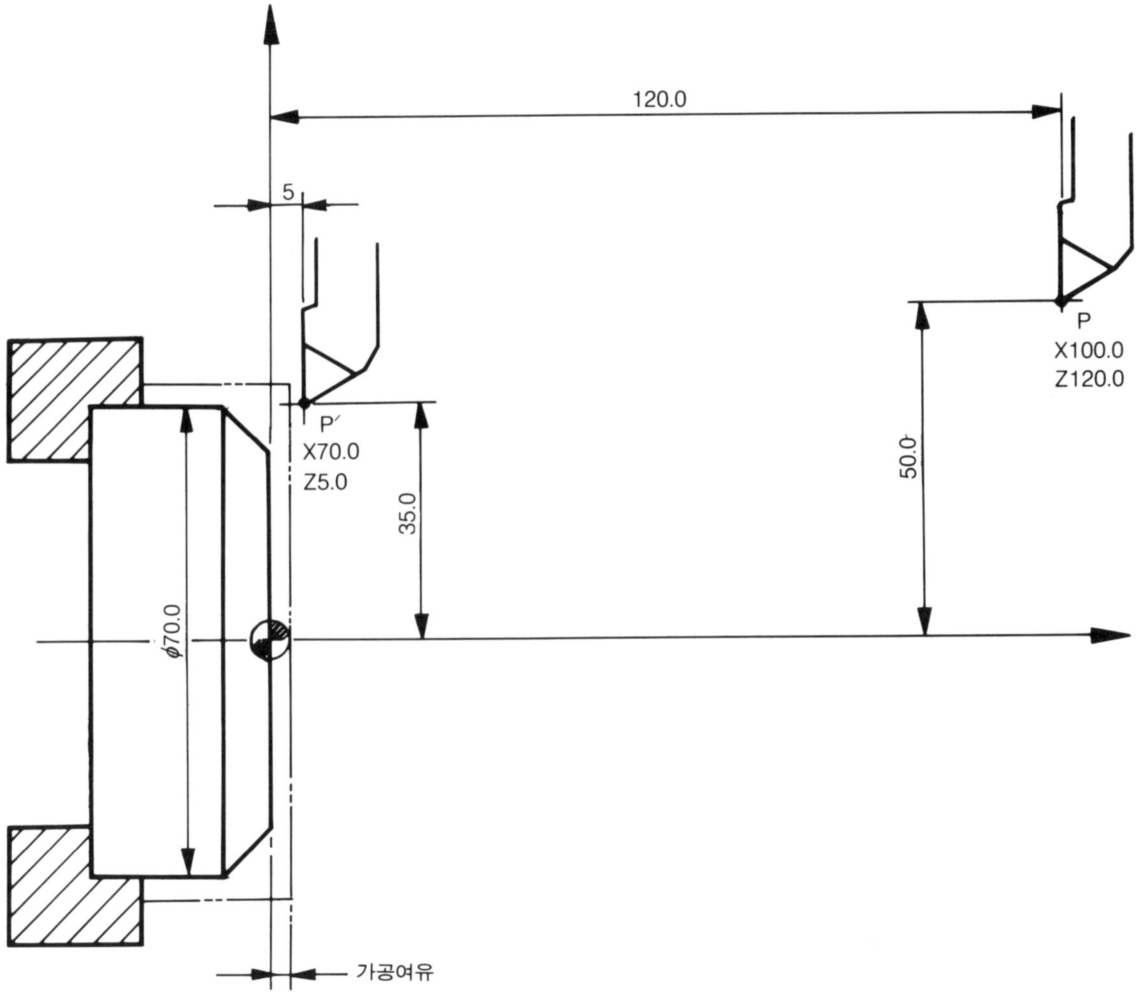

위 그림에서 좌표지점(P점) **G50 X100.0 Z120.0;**
P점을 program 시작점으로 하고 제품을 가공하기 위해서 P′점으로 급속이송을 시켜보자.

P⇒P′로 절대지령: G00 X70.0 Z5.0;
　　　　증분지령: G00 U−30.0 W−115.0;

반대로 P′에서 P점으로 공구이송을 시켜보자.
P′⇒P로 절대지령: G00 X100.0 Z120.0;
　　　　증분지령: G00 U30.0 W115.0;

또한 절대, 증분지령을 혼용해서 사용해도 상관없다. 편리한대로 작업자나 programer가 알아서 사용하자.

P⇒P′로 G00 X70.0 W−115.0;
　　　　G00 U−30.0 Z5.0;

P′⇒P로 G00 X100.0 W115.0;
　　　　G00 U30.0 Z120.0;

위와 같이 어떤 방법으로 program을 작성하든 이동은 모두 똑 같다.

* · X나 U값을 Z나 W값보다 먼저 쓰도록 하자.
　· 증분지령이 어떨 때 편리한가를 나중에 자세히 설명하겠다.

X, Z는 이동할 지점의 좌표이며
U.W는 현위치에서 이동할 지점까지의 거리임을 기억하자.

* 플러스(＋) 부호는 생략하고, 마이너스(−)부호는 반드시 붙인다.

ex) 다음에서 위치결정(급속이송)을 해보자.

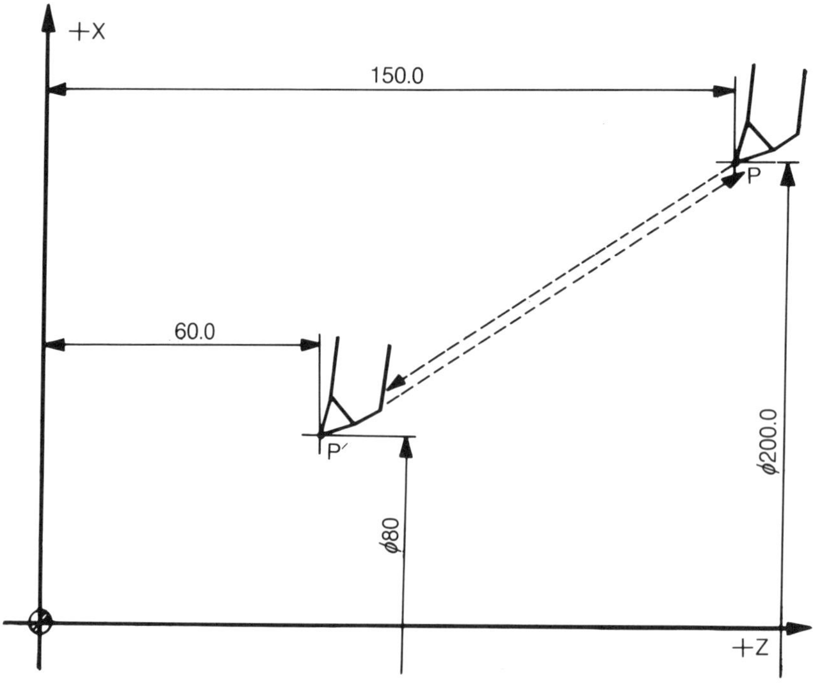

P ⇒ P′ G00 X80.0 Z60.0; (G00 U −120.0 W−90.0;)
P ⇒ P′ G00 X200.0 Z150.0; (G00 U 120.0 W 90.0;)

G00에서 실제 이송은 X, Z축 동시 지령시 직선 이송이 아니고 다음과 같이 평행사변형 식으로 이송을 한다.

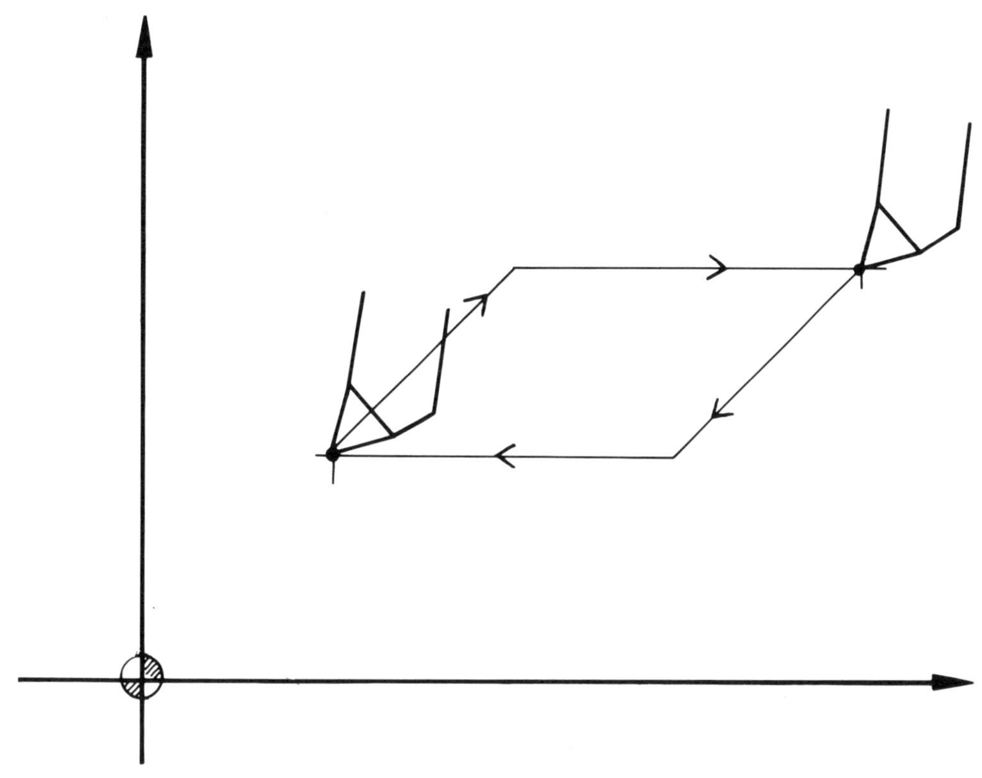

위와 같이 이동하거나 혹은 그 반대로 이동한다. 여하튼 G00의 이동은 X, Z 동시 직선운동을 하지 않는다. 왜냐하면 X와 Z축의 이송속도가 다르기 때문이다.

G00에 의한 급속이동의 속도조절은 조작반에 있는 Switch로 통상 다음과 같이 조절한다.

0 %, 25 %, 50 %, 100 %

---

3. G 01 : 직선보간(실제절삭이송)

G00은 절삭가공을 위해서 제품 가까이 빠른 속도로 이동을 했다면 G01은 실제 절삭을 하는 이송지령이다.

G00은 속도지령을 하지 않고 단지 ① 아주 빠르게, ② 중간정도 빠르게, ③ 느리게, 조작버튼으로 조절을 하지만 G01은 실제 절삭이니 만큼 제품의 조도에 준해서 이송속도를 부여한다.

G01 X(U)＿＿＿ Z(W)＿＿＿ F＿＿＿ :

   X, Z의 지점, 혹은 U, W의 떨어진 거리까지 Feed(이송)로 지정된 속도로 절삭 이송을 하게 된다.

   그림을 보면서 이송 연습을 해 보자.

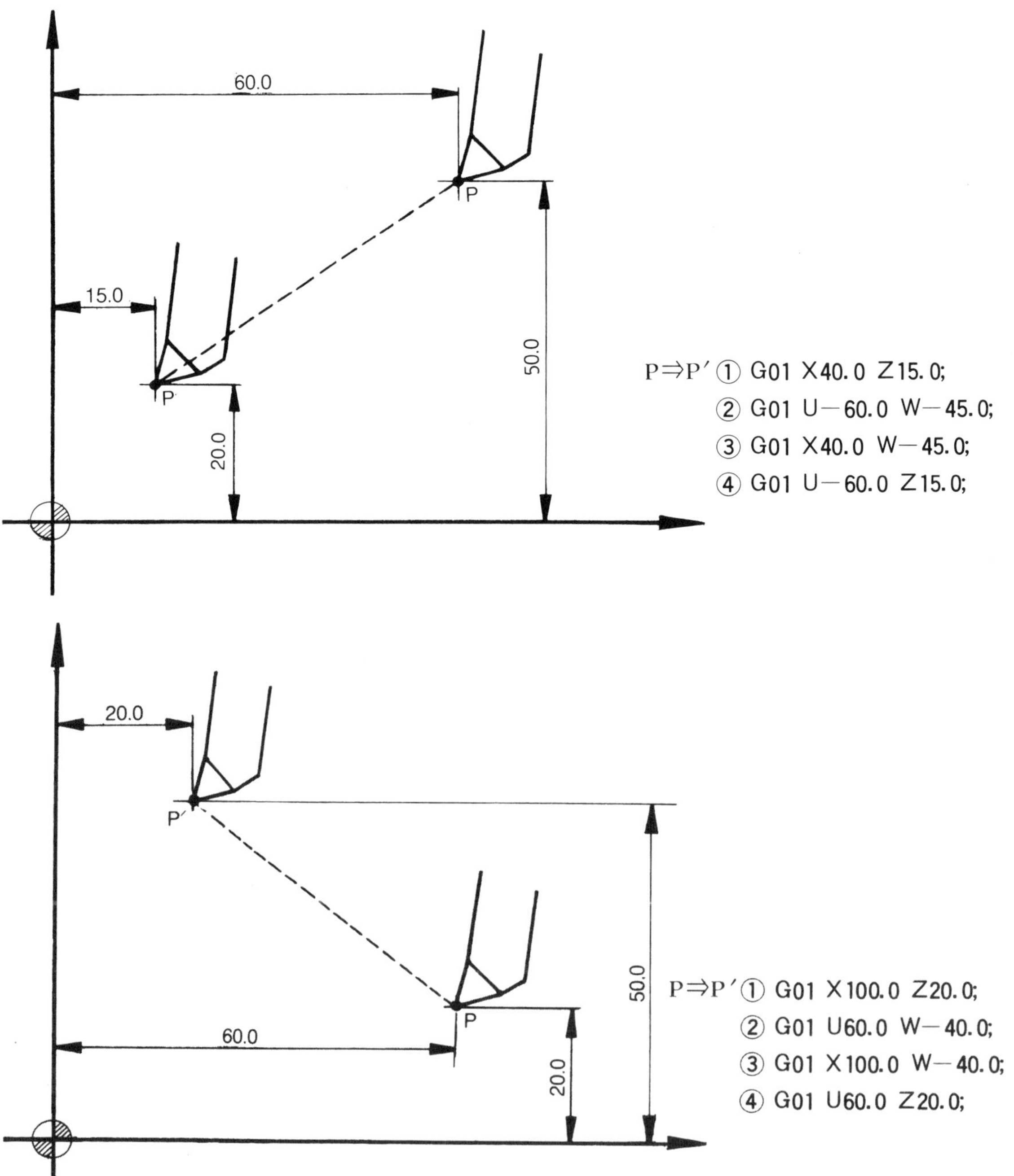

   P′⇒P로 진행은 각자 연습해 보자.

   위의 4가지 program 중 편리한 대로 아무거나 써도 상관없다.

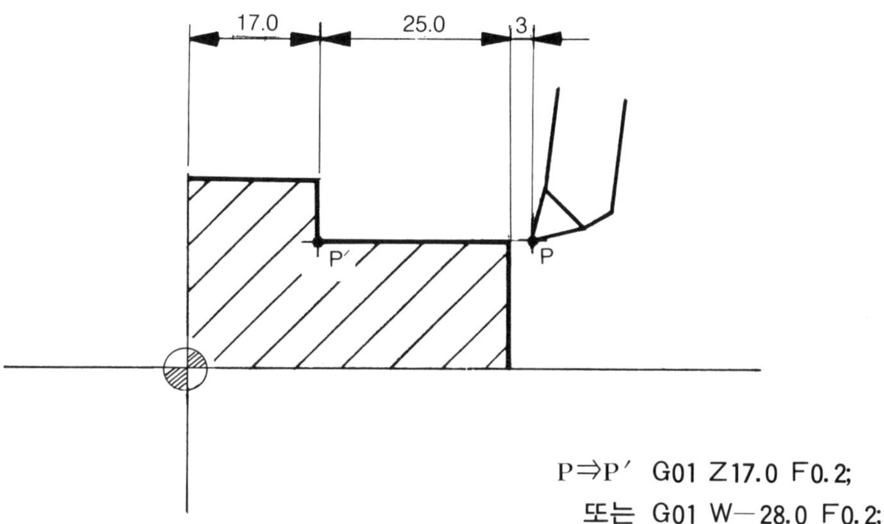

$$P \Rightarrow P'\quad \text{G01 Z17.0 F0.2;}$$
$$\text{또는 G01 W}-28.0\ \text{F0.2;}$$

*위의 그림보다 아래 그림과 같은 program이 편리하다는 것을 재차 강조한다.

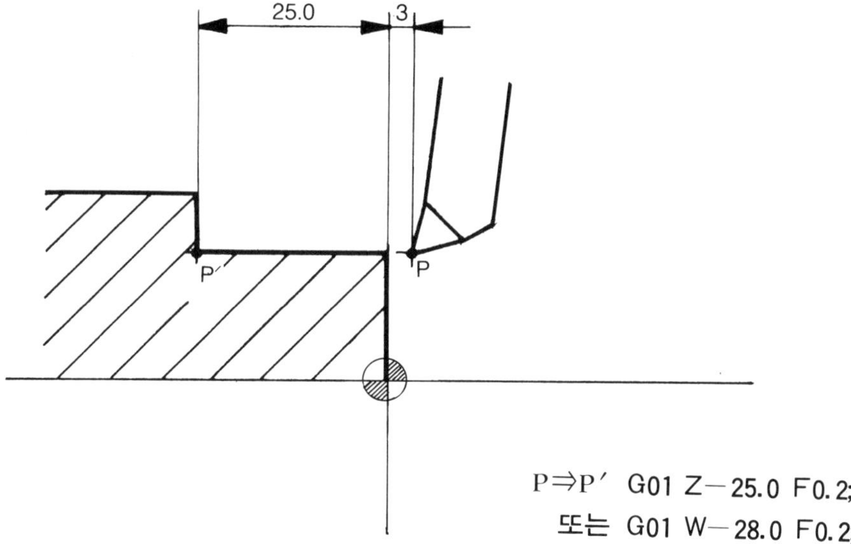

$$P \Rightarrow P'\quad \text{G01 Z}-25.0\ \text{F0.2;}$$
$$\text{또는 G01 W}-28.0\ \text{F0.2;}$$

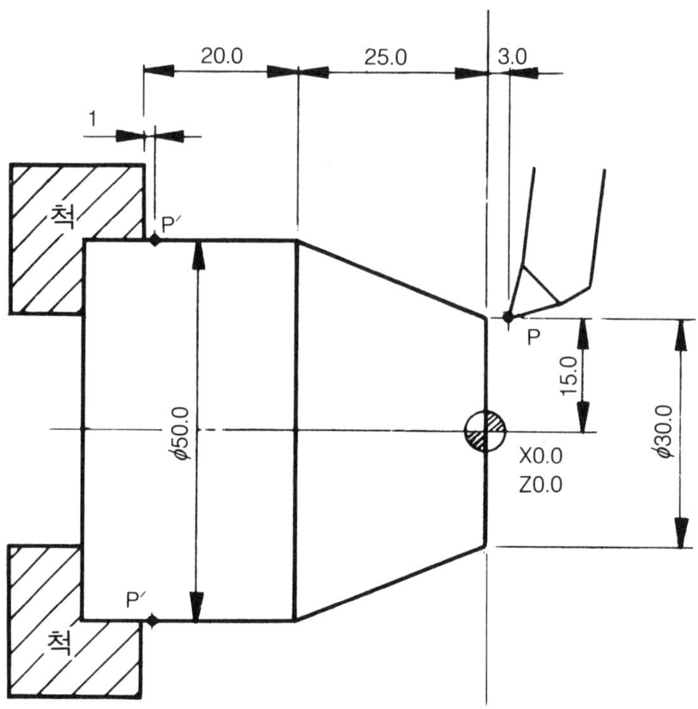

　위 그림의 P에서 P′까지 G01에 의한 지령을 절대지령과 증분지령 및 혼합해서 지령을 해 보기로 하자.

절대지령　G01 Z0.0 **F0.2**；(F0.2는 이송 속도이다. 우선 이렇게 알아두고 다음에 자세히 설명 하겠다.)

　　　　　X50.0 Z−25.0；

　　　　　Z−44.0；

*　척의 단면까지는 Z−45.0 이렇게 지령해야 되지만 Bite가 척에 부딪치면 안되므로 1㎜의 여유를 주었다.

증분지령　G01 W−3.0 F0.2；

　　　　　U20.0 W−25.0；

　　　　　W−19.0；

절대·증분
혼합지령

G01 Z0.0 F0.2；
X50.0 W−25.0；
Z−44.0；

*실제로는 절대·증분을 혼합해서 많이 사용하며 혼합방법은 여러 가지 로 할 수 있으나, 좌측의 BOX안의 방법을 권하고 싶다.

　　　　　또는 G01 Z0.0 F0.2；

　　　　　U20.0 Z−25.0；

　　　　　W−19.0；

*　G01에서 X Z(U.W) 동시지령은 테이퍼를 의미한다.

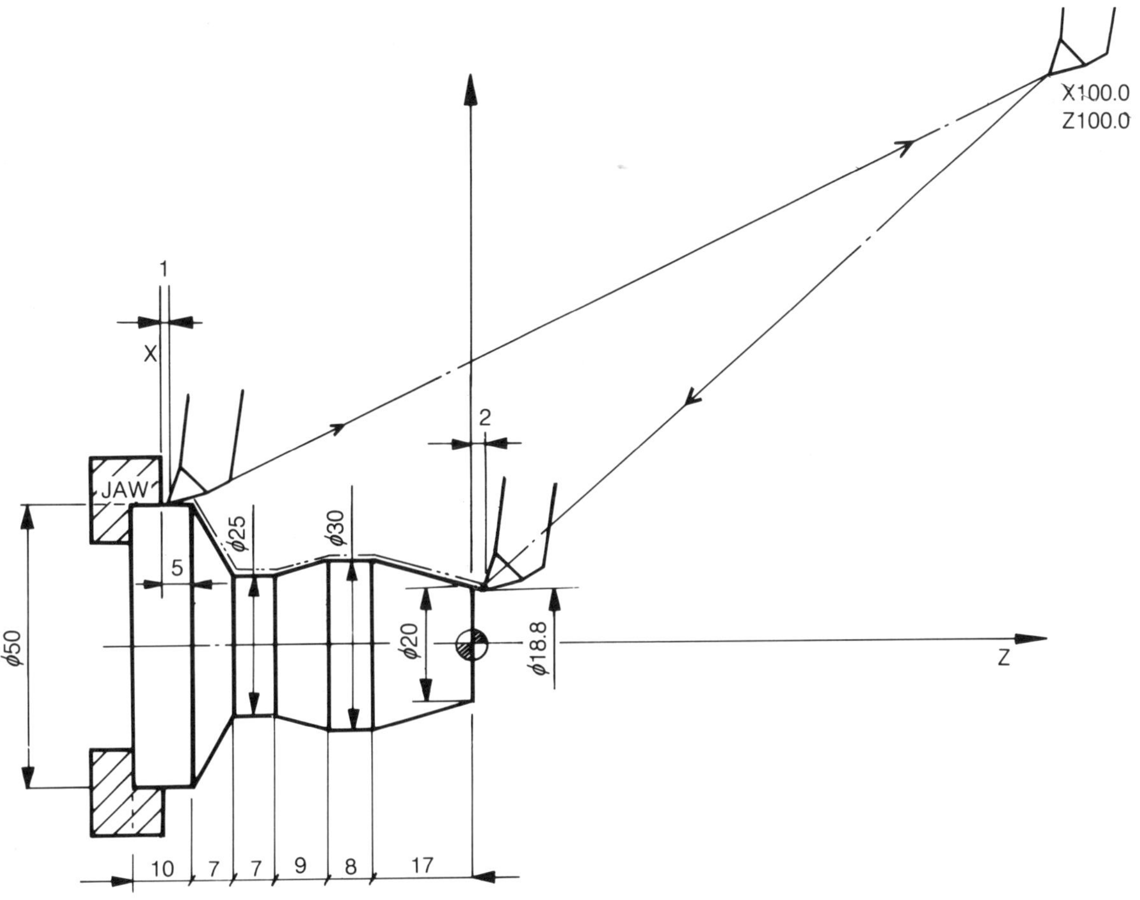

위 그림에서 위치결정(G00) 및 직선보간(G01) 연습을 해보자.

절대지령　　G00 X18.8 Z2.0;

　　　　　　　G01 X30.0 Z−17.0 F0.2;

　　　　　　　　　　Z−25.0;

　　　　　　　　　　X25.0 Z−34.0;

　　　　　　　　　　Z−41.0;

　　　　　　　　　　X50.0 Z−48.0

　　　　　　　　　　Z−52.0;

　　　　　　　G00 X100.0 Z100.0;

절대 · 증분혼합지령　　　　G00 X18.8 Z2.0;

　　　　　　　　　　　　　G01 X30.0 W−19.0 F0.2;

　　　　　　　　　　　　　　　Z−25.0;

　　　　　　　　　　　　　　　X25.0 W−9.0;

　　　　　　　　　　　　　　　Z−41.0;

X50.0 W−7.0;
W−4.0;

G00 X100.0 Z100.0;

여러가지 방법으로 각자 연습하기로 하고 다음 기능으로 넘어가겠다.

4. G02 G03 : (원호보간) 곡선절삭

· **G02**(CW) : 시계방향으로 Bite가 이송하면서 곡면을 절삭하는 기능이다(**Clock Wise**)

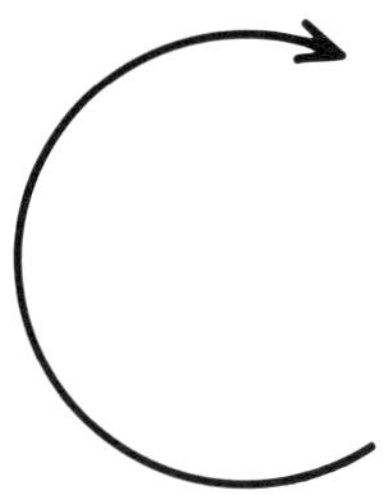

G03(CCW) : Bite가 시계 반대방향으로 이송하면서 곡면을 절삭하는 기능이다(**Counter Clock Wise**)

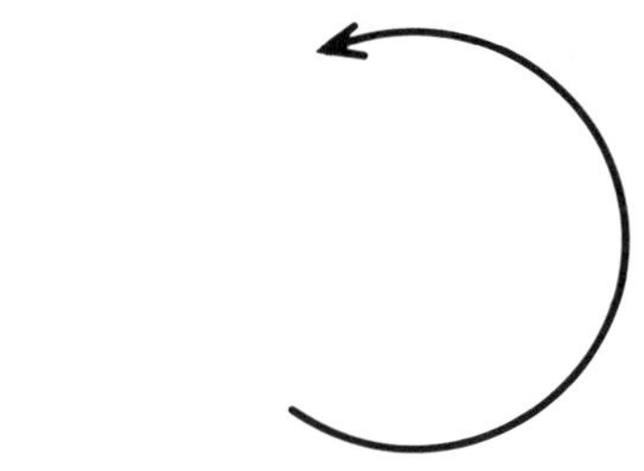

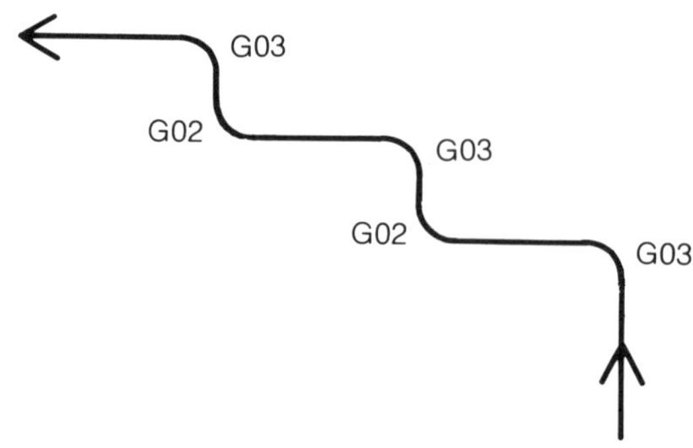

지령방법

G02 X(U)____ Z(W)____ R____ F____ :

G03 X(U)____ Z(W)____ R____ F____ :

* 반경 R기능이 있기 전인 과거의 NC에서는 I · K를 사용했으나, 요즈음 NC에는 반경을 직접 지령하는 R기능이 있

　　으므로 이 기능(R)을 사용하도록 하자.

[예제]

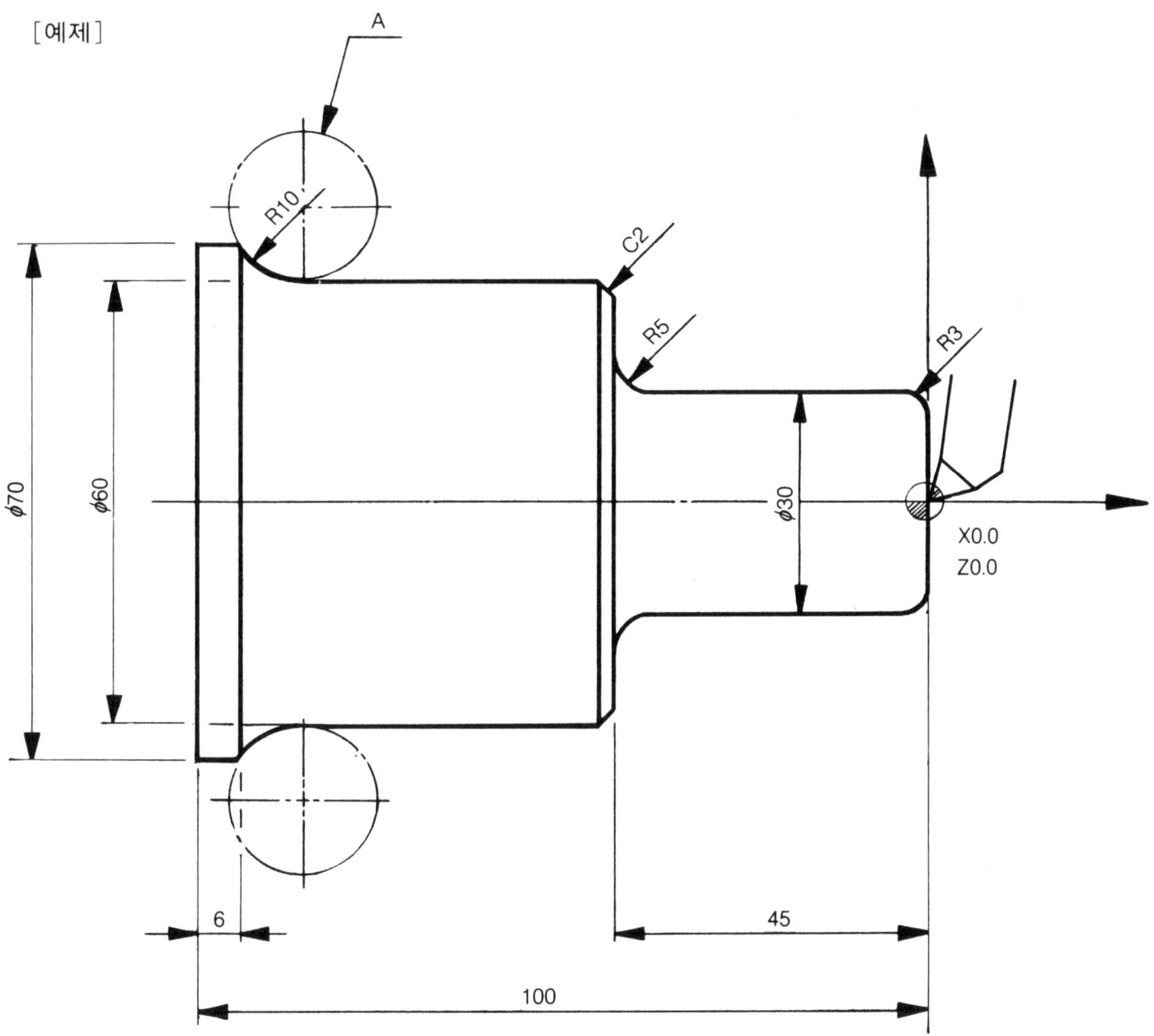

　　위 그림을 program 연습해 보자. 현 바이트의 위치는 X0.0 Z0.0이다.

G01 X24.0 F0.2; ⇐(X 24의 값은 30−3×2=24)

G03 X30.0 Z−3.0 R3.0;

G01 Z−40.0; ⇐(Z−40의 값은 45−5=40)

G02 X40.0 Z−45.0 R5.0;

G01 X56.0;
    X60.0 Z−47.0(X60.0 W−2.0)
G01 Z−85.34;
G02×70.0 Z−94.0 R10.0;
G01 Z−100.0;

* **A부분**은 조금 설명이 필요하다. ¼의 R에서는 계산의 어려움이 없지만 기타 다른 R작업을 할 때는 계산이 필요하다. 소위 삼각함수라는 것이 이제부터 등장을 하니 삼각함수를 철저히 공부해 두자.

우측의 그림에서
$\overline{CB} = (\phi 70 − \phi 60) \div 2 = 5$
$\therefore \ \overline{OC} = (R)10 − 5 = 5$
$\overline{AO} = R(10)$이므로
우리가 구하고자 하는
$\overline{AC} = \sqrt{(\overline{AO})^2 − (\overline{OC})^2} = 8.66$
$\therefore$ B점의 Z좌표값은
    94 − 8.66 = 85.34가 된다.
(피타고라스정리 $\overline{AO}^2 = \overline{AC}^2 + \overline{OC}^2$에서
$\overline{AC}^2 = \overline{AO}^2 − \overline{OC}^2$이므로
$\overline{AC} = \sqrt{\overline{AO}^2 − \overline{OC}^2}$이 된다).

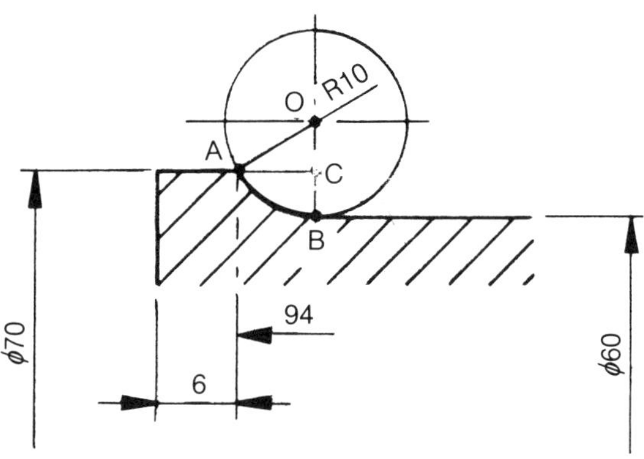

이왕 삼각함수가 나온 김에 잊어먹은 사람을 위해서 정리하기로 하자 (잘 아는 사람은 그냥 넘어가도 됨).

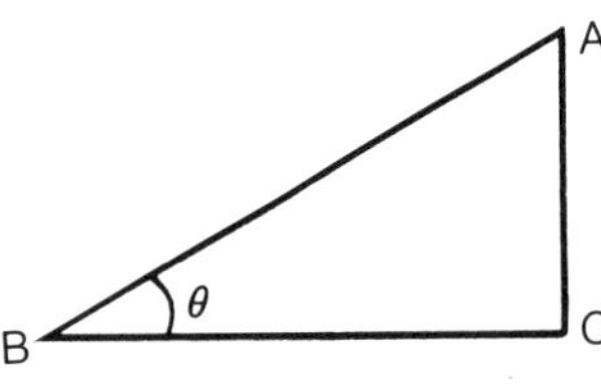

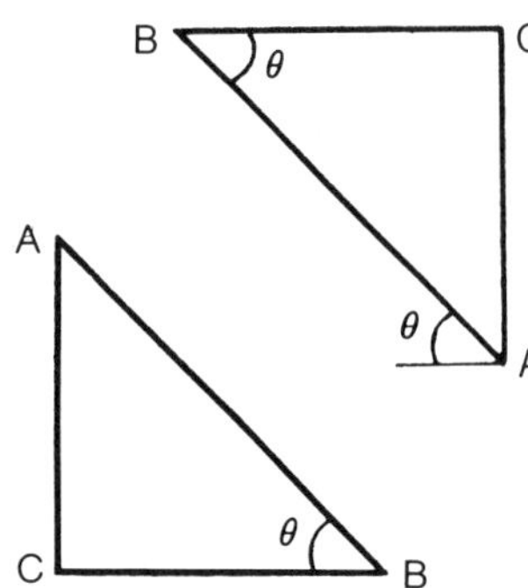

$$\tan\theta = \frac{AC}{BC}, \quad \cos\theta = \frac{BC}{AB}, \quad \sin\theta = \frac{AC}{AB}$$

$$AC = \tan\theta \times BC = \sin\theta \times AB$$

$$BC = \frac{AC}{\tan\theta} = \cos\theta \times AB$$

$$AB = \frac{BC}{\cos\theta} = \frac{AC}{\sin\theta}$$

$$AB^2 = BC^2 + AC^2 \qquad BC^2 = AB^2 − AC^2$$
피타고라스 정리

$$AC^2 = AB^2 − BC^2 \qquad AB = \sqrt{BC^2 + AC^2}$$

$$BC = \sqrt{AB^2 − AC^2} \qquad AC = \sqrt{AB^2 − BC^2}$$

5. 자동면취와 Corner R가공

직각으로 만나는 2개의 Block 사이에 면취(Chamfer)나 R가공을 해야 할 경우 C와 R을 사용하여 간단히 program 할 수 있다.

* C대신에 I와 K를 사용하는 NC도 있음

1) 면취(45°인 경우에만 사용가능)

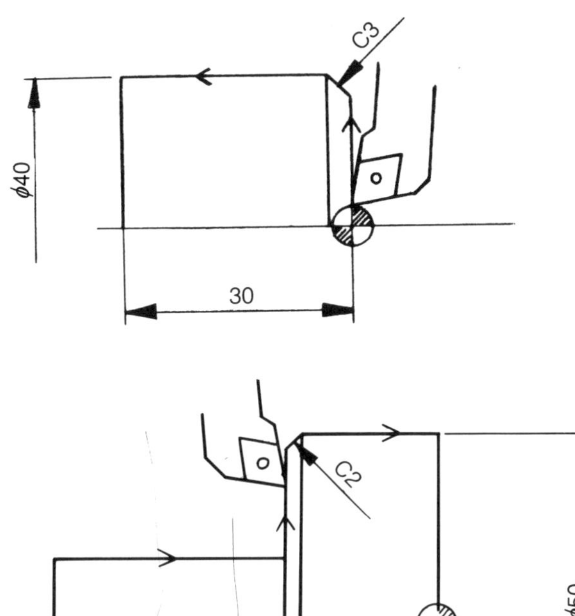

지령방법
G01 X40.0 C−3.0;
  Z−30.0; 또는
G01 X40.0 K−3.0;
  Z−30.0

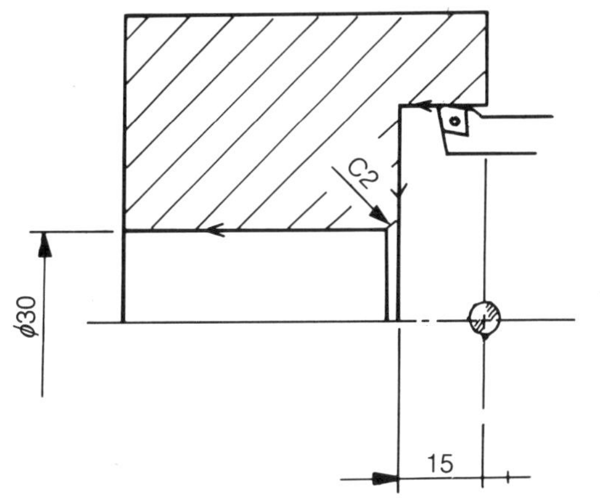

지령방법
G01 Z−20.0;
  X50.0 C2.0;
  Z0.0; 또는
G01 Z−20.0;
  X50.0 K2.0;
  Z0.0;

지령방법
G01 Z−15.0;
  X30.0 C−2.0;
  Z−30.0; 또는
G01 Z−15.0;
  X30.0 K−2.0;
  Z−30.0;

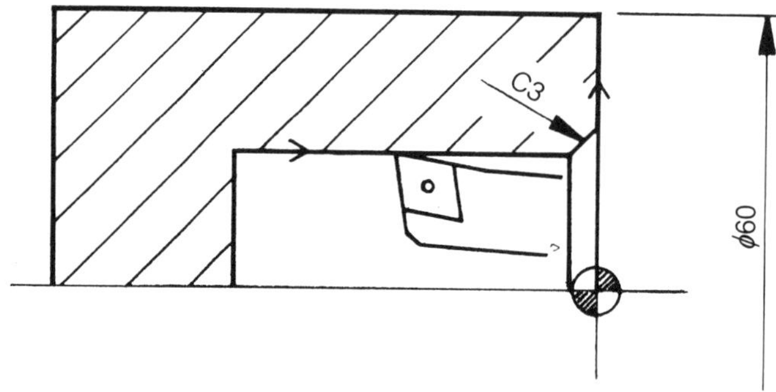

지령방법
G01 Z0.0 C3.0;
    X60.0; 또는
G01 Z0.0 I3.0;
    X60.0

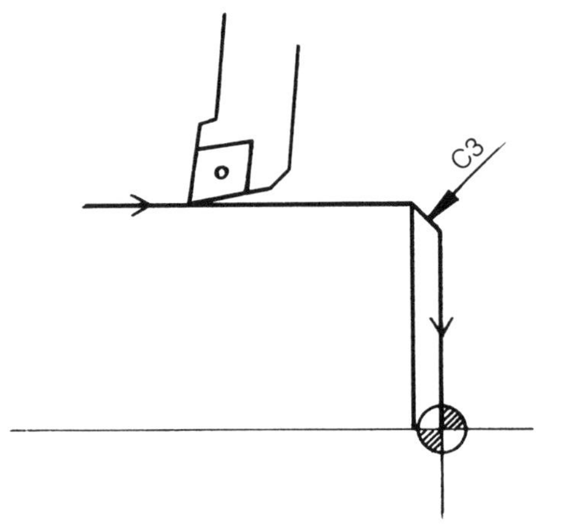

지령방법
G01 Z0.0 C−3.0;
    X0.0; 또는
G01 Z0.0 I−3.0;
    X0.0;

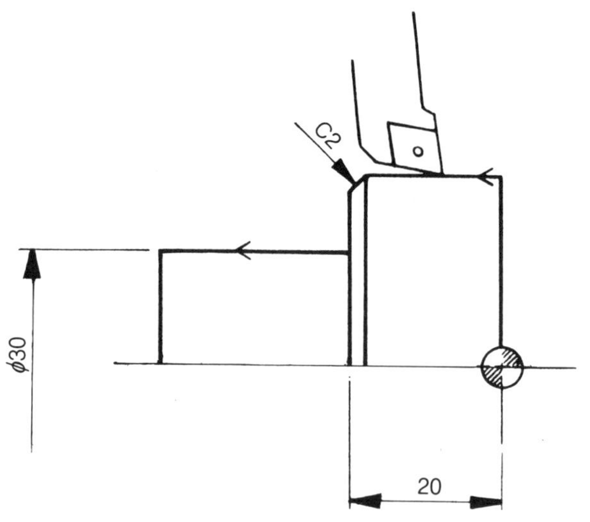

지령방법
G01 Z−20.0 C−2.0;
    X 30.0; 또는
G01 Z−20.0 I−2.0;
    X 30.0;

2) Corner R

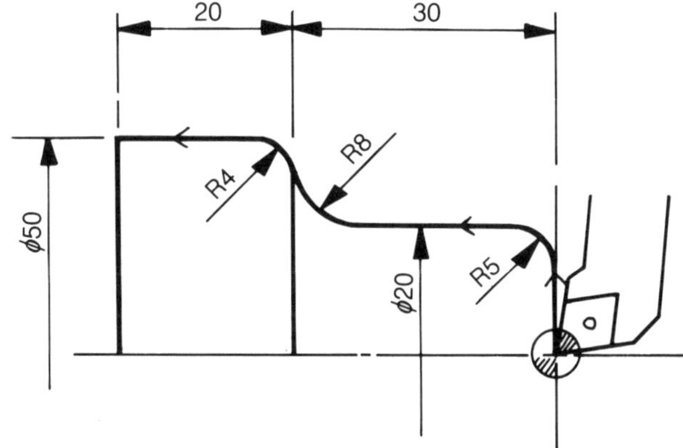

지령방법
G01 X20.0 R−5.0;
　　 Z−30.0 R8.0;
　　 X50.0 R−4.0;
　　 Z−50.0;

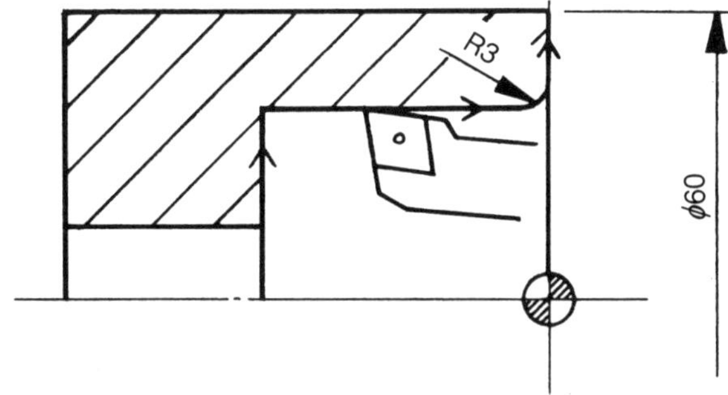

지령방법
G01 Z0.0 R3.0;
　　 X60.0;

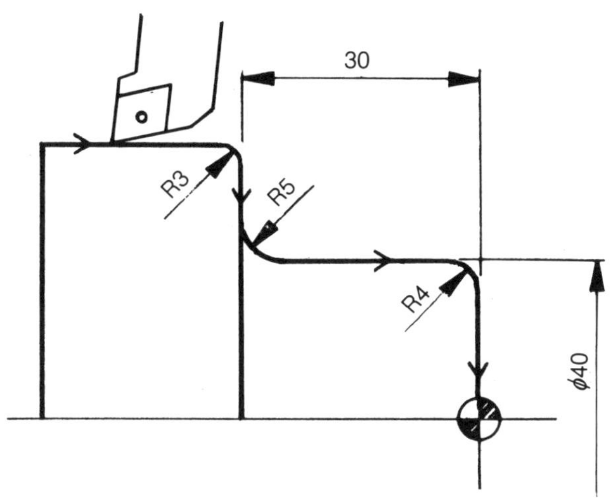

지령방법
G01 Z−30.0 R−3.0;
　　 X40.0 R5.0;
　　 Z0.0 R−4.0;
　　 X0.0;

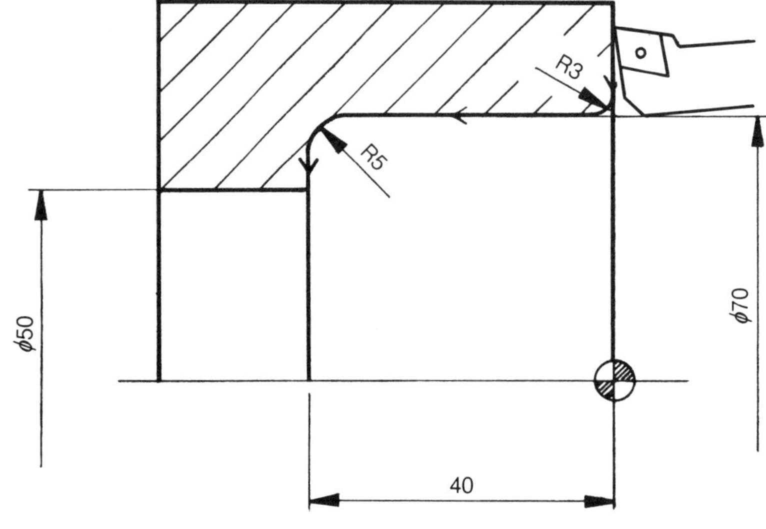

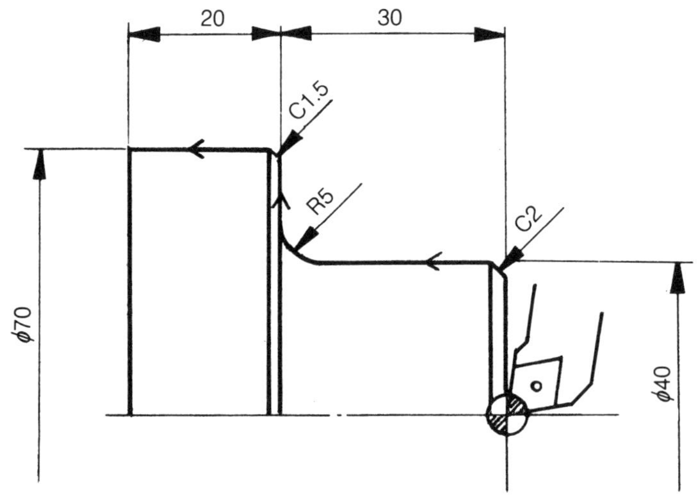

NOTE) ① 면취 또는 모서리(코너) R에서 G01 Mode가 가능하며 X, Z축 2개 중에서 1개
　　　의 축만 제어하여야 한다. 다음 Block은 반드시 직각이어야 한다.
　　　② 면취나 R지령한 Block이나 다음 Block의 이동이 면취나 R값보다 커야한다.
　　　③ ⊕⊖의 부호에 주의한다.

6. G 04 : 휴지(잠깐정지)

program 도중에 이 기능(G04)을 만나면 지령한 수치만큼 정지한다. 모든 기능은 정상이고 이송기능만 정지를 한다.

지령방법

G04 X(U,P)0000;

G04 다음에 X, U, P 중 어느 기호를 써도 상관없다. 단 P를 쓸 경우 소수점 수치는 입력이 안된다.

ex) 1초 정지하고 싶으면

        G04 X1.0;
혹은 G04 U1.0;
혹은 G04 P1000;

이렇게 세가지 중 어느 하나를 사용할 수 있다.

응용연습을 해보자.

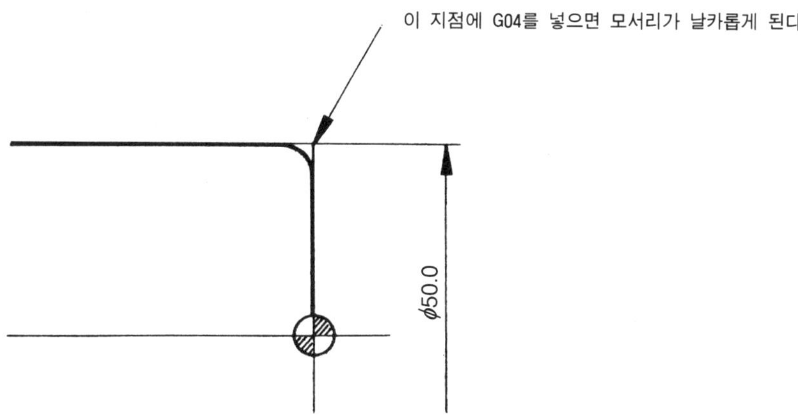

위 그림에서 G01 X50.0; 이렇게 통상지령을 하면 모서리 부가 미세하게 둥글게 나타난다. X축으로 이동하다 Z축으로 연결되면서 약간 둥글게 되므로 굳이 모서리를 날카롭게 해야 할 필요성이 있을 때는

G01 X50.0;

G04 X1.0; 혹은 G04 U1.0; 혹은 G04, P1000;

이렇게 지령하면 모서리에서 1초간 멈췄다가 Z축으로 진행을 하기 때문에 모서리에 전혀 면취가 되지 않는다.

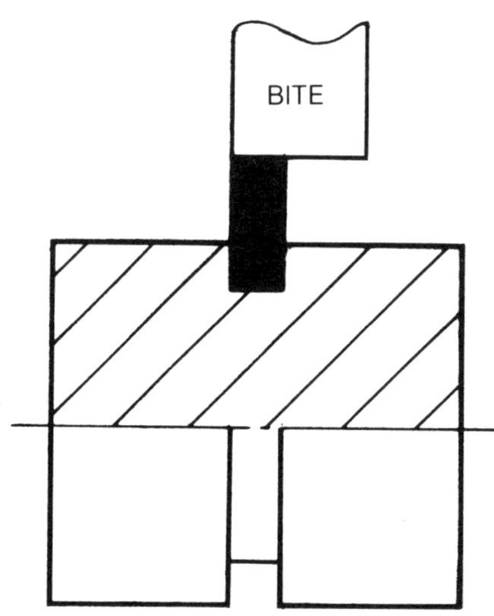

위와 같은 홈 작업시에 Bite 자국이 나거나 떨림이 있을 때 잠깐 멈춰주면 효과를 볼 수 있다. 기타 내경작업시 Bite를 우측으로 쭉 이동시키고 잠깐 멈추게 한 다음 Chip을 제거한다거나 작업자가 많은 응용을 하면 상당히 편리하다.

7. $\boxed{\text{G 28}}$: 원점 복귀(제1 원점 복귀) 또는 기계원점

전원을 off했다가 on했을 때 기계는 모든 좌표를 잊어먹기 때문에 일정한 기준점을 정해 놓고 다시 터렛을 그 기준점에 보내 줘야만 비로소 기계가 좌표의 기준을 알게 되고 prg에 의한 정상적인 기능을 수행하게 된다. 따라서 전원을 on했을 때 가장 먼저 수행해야 할 일은 원점 복귀임을 잊지 말자.

그런데 이 원점 복귀는 버튼을 조작해서 하는 수동과, G28을 써서 하는 자동의 2가지 방법이 있다. 보통은 수동으로 하지만 **G28**에 의한 자동으로 원점 복귀를 하거나, prg 도중에 G28을 넣어 사용되는 경우도 있으니 지령방법을 통해 알아보자.

G 28 <u>U(X)___</u>   <u>W(X)___</u> ;
  (X의 중간 경유점) (Z의 중간 경유점)

G 28 U0.0 W0.0; 이렇게 지령하면 중간 경유점은 본래 기계 메이커측에서 정해놓은 경로를 따라 이동한다. 통상 이렇게 지령을 한다.

G 28 U−50.0 W−100.0; 이렇게 지령했을 때를 다음 그림을 보면서 생각해 보자.

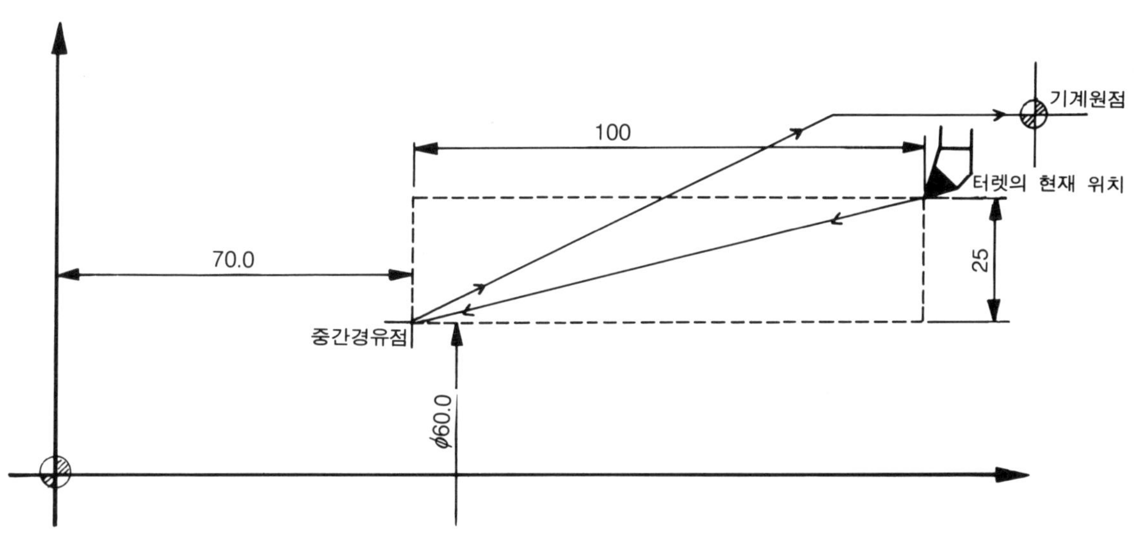

　위의 지령을 좌표가 잡혀 있는 상태라고 하고 절대지령을 하면 G28 X 60.0 Z 70.0 ; 이렇게 하면 위의 중간 경유점을 거쳐서 원점 복귀하게 된다.

　그러면 왜 위와 같은 지령방법이 필요한가 하면 전원을 on했을 때 터렛이 기계 원점으로부터 너무 가까이 있을 때는 원점 복귀시 알람이 걸리므로 터렛을 원점으로부터 일정거리를 떨어지게 한 다음 복귀를 시킬 때나, 심압대가 앞으로 전진되어 있는 경우에 터렛과의 충돌을 피해서 원점 복귀시킬 경우 등에 응용할 수 있다. 헌데 이것은 자동으로 원점 복귀 시킬 경우이고, 통상은 수동으로 원점 복귀를 하므로 별로 사용치 않는다. 주의할 점은 전원을 ON했을 때 처음부터 터렛의 속도를 가장 빠르게 스위치를 놓지 말고 느리게 조작함으로써 기계에 무리가 가지 않도록 **천천히 원점복귀**를 하도록 하자.

8. G 30 : 제2 원점 복귀

　반드시 처음 원점 복귀를 한 다음에 이 기능을 사용하며, 제1원점으로부터 거리를 파라메타 번호에 X축, Z축의 수치를 입력해서 제2원점을 정하며, 지령은 보통 **G30 U0.0 W0.0;** 이렇게 한다.

　제2 원점은 터렛을 작업하기 용이한 위치에 이동시킬 때 사용하며 실제 prg에서 가장 많이 사용하는 방법이다.

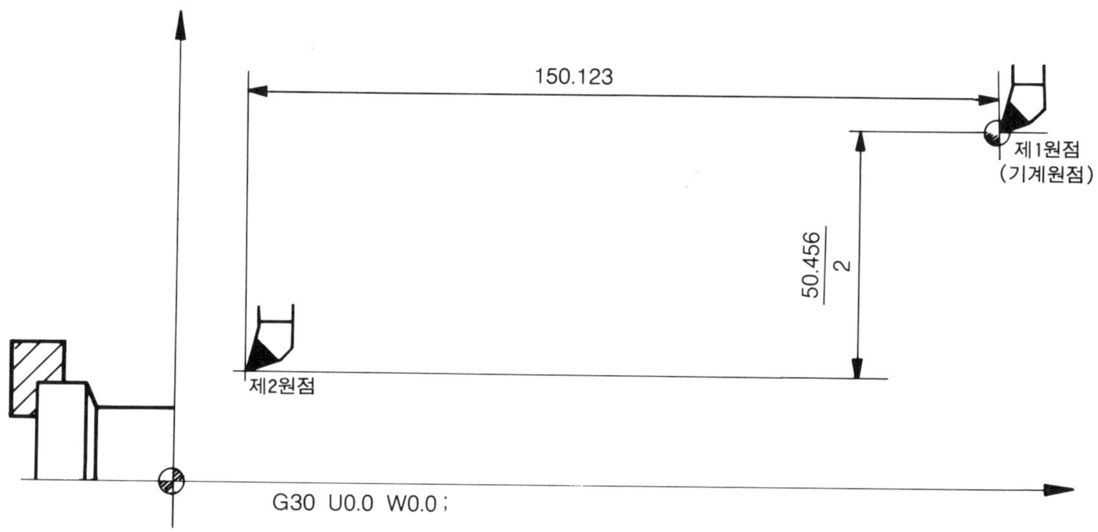

　위와 같은 경우 CRT 화면에 다음과 같이 나타난다.

```
(RELATIVE)          (ABSOLUTE)
U 00. ...           X 00. xxx
W xx. ...           Z 00. ...


(MACHINE)
X − 50.456
Z − 150.123
```

　위의 MACHINE 좌표 X−50.456 Z−150.123을 파라메터 번호 735번에 X값을 736번에 Z값을 넣으면, 제2원점이 결정되어진다. 조작에 관한 것은 현장에서 기계를 보면서 간단히 배울 수 있거나, 기계의 설명서 또는 기계 구입시 따라오는 책자에서 쉽게 배우도록 한다.

　＊ 파라메타의 번호는 기계의 종류나 시스템의 종류에 따라 다를 수도 있다.

9. $\boxed{\text{G32}}$ $\boxed{\text{G92}}$ $\boxed{\text{G76}}$ (**Thread cutting**) : 나사절삭

　　위의 3개 code는 모두 나사를 절삭하는 데 사용된다. G32는 거의 사용치 않고 주로 G9
2나 G76을 사용한다. 각 기능을 설명하기 전에 우선 똑같은 나사를 가공하는 데 각각 어떻
게 prg이 다른지 비교해 보겠다.

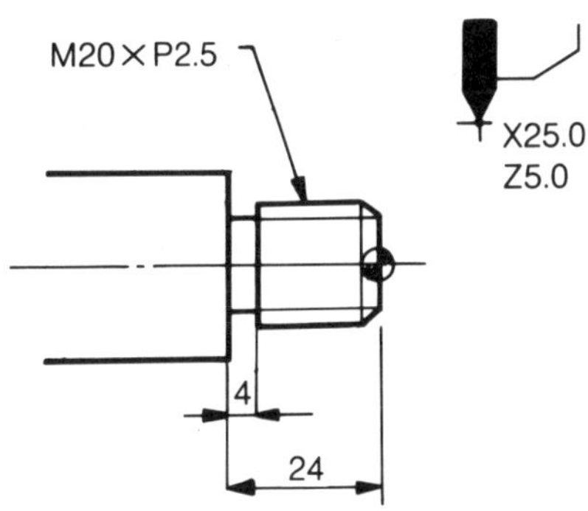

<G76 사용>

```
G0  X25.0  Z5.0  T0909;
G76  P020060  Q50  R30;
G76  X17.294  Z−22.0  P 1350
      Q350  F2.5;
G0    X____ Z____ T0900;
   − End −
```

<G92 사용>

```
G0  X25.0  Z5.0  T0909;
G92  X19.2  Z−22.0  F2.5;
      X18.6;
      X18.16;
      X17.76;
      X17.52;
      X17.32;
      X17.294;
      X17.294;
G0   X____ Z____ T0900;
   − End −
```

<G32 사용>

```
G0  X25.0  Z5.0  T0909;
G0  X19.2;
G32  Z − 22.0  F2.5;
G0  X25.0;
      Z5.0;
      X18.6;
G32  Z − 22.0;
G0  X25.0;
      Z5.0;
      X18.16;
G32  Z − 22.0;
G0  X25.0;
      Z5.0;
      X17.76
G32  Z − 22.0;
G0  X25.0;
      Z5.0;
      X17.52;
G32  Z − 22.0;
G0  X 25.0;
        ⋮
G0  X____ Z____ T0900;
   − End −
```

앞에서 보는 바와 같이 G32→G92—G76 순으로 prg이 차차 짧고 간단해지는 것을 알 수 있다.

1) G32(Thread cutting)

G32를 사용해서 평행나사, Taper나사, 정면(scroll)나사를 가공할 수 있다. F code에 나사의 Lead를 지령한다.

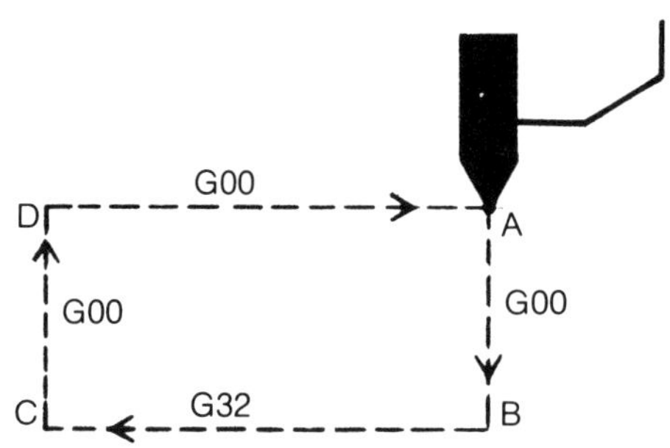

그림에서 보는 바와 같이 G32로 나사를 가공할 때는 각 구간별로 매번 지령을 해 주어야만 된다. G32로는 단지 그 지령절만 나사를 가공하면서 이동을 하기 때문이다. 그래서 prg이 당연히 길어진다.

① 평행나사

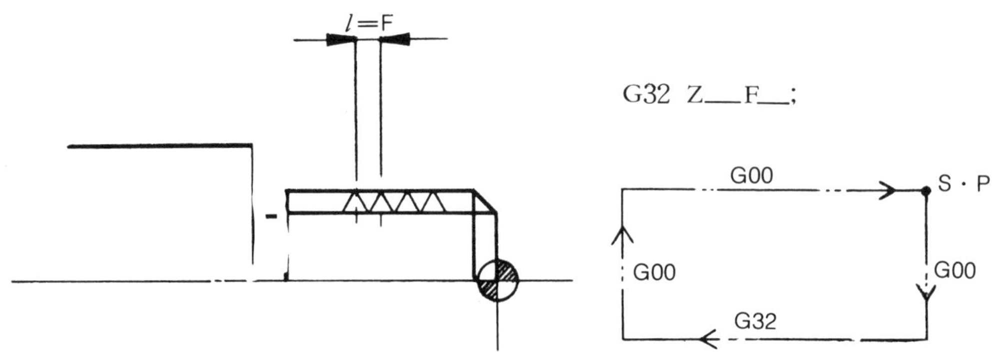

② Taper 나사

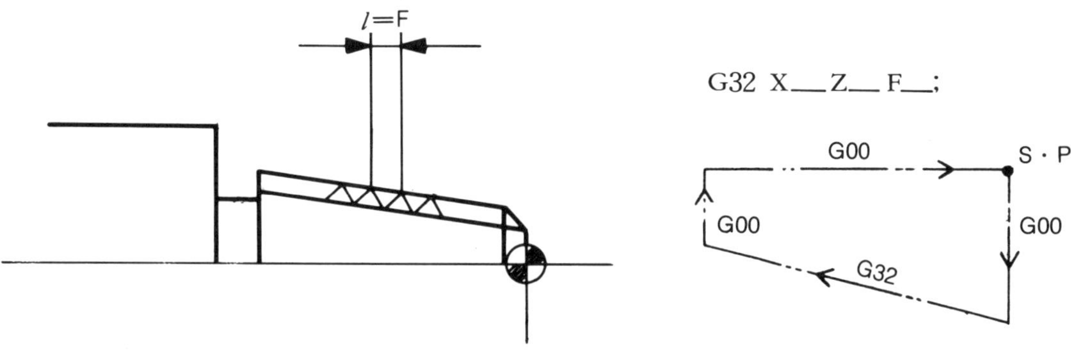

③ 정면(scroll) 나사

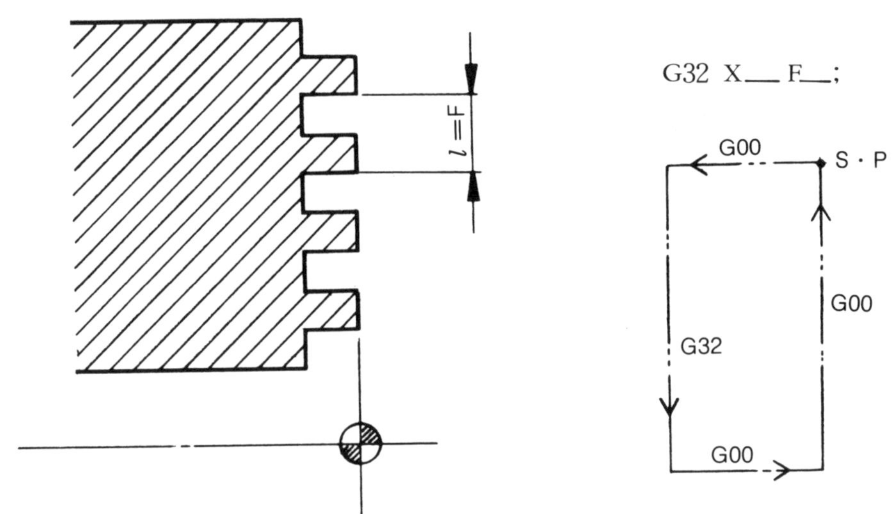

G32는 G92나 G76에 비해서 번거롭지만 다음과 같은 나사를 가공하는 데 사용할 수 있다.

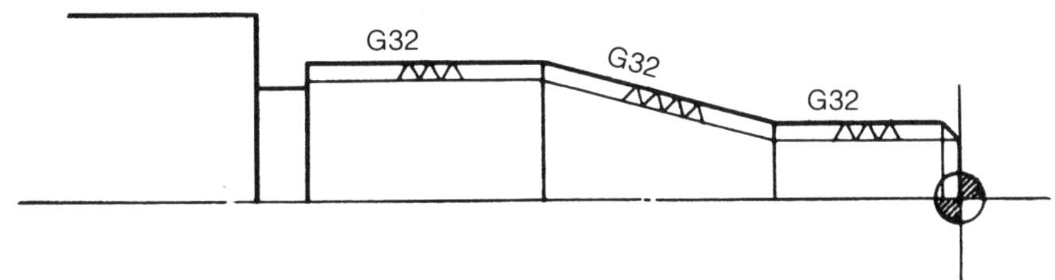

　물론 위와 같은 제품은 거의 없겠지만 혹시 이렇게 연결된 나사가 있다면 G92나 G76 으로는 곤란한 작업을 G32로는 거뜬히 가공할 수 있는 것이다.

　　* NC에서 나사를 가공할 때는 가공 도중에 주축의 회전을 바꾸어서는 안된다.

G32로 다음의 나사를 가공해 보자.

옆의 나사를 분석해 보면
　　외경: 28.575
　　Pitch: 2.1167
　　골지름: 26.283

> * NC에서는 범용과 달라서 나
>   사의 산수를 직접 지령해선
>   가공이 안된다. 반드시 산수
>   를 pitch로 고쳐서 가공해야
>   한다.

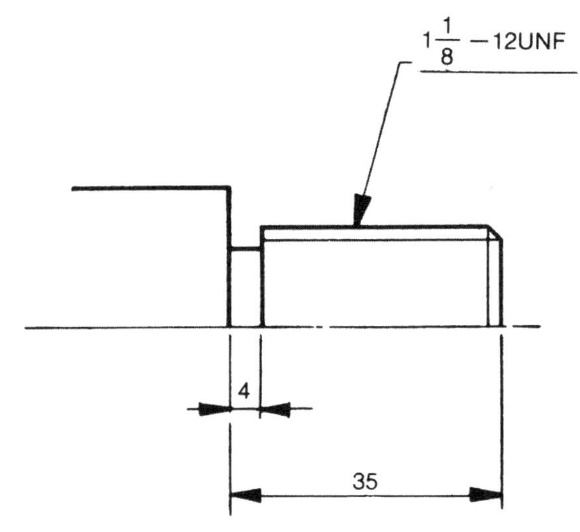


```
G0  X32.0  Z5.0  T0505;        G32  Z－33.0;
    X27.875;                   G0  X32.0;
G32  Z－33.0  F 2.1167;            Z5.0;
G0  X32.0;                     G0  X26.315;
    Z5.0;                      G32  Z－33.0;
    X27.375;                   G0  X32.0;
G32  Z－33.0;                       Z5.0;
G0  X32.0;                         X26.283;
    Z5.0;                      G32  Z－33.0;
    X26.975;                   G0  X32.0;
G32  Z－33.0;                       Z5.0;
G0  X32.0;                         X26.283;
    Z5.0;                      G32  Z－33.0;
    X26.675;                   G0  X32.0;
G32  Z－33.0;                       X＿＿  Z＿＿  T0500;
G0  X32.0;
G0  Z5.0;
    X26.475;
```

2) G92(Thread Cutting Cycle)

G92로 내경과 외경의 Straight 또는 Taper 나사를 가공할 수 있다.

다음 지령으로 평행나사를 Cycle 가공할 수 있다.

```
G92 X____ Z____ F____ ;
    X____ ;
    X____ ;
        ⋮
```

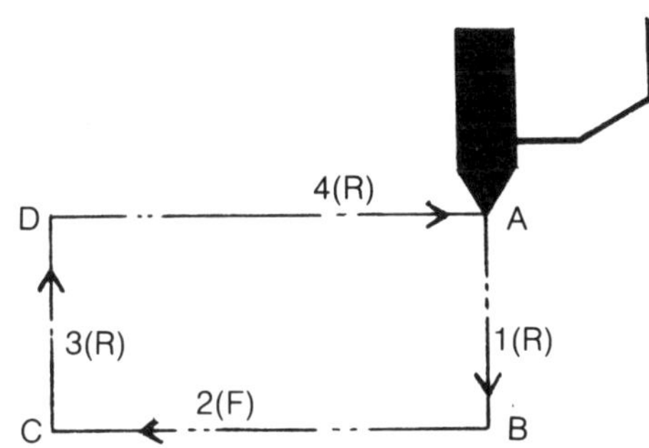

(R) : 급속 이송
(F) : lead 지령이송(나사)

다음 지령으로 Taper 나사 절삭을 할 수 있다.

```
G92 X____ Z____ R____ F____ ;
    X____ ;
    X____ ;
        ⋮
```

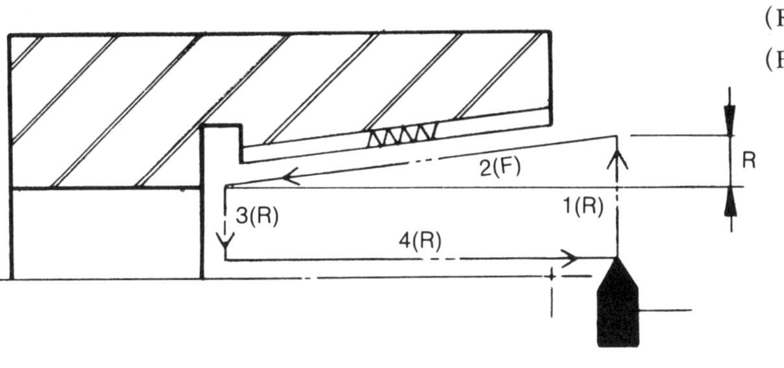

(R) : 급속 이동(Rapid)
(F) : lead 이송

＊ R값(구배값)의 부호를 붙이는 법은 G90과 동일하다.

다음 예제를 prg작성해 보자.(G92를 사용.)

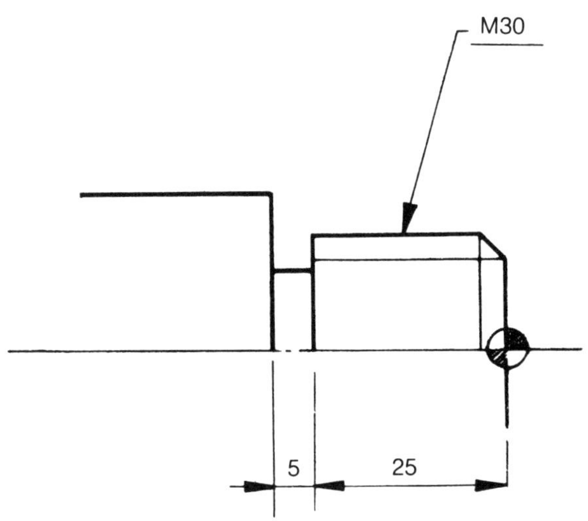

* 나사가공을 할 때는 나사를 정확히 분석해야 한다. 위의 나사는 보통 나사이므로 pitch는 3.5이다.

외경 : 30
Pitch : 3.5
골경 : 26.211

G0 X35.0 Z5.0 T0303;
G92 X29.2 Z− 28.0 F3.5;
      X28.5;
      X27.9;
      X27.4;
      X27.0;
      X26.72;
      X26.52;
      X26.32;
      X26.22;
      X26.211;
      X26.211;
G0 X____ Z____ T 0300;

> * 절입깊이와 가공횟수는 알맞게 결정하면 되겠지만 보통 Bite 제작회사의 카다로그에 있는 추천치를 참고 바람.

[예제] 다음의 나사가공을 G92를 사용하여 prg 작성해 보자.

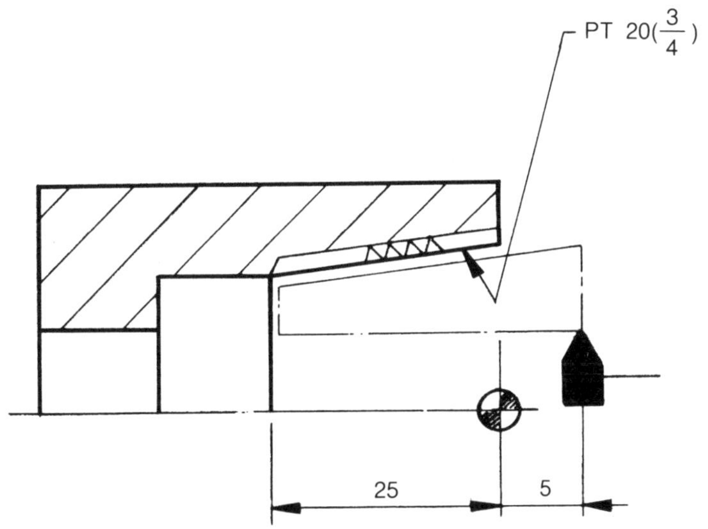

옆의 나사를 분석해 보면
① 관용 테이퍼나사 14산
② 골지름 26.441
③ 안지름 24.117
④ 산의 높이 1.162
⑤ pitch 1.8142

관용 테이퍼나사를 가공할 때는 다음과 같은 점에 유의한다.
① Bite의 가공시작점은 관의 단으로부터 얼마나 떨어져 있는가.
② 테이퍼값 1 / 16에 의하여 정확히 지령되었는가.
③ Tip의 각도는 55°인가.
④ 나사의 호칭이 그 나사의 외경이나 골지름이 아니라는 사실.
⑤ 표시된 골지름(외경) 안지름 등은 수나사의 경우 관단에서부터 일정하게 정해진 거리의
   치수라는 것 등을 유의해서 계산을 해야한다.
   위의 나사는 테이퍼 값이 1 / 16이다. 그러므로 한쪽 구배값(R)은 0.5 / 16이다. Bite는
제품의 끝으로부터 5mm 떨어진 곳에서 가공을 시작한다. 그러므로 총 진행거리는 25+5=3
0이 된다. 골지름 **26.441**은 암나사이므로 관끝의 나사치수이다.

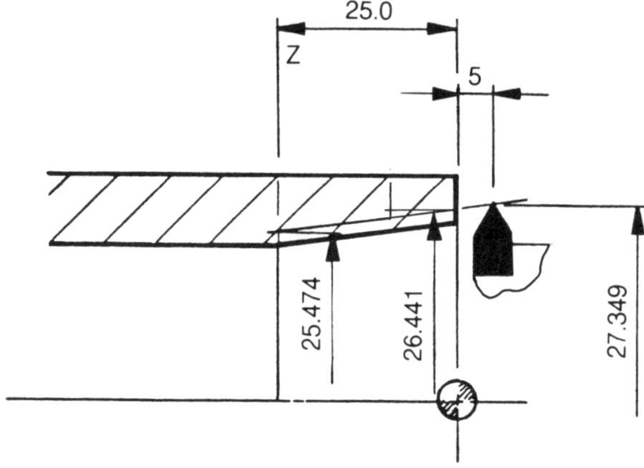

위의 시작점에서 끝점까지의 구배값은 0.9375이다.

프로그램은 다음과 같다.

```
G0  X20.0  Z5.0  T0707;
G92  X23.154  Z-25.0  R0.9375  F1.8142;
     X23.554;
     X23.954;
     X24.254;
     X24.504;
     X24.704;
     X24.854;
     X24.878;
     X24.878;
G0   X______ Z ______ T0700;
```

3) G76(Multi pass thread cutting cycle)
: 복합형 나사 절삭 Cycle

G76은 단 2개의 Block으로 내·외경의 평행나사는 물론 TAPER 나사를 가공할 수 있다.

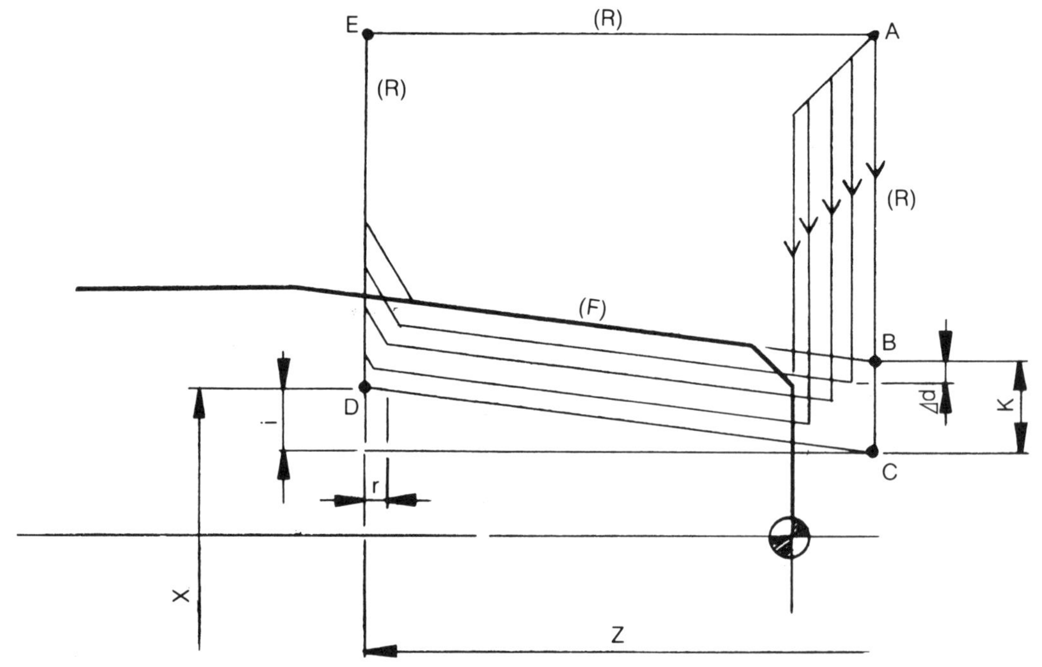

앞의 그림과 같이 G76 지령에 의해 Cycle 절삭을 실행한다. 절입방법을 상세히 알아보면 다음과 같다.

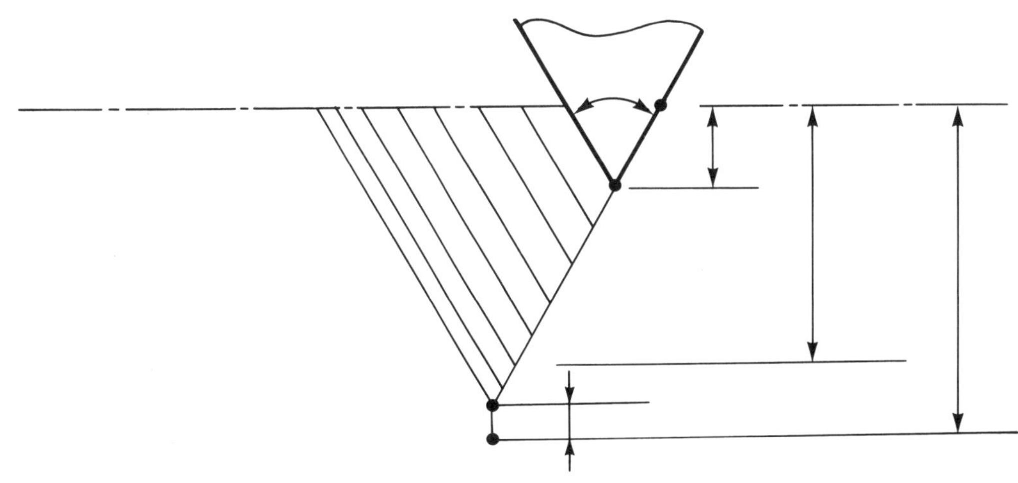

지령방법은 다음과 같이 2개의 지령절(Block)로 이루어지며 각각의 의미는 다음과 같다.

G76 P(m) (r) (a) Q(Δdmin) R(d);

G76 X(x) Z(z) R(i) P(k) Q(Δd) F(l);

m : 최종 사상에서의 반복횟수이다.

　　범용선반에서 나사를 마지막 깊이까지 절삭한 다음 똑같이 마지막 절삭깊이로 한 번 혹은 두 번 반복해 주는 것과 똑같다. 정삭횟수를 두 번 하고 싶으면 **02**라고 하면 된다. 01～99까지 입력이 가능하다.

r : 이것은 별로 중요하지 않다. 반복절삭 횟수 때마다 끝에서 면취를 하는 기능이다. Bite 가 끝에서 A와 같이 수직으로 곧장 빠지게 할 수도 있고 B와 같이 옆으로 비스듬히

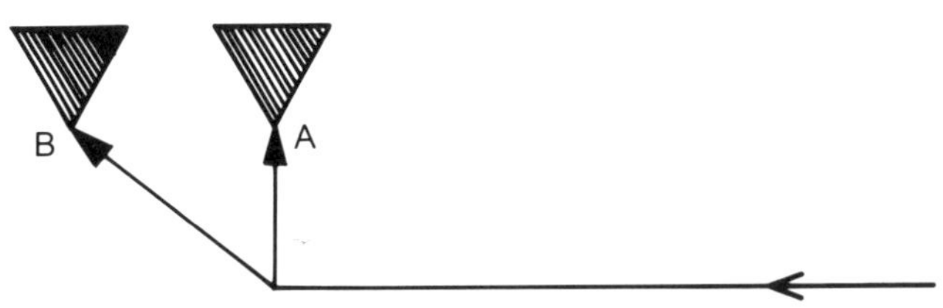

이동하면서 빠지게 할 수도 있다.

　만약 **00** 이렇게 지령하면 A와 같이 곧장 수직으로 빠지고 **10** 이렇게 지령하면 Pitch 만큼 비스듬히 면취를 하면서 B와 같이 빠지는 것이다. 사실상 나사 끝에는 홈이 있게 마련이므로 면취가 거의 필요치 않다. 따라서 통상 **00** 이렇게 함이 좋다.

a: 나사 각도이다. 60°나사이면 **60**, 55°나사이면 **55**, 29°이면 **29**, 30°이면 **30** 이와같이 입력하면 된다.

m. r. a는 P다음에 함께 지령한다.

　(예) m=2 r=1.0 a=60이라면
　　　P 02 10 60 이와같다.

△dmin: 최소 절입량이다.
　　　　정삭여유(d) 바로 앞의 절입양이다. 알다시피 나사는 처음에는 절입을 많이하다 차츰 적게 절입하는 데 정삭 바로 전의 절입량이다. 가령 나사를 10회에 걸쳐 가공해서 완성하고 10회째를 정삭이라 한다면 1회부터 9회까지는 황삭이 되는 셈이다. 바로 이 황삭의 마지막인 9회째의 절입량을 말한다. 만약 9회째를 0.05mm로 하고 싶다면 소숫점 입력이 안되므로 **50** 이렇게 하면 된다.

d: 정삭여유이다. 정삭시의 절입량이 되는 것이다. 만약 정삭여유를 0.03 하고 싶으면 **30** 이렇게 한다.

x: 나사의 골지름이다. Bite가 최종 들어가는 깊이의 좌표이다. 물론 나사 절삭 시작점의 골지름이 아니고 끝점의 치수이다.

z: 나사 절삭 끝점의 Z좌표이다.

i: 테이퍼 나사인 경우 구배값이다(반경치).
　straight 나사인 경우 0이기 때문에 생략한다.

k: 나사산의 높이를 반경치로 입력한다.

△d: 첫번째 절입깊이이다(반경치).
/: 나사의 lead이다. 한 줄 나사에서는 피치가 곧 Lead이므로 pitch를 입력한다.

[예]

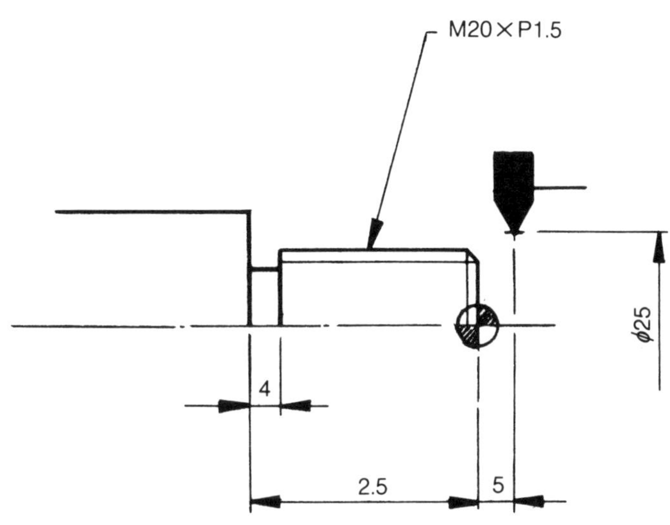

G00 X25.0 Z5.0;

$$G76 \ P \underset{m}{02} \ \underset{r}{00} \ \underset{a}{60} \ Q \underset{\Delta dmin}{50} \ R \underset{d}{30} \ ;$$

$$G76 \ X \underset{x}{18.376} \ Z \underset{z}{-23.0} \ P \underset{k}{812} \ Q \underset{\Delta d}{300} \ F \underset{l}{1.5} \ ;$$

[예제] 다음을 G92와 G76을 이용하여 나사절삭 program하시오.

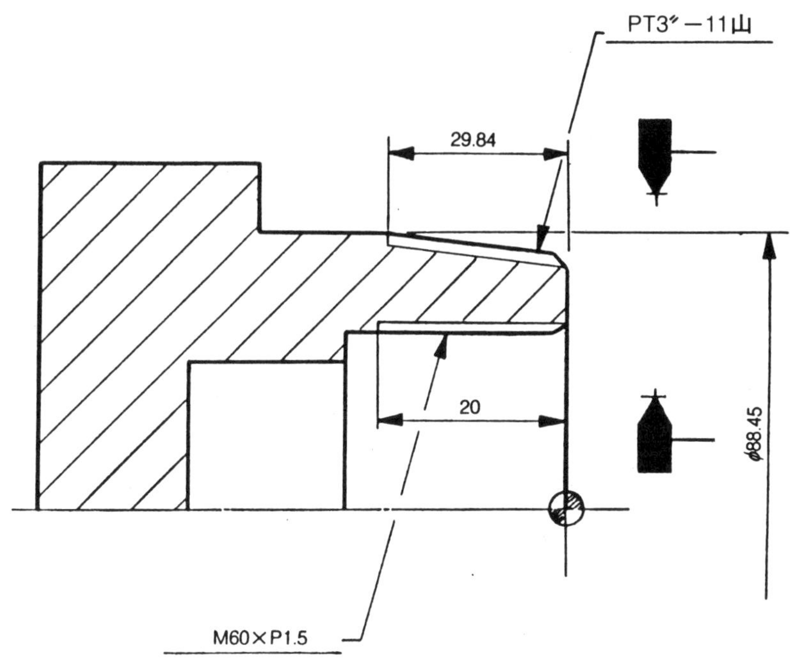

<외경나사 program>

```
G0  X95.0  Z5.0;
G92  X87.75  Z-29.84  R-1.088  F2.3091;
     X87.25;
     X86.8;
     X86.35;
     X85.95;
     X85.76;
     X85.56;
     X85.501;
     X85.501;
G0  X____  Z____ ;
  -End-
G0  X95.0  Z5.0;
G76  P02  10  55  Q50  R30;
G76  X85.501  Z-29.84  R-1.088  P1475  Q350  F2.3091;
G0  X____  Z____ ;
  -End-
```

<내경나사 program>

```
G0  X54.0  Z5.0;
G92  X58.92  Z-20.0  F1.5;
     X59.32;
     X59.7;
     X59.9;
     X60.0;
     X60.0;
G0  X____  Z____ ;
  -End-
G0  X54.0  Z5.0;
G76  P021060  Q50  R30;
G76  X60.0  Z-20.0  P890  Q300  F1.5;
G0  X____  Z____ ;
  -End-
```

4) 나사절삭에 있어서 절입형태의 연구

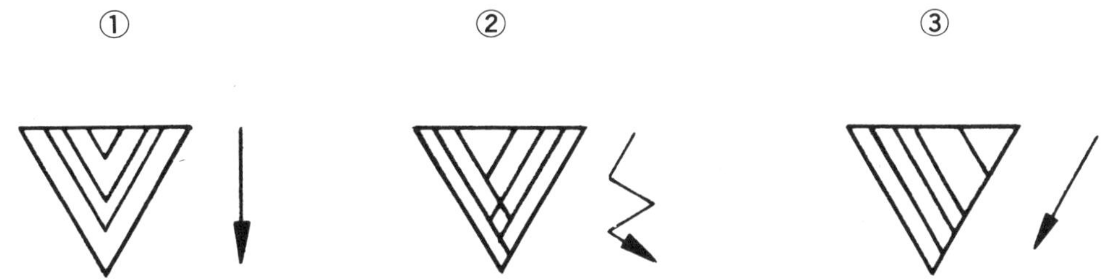

위와 같이 3가지 방법을 생각할 수 있다. **G76**에 의한 절입은 ③과 같은 형태이고, **G92**에 의한 절입은 통상 ①과 같은 방법을 쓴다. 그런데 **G92**를 이용하여 ②와 같은 방법을 연구해 보자.

아래와 같이 공구보정번호 2개를 이용하는 방법이 있다.

```
G92 X___ Z___ T 0101;
    X___ T0102;
    X___ T0101;
    X___ T0102;
    X___ T0101;
      ⋮

    ─End─
```

공구보정번호 2개를 사용하여 지그재그 절입형태로 나사가공을 할 때 주의할 사항은, 보정번호가 2개이기 때문에 보정치수를 변경하고자 할 때는 반드시 2개를 동시에 해야 한다는 것을 잊어서는 안된다.

보정번호 2개의 보정값 중에서 X의 보정값은 둘다 똑 같아야 하고 Z의 보정값에 약간의 차이를 둠으로써 지그재그 절입이 가능하다.

[예]

N	X	Z	R	T
01	0.123	1.345		
02	0.123	1.300		
03				
04				
⋮				

```
G92 X____ Z____ T0101;
    X____ T0102;
    X____ T0101;
    X____ T0102;
        ⋮
```

5) 다줄 나사 가공법

① 다줄 나사란

나사의 시작점이 2개 이상인 나사를 말한다.

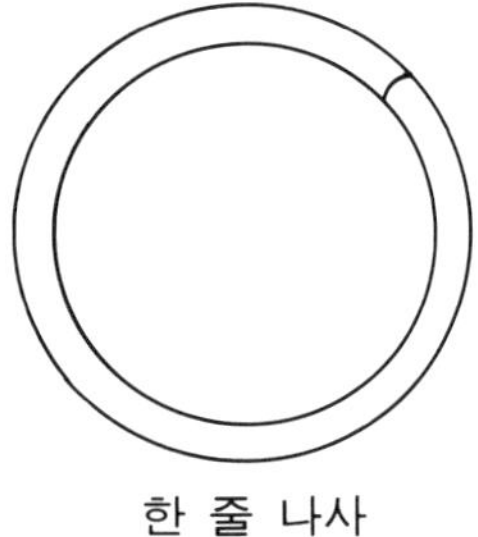

한 줄 나사

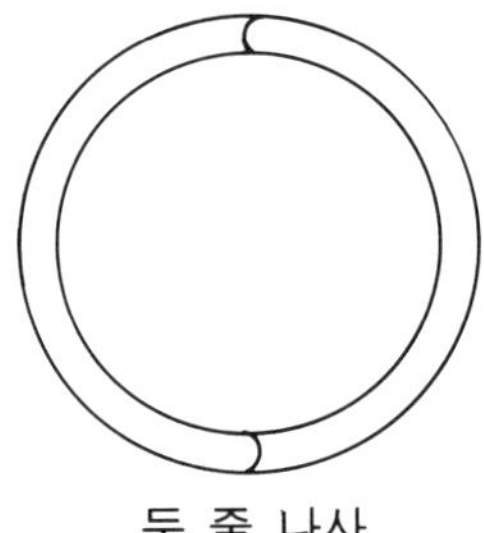

두 줄 나사

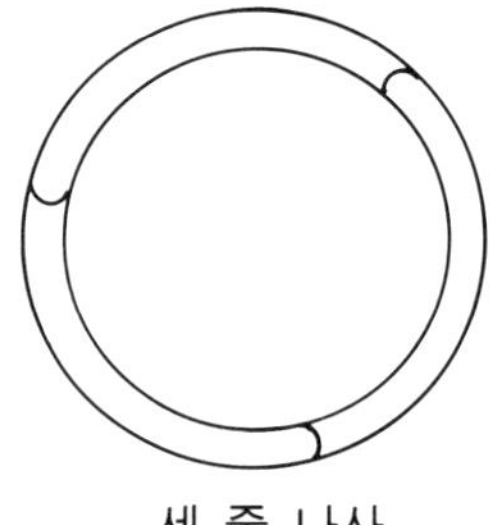

세 줄 나사

다줄 나사는 Lead 즉 1회전에 가는 거리가 상당히 크다. 한 줄 나사는 1회전에 pitch만큼 이동하지만 다줄 나사는 1회전에

L=np만큼 이동한다.

(L: Lead, n: 줄수, p: pitch)

한 줄 나사는 L=P가 되기 때문에
program에 F다음에 pitch를 그대로 지령하면 된다.

　예) F 2.5;

하지만 다줄 나사는 F다음에 Lead를 지령해야 한다.
가령 Lead가 9mm라면

　예) F 9.0;이된다.

그러면 어떻게 다줄 나사를 가공하는지 알아보자.
다줄 나사를 가공할 때는 pitch만큼 Bite의 가공시작점을 이동하면서 가공한다.
예를 들어 3줄 나사라면

먼저 한 줄을 완성하고 다음에

pitch만큼 이동하여 두번째 줄을 완성하고 또 pitch만큼 이동하여 마지막 세번째 줄을
완성한다.

[예]

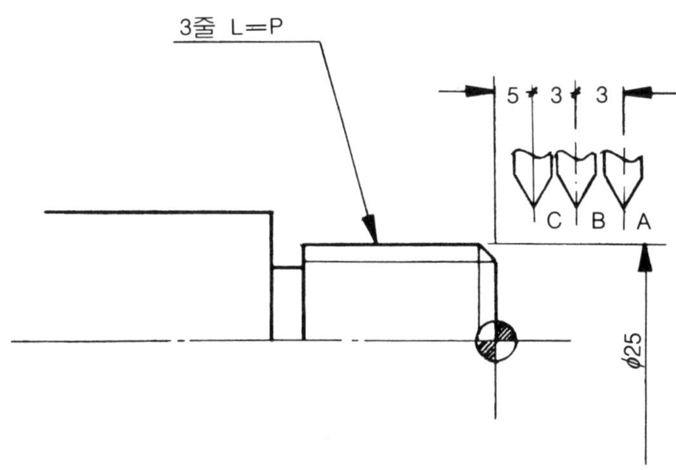


```
G0   X30.0 Z11.0;
G92 X____ Z____ F9.0;←첫째줄나사
      ⋮

G0   W−3.0; (혹은 G0 Z8.0;)←pitch 만큼 ⊖ 이동
G92 X____ Z____ F9.0;← 둘째줄 나사
      ⋮

G0   W−3.0; (혹은 G0 Z5.0;)←pitch 만큼 ⊖ 이동
G92 X____ Z____ F9.0;← 셋째줄 나사
      ⋮

G0 X____ Z____ ;
```

그런데 앞에서 이동순서가 A→B→C 이렇게 되었는데 반대로 C→B→A 이렇게 해도 상관
없다. pitch만큼 이동한다는 것이 중요하다.

```
G0   X30.0 Z5.0;
G92 X____ Z____ F9.0; ← 첫째 나사
      ⋮
```

G0   W3.0 ; (혹은 G0 Z8.0 ;) ← Pitch만큼 ⊕ 이동
G92 X____ Z____ F 9.0 ; ← 둘째 나사

    ⋮

G0   W3.0 (혹은 G0 Z11.0) ← pitch 만큼 ⊕ 이동
G92 X___ Z ___ F9.0 ; ← 셋째 나사

    ⋮

G0 X ___ Z ___ ;

* pitch 만큼 이동하면서 가공하는 것만 다르고 기타 다른 방법은 한 줄 나사와 똑같다. G92를 사용하든 G76을 사용하든 편리한 대로 한다. F다음에 pitch가 아니고 Lead를 지령한다는 것을 잊지말자.

다줄 나사 가공에서 중요한 것은 Lead가 크기 때문에 Bite의 형상이 중요하다. 보통의 한 줄 나사 가공을 할 때와 같은 Tip의 형상으로는 곤란하다. 그 원리를 알아보자.

비가 내릴 때 하늘에서 수직으로 곧장 떨어지고 있다고 하자. 우산을 쓴 사람이 천천히 걸어갈 때는 우산을 반듯하게 받쳐들고 가면된다. 하지만 우산을 쓴 사람이 달려갈 때는 비는 분명히 곧장 수직으로 내리지만 우산을 앞으로 비스듬히 받쳐야 된다.

　　나사가공도 마찬가지로 회전수가 일정할 때 Lead가 적은 한 줄 나사일 때는 Tip의 경사각이나 여유각에 영향을 주지 않지만 Lead가 큰 다줄 나사에서는 Tip의 경사각이나 여유각에 영향을 주게 되는 것이다.

　　그러므로 Bite를 제작할 때 잘 연구해야 한다.

　　즉 경사각은 마이너스각을 주어야 하며 여유각은 Bite 진행방향의 반대방향으로 비스듬하게 주어야 많은 양으로 진행하는 다줄 나사의 홈에서 방해를 받지 않을 것이다.

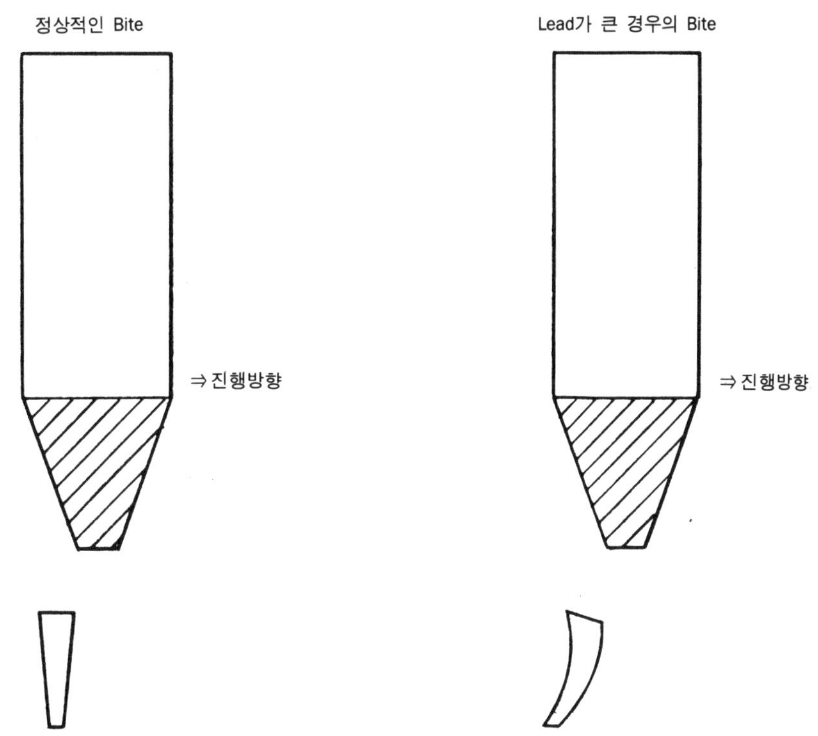

<삼각 나사는 표현이 곤란하므로 사다리꼴 나사를 예로 들었다>

10. G40 G41 G42 (Tool Nose Radius Compensation)
: 인선반경(nose r) 보정기능

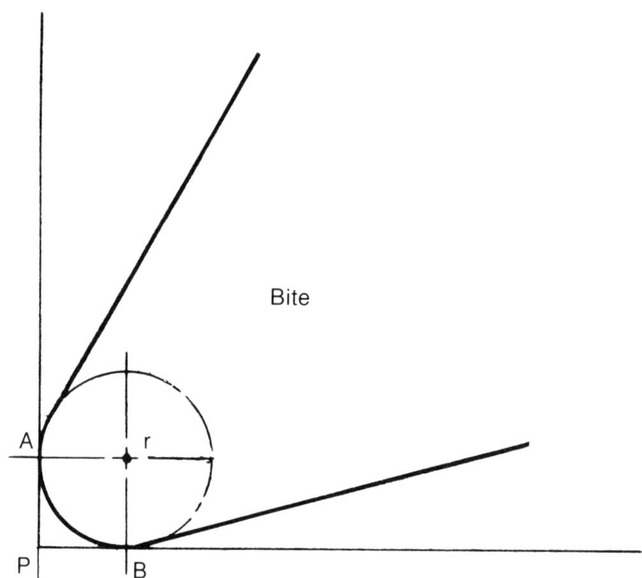

위 그림은 Bite의 끝을 확대한 것이다. 그림에서 보는 바와 같이 공구의 끝이 둥글기 때문에 실제작업을 할 때 X축의 기준은 B점이고 Z축의 기준은 A점이 된다. 그런데 program의 기준은 **가상인선**이라고 불리우는 P점이 되는 것이다. 따라서 90°직각이거나 180°straight 가공에서는 문제가 없지만 TAPER 가공이나 원호가공시에는 실제제품과 오차가 생기게 된다.

nose r에 의한 오차를 없애기 위해서는 2가지 방법이 있다. 첫째는 계산을 해서 prg 경로를 수정해 주는 것이고 둘째는 자동기능에 의하여 nose r을 보정하는 방법이 있다. 바로 이 자동으로 nose r을 보정하는 데에 관계되는 기능들이 G40, G41, G42이다.

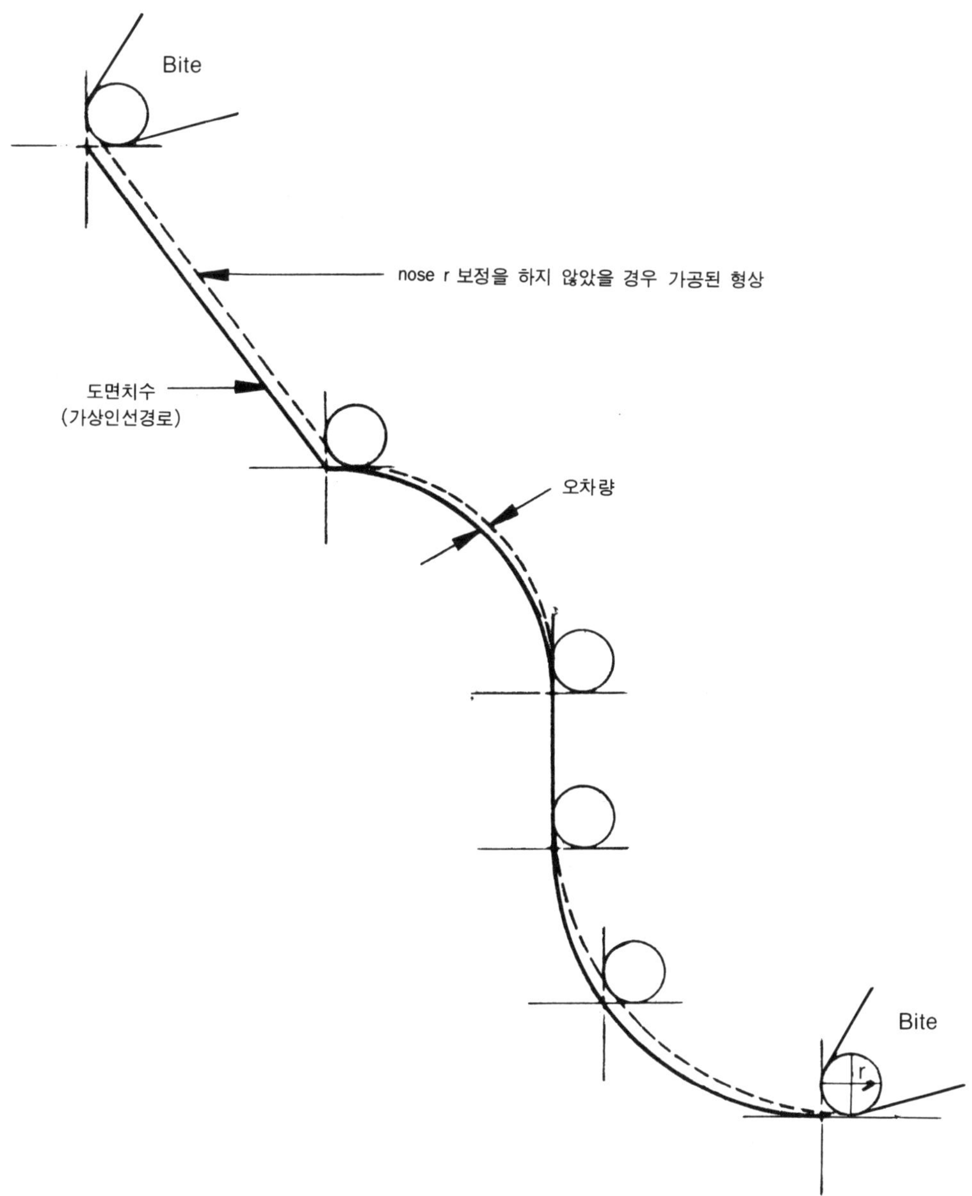

  위 그림과 같이 TAPER나 원호가공시에 nose r을 보정하지 않으면 실제 도면의 치수와 가공된 제품의 치수가 오차가 생기게 된다.
  인선반경 보정 G기능의 의미는 다음과 같다.

G40: nose r 보정기능 해제

G41: nose r 좌측 보정. 즉 Bite가 진행방향으로 제품의 좌측에 있으면 G41이다. 정상적인 가공일 경우 통상 내경 가공시는 G41이다.

G42: nose r 우측 보정 즉 Bite가 진행 방향으로 제품의 우측에 있으면 G42이다. 정상적인 가공일 경우 통상 외경가공시 G42이다.

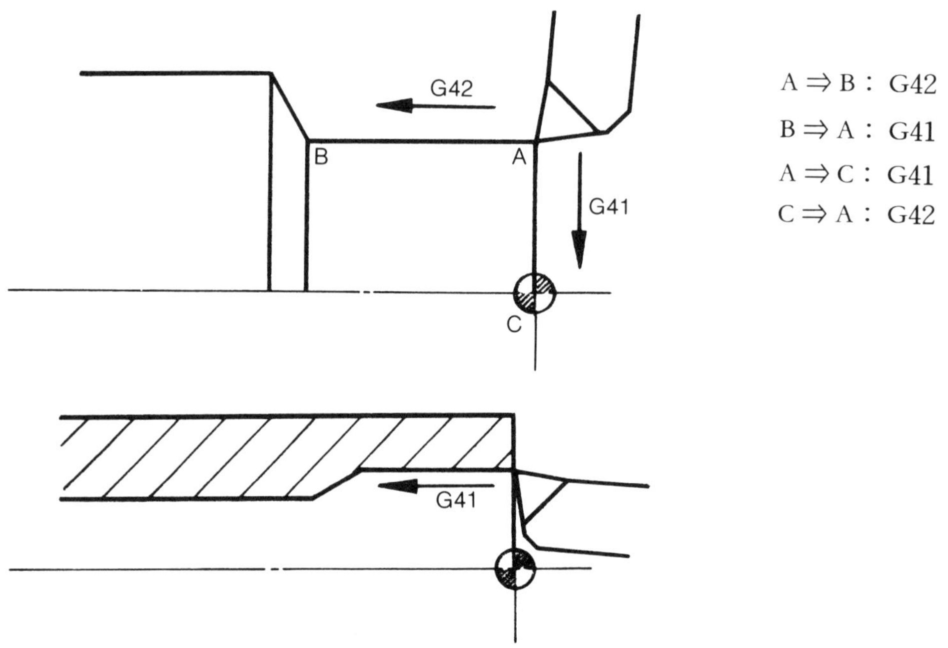

< 가상인선의 방향 >

가상인선의 방향은 nose r 중심에서 보아, 제품가공시 공구의 방향에 의하여 결정되며, nose r 보정량과 함께 NC 화면의 공구보정 화면에 미리 입력시켜 놓아야 한다.

가상인선의 방향은 8종류이며, 이중 1가지를 선택하여 입력시킨다. 다음 그림을 보고 가상인선의 방향을 잘 익히자. 그림에서 화살표의 선단이 가상인선이다.

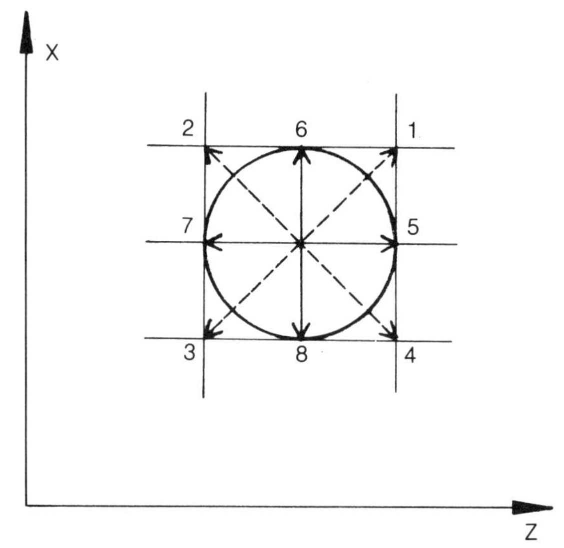

위 그림은 Bite(공구)의 nose r을 확대한 것이며 8개의 공구를 조합해 놓은 것이라고 생각

하면 되겠고, 자세한 것을 다음에 제시하니 잘 익히기 바란다.

가상인선 번호 1

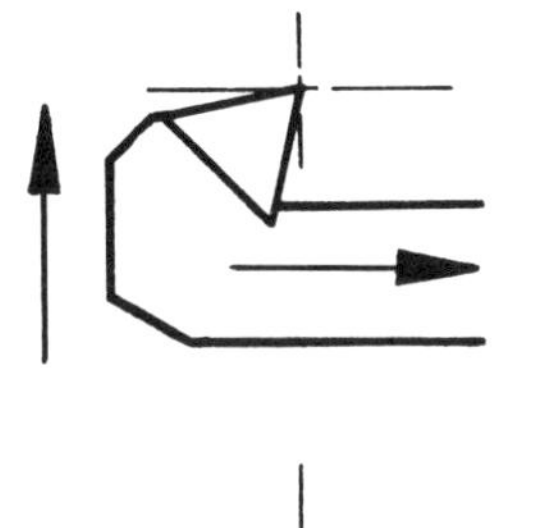

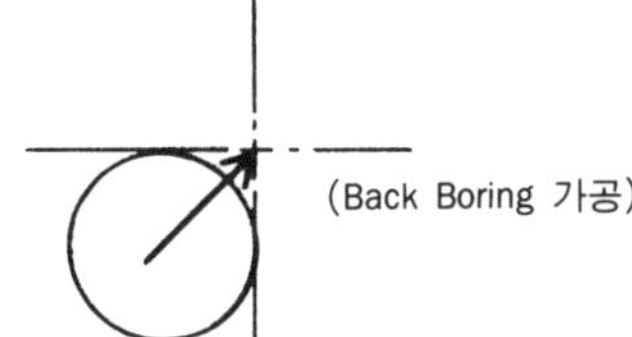

(Back Boring 가공)

가상인선 번호 2

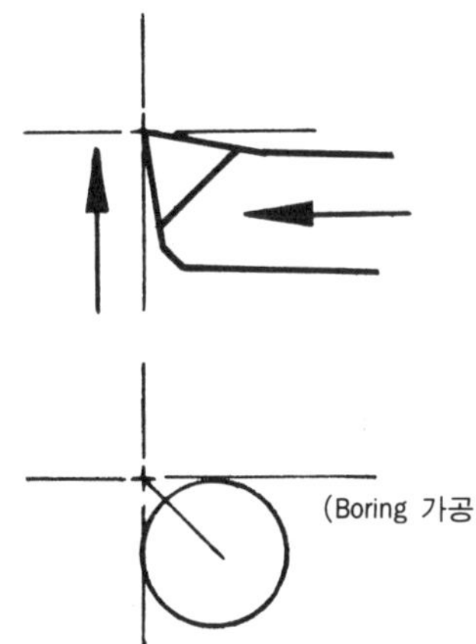

(Boring 가공)

가상인선 번호 3

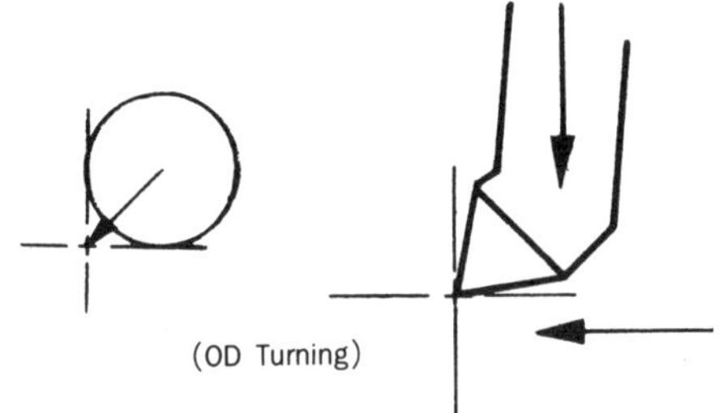

(OD Turning)

가상인선 번호 4

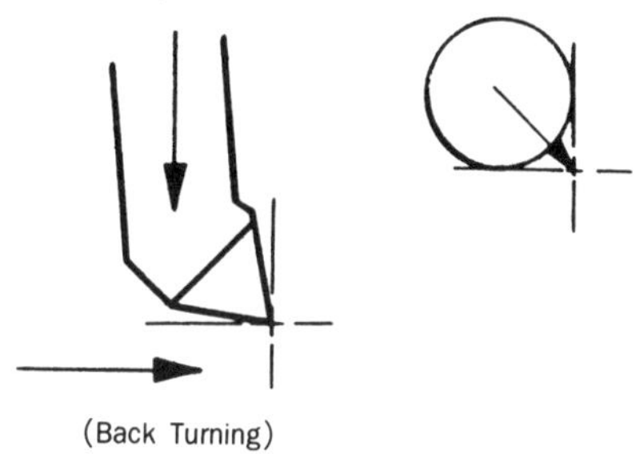

(Back Turning)

가상인선 번호 5

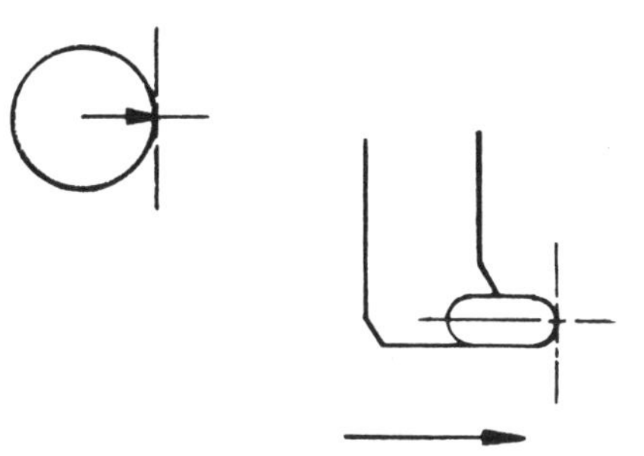

(Back Face Grooving)

가상인선 번호 6

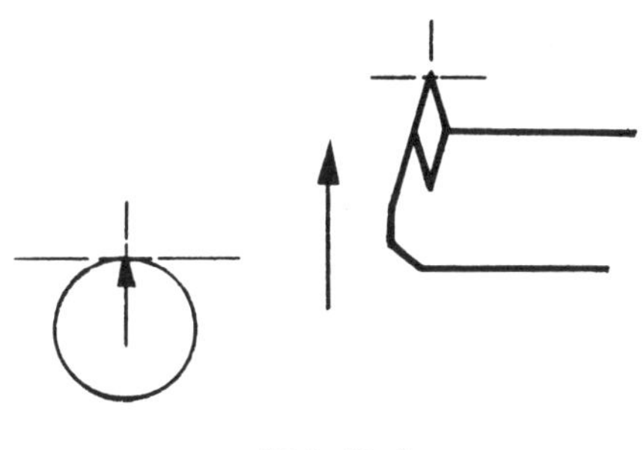

(ID Profiling)

가상인선 번호 7 가상인선 번호 8

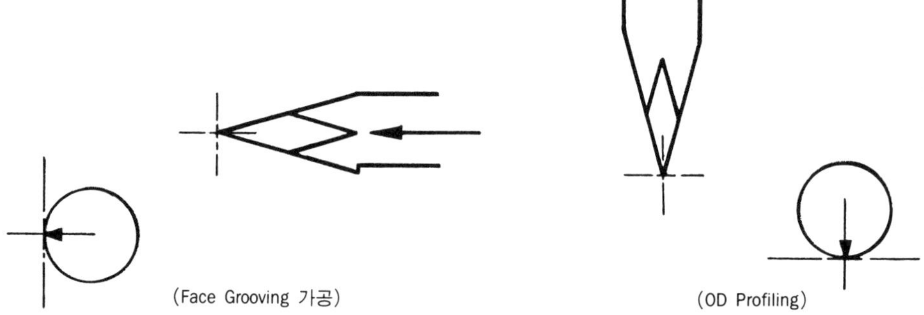

　　이상과 같이 자세히 가상인선 방향에 대해서 알아 봤는데, 실제로 외경을 가공할 때의 3번 내경을 가공할 때의 2번 이외에는 거의 필요치가 않다.
　　가상인선의 방향과 nose r 보정량을 NC의 다음과 같은 화면에 입력시킨다.

No (offset 번호)	X (X축 보정량)	Z (Z축 보정량)	R (nose r)	T (가상인선방향)
01	1.234	0.123	0.8	3
02	0.456	1.345	0.4	2
03	⋮	⋮	⋮	⋮
⋮				

T 0101 ; (nose r 0.8, 외경가공)
T 0202 ; (nose r 0.4, 내경가공)

　　이상과 같은 지식을 가지고 이제 실제 prg에서 사용해 보기로 한다.

① 착수절(Start Up Block)

　　G40 Mode 즉 nose r 보정기능이 해제된 상태에서 nose r 보정을 실행하기 위하여 G41 또는 G42를 지령하는 Block(절)을 착수절이라고 한다.

　　　G40＿＿;　　　　　　　　　　G40＿＿;

　　G42＿＿; (착수절)　　　　　　　＿＿;

　　　　＿＿;　　　　　　　　　G41＿＿; (착수절)

　　　　＿＿;　　　　　　　　　　　＿＿;

* G41 혹은 G42 착수 지령은 반드시 G01 또는 G00 Mode에서 수행해야 한다. 만약 G02 혹은 G03 Mode에서 착수 지령을 하면 Alarm이 발생한다.

      G00 G42＿＿; (○)

           ＿＿;

      G01 G42＿＿; (○)

           ＿＿;

      G02 G42＿＿; (×)

(외경절삭)

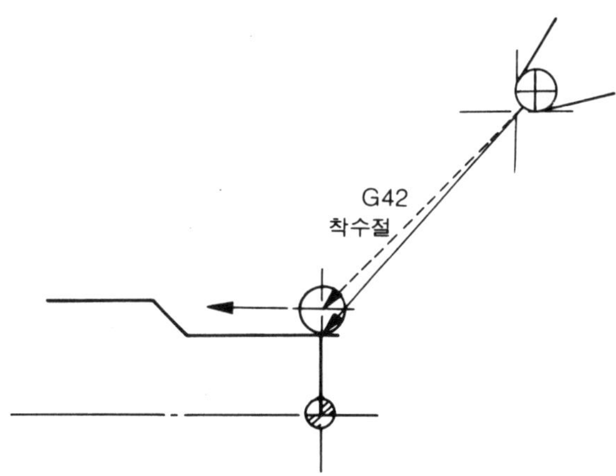

(단면절삭)

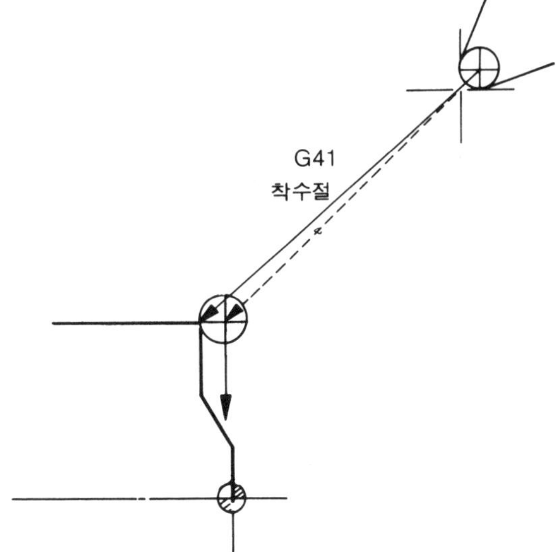

* G41 혹은 G42 착수 지령은 반드시 G01 또는 G00 Mode에서 수행해야 한다. 만약 G02 혹은 G03 Mode에서 착수 지령을 하면 Alarm이 발생한다.

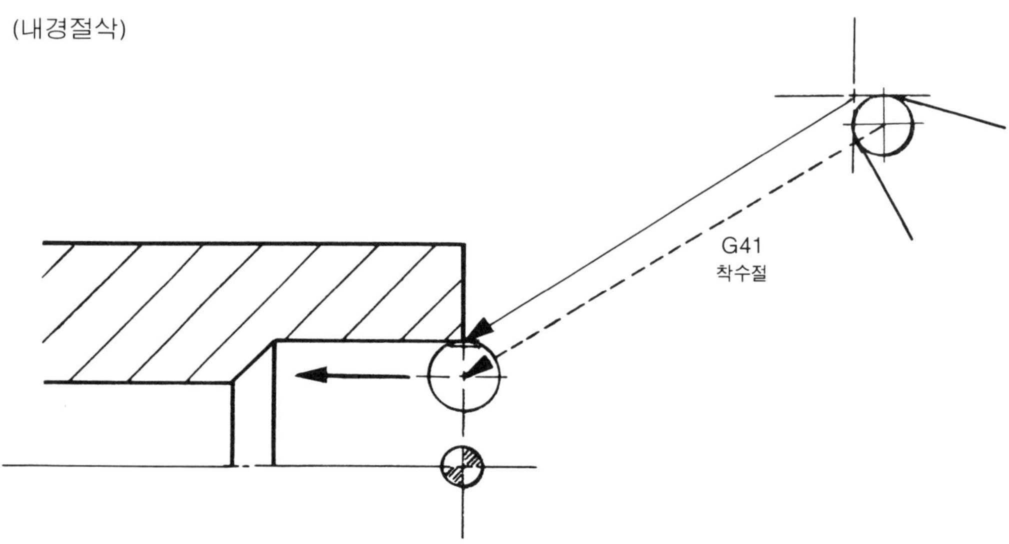

위 그림과 같이 착수절에서는 보정을 하기 위한 공구이동이 수행되는 데 착수절 끝점에서의 인선 중심의 위치는 바로 다음 지령절의 program 경로에 대해 수직하게 위치한다. 이때 실제의 절삭인선으로부터 인선중심까지의 벡타를 인선중심 보정 벡터라고 하며 이 벡터의 크기는 항상 같으며 방향은 program 경로에 대해 수직한 방향으로 바뀌면서 인선반경 보정경로를 결정한다. 그리고 착수절 이후의 보정 mode에서는 2개의 지령절을 동시에 읽어들임으로써 하나는 수행하고 다음 하나는 인선반경 보정 Buffer(버퍼)에 담아 놓음으로써 한 지령점 끝점에서의 보정 벡터를 결정하며 다음 지령절의 경로를 제시한다.

위에 적은 말이 무슨 뜻인지 이해가 잘 가지 않을 것이므로 다시 그림으로 설명하겠다.

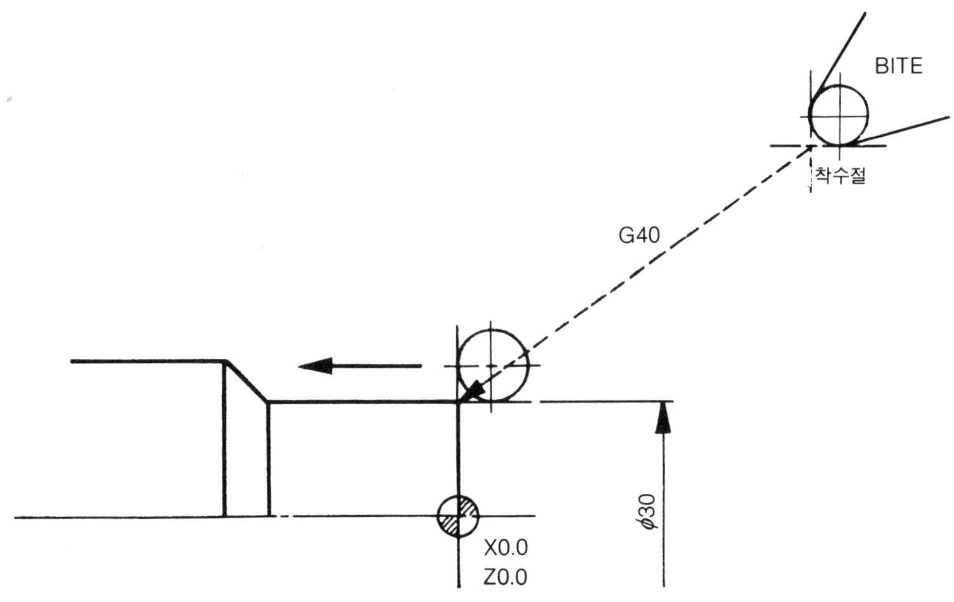

nose r 보정기능을 사용치 않은 경우 즉 G40의 상태이다.

G40___ ;
G00 X30.0 Z0.0 ;
___ ;

위와 같이 가상인선의 위치가 Z0. 0의 위치에 온다. Z0.0에서 인선중심과 는 수직이 아
니다.

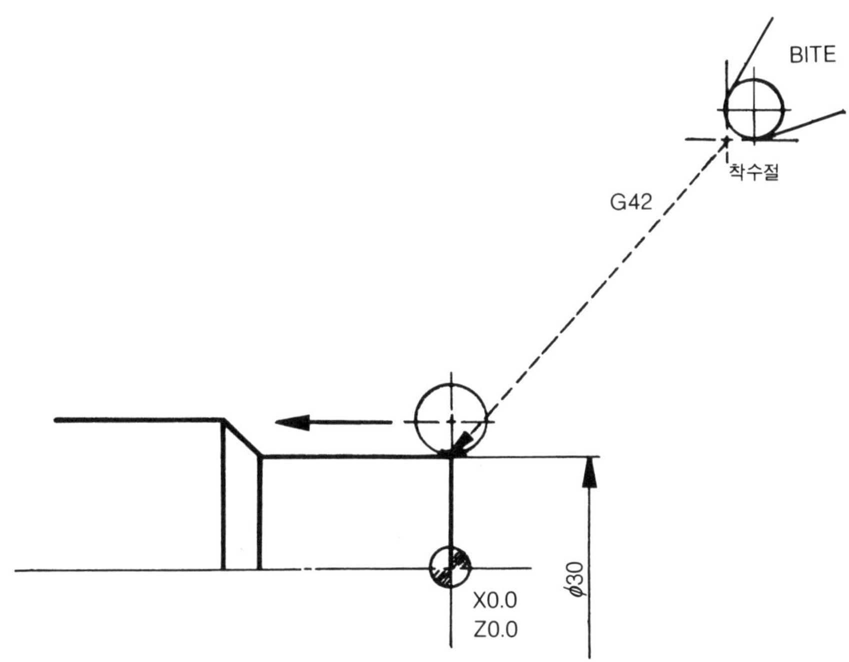

nose r 보정기능을 사용한 경우 즉 G42의 상태이다.

G42 G00 X30.0 Z0.0 ;
_________ ;

위와 같이 인선중심의 위치가 Z0. 0의 위치에 온다. 따라서 Z0.0에서 인선중심과
는 수직이다.

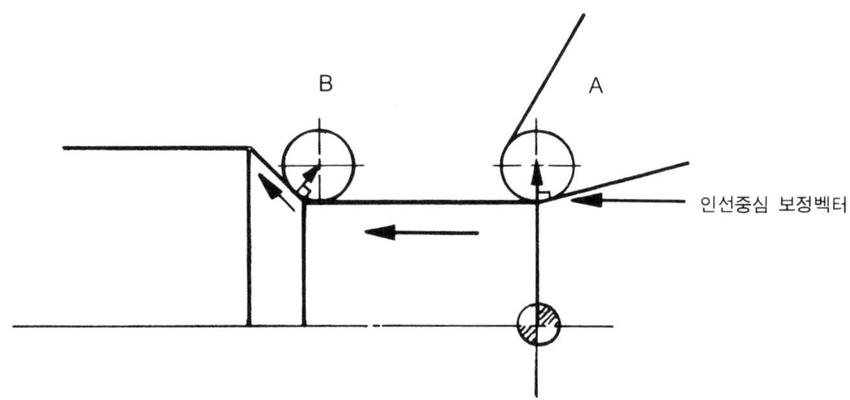

　A에서의 인선중심 보정벡터와 B에서의 인선중심 보정벡터가 똑같게 하기 위해서 그림과 같이 B의 경로와 인선중심이 수직이 되게 위치함으로써 자동으로 인선보정이 이루어지는 것이다.

　A의 경로를 절삭하면서 B의 경로를 읽어들임으로써 A의 경로 끝점에서 보정벡터를 결정하여 다음 지령절인 B의 경로를 제시한다. 인선중심 보정벡터는 항상 program 경로에 대해 수직한 방향으로 바뀐다.

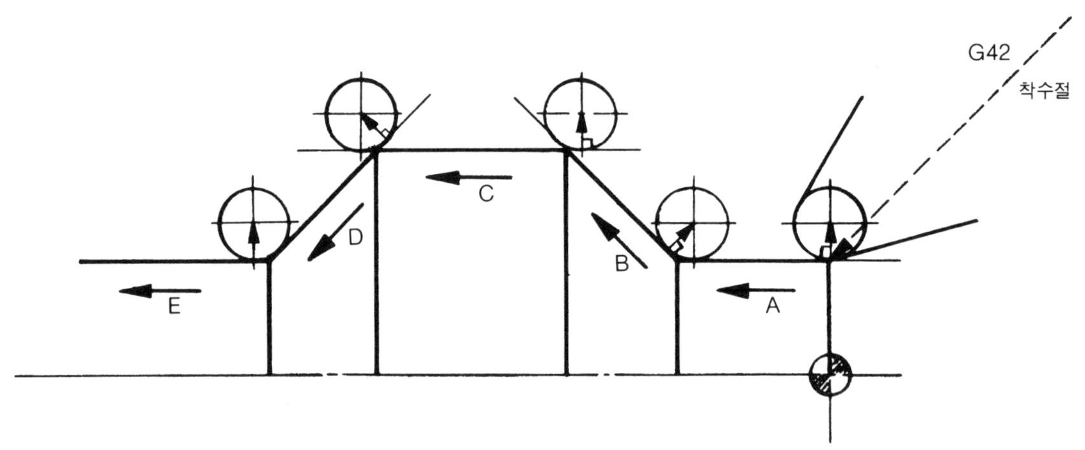

　위의 그림에서 보는 바와 같이 인선반경 보정 착수절의 끝에서는 바로 다음 경로인 A의 경로와 인선반경 중심이 수직이 되게 위치하며, A의 끝에서는 B의 경로와 인선중심이 수직이 되게 위치하되 인선중심 벡터가 A와 같아야 하므로 그림과 같이 위치하게 된다.

　B의 끝에서는 C의 경로와 수직되게, C의 끝에서는 D의 경로와 수직되게 위치하되 인선중심의 벡터가 역시 같아야 하므로 그림과 같이 위치하며 D의 끝에서는 E의 경로와 수직되게 위치한다.

  G41, 혹은 G42를 사용하여 이와 같이 자동으로 program 경로를 수정함으로써 도면의 치수와 실제 가공된 제품의 치수가 같아지는 것이다.

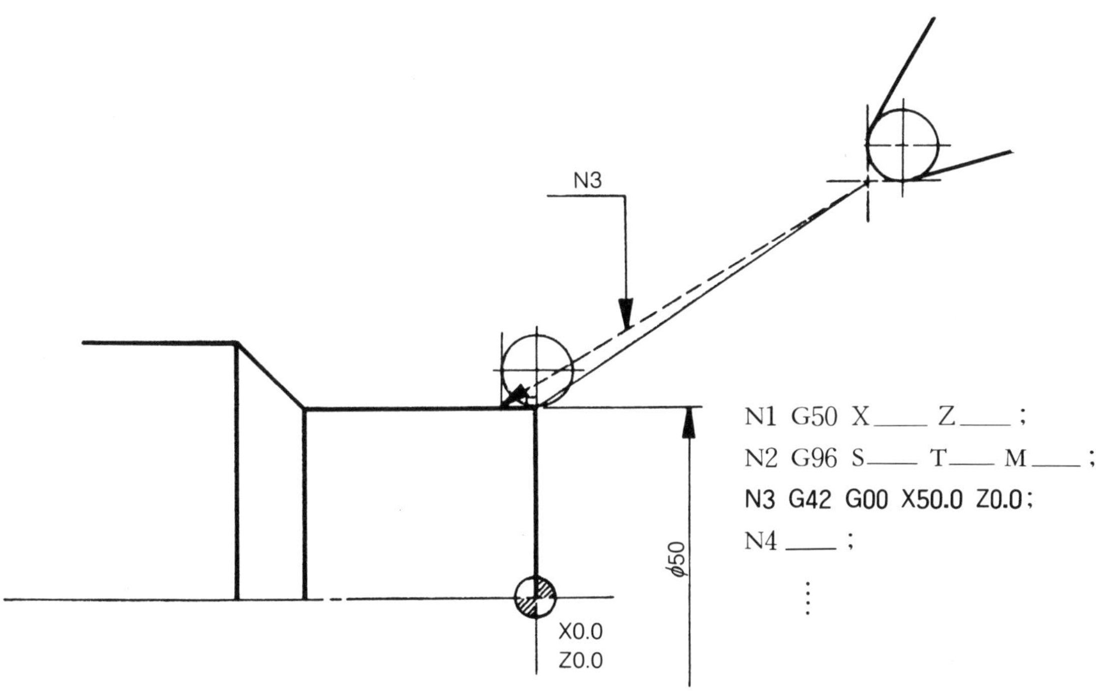

② 취소절(Offset Cancel Block)

  G41 또는 G42 mode로부터 nose r 보정 해제기능 즉 G40 mode로 바뀌는 지령절을 보정취소절이라한다.

```
G41 ___ ;              G42 ___ ;
    ___ ;                  ___ ;
    ___ ;                  ___
G40 ___ ;(보정취소절)    G40 ___ ;(보정취소절)
```

  취소절 바로 앞의 지령절의 끝점에서는 인선중심이 program 경로에 대해 수직으로 위치하고 취소절 끝점에서는 가상인선이 program경로에 위치한다.

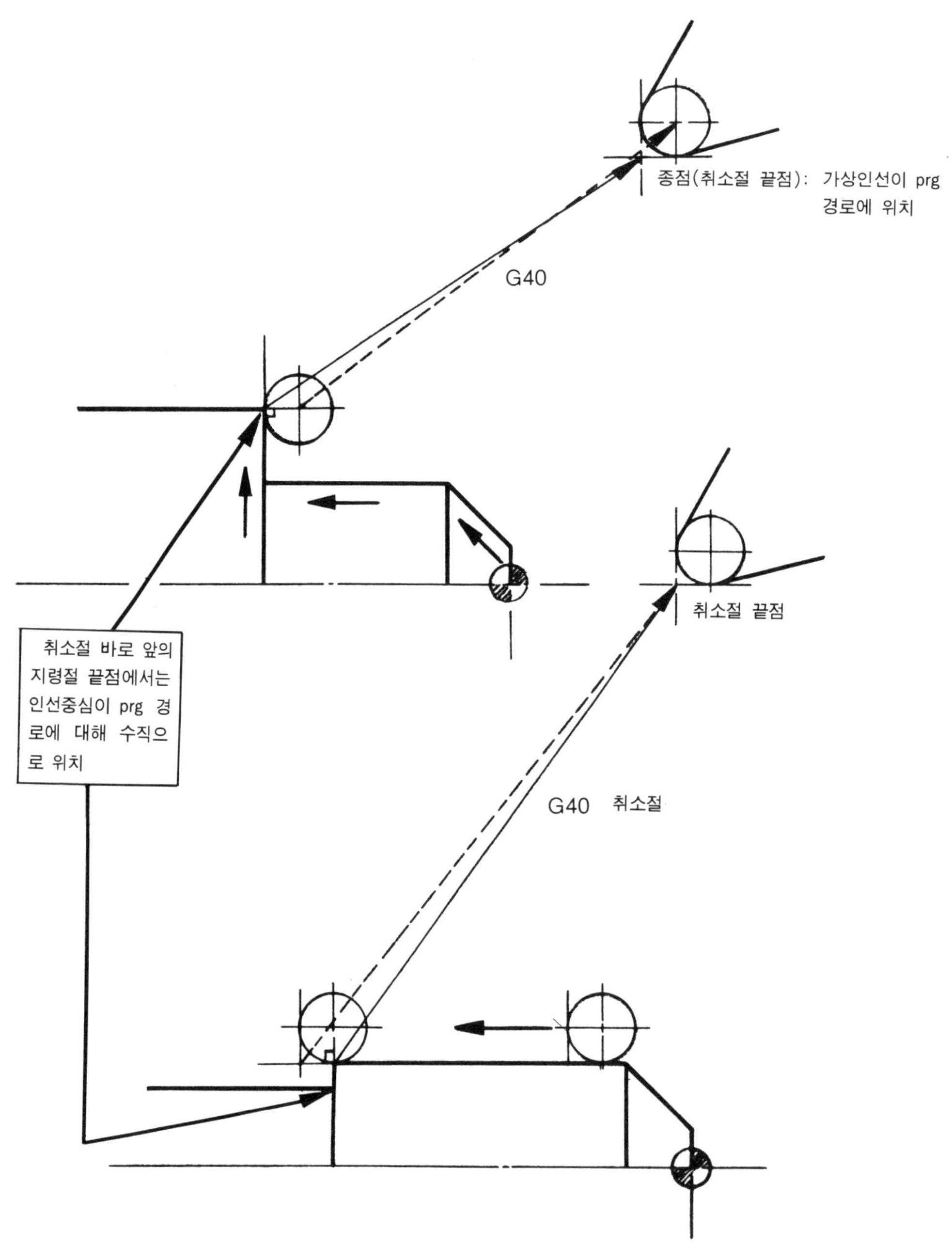

* 취소절 역시 착수절과 마찬가지로 G02 혹은 G03 mode에서 사용할 수 없다.

③ G41 또는 G42 Mode에서 다시 G41 또는 G42를 지령할 때는 G41 또는 G42가 다시 지령된 바로 앞 지령절의 끝점에서 인선중심은 그 program 경로에 대해 수직으로 위치한다.

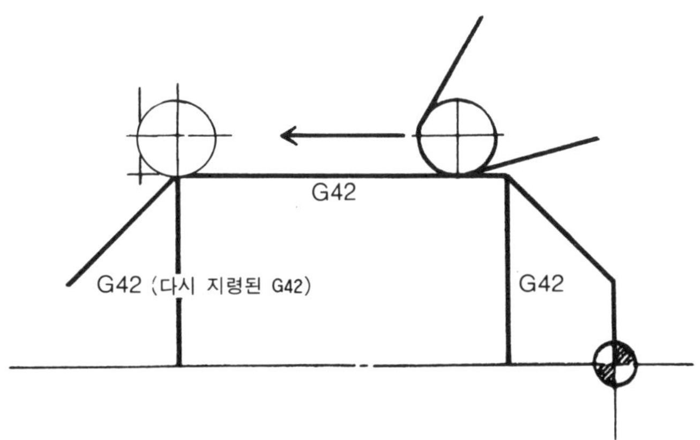

그러나 위 그림에서 G42 mode 중에 다시 G42 지령이 없으면 끝점에서 인선중심은 다음 경로에 대해 수직하게 위치한다(아래 그림).

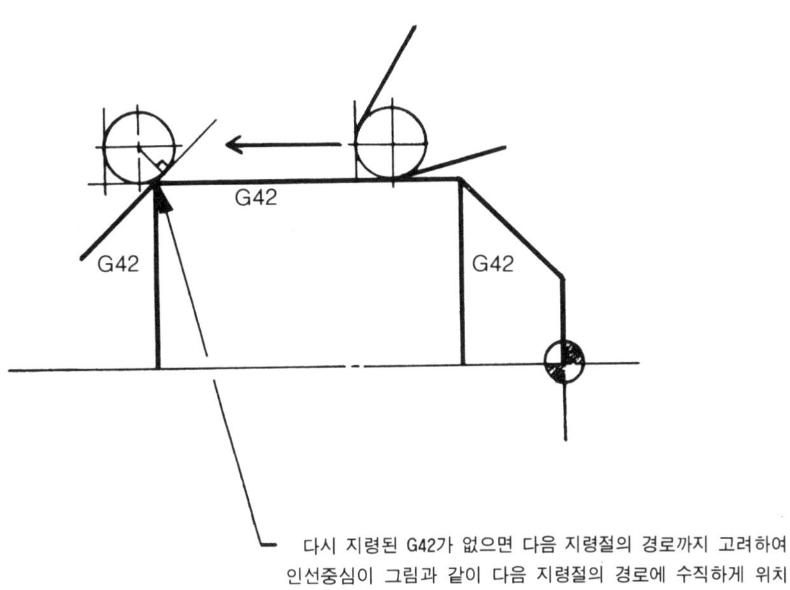

④ 다음 그림과 같은 소재 형상에서 G42 지령절 끝점에서 인선반경보정 취소절(G40)과 함께 공구를 도피시킬 경우

G40 G00 X(U)____ , Z(W)____ , I____ , K____ ;

이렇게 I.K를 함께 지령해야 한다.

여기서 I.K는 G42 지령절 끝점 다음의 소재형상으로 증분치로 지령한다. 또한 반경치로 지령한다.

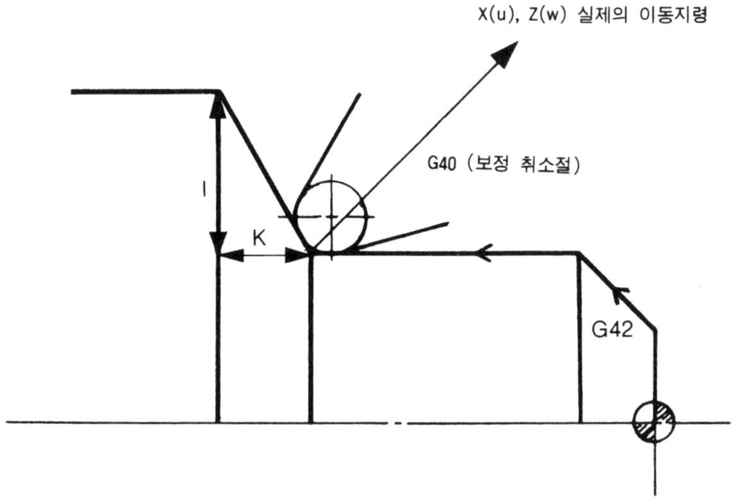

위와 같은 형상에서 I.K를 지령치 않고 G40과 함께 공구를 도피시킬 경우에는 다음과 같이 G42 끝점에서 오차가 생긴다.

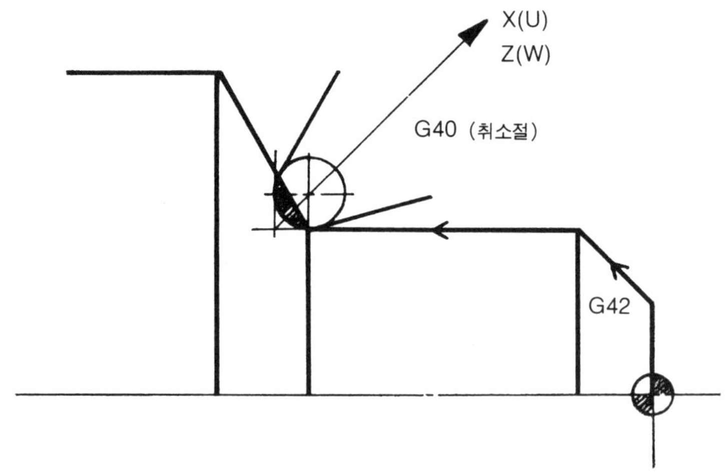

G40 G00 X(U)＿＿＿, Z(W)＿＿＿ ; 이렇게 지령한 경우 위와 같음.

I＿, K＿ ; 는 반드시 G40과 같은 Block(지령절)에 지령해야 인선반경 보정의 의미를 가지며 만약 G40이 지령되지 않은 Block에서 I.K가 지령되면 면취로 해석되며, G02 또는 G03과 지령되면 원호로 가공이 된다.

G40	X＿＿ Z＿＿ I＿＿ K＿＿ ;	인선반경 보정
	X＿＿ K＿＿ ; Z＿＿ I＿＿ ;	면 취
G02	X＿＿ Z＿＿ I＿＿ K＿＿ ;	원 호

이미 G40으로 되어있는 즉 offset cancel Mode에서 다시 G40과 함께 I＿＿ , K＿＿ ; 가 지령되면 I. K는 무시된다.

    G40 G01 X＿＿ , Z＿＿ ;
          ＿＿＿＿ ;

    G40 G00 X＿＿ Z＿＿ I＿＿ K＿＿ ;
                      아무 의미 없음.

인선반경 보정에 관하여 몇 가지 연습을 해 보자.

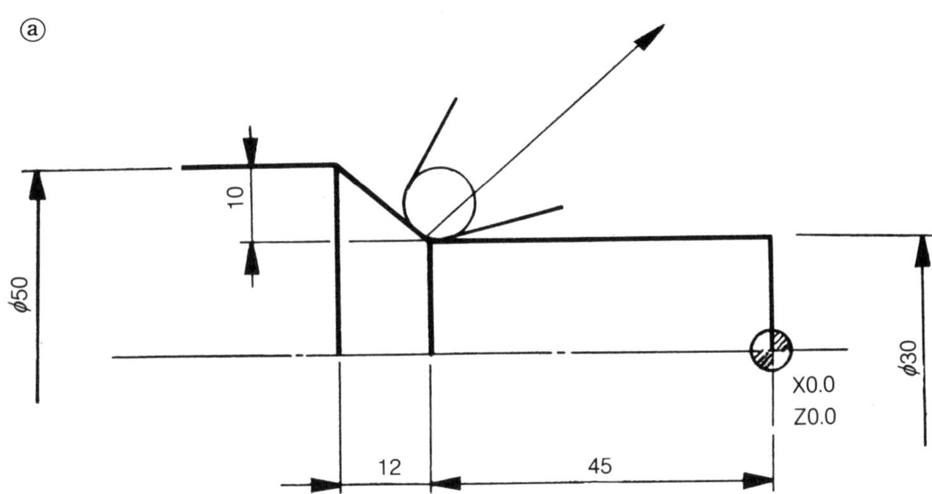

    G42 ＿＿ ;
       ＿＿ ;
    G01 X30.0;
          Z－45.0;
    G40 G00 X100.0 Z100.0 I10.0 K－12.0

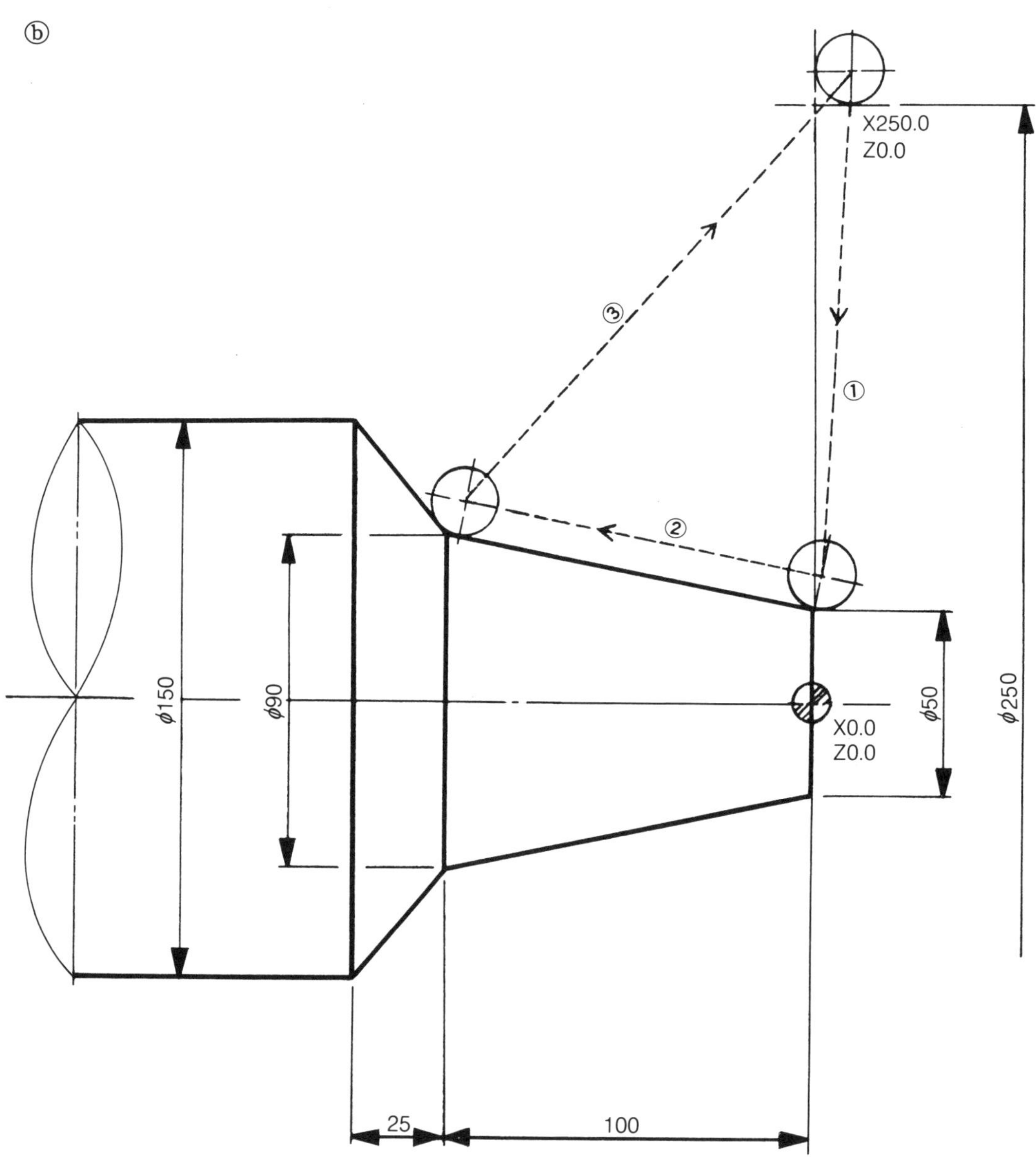

① G42　G00　X50.0；
② G01　X90.0　Z－100.0(W－100.0)；
③ G40　G00　X250.0　Z0.0　I30.0　K－25.0；

ⓒ

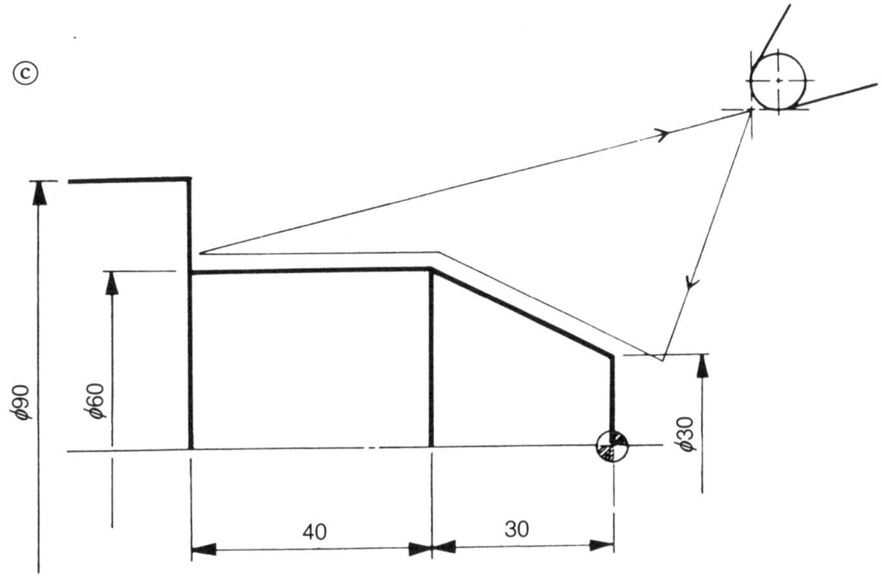

G50 X＿＿ Z＿＿ ;
G42 G0 X25.0 Z5.0;
G01 X60.0 Z－ 30.0(W－ 35.0);
Z－70.0;
G40 G00 I 15.0;

ⓓ

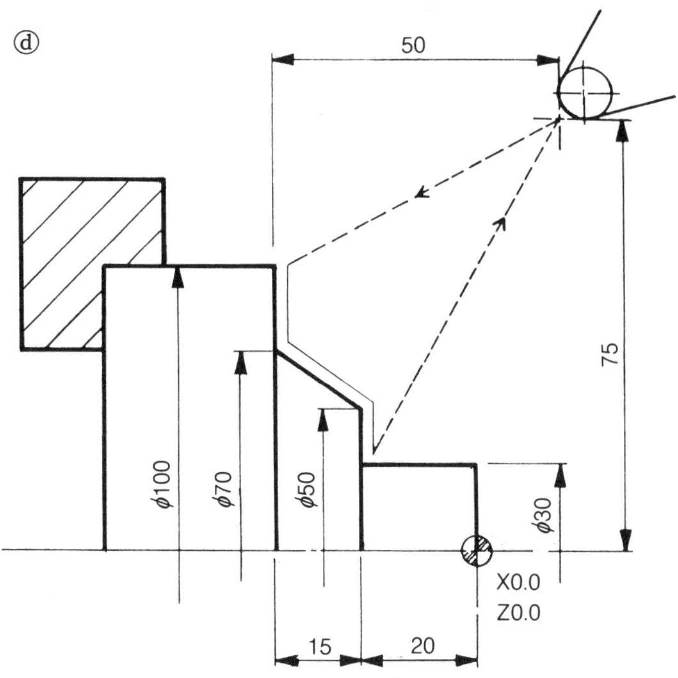

```
G50  X150.0  Z15.0;
G41  G00  X105.0  Z ___ 35.0;
G01  X70.0  F0.3;
     X50.0  Z ___ 20.0;
     X30.0;
G40  G00  X150.0  Z15.0  K20.0;
```

* program에는 단지 공구의 경로만을 알기 위한 것이
  기에 S기능, T기능, M기능은 생략했음

ⓔ

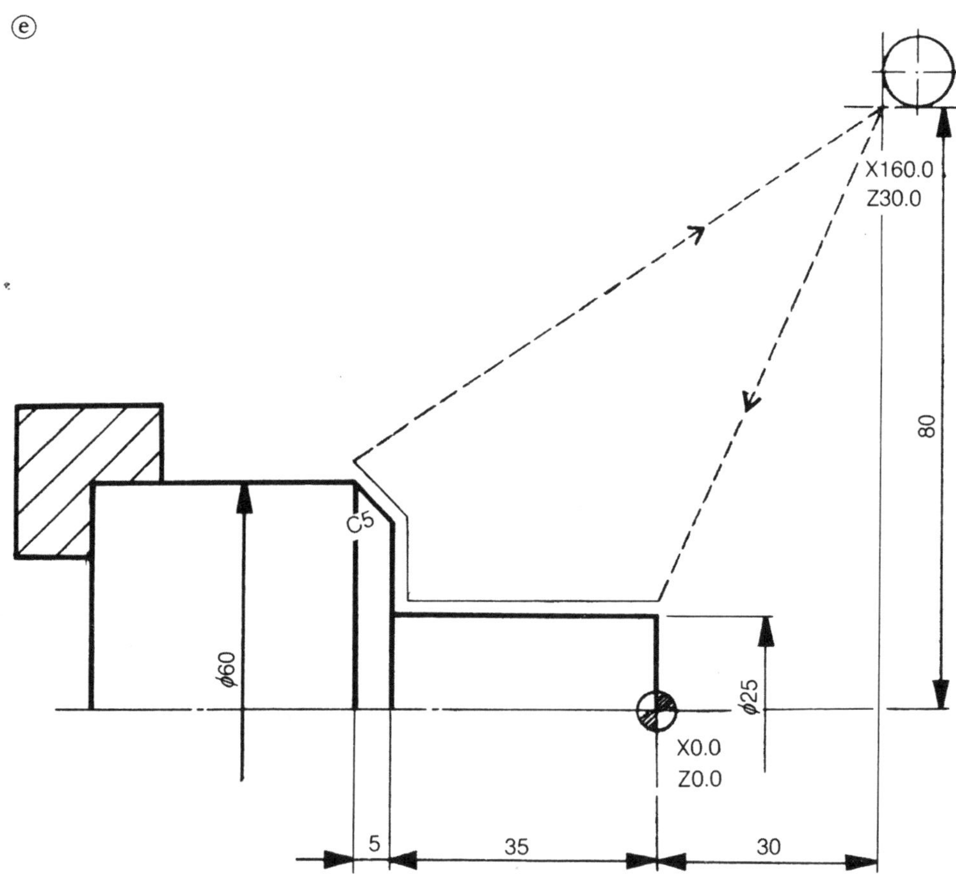


```
G50  X160.0  Z30.0;
G42  G00  X25.0  Z5.0;
G01  Z-35.0  F0.3;
     X50.0;
     X65.0  W-7.5(Z-42.5);
```

Ⓕ

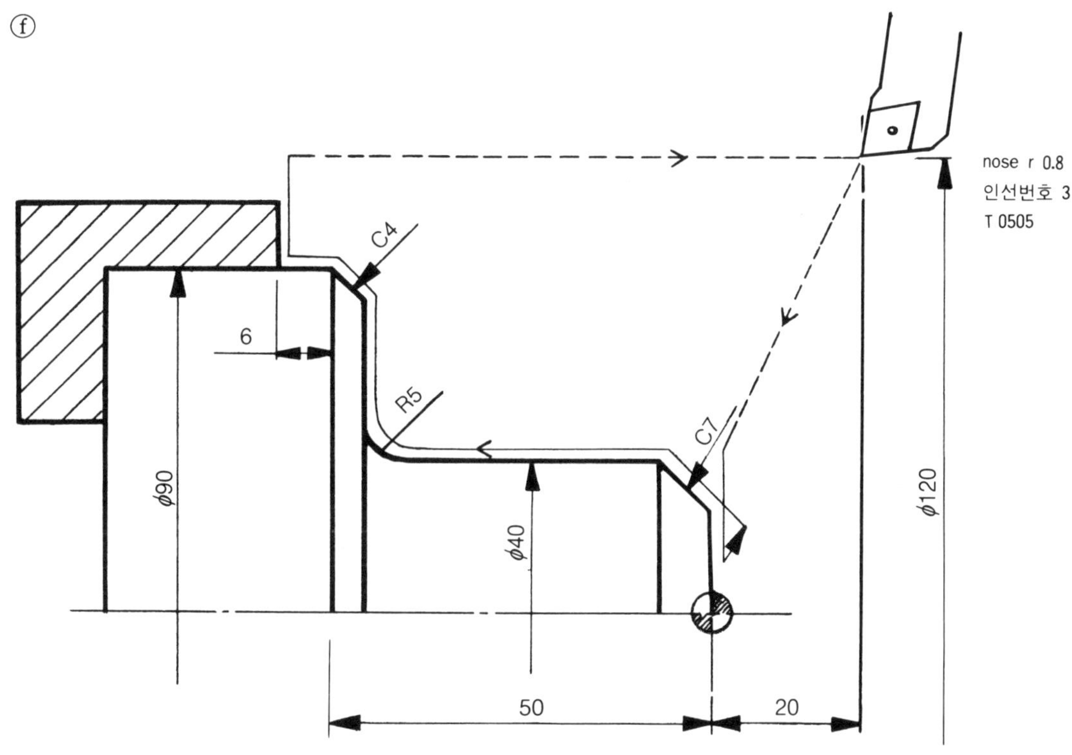


```
G50  X120.0  Z20.0;
G00  X45.0  Z0.0;
G01  X-1.6  F0.3;←─ 단면을 가공시 X0.0이 아니고 X-1.6인 이유
G42  G00  X22.0  Z2.0;
G01  X40.0  Z-7.0(W-9.0);
     Z-41.0;
G02  X50.0  Z-46.0  R5.0;
G01  X82.0;
     X90.0  W-4.0(Z-50.0);
     W-5.0(Z-55.0);
     U2.0(X92.0);
G40  G00  X120.0  Z20.0;
```

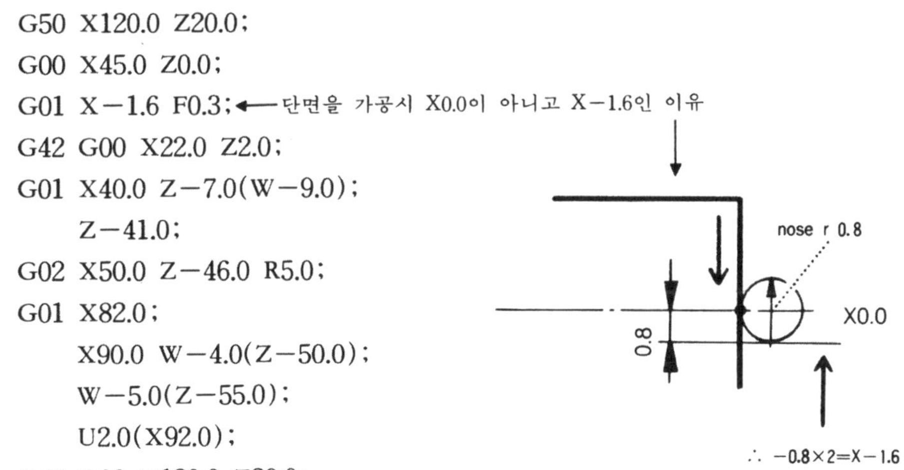

위의 prg은 Bite의 경로만을 제시한 것이고 실제 가공을 한다면 다음과 같은 prg이 될 것이고 경험상 가장 편리한 것으로 보이겠다.

$\overline{0}$ $\underline{0001}$ $\underline{M8}$; (①→prg번호를 나타내는 알파벳 문자 $\overline{0}$ ②→prg번호 ③→절삭유, ON 가능한 한 절삭유는
①　②　　③　　　　빨리나오게 한다)

G30 U0 W0 ; (제 2원점)

G50 X 120.0 Z 20.0 $\underline{S 2000}$ $\underline{T 0300}$ $\underline{M 42}$;
　　　　　　　　　　(최고 회전수 제한) (공구 선택) (기어2단 또는 High)

G96 G0 X41.0 Z0.0 $\underline{S180}$ $\underline{T0303}$ $\underline{M3}$;
　　　　　　　　　(절삭 속도)　↑　　(주축 정회전)
　　　　　　　　　　　(공구 3번에 공구 보정 3번)

G1 X−1.6 $\underline{F0.2}$;
　　　　　(절삭 이송 회전당 0.2)

G42 G0 X24.0 Z1.0 ;

G1 X40.0 W−8.0 (Z−7.0) F0.3 ;
　　Z−41.0 ;

G2 X50.0 Z−46.0 R5.0 ; (원호가공, 과거에는 I.K를 사용하였지만 요즈음 거의 R을 사용함)

G1 X82.0 ;
　　X90.0 W−4.0 ;
　　Z−55.0(W−5.0) $\underline{M9}$;
　　U1.0(X91.0) ;　　　(절삭유 off)

G40 G0 X120. Z20.0 T0300 $\underline{M5}$;
　　　　　　　　　　　(주축 정지)

M30 ;
(prg 끝, M02를 사용하기도 하지만 M30으로 통일하겠다.)

★ G00→G0, G01→G1, G02→G2, ……
　　이와 같이 숫자 앞에 0은 생략해도 됨. 그러나 G40→G4와 같이 숫자 다음의 0은 생략하면 절대로 안된다.
　　M03→M3, M04→M4, M05→M5, M08→M8, ……

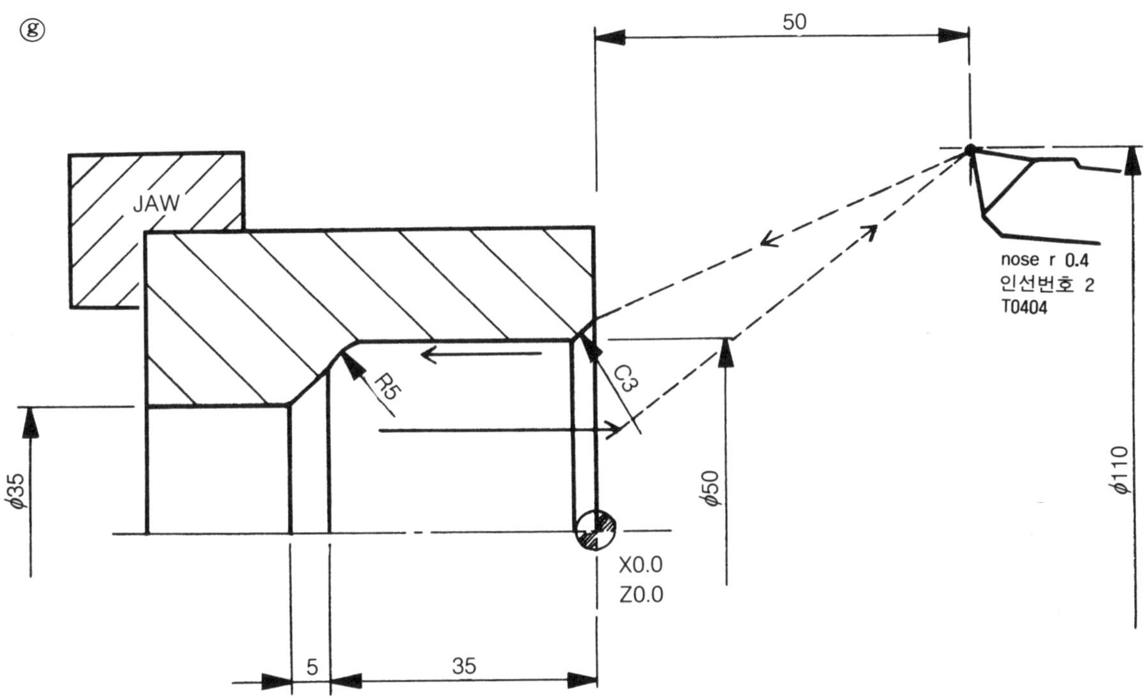


```
G50  X110.0  Z50.0  T0400;
G41  G0  X58.0  Z1.0  T0404;
G1  X50.0  Z−3.0(W−4.0);
    Z−30.0;
G3  X40.0  W−5.0(Z−35.0)  R5.0;
G1  X35.0  W−5.0(Z−40.0);
    U−1.0(X34.0);
G40  G0  Z5.0;
G0  X110.0  Z50.0  T0400;
M30;
```

ⓗ

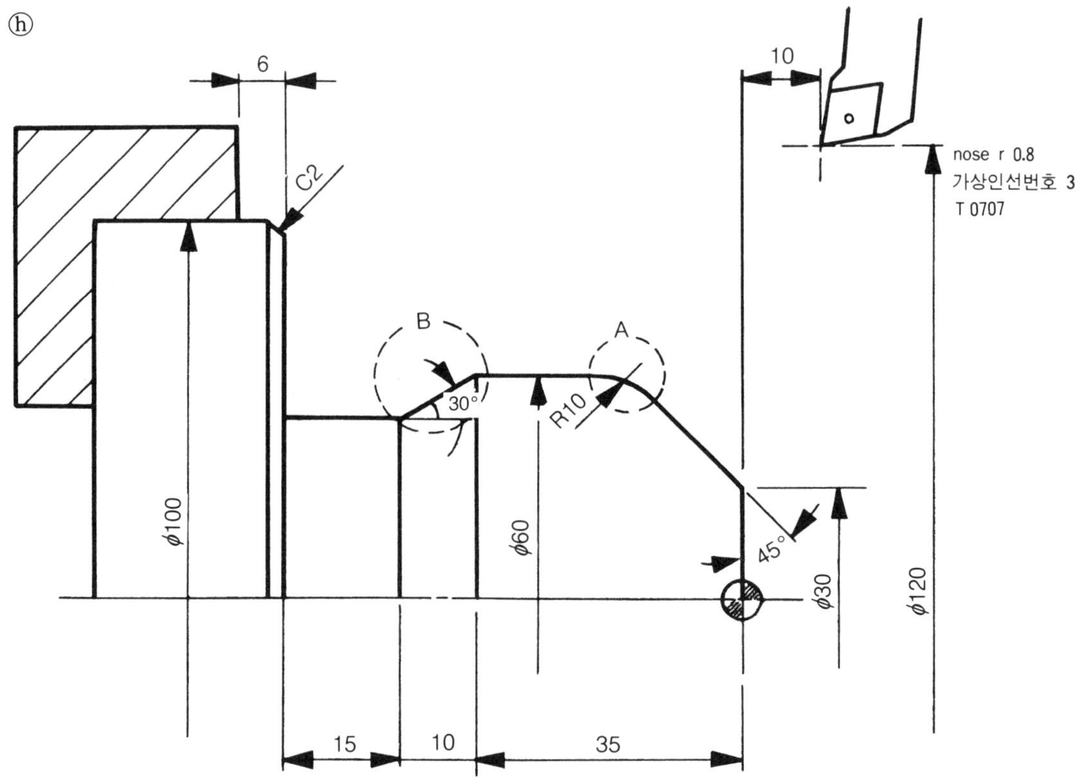

$\overline{\text{O}}$ 0008 M8;

G30 U0 W0;

G50 X120.0 Z10.0 S2000 T0700 M42;

G42 G96 G0 X28.0 Z1.0 S180 T0707 M3;

G1 X54.142 Z-12.071 F0.3;

G03 X60.0 Z-19.142(W-7.071) R10.0;

G1 Z-35.0;

   X48.453 W-10.0(Z-45.0);

   Z-60.0;

   X96.0;

   X100.0 W-2.0(Z-62.0);

   Z-65.5 M9;

   U1.0(X101.0);

G40 G0 X120.0 Z10.0 T0700 M5;

   M30;

앞의 program을 작성하는 데는 도면에서 A의 부분과 B의 부분은 계산을 해야만 한다. 이런 상황이 실제로 아주 많이 나오니 자세히 익히도록 하자.

먼저 A의 부분을 확대해서 알아보자.

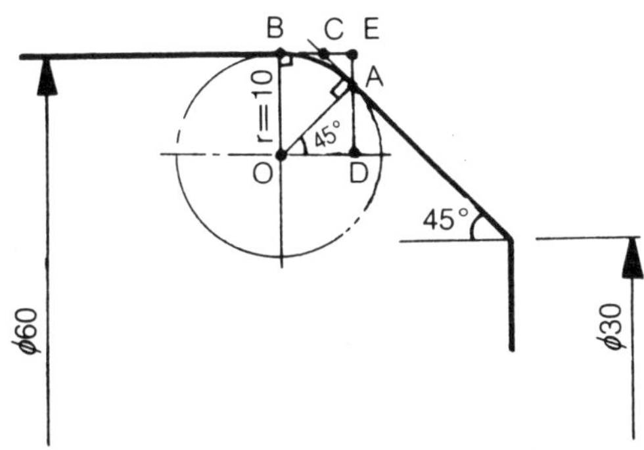

위 그림에서 prg에 필요한 좌표는 A점과 B점이다. 먼저 C점의 좌표는 $\dfrac{60-30}{2}=15$ 각이 45°이므로

∴ **X60.0 Z−15.0;**

그림에서 ∠BOC=∠COA=22.5°
$\overline{BC}$=tan 22.5×10=4.142 따라서 B의 Z값은 15+4.142=19.142
∴ B의 좌표는 **X60.0 Z−19.142;**

△AOD에서 $\overline{DO}$=cos 45×10=7.071 따라서 A의 Z값은 19.142−7.071=12.071

$\overline{AD}$=sin 45×10=7.071

$\overline{AE}$=10−7.071=2.929 그런데 X값은 2배해야 한다.

　따라서 A의 X값은 60−(2.929×2)=54.142

∴ A의 좌표는 **X54.142 Z−12.071;** 이 된다.

도면의 B의 부분에서

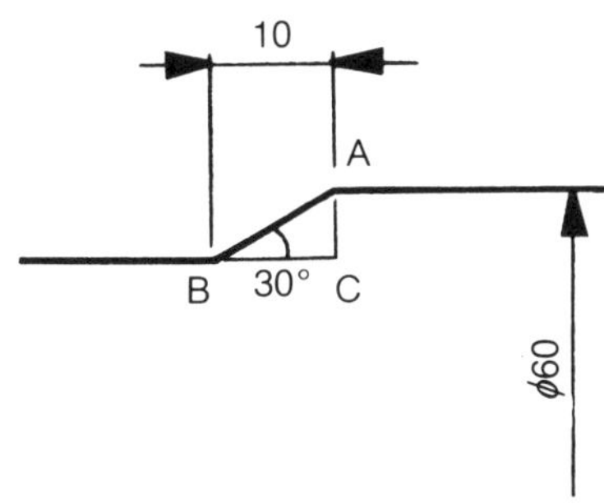

$\overline{AC}=\tan 30\times10=5.7735$ 그런데 X값은 2배해야 하므로

B점의 X값은 $60-(5.7735\times2)=$ **48.453**이 된다.

$\therefore$ B점의 좌표는 **X48.453 W−10.0;**

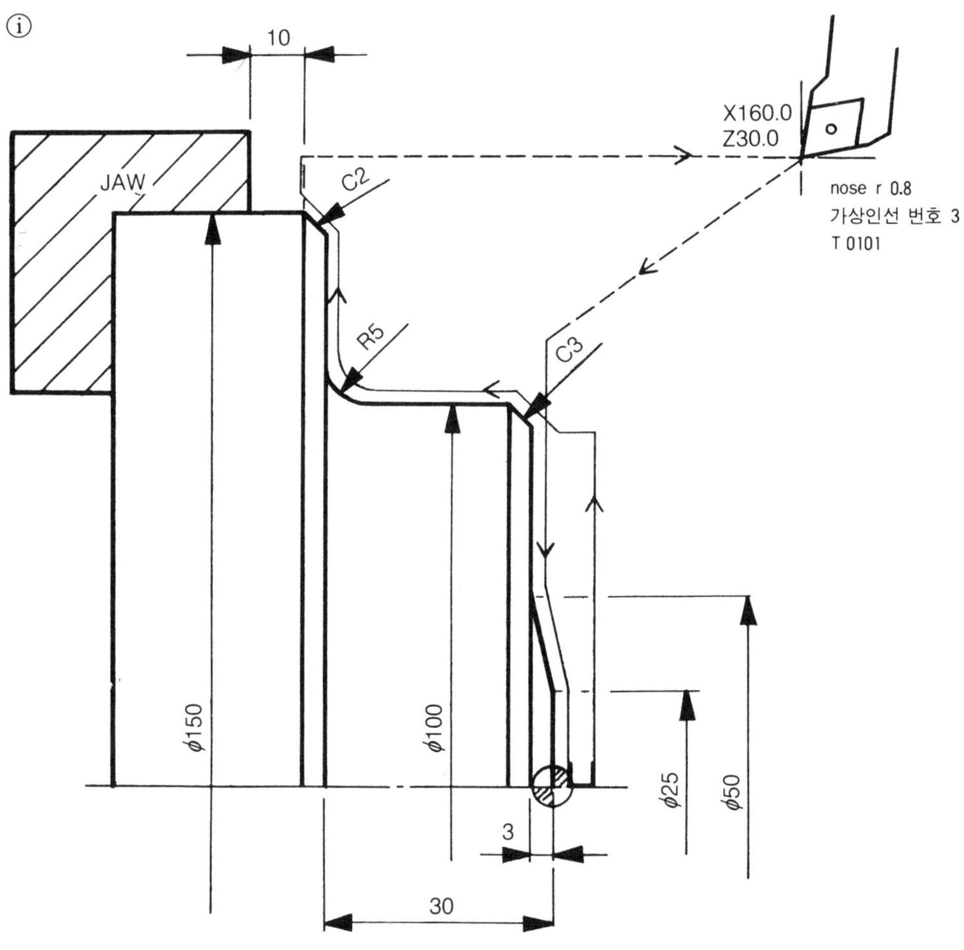

* 위와 같은 경우엔 G41, G42가 모두 필요함에 유의하자.

G41 G0 X105.0 Z−3.0;

G1 X50.0 F0.2;

　　X25.0 Z0.0 (W3.0);

　　X−1.6;

　　W 1.0;

G42 G0 X92.0;

　　　　Z−2.0;

```
G1  X100.0  Z−6.0(W−4.0);
    Z−25.0;
G2  X110.0  Z−30.0  R5.0;
G1  X146.0;
    X152.0  W−3.0;
G40  G0  X160.0  Z30.0;
```

다음과 같은 제품의 홈가공시에 nose r 보정하는 요령을 알아보자.

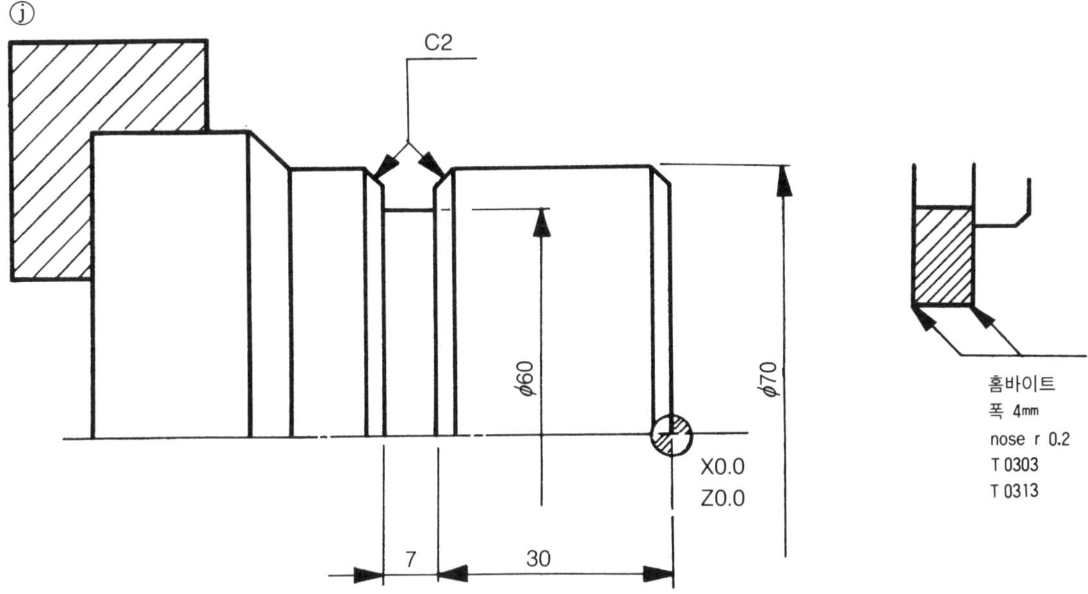

< 홈 가공 순서 >

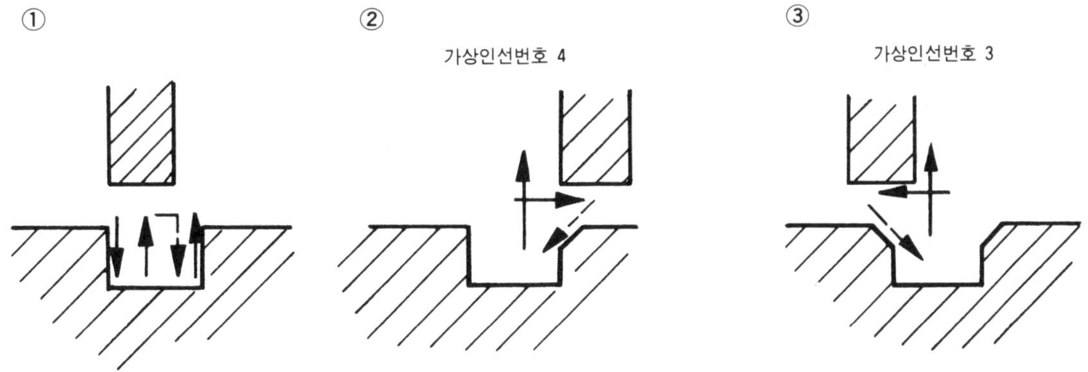

　홈 가공시에는 자동인선 r보정을 한다는 것은 극히 드문 일이고 또 필요성을 느끼지 않을 것이다. 적당히 Burr만 제거해 주면 충분하기 때문이다. 굳이 위와 같은 경우에 nose r을

보정하려면 공구는 3번 하나에 공구보정번호 둘을 사용하면 된다. 좌측 모따기시에는 보정 번호 3번에 가상인선 번호 3을 입력시켜 놓고 T0303하면 되겠고 우측 모따기할 때는 보정번 호는 3번이 아닌 다른 번호에 가상인선번호 4번을 입력시킨다. 예를 들어 13번에다 했다면 T0313 이렇게 하면 되겠다. 보정번호 2개를 사용할 때 반드시 주의할 점은 가상 인선번호 만 서로 다를뿐 다른 수치값 즉 X보정값 Z보정값 nose r 보정값 등 서로 똑같다는 것을 잊어서는 안된다.

No	OFX	OFZ	R	T
01	—	—	—	—
03	1.123	2.321	0.2	3
10	—	—	—	—
⋮	—	—	—	—
13	1.123	2.321	0.2	4
⋮	—	—	—	—

위 예제의 program은 (홈 가공만)

G0 X75.0 Z−37.0 T0313;(우측 모따기부터 하기 때문)
G1 X60.0 F0.08;
    X72.0 F0.5;
    W3.0(Z−34.0);(Tip의 폭이 4mm이니까 30+4=34)
    X60.0 F0.08;
    X72.0 F0.5;
G42 W3.0(Z−31.0);
    X65.0 W−3.5(Z−34.5) F0.08;
G40 X72.0 F0.5;
G41 Z−40.0 T0303;(좌측모따기)
    X65.0 W3.5(Z−36.5) F0.08;
G0   X75.0;
G40 X___ Z___ T0300;

⑤ 자동인선 반경(nose r) 보정시 주의할 점

공구의 이동이 없는 지령절을 단독으로 2개이상 연속으로 사용하지 말것.
이동이 없는 지령절은 다음과 같은 것들이 있다.

ⓐ M03 ·· M지령에 속한 것들
ⓑ S2000 ··· S지령
ⓒ G04 ·· 휴지

ⓓ G99 ·· G지령에서 이동이 없는 것
ⓔ G22 ·· 가공영역 설정

대충 이와 같은 것들이 있고, 만일 이동이 없는 지령절을 2개 이상 단독으로 연속해서
사용하면 앞 지령절의 끝점에서 인선의 중심은 그 지령절의 경로에 수직한 위치에 온다.
단 **G01 U0.0;** 이와 같이 거리이동이 없는 절삭지령을 했을 경우엔 단독으로 1개만 사용해도
그앞 지령절의 끝에서 공구인선 중심은 수직한 위치에 오게 된다.

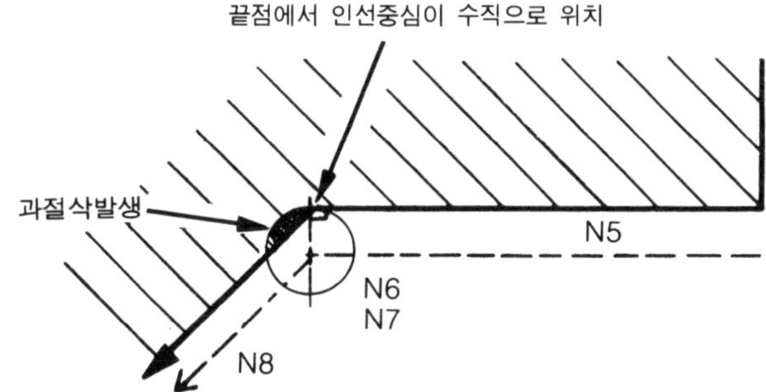

N5 G1W−100.0;
N6 S2000; ⎤ 이동이 없는 지령절
N7 M04; ⎦ 단독으로 2개 사용됨
N8 U−50.0 W−25.0;

기타 인선반경 보정시에 주의할 사항이 있는데 생략하기로 한다.

11 $\boxed{\text{G70}}$ — $\boxed{\text{G76}}$ (Multiple Repetive Cycle) : 복합 반복 사이클

이 기능들은 program을 보다 쉽고 간단하게 하기 위한 기능들이다. 우리가 보통 제품을
가공할 때 먼저 황삭으로 대충의 제품 형상을 만들어 놓고 그다음 도면의 형상 및 치수대로
정삭을 한다. 그런데 위의 기능들은 황삭의 모양없이 정삭할 때의 형상과 치수를 알려주면
자동적으로 황삭의 경로를 결정하여 가공하며 또한 정삭을 하게된다. 위의 Cycle 중 G70
−G73은 Memory 운전에서만 가능하다.

- G70: 정삭 Cycle

- G71: 외경 황삭 Cycle

- G72: 단면 황삭 Cycle

- G73: pattern 황삭 Cycle

- G74: 단면 peck prilling Cycle

- G75: peck Grooving Cycle

- G76: 복합 나사 절삭 Cycle

* G71−G73 다음에는 G70으로 정삭을 함으로써 완전한 제품으로 완성된다.

1) G71: 외경 황삭 Cycle

아래의 그림과 같은 제품이 있다고 할 때 A→A′−B간의 사상형상을 주면 X축은 △U/
2, Z축은 △W의 정삭 여유를 남기고 절삭깊이 △d로 분할하여 황삭을 한다.

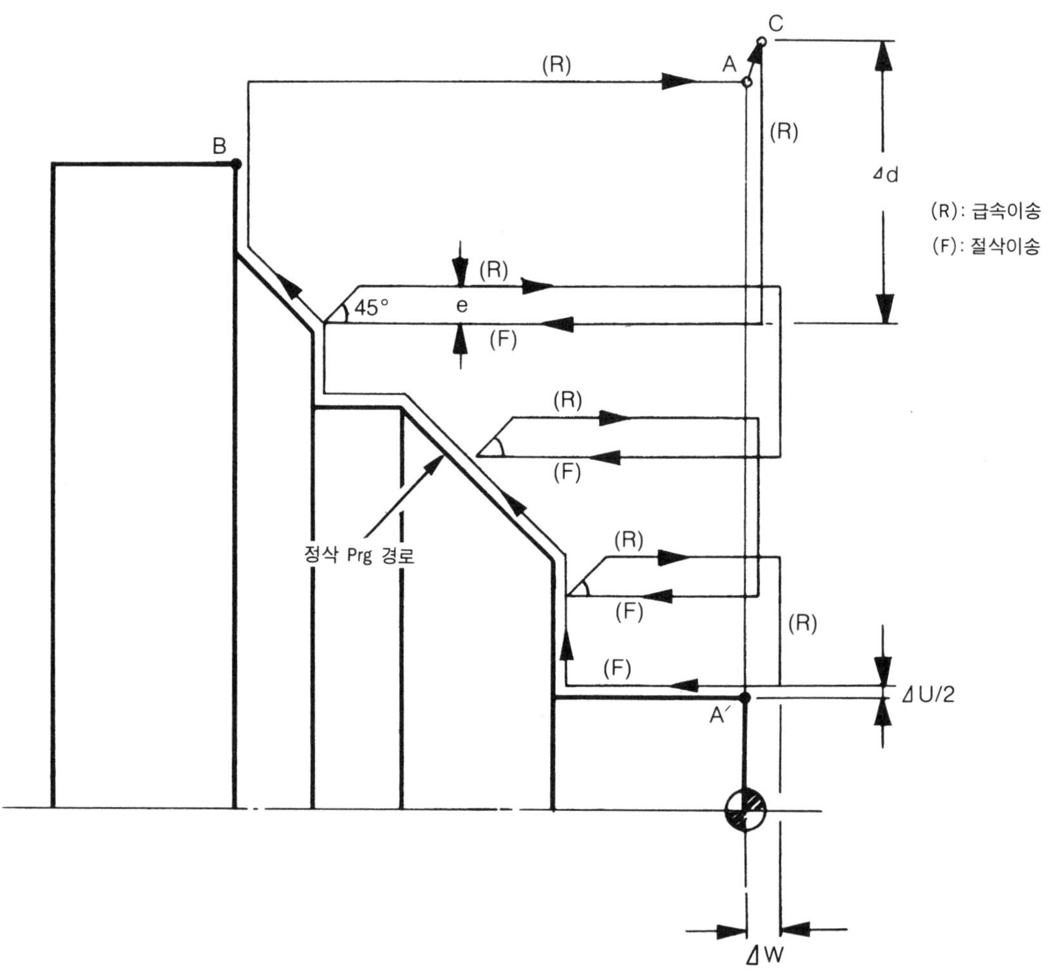

방식은 다음과 같이 2개의 Block으로 완전하다.

G71 U(△d) R(e);

G71 P(ns) Q(nf) U(△u) W(△w) F(f) S(s) T(t);

△d; 절삭깊이, 부호 없이 반경치로 지령한다.

e; 도피량, 매번 절삭을 한뒤 간섭없이 공구가 빠지기 위한 량

ns; 정삭형상 Block의 처음 시작 전개번호.

nf; 정삭형상 Block의 마지막 전개번호.

△u ; X축 정삭여유량 및 부호(방향) 직경지정으로 함.
△w ; Z축 정삭여유량 및 부호(방향) 직경지정으로 함.

f.s.t ; 전개번호 ns~nf사이의 Block에 있는 F기능, S기능, T기능은 무시되며 위의 G71블럭에 있는 F기능, S기능, T기능이 유효하다.

> ***** 공구 경로는 그림과 같이 △d로 지령된 절삭깊이로 Z축에 평행하게 절삭하다가 마지막에 정삭여유를 남기고 제품의 형상대로 절삭한 후 A의 위치에 복귀한다.

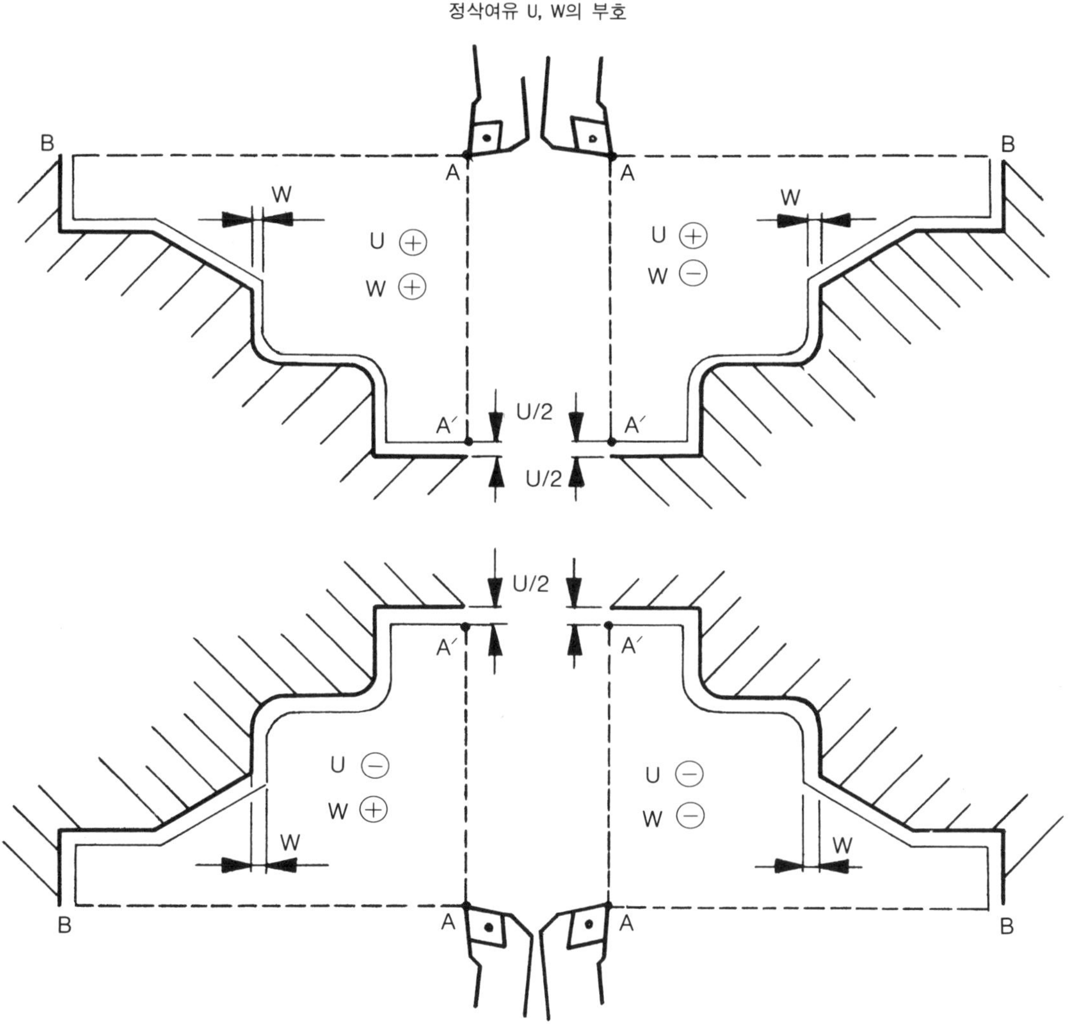

U. W의 부호는 위의 그림에서 보는 바와 같이 U의 부호는 Bite가 제품의 위쪽에 있으면 ⊕, 제품의 아래쪽에 있으면 ⊖이다.

W의 부호는 Bite가 제품의 오른쪽에 있으면 ⊕, 제품의 왼쪽에 있으면 ⊖가 된다.

2) G70(Finishing Cycle): 정삭 사이클

G71, G72, G73에 의해 황삭을 사이클 가공하고 나서 다음 지령에 의해 정삭 절삭을 할 수 있다.

G70 P(ns) Q(nf);

ns; 정삭형상 Block 중 최초 Block의 전개번호.

nf; 정삭형상 Block 중 최후 Block의 전개번호.

주1) G70에서의 F.S.T. 기능은 G71, G72, G73 Block에서 지령된 것은 무시되고 ns와 nf사이에 지령된 F기능, S기능, T기능이 유효하다.

주2) G70 Cycle이 끝나면 공구는 급속 이송으로 Cycle 시작점으로 돌아오며, 지령 Data는 G70 다음 Block으로 넘어가서 읽혀지게 된다.

주3) G70−G73에서 ns~nf 사이에는 보조 프로그램을 사용할 수 없다.

[예제]

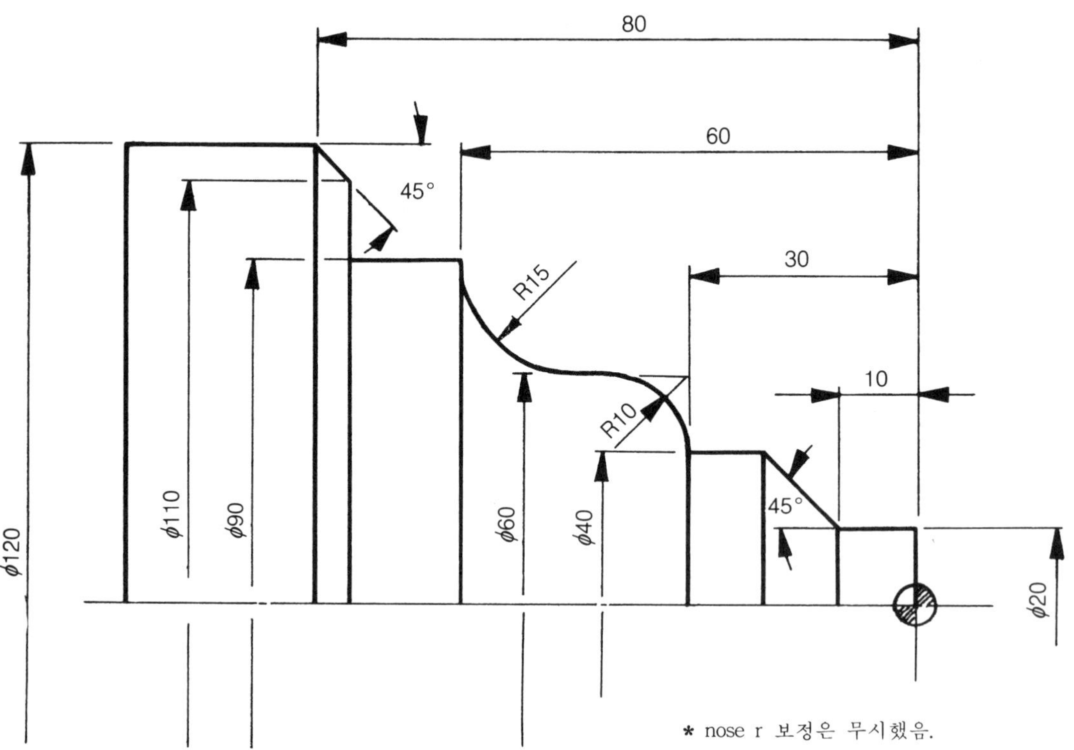

```
      G0   X125.0 Z5.0;
      G71  U4.0 R0.5;
      G71  P10 Q19 U2.0 W1.0 F0.3;
N10        X20.0;
N11        Z-10.0 F0.2;
N12        X40.0 W-10.0;
N13        Z-30.0;
N14 G03 X60.0 W-10.0 R10.0;
N15 G1  Z-45.0;
N16 G02 X90.0 W-15.0 R15.0;
N17 G1  Z-75.0;
N18        X110.0;
N19        X120.0 W-5.0;
N20 G70 P10 Q18; ← 정삭 Cycle
      G0  X____ Z____ ;
        -End-
```

위의 prg에서 G70에 의한 정삭을 다른 Bite를 사용하고자 한다면

```
N21 G0 X____ Z____ ; ←황삭 Bite 도피
N22 G0 X125.0 Z5.0; ←정삭 Bite 위치
N23 G70 P10 Q19;
      G0  X____ Z____ ;
        -End-
```

★ 정삭시에 제품의 조도를 조정하고 싶으면 N10~N18 사이의 각 블럭에서 Feed를 조정하면 된다.
  예) N16 Block에서 곱게 절삭하고 싶다면 N16 G02 X90.0 W-15.0 R15.0 F0.1;이렇게 하면 되겠고, N17 Blo-
  ck에서 다시 거칠게 하고 싶다면 N17 G1 Z-75.0 F0.3: 이렇게 하면 된다. 각 Block에서 Feed 조정이 없
  으면 정삭시에 N11의 F0.2가 유효하다.

3) G72: 단면 황삭 Cycle

G71과 마찬가지로 사상형상을 주면 X축에 평행한 동작으로 황삭을 한다.

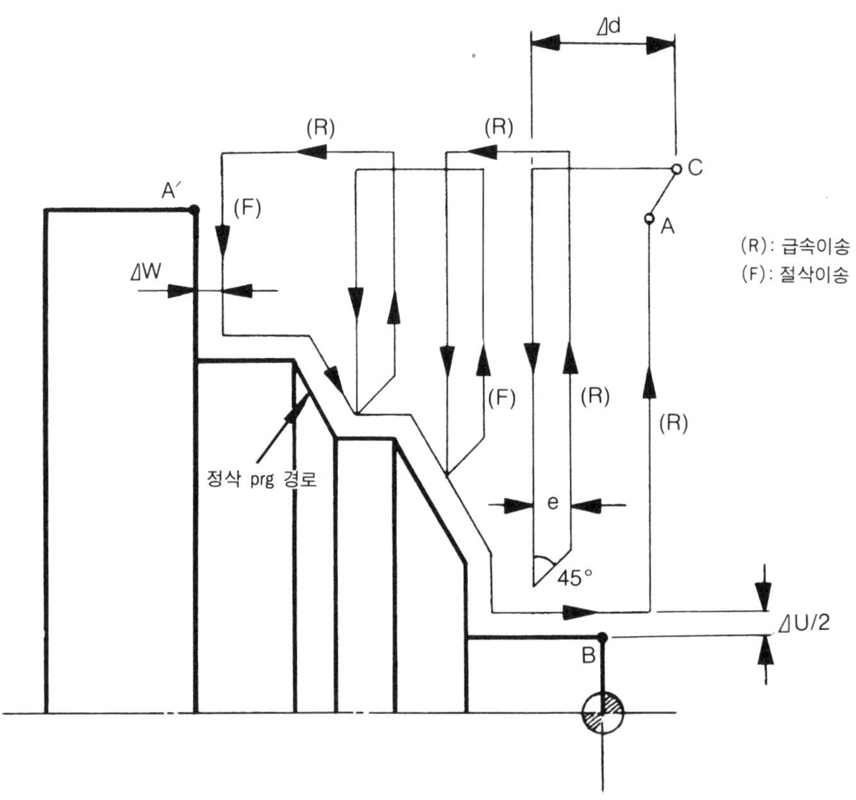

지령은 다음의 2개 Block으로 한다.

G72 W(△d) R(e);

G72 P(ns) Q(nf) U(△u) W(△w) F(f) S(s) T(t);

각 문자의 의미는 G71과 동일하다.
정삭여유 U.W의 부호도 마찬가지이다.

[예제]

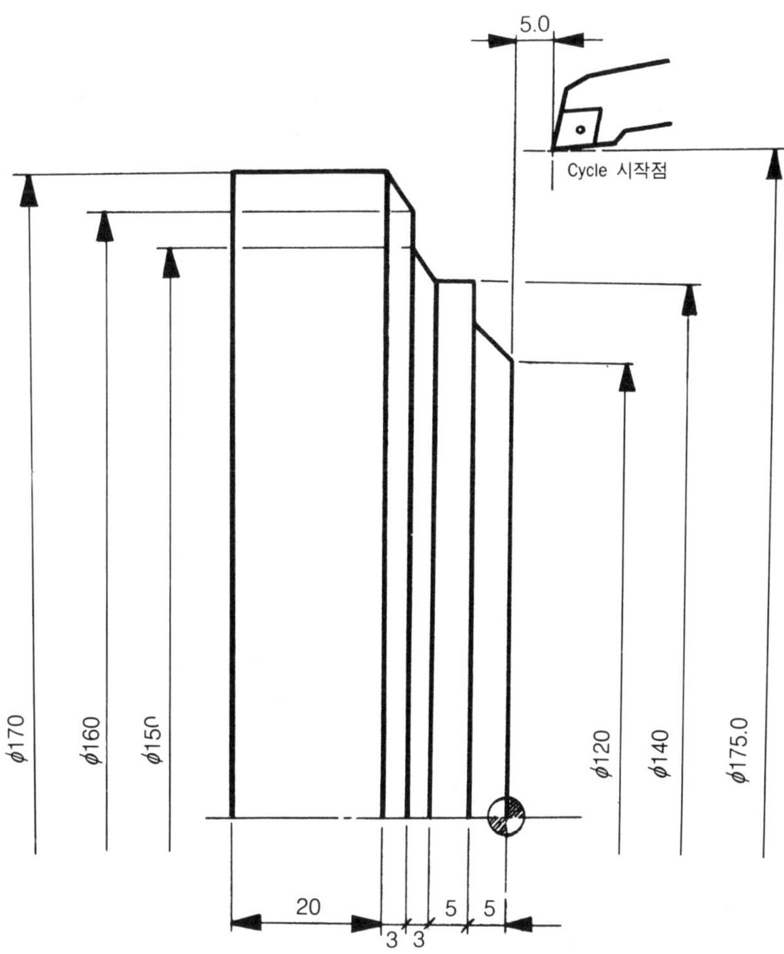

program(nose r 보정은 생략했음)

```
        G00  X175.0 Z5.0;
        G72  W4.0 R0.5;
        G72  P10 Q70 U4.0 W2.0 F0.3;
N10 G00 Z-16.0;
N20 G01 X170.0 F0.2;
N20       X160.0 W3.0 F0.15;
N30       X150.0;
N40       X140.0 W3.0;
N50       W5.0;
N60       X130.0;
N70       X120.0 Z0.0;
```

```
G70  P10  Q60;
G0  X____  Z____

        —End—
```

4) G73: Pattern 황삭 Cycle

단조품이나 주조품과 같이 최종형상 비슷하게 틀이 잡혀있는 제품의 경우 G73을 사용하여 일정한 절삭Pattern으로 조금씩 이동하면저 반복동작을 하게 된다.

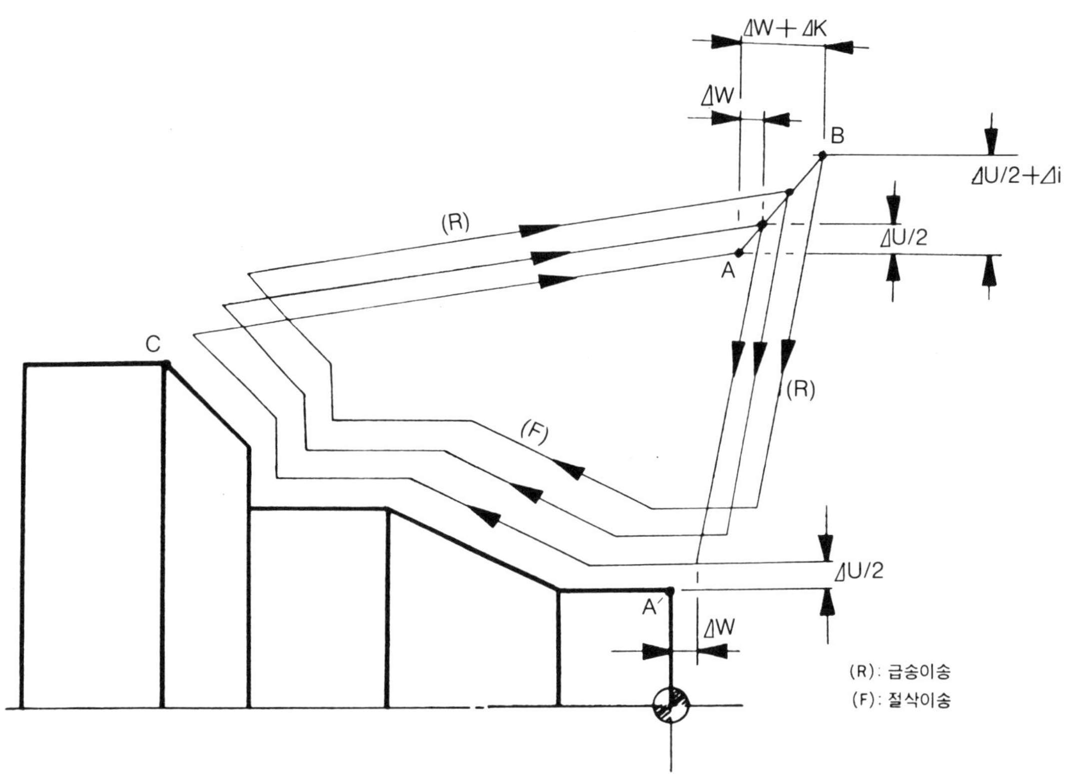

program으로 지령하는 pattern

A점→A´점→C점

다음의 2개의 Block으로 지령한다.

G73 U(Δi) W(Δk) R(d);

G73 P(ns) Q(nf) U(Δu) W(Δw) F(f) S(s) T(t);

⊿i : X방향 도피거리 및 방향(반경지정).
　　즉 X방향의 분할하는 총거리이다.

⊿k: Z축방향 도피거리 및 방향.
　　즉 Z방향의 분할하는 총거리이다.

　d: 분할횟수, … 황삭의 횟수와 같다.

ns: 정삭형상 Block 중 최초의 전개번호

nf: 정삭형상 Block 중 마지막 전개번호

⊿u : X방향의 정삭여유(직경지정)

⊿w: Z방향의 정삭여유

f.s.t: ns~nf 사이의 Block에 있는 F기능, S기능, T기능은 무시되며 G73 Block에 있는 F
　　기능, S기능, T기능이 유효하다.
　　ns~nf사이의 F.S.T. 기능은 G70에 의한 정삭시에 유효하다.

* 절삭형상 Pattern에는 4가지가 있으며 ⊿U, ⊿W, ⊿I, ⊿K 의 부호에 유의해야 한다(G71참조).
　cycle이 완료되면 공구는 A점으로 급속 귀환한다.

[예제]

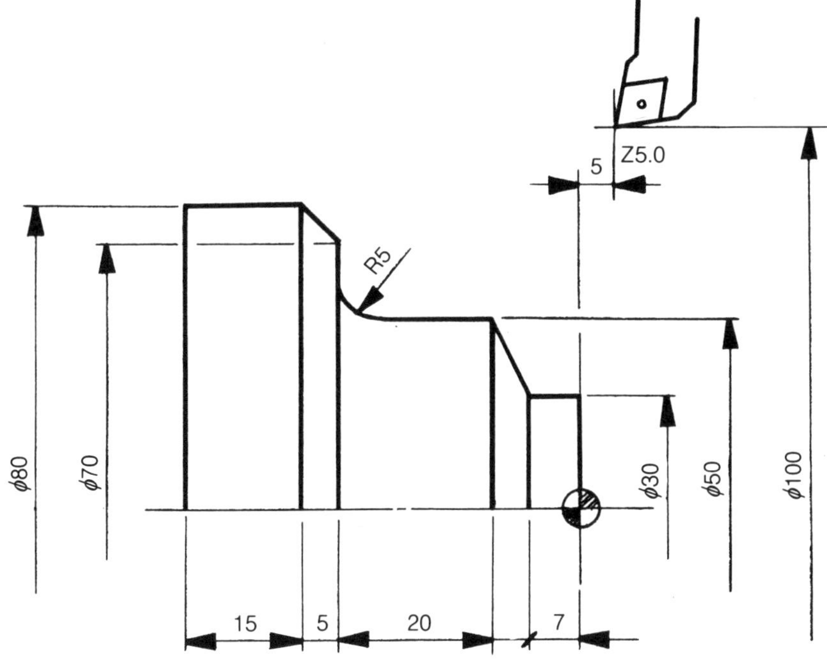

program(nose r 보정하지 않음)

```
        G0  X100.0  Z5.0;
        G73  U12.0  W3.0  R3;
        G73  P10  Q70  U2.0  W1.0  F0.3;
N10  G0    X30.0  Z1.0;
N20  G01   Z-7.0  F0.15;
N30        X50.0  W-5.0;
N40        Z-27.0;
N50  G02  X60.0  W-5.0  R5.0;
N60  G01  X70.0;
N70        X80.0  W-5.0;
        G70  P10  Q70;
        G0  X____  Z____ ;
        - End -
```

5) G74: 단면 Peck Drilling Cycle

다음 program에 의해 그림과 같은 동작을 한다. 이 Cycle을 응용하여 외경절삭시나 Drill 작업시에 Chip 처리를 용이하게 할 수 있다.

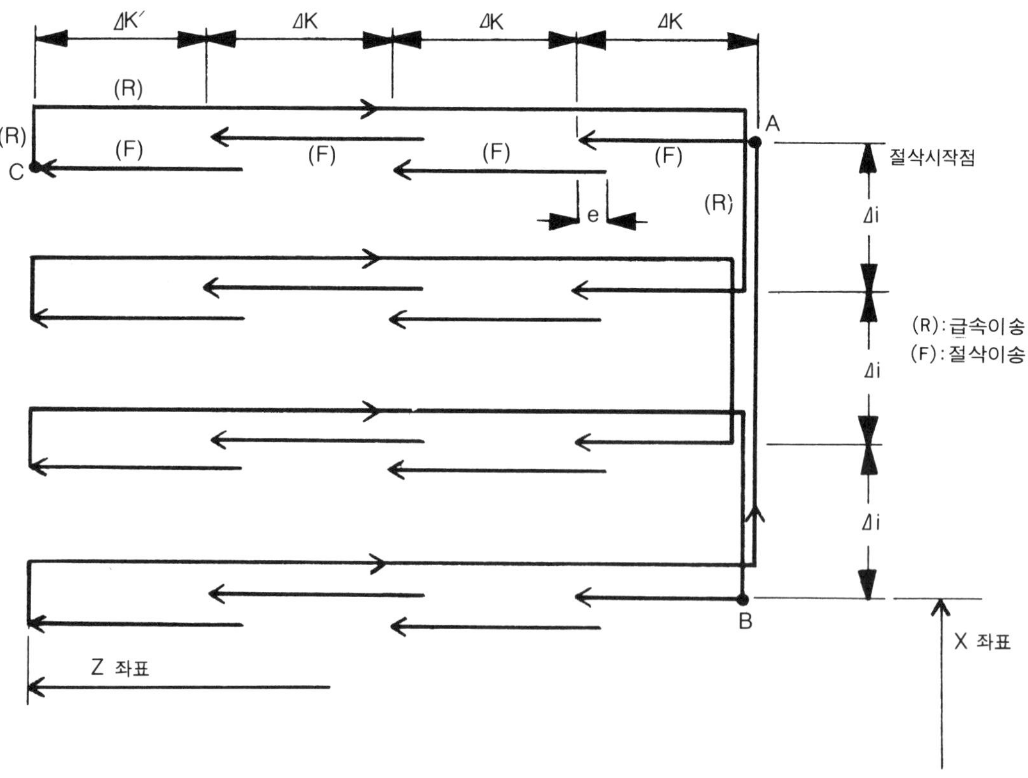

외경절삭시에는 X, P를 생략하고

드릴작업시에는 X, P, R($\triangle$d)를 생략한다.

G74 R(e);

G74 X(x) Z(z) P($\triangle$t) Q($\triangle$k) R($\triangle$d) F(f);

e: 후퇴량 $\triangle$k만큼 절삭이송을 하고 e만큼 급속후퇴한 다음 다시 $\triangle$k만큼 절삭이송을 한다(이때 Chip이 끊어진다).

x: B점의 X좌표

z: C점의 Z좌표

$\triangle$i: X방향의 이동량(부호없이 지령) X쪽으로 Bite가 이동하는 간격을 말한다.

$\triangle$k: Z방향의 절입량을 말한다(부호없이 지령).

$\triangle$d: 가공 끝점에서의 공구도피량. 급속으로 공구가 뒤로 빠지기 위해서 공구와 절삭 옆면 과의 간섭을 없애기 위한 도피량이다(생략해도 상관없다).

 f : 절삭이송 속도

Cycle가공이 완료되면 공구는 A점으로 복귀한다.

[예제]

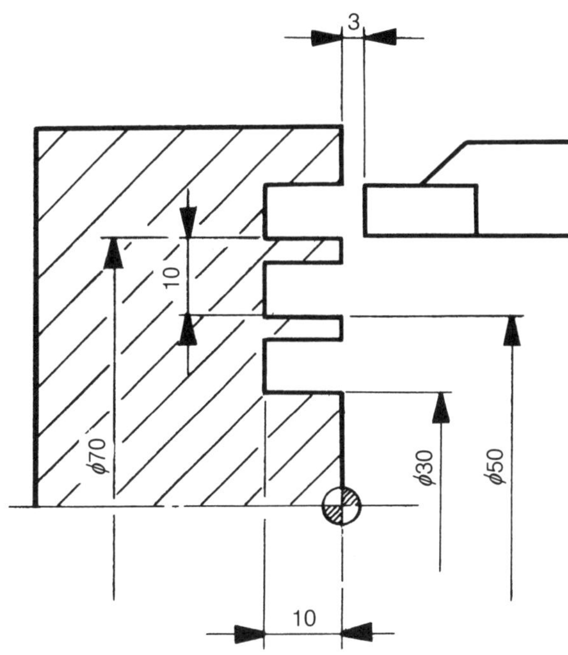

```
G0   X70.0 Z3.0;
G74 R0.5;
G74 X30.0 Z-10.0 P10000 Q3000 F0.1;
G0   X____ Z____ ;
```

위의 program 동작을 G00과 G01을 써서 prg하여 비교해 보면 다음과 같다.

```
G00 X70.0 Z3.0;
G01 Z0.0 F0.1;
G00 W0.5;
G01 Z-3.0;
G00 W0.5;
G01 Z-6.0;
G00 W0.5;
G01 Z-9.0;
G00 W0.5;
G01 Z-10.0;
G00 Z3.0; (여기까지 첫째 홈 완성)
     X50.0;
G01 Z0.0;
G00 W0.5;
G01 Z-3.0;
G00 W0.5;
G01 Z-6.0;

         ⋮
         ⋮

G0   X____ Z____ ;
```

이와 같이 길고 복잡한 program이 단 2개의 블럭으로 완성되는 것이다.

[예제] Drill 작업에의 응용.

이것은 매우 편리하고 많이 사용하는 방법이다.

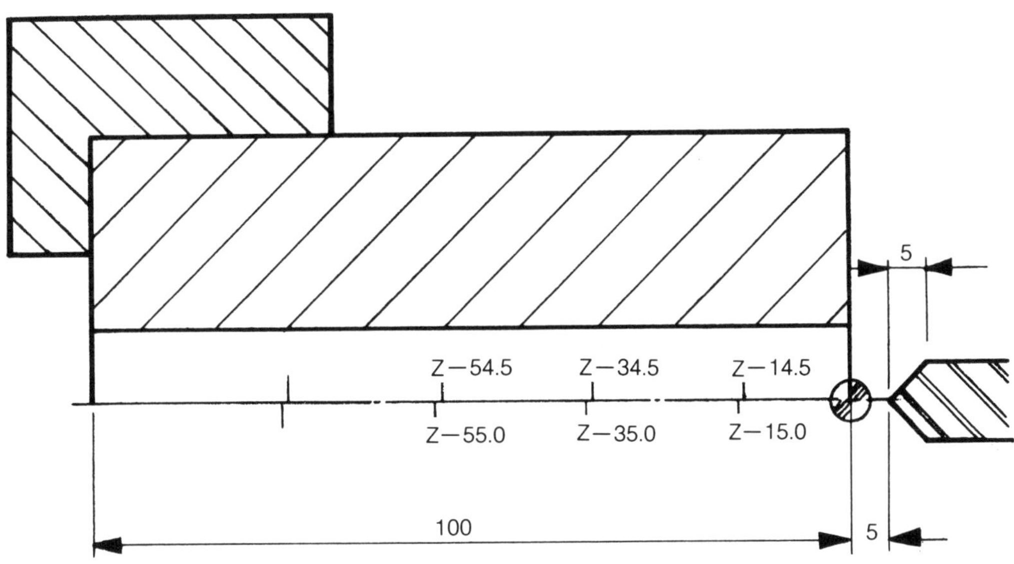


```
G0  X0.0  Z5.0;
G74  R0.5;
G74  Z—105.0  Q20000  F0.15;
G0   X____  Z____;
    —End—
```

위의 program을 G00과 G01을 써서 비교해 보면

```
G00  X0.0  Z5.0;
G01  Z—15.0  F0.15; (첫번째 절입)
G00  W0.5;
G01  Z—35.0; (두번째 절입)
G00  W0.5;
G01  Z—55.0; (세번째 절입)
G00  W0.5;
G01  Z—75.0;
      ⋮
G00  X____  Z____;
    —End—
```

6) G75: 외경, 내경, Peck Grooving Cycle

다음의 program지령에 의하여 그림과 같은 동작을 한다.

G74에서 X와 Z를 바꿨다고 생각하면 된다. 이 Cycle을 응용하여 단면가공시나 단일홈 또는 절단 가공시 Chip 처리를 용이하게 할 수 있다.

단면가공시는 Z와 Q를 생략하고 단일홈 또는 절단시는 Z와 Q, R($\triangle$d)를 생략한다.

G75 R(e);

G75 X(x) Z(z) P($\varDelta$i) Q($\varDelta$k) R($\varDelta$d) F(f);

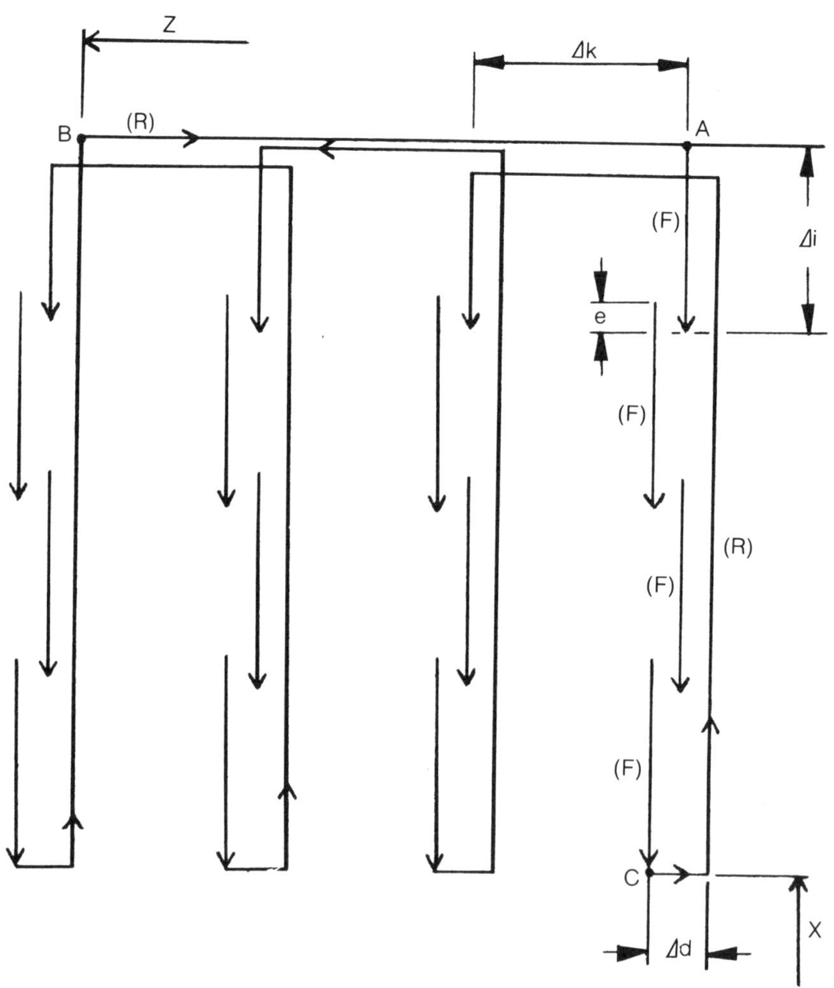

e: 후퇴량(이때 Chip이 끊어짐)

x: C점의 X좌표

z: B점의 Z좌표

$\triangle$i: X방향 절입량

$\triangle$k: Z방향 공구이동량(간격)

$\triangle$d: 공구가 가공 끝점에서의 간섭을 없게 하기 위한 도피량

f: 절삭이송 속도

Cycle 가공이 완료되면 공구는 A점으로 복귀한다.

[예제]

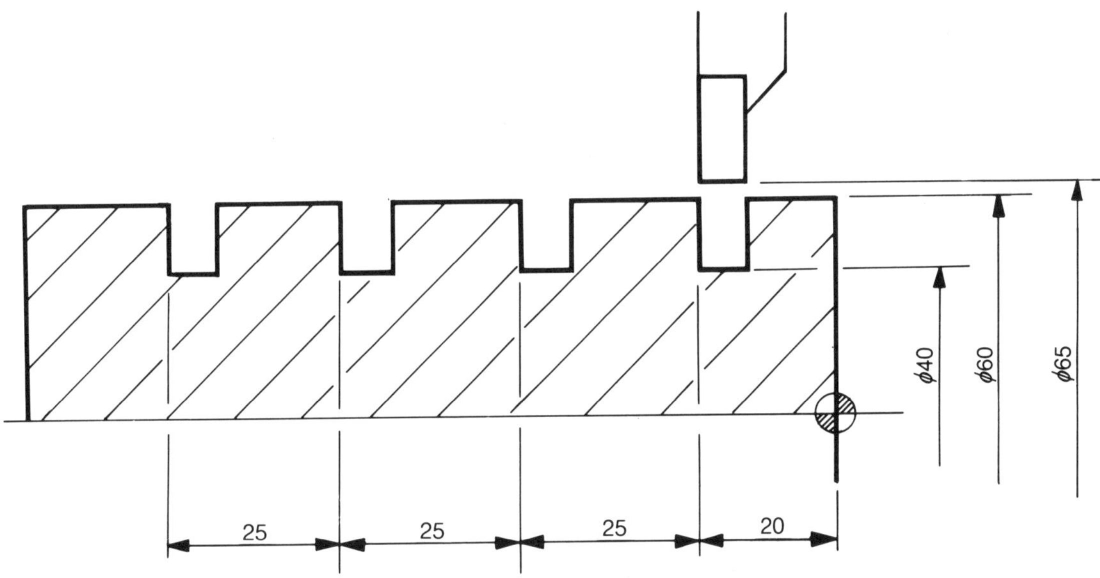

```
G0  X65.0  Z-20.0;
G75  R0.5;
G75  X40.0  Z-95.0  P3000  Q25000  F0.1;
G0   X____  Z____ ;
    -End-
```

위의 program Cycle을 G00과 G01을 써서 비교해 보면

```
G00  X65.0  Z-20.0; (위치결정)
G01  X59.0  F0.1;
G00  U0.5;
G01  X53.0;
G00  U0.5;
```

```
G01  X47.0;
G00  U0.5;
G01  X41.0;
G00  U0.5;
G01  X40.0;
G00  X65.0;  (여기까지 첫째 홈 완성)
     Z-45.0;
G01  X59.0;
G00  U0.5;
G01  X53.0;
         ⋮
G0   X___ Z___ ;
    -End-
```

7) G76 : 나사절삭복합 Cycle ← 나사절삭편 참조

이상과 같이 G70~G76까지 복합반복 Cycle에 대해서 알아봤다. 길고 복잡한 program을 단 2줄로 완성, 아주 간단하고 편리하나, 잘못 사용하면 Alarm이 걸리니 충분히 연구하도록 하자.

위의 기능들 중에서도 G76 나사가공과 G74에 의한 Drill 가공은 가장 많이 사용된다.

내, 외경 황삭시에나 단면 황삭시에 **G74**, G75를 응용해서 Chip의 방해를 없애는 방법도 활용가능하니 필요에 따라 사용해보자.

12. G90 G92 G94 (Canned Cycle) : 단일형 고정사이클

위의 기능들은 많은 양을 여러 번에 걸쳐 절삭해 낼 경우 사용한다. program을 간단하게 할 수 있어 편리하나 시간이 더 오래 걸리므로 실제로는 G92(나사절삭)가 사용되고 있을 뿐, 다른 기능은 거의 사용하지 않고 있다. 예를 들어 시간을 비교해 보자.

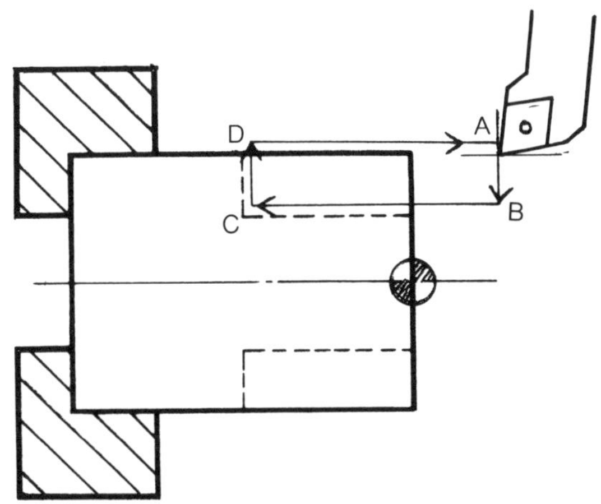

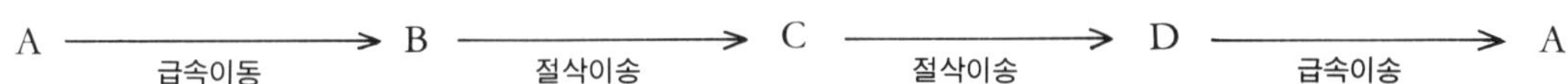

그림과 같이 절삭을 한다고 했을 때 G90을 사용했을 때의 이동경로는

A ——급속이동——→ B ——절삭이송——→ C ——절삭이송——→ D ——급속이동——→ A

이렇게 되며 매번 A점으로 복귀하게 된다.

　그러나 G00과 G01을 사용하여 절삭하면 매번 A점으로 복귀할 필요가 없으며 C와 D점 사이에서 급속이동을 할 수 있으며, 또한 거리를 단축해서 prg을 작성하게 되어 G90보다 prg은 다소 길어져도 절삭시간이 상당히 빨라진다. 하지만 고정사이클은 prg을 간단히 단축할 수 있는 편리성이 있으니 자세히 알아 보자.

1) G90(고정사이클 A)

G90은 소재의 내경 또는 외경을 straight 절삭 또는 TAPER 절삭을 하는 기능이다.
① 다음과 같은 지령으로 straight 절삭을 한다.

　　G90 X(u)＿＿ Z(w)＿＿ F＿＿ ;

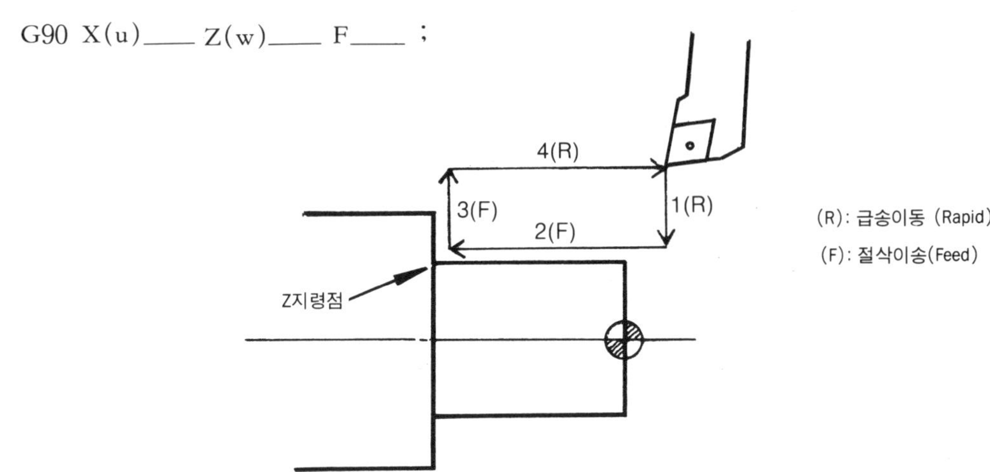

　예를 들어 자세히 알아보고 prg이 얼마나　간단해지는지 G00과 G01을 써서　비교해 보기로　하겠다.

[외경]

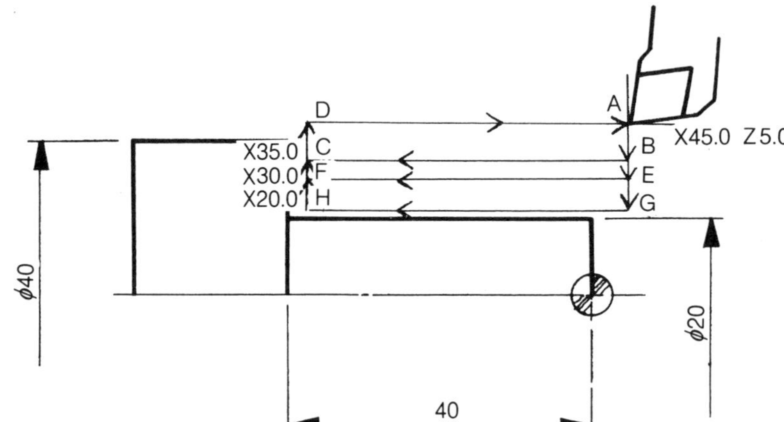


```
G0  X45.0  Z5.0  T0101;
G90 X35.0  Z-40.0  F0.3;
     X30.0;
     X20.0;
G0   X____  Z____  T0100;
```

　위의 prg은 G90 고정사이클을 사용했고 오른쪽은 G00과 G01을 사용한 prg이다. 보는 바와 같이 똑같은 제품을 가공하는데 고정사이클을 사용하면 program이 이렇게 간단하다. 단, 두 prg 중에서 실제가공에 걸리는 시간은 오른쪽이 더 빠르다는 것을 알기 바란다.

```
G0  X45.0  Z5.0  T0101;
     X35.0;
G1   Z-40.0  F0.3;
     U0.5;
G0   Z5.0;
     X30.0;
G1   Z-40.0;
     U0.5;
G0   Z5.0;
     X20.0;
G1   Z-40.0;
     U0.5;
G0   X____  Z____  T0100;
```

[내경]

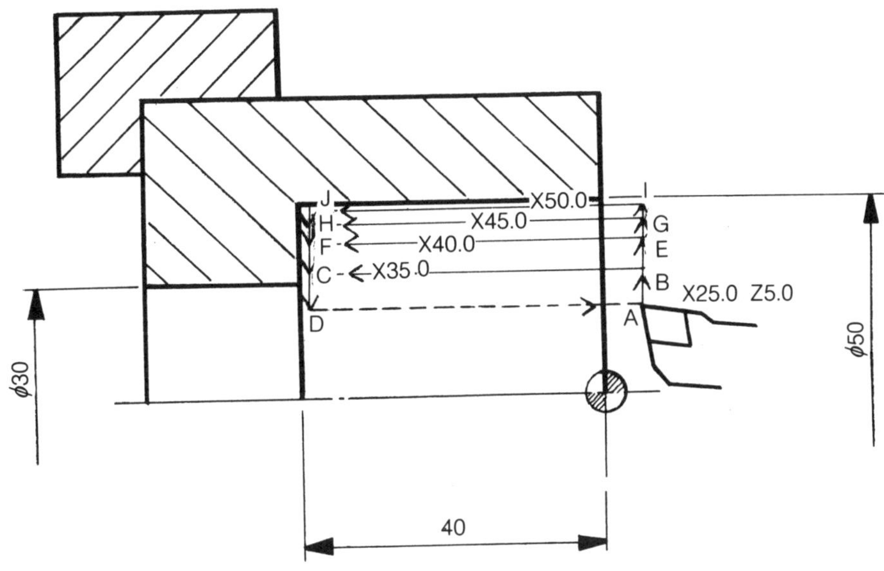

```
G0  X25.0  Z5.0  T0202;
G90 X35  Z-40.0  F0.25;          A→B→C→D→A
    X40.0;                       A→E→F→D→A
    X45.0;                       A→G→H→D→A
    X50.0;                       A→I→J→D→A
G0  X__ Z__ T0200;
```

위와 같이 program하면 되겠고, 이것을 G00과 G01을 사용하여 prg작성해서 비교해보자.

```
G0  X25.0  Z5.0  T0202;
    X35.0;
G1  Z-40.0  F0.25;
    U-0.5;
G0  Z5.0;
    X40.0;
G1  Z-40.0;
    U-0.5;
G0  Z5.0;
    X45.0;
G1  Z-40.0;
    U-0.5;
```

위에서 보는 바와 같이 고정 사이클을 사용하면 prg은 월등하게 간단해지지만 매번 D점을 거쳐 A점으로 복귀한다는 단점이 있으며 좌측과 같이 G00과 G01을 사용해서 prg은 상당히 길어진다. 그러나 진행이 다음과 같아서 시간은 빠르다는 장점이 있다.

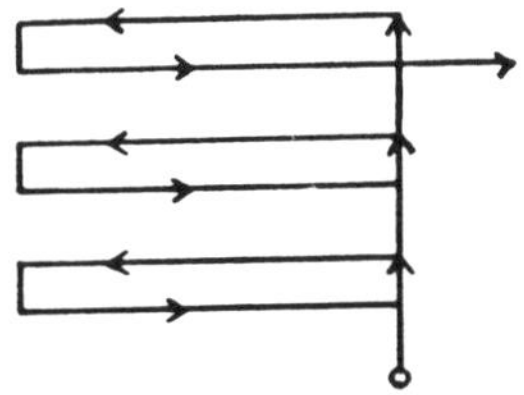

```
G0  Z5.0;
    X50.0;
G1  Z−40.0;
    U−0.5;
G0  Z5.0;
G0  X__ Z__ T0200;
```


② 다음과 같은 지령으로 TAPER 절삭을 할 수 있다.

$$G90 \ X(U)\_\_ \ Z(W)\_\_ \ R\_\_ \ F\_\_ \ ;$$

[외경]

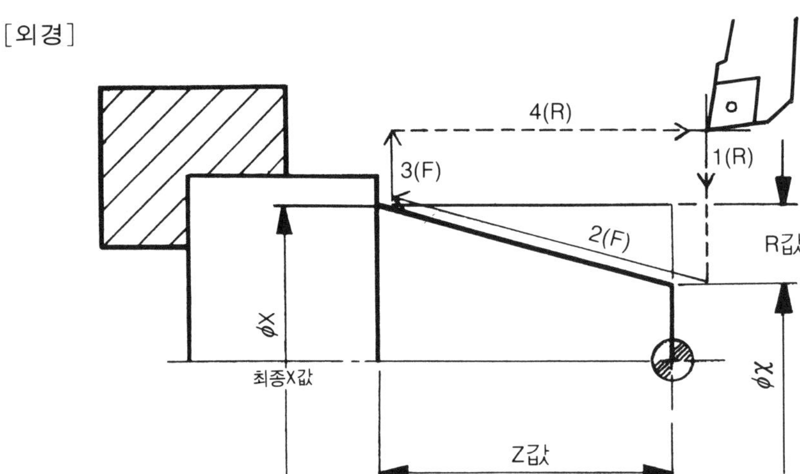

위에서 R은 구배값이다. $\dfrac{\phi X - \phi \chi}{2}$ 은 이렇게 해서 얻어진 값이며 형상에 따라 부호가 다른데, 절삭시작점 쪽이 끝나는 쪽보다 ϕ가 작은 면 ⊖(−R값) 절삭시작점 쪽이 끝나는 쪽보다 ϕ가 크면 ⊕(+R값)이다. 위 그림과 같은 경우는 시작점 쪽이 ϕ가 적기 때문에 R값의 부호는 ⊖가 된다.

[내경]

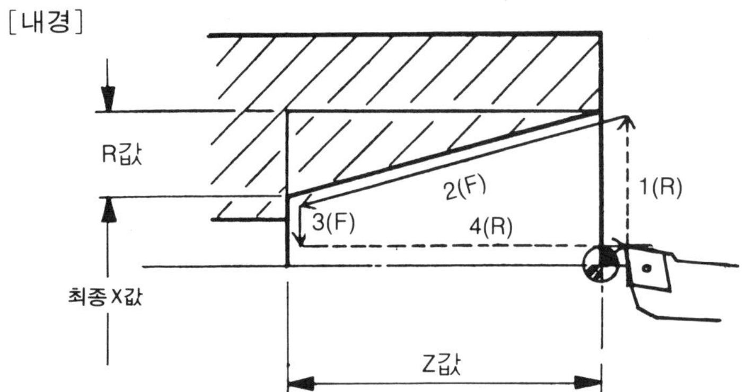

왼쪽 그림의 경우 시작하는 쪽의 ϕ가 끝나는 쪽 ϕ보다 크므로 R의 부호는 ⊕(+R)를

[예제]

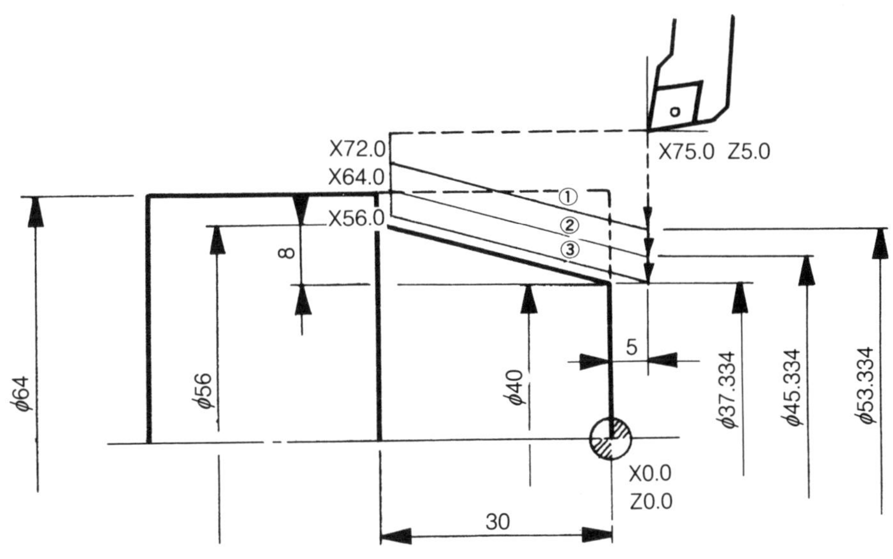


```
G0  X75.0  Z5.0  T0303;
G90  X72.0  Z−30.0(W−35.0)  R−9.333  F0.3;
      X64.0;          └── 증분값(W값)으로 할 때 주의할 것.
      X56.0;
G0  X___  Z___  T0300;
```

위의 prg을 잘 연구해 볼 필요가 있다. 도면에는 R값이 8인데 prg은 왜 9.333인가? 경험으로 볼 때 많은 사람들이 이런 Taper 가공 때 실수를 하여 Taper가 맞지 않은 것을 보았다.

도면만을 보고 계산하여 실제 작업에서 실행하기 때문이다. 통상 작업을 할 때 소재와의 충돌을 막기 위하여 단면으로부터 약간씩 뗀 상태에서 절삭이 시작될 것이다. 위와 같은 경우는 소재로부터 5mm 떨어진 지점에서 절삭을 시작하고 있다. 그렇기 때문에 당연히 R값이 달라진 것이다.

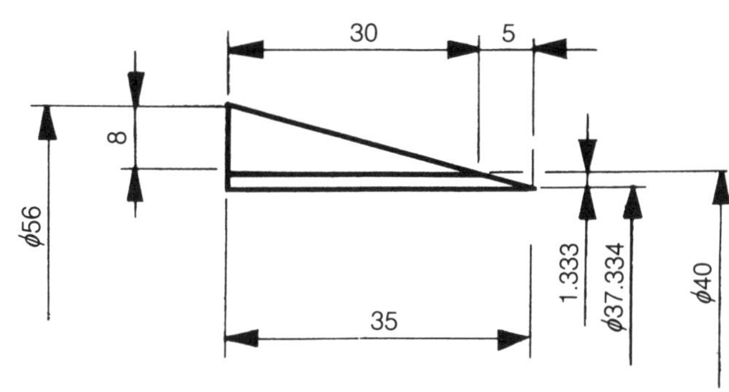

$$30:8=35:\chi$$
$$30\chi=280 \quad \therefore \ \chi=9.333\cdots$$
$$\text{또는 } 30:8=5:\chi$$
$$30\chi=40, \quad \chi=1.333\cdots$$
$$\therefore \ 8+1.333=9.333\cdots$$

다음 내경가공을 예제로 풀어 보면서 확실히 익히자.

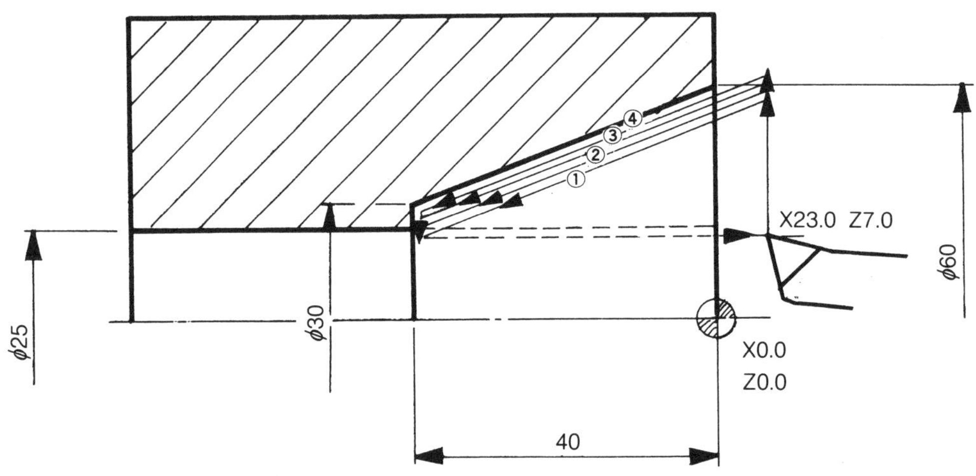

절삭을 시작하는 쪽의 ϕ가 끝나는 쪽보다 크므로 R은 $\oplus$

```
G0   X23.0 Z7.0 T0404;
G90  Z-40.0(W-47.0) R17.625 F0.2;
     X25.0;
     X28.0;
     X30.0;
G0   X____ Z____ T0400;
```

고정 사이클로 Taper 가공시에는 또 다음과 같은 점에 유의할 필요가 있다.

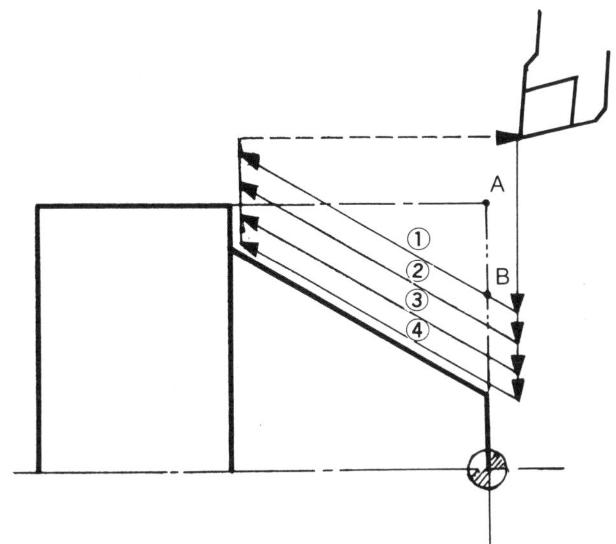

위의 그림에서 ① 번째 절삭시에는 공구가 그냥 지나가는 부분이 많다는 것을 알 수 있으며, 또한 ② 번째에도 비절삭 이송이 나타나고 있다는 것을 알 수 있다. 그리고 첫번째(①) 절입 때 AB의 양이 너무 많지는 않은지 구배값(R)을 잘 고려해야 한다. Taper 가공 때는 X값이 절삭이 끝나는 부분을 지령하기 때문에 R값이 클 때 X값을 잘못 지령하면 첫번째 절입 때 A B의 양이 너무 커 과절삭이 될 수 있다.

이러한 점들을 고려하여 다음과 같은 응용을 연구해 보자.

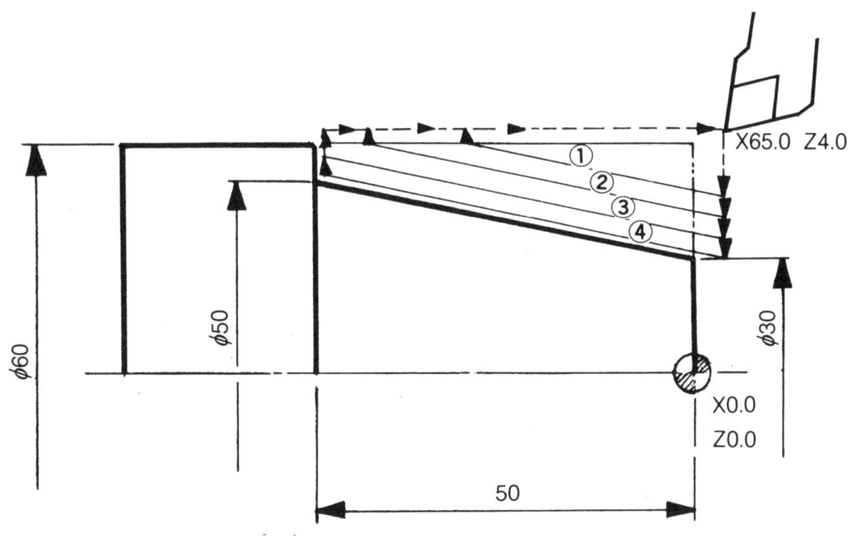

위와 같이 고정사이클 절삭가공에서 X값, Z값, R값을 변경해가면서 지령하는 방법이 있다.

```
G0  X65.0  Z4.0  T0303;
G90  X60.0  Z−30.0  R−5.0  F0.3;        ①
           Z−40.0  R−8.0;              ②
        X 55.0  Z−50.0  R−10.0;        ③
        X 50.0  Z−50.0(W−54.0)  R−10.8; ④
G0  X＿＿ Z＿＿ T0300;
```

이렇게 prg을 작성하므로써 무리없는 가공을 할 수 있을 것이다. 최종절입 ④번째 일때 X값과 R값(구배값)만 정확하게 부여해 주면 된다.

다음의 응용도 연구해보자.

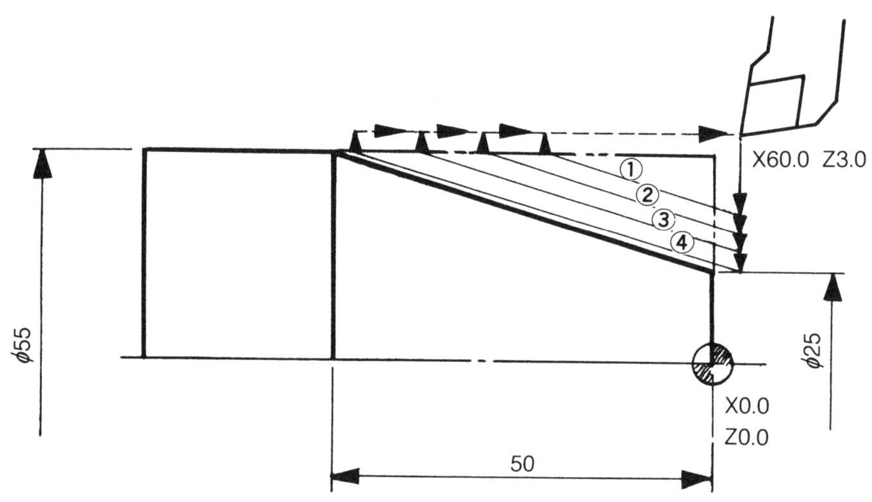

위와 같은 경우는 X값을 최종 치수에 고정시키고 Z값과 R값만을 변경시킨 경우이다.

```
G0  X60.0  Z3.0  T0101;
G90  X55.0  Z−20.0  R−7.0  F0.3; ①
           Z−30.0  R−12.0;       ②
           Z−40.0  R−14.5;       ③
           Z−50.0  R−15.9;       ④
G0  X＿＿ Z＿＿T0100;
```

위의 도면에서는 구배값이 $\dfrac{55-25}{2}=15$ 인데, 최종 절입 ④에서는 왜 15.9인가? 앞에서도 설명을 했지만 실수를 방지하기 위해서 다시 한 번 알아보자.

Z값이 50일 때 구배값이 15인데, 지금 Bite가 단면으로부터 3이 떨어져 있는 상태에서

절삭을 시작한다. 그래서 Z값이 53일 때는 구배값이 15.9이다.

$$50:15=53:\chi \qquad 50\chi=15\times53$$

$$\therefore \ \chi=\frac{795}{50}=15.9가 된다.$$

　이외에도 많은 응용이 있지만 위의 방법들을 충분히 이해하면 나름대로 가능하리라 생각한다.
　구배값(R)의 부호는 절삭 시작점이 끝나는 점보다 제품의 ϕ가 크면 ⊕ 작으면 ⊖라고 이미 했는데 여기서 잠깐 그림으로 정리를 하고자 한다.

[외경]

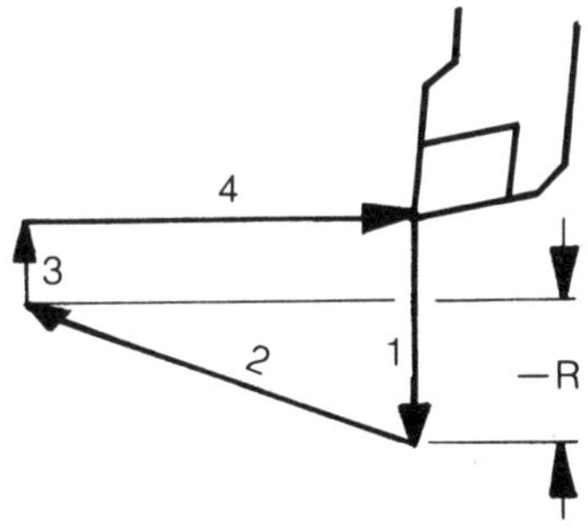

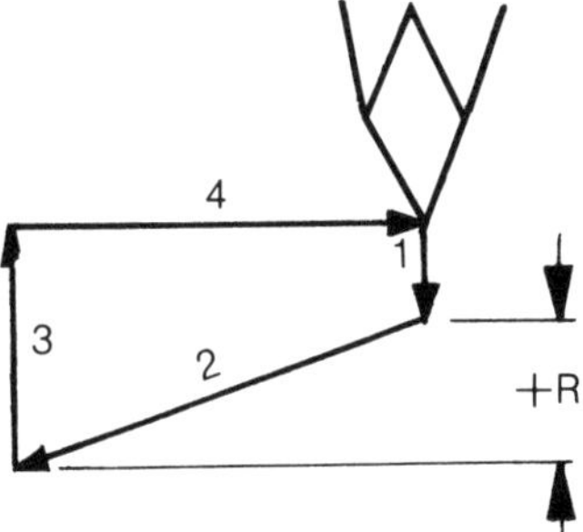

[내경]

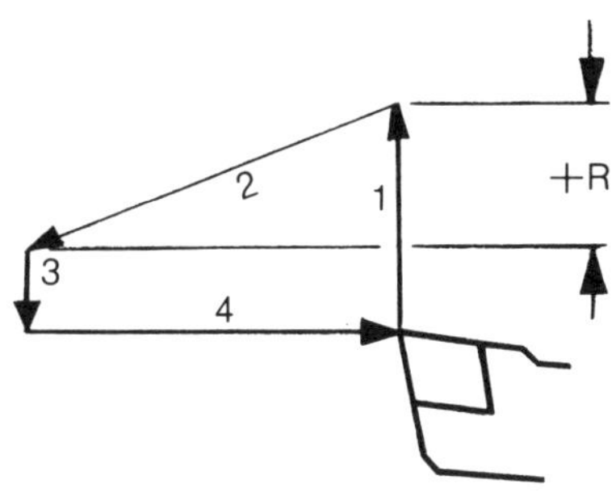

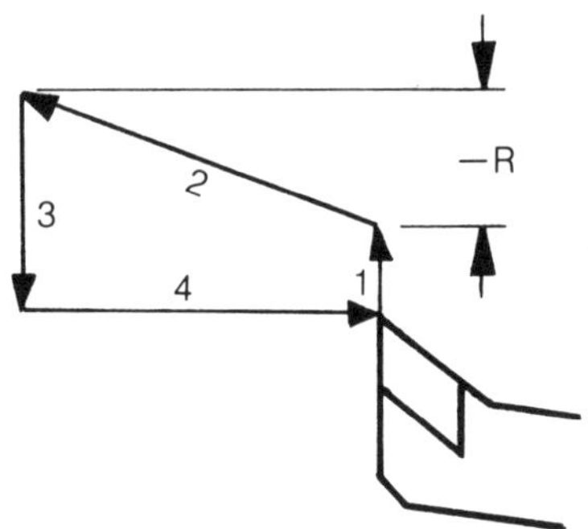

2) G92: 나사 절삭 Cycle

이 기능은 나사절삭을 참조바람.

3) G94(Cutting Cycle B)

단면의 Straight 또는 Taper 절삭을 하는 고정사이클이다.

① 다음과 같은 지령으로 단면의 Straight 절삭을 한다.

G94 X(U)____ Z(W)____ F____ ;

[외경]   [내경]

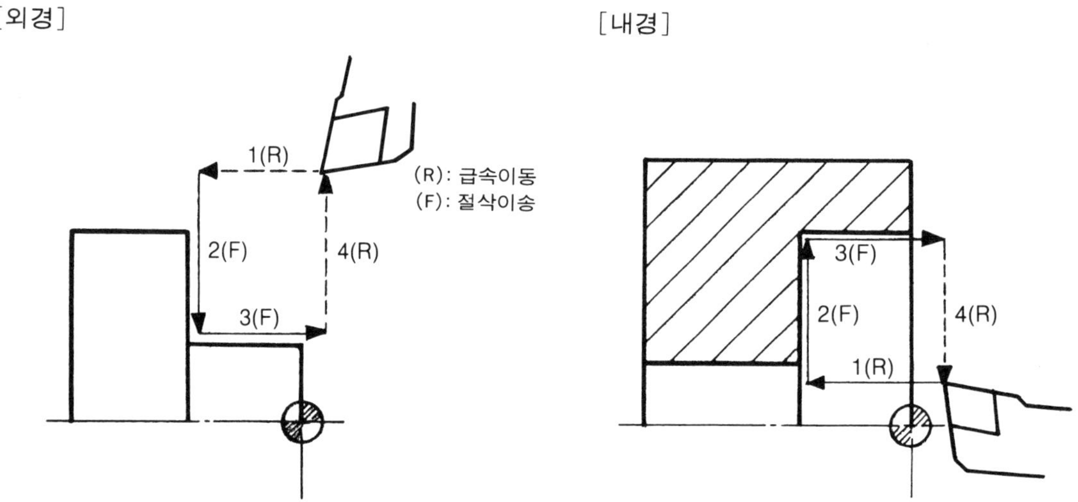

이와 같이 단면에 사용했다는 것뿐이지 G90과 원리는 똑같다. G90을 잘 이해하면 G94는 충분히 이해가 될 것이다.

다음 예제를 program 작성해 보자.

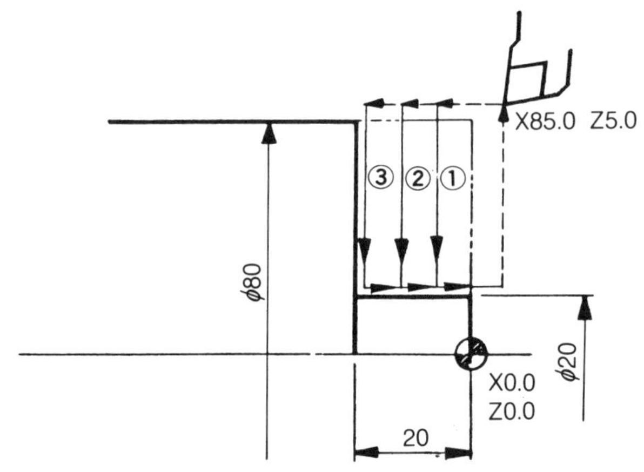

```
G0   X85.0 Z5.0 T0202;
G94 X20.0 Z−7.0 F0.3;··· ①
            Z−14.0;········· ②
            Z−20.0;········· ③
G0   X____ Z____ T0200;
```

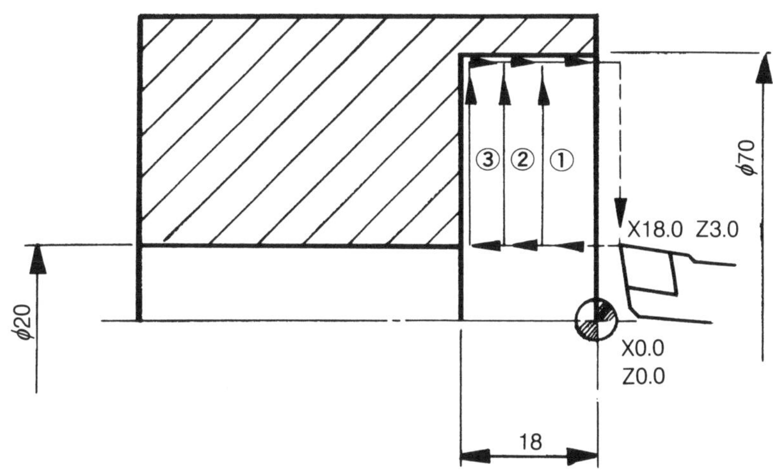


```
G0   X18.0 Z3.0 T0404;
G94 X70.0 Z−6.0 F0.25;··· ①
            Z−12.0; ········· ②
            Z−18.0; ········· ③
G0   X____ Z____ T0400;
```

② 다음과 같은 지령으로 단면 Taper 절삭을 할 수 있다.

G94 X(U)____ Z(W)____ R ____ F____ ;

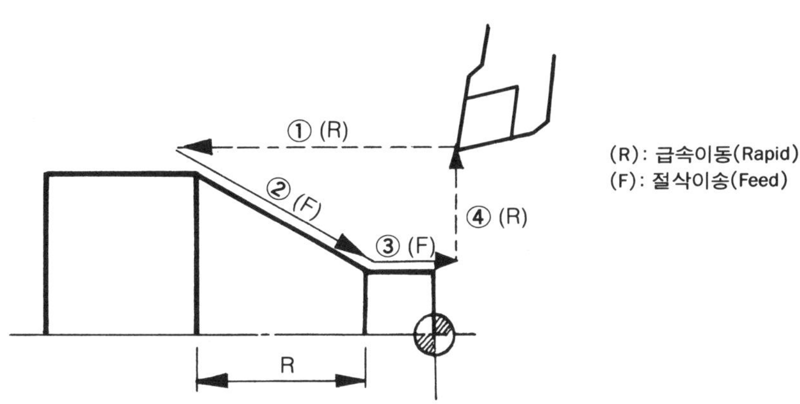

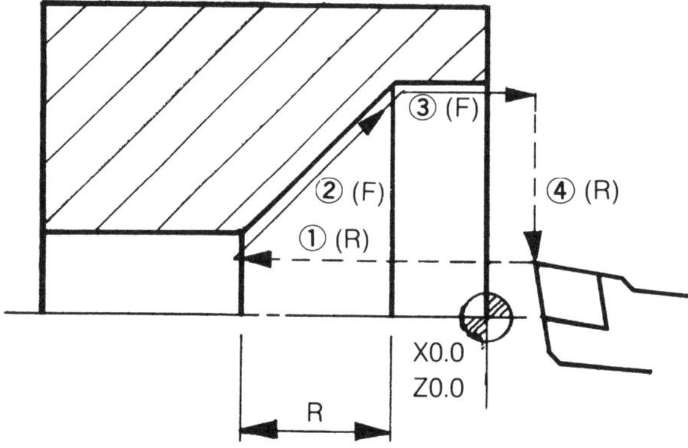

G94로 단면 Taper 절삭시에 R값의 부호는 다음과 같다.

[외경]

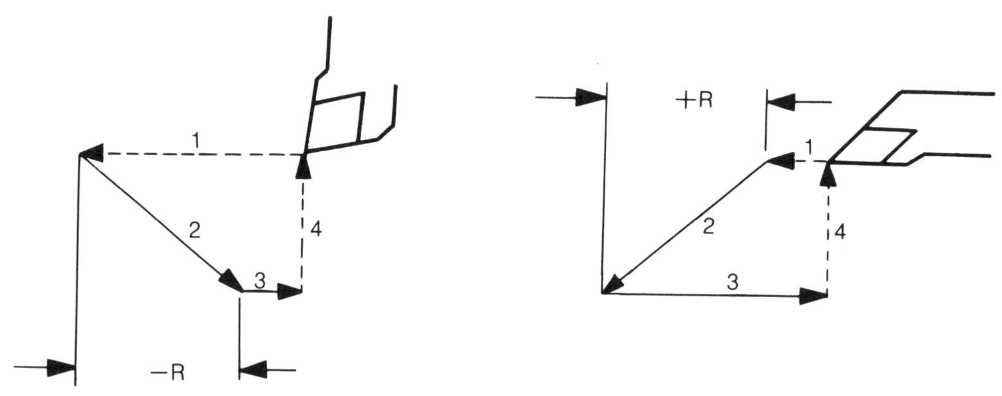

[내경]

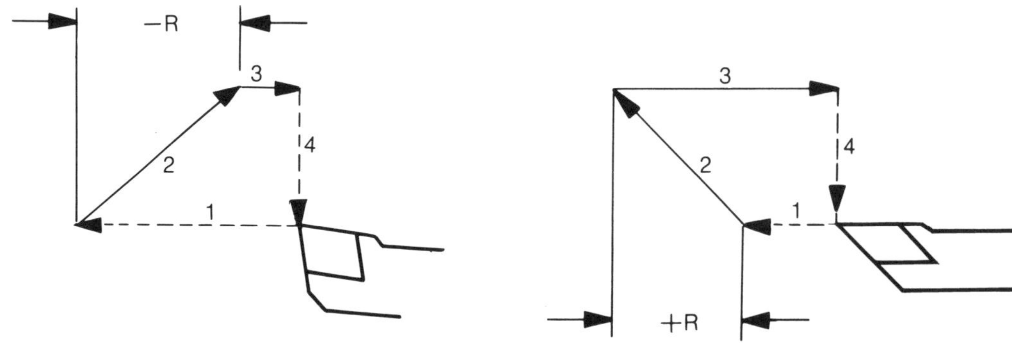

이것 역시 절삭을 시작하는 쪽의 Z값이 절삭이 끝나는 쪽보다 크면 ⊕ 즉(+R)
절삭을 시작하는 쪽의 Z값이 절삭이 끝나는 쪽의 Z값보다 작으면 ⊖ 즉(−R)이 된다.

```
*  Z값 크다 ⊕
      작다 ⊖
```

G94를 이용하여 다음 예제를 program 해 보자.

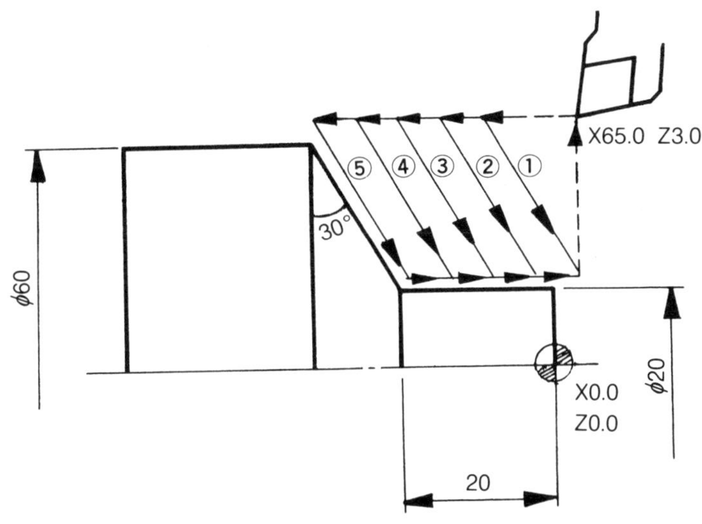


```
  G0   X65.0 Z3.0 T0505;
  G94 X20.0 Z2.0 R−12.99 F0.25;  ····· ①
            Z− 5.0;····················· ②
            Z−10.0;····················· ③
            Z−15.0;····················· ④
            Z−20.0;····················· ⑤
  G0  X____ Z____ T0500;
```

위에서 R값 12.99가 나온 경위를 알아보자. 절삭이 X65.0에서 시작하고 각이 30°이므로

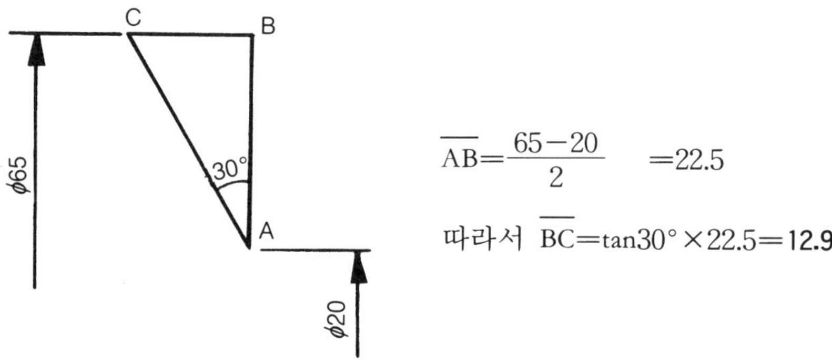

$$\overline{AB}=\frac{65-20}{2}\quad=22.5$$

$$\text{따라서 }\overline{BC}=\tan30°\times22.5=\mathbf{12.99}$$

* Taper 가공에서 X, Z는 절삭 시작점의 좌표가 아니고 절삭이 끝나는 쪽의 좌표임을 잊지말자.

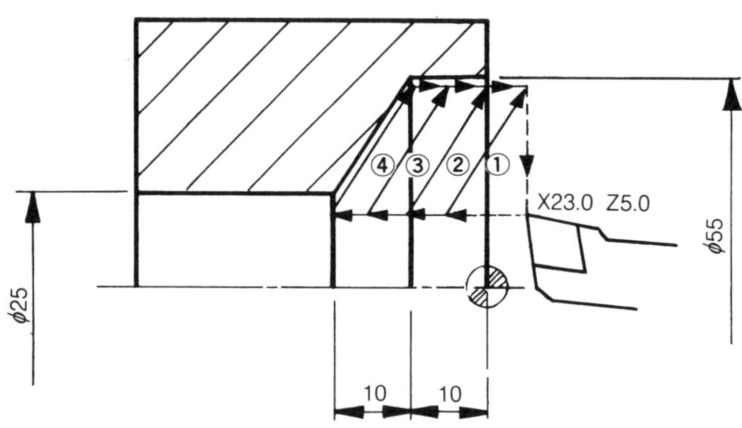


```
G0   X23.0  Z5.0  T0808;
G94 X55.0  R−10.666  F0.2;··· ①
          Z−  1.0;  ············ ②
          Z−  6.0;  ············ ③
          Z−10.0;  ············ ④
G0   X____ Z____ T0800;
```

구배값(10.666)의 계산

위도면에서 $\dfrac{55-25}{2}$ =15. 15일 때 구배값이 10이므로 바이트가 실제 절삭을 하는 X위치는 $\phi 23$

$\therefore \dfrac{55-23}{2}$ =16, 16일 때 구배값?

$15:10=16:\chi$, $15\chi=160$

$\chi=\dfrac{160}{15}$ $\therefore \chi=10.666$ ⇐R값

13. $\boxed{\text{G96}}$ / $\boxed{\text{G97}}$

1) G96 주속 일정제어 기능

이 기능은 절삭 속도를 일정하게 제어하는 기능이다. G96과 함께 절삭속도가 주어지면 항상 절삭속도를 일정하게 유지하기 위하여 좌표의 X값이 커지면 주축 회전수가 낮아지고 좌표의 X값이 작아지면 주축 회전수가 높아지게 된다.

회전수의 결정은

$N=\dfrac{1000V}{\pi D}$ 에 의하여 결정된다.

다음 그림을 보면서 **G96**에 대하여 이해하자.

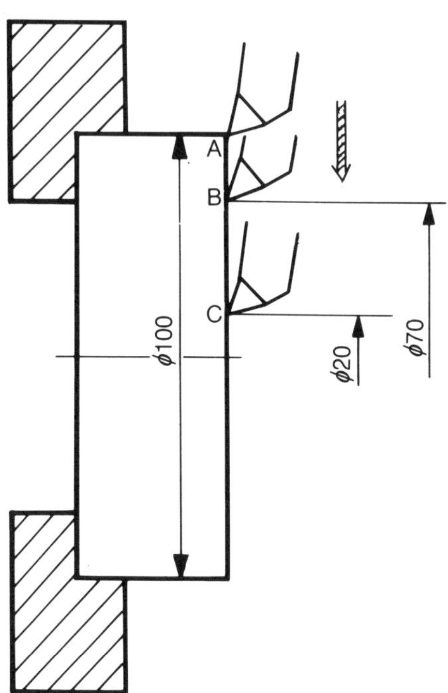

G96 S180;

그림과 같은 제품의 단면을 위와 같은 지령으로 가공을 할 때의 주축 회전수를 알아보자.

$N = \dfrac{1000V}{\pi D}$ 라는 식에서

$N \Rightarrow$ 회전수, $V \Rightarrow$ 절삭속도 $D \Rightarrow$ 지름

$\therefore$ A점의 주축회전수 $N = \dfrac{1000 \times 180}{\pi \times 100}$ ≒572 RPM

B점의 주축회전수 $N = \dfrac{1000 \times 180}{\pi \times 70}$ ≒818 RPM

C점의 주축회전수 $N = \dfrac{1000 \times 180}{\pi \times 20}$ ≒2864 RPM

위와 같이 일정한 절삭속도를 유지하기 위하여 지름이 작아지면 회전수가 증가하고 지름이 커지면 회전수가 감소하게 된다. 바로 이 점이 NC선반의 큰 장점 중의 하나라고 생각된다.

한편 지름이 제로에 가까워지면 회전수는 계속 늘어나 결국 그 기계자체의 최고 회전수를 초과하게 된다. 그렇게 되면 기계에 무리가 가므로 적당한 선에서 최고회전수를 제한할 필요가 있다. 이 기능이 바로 **G50 S0000;** 와 같이 하여 회전수를 제한한다는 것은 이미 설명했다.

* 참고로 절삭속도는 어떻게 정할 것인가?
　첫째로 제품의 재질, 둘째로 사용하는 Bite의 재종, 기타 기계의 힘이나 Bite의 이송속도 등을 감안할 것이지만, 보통으로 절삭공구의 메이커에서 추천하는 속도를 참고로 해서 S45C의 경우,
　　코팅초경을 사용할 경우 **S 200;** 을 전후하며
　　H.S.S 드릴을 사용할 경우 **S 25;** 정도로 하는 것이 좋을 듯하다.

절삭속도를 알맞게 부여해야 제품의 조도, 절삭공구의 수명 등에서 많은 효과를 볼 수 있다. 여담이지만 어느 현장에서 범용선반을 다루는 사람이 일반 초경(p20)인 바이트로 제품의 ϕ가 약 120mm정도 되는 것을 가공하면서 주축의 회전수를 1000RPM에 가깝게 해놓고 가공을 하면서 수없이 Bite를 연삭하러 다니는 것을 보았다. 흔히 깨끗한 면을 가공하려고 제품의 재질이나 지름, Bite(절삭공구)의 재종 등은 생각지 않고 주축의 회전만을 높이는 경우가 있는데 이는 큰 잘못이다. 절삭에 대한 기본지식을 갖춘 사람이면 이런 실수는 하지 말아야 겠다. 위와 같은 경우 **P20**이란 초경으로 ϕ120정도의 S45C를 가공할 경우 절삭속도를 구성인선이 발생하는 것을 막을 수 있는 임계속도인 **V=120**을 놓는다 하더라도

$$N = \frac{1000 \times 120}{\pi \times 120} ≒ 318RPM$$ 에 불과하다.

그런데 1000RPM에 가깝게 작업을 하면 당연히 Bite가 견디지 못하고 닳아버리고 만다.

2) G97 : 주속 일정제어 취소

이 기능이 무슨 뜻인가 하면 G96은 주축속도 즉 주속을 일정하게 유지하기 위하여 지름의 변화에 따라 회전수가 변하지만 G97은 회전수가 변하지 않고 program을 바꾸지 않는 한 일정하게 도는 것을 말한다.

주로 어느 때에 많이 이용되느냐 하면

① 드릴작업
② 나사작업
③ 그다지 지름의 변화가 심하지 않은 긴 환봉 등을 가공할 때 등이다.

G96과 G97의 차이를 자세히 알아보자.

다음과 같이 지령을 했다고 하자.

G96 S180; 이 때의 180은 **주축속도**를 말한다.

(절삭속도)

G97 S1500; 여기에서 1500은 주축의 회전수를 말한다.

그렇다면 회전수는 어떻게 정할 것인가? 다음 그림과 같이 S45C를 코팅초경 Bite로 가공해 보자.

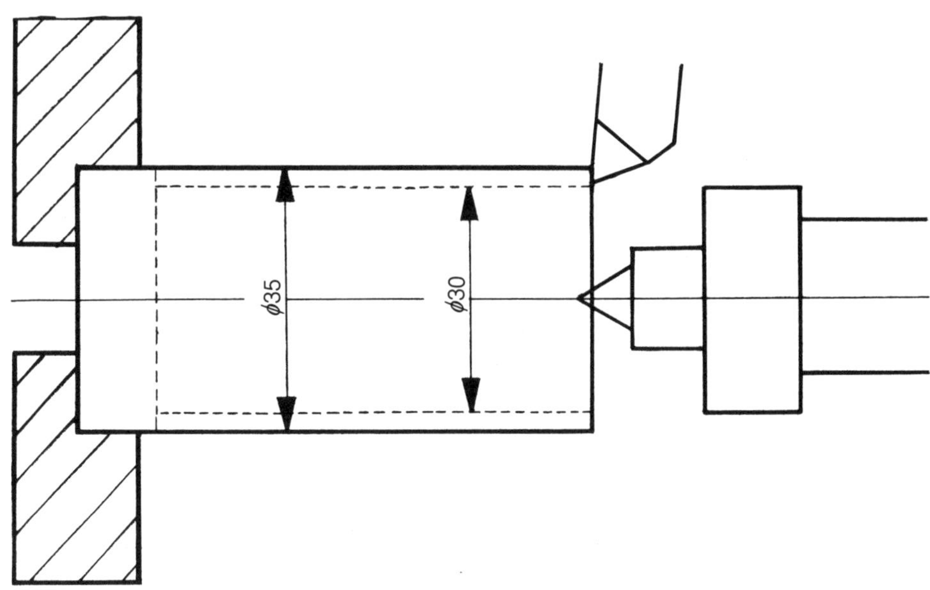

위 그림과 같이 ⌀35의 소재를 ⌀30으로 절삭하려고 할 때 코팅초경이기 때문에 절삭속도

를 V=180정도로 하면

$$V=\frac{\pi DN}{1000},\ N=\frac{1000V}{\pi D}$$

$$\therefore\ N=\frac{1000\times180}{\pi\times30}\ \fallingdotseq 1909\ \text{RPM}\,정도가\ 된다.$$

위와 같은 결론에서 그림과 같은 제품에 설사 ϕ30보다 조금 더 지름이 작은 단이 있다 하더라도

G97 S2000; 이처럼 지령하면 무난할 것이다.

다음 그림에서 Drill의 회전수를 구해보자.

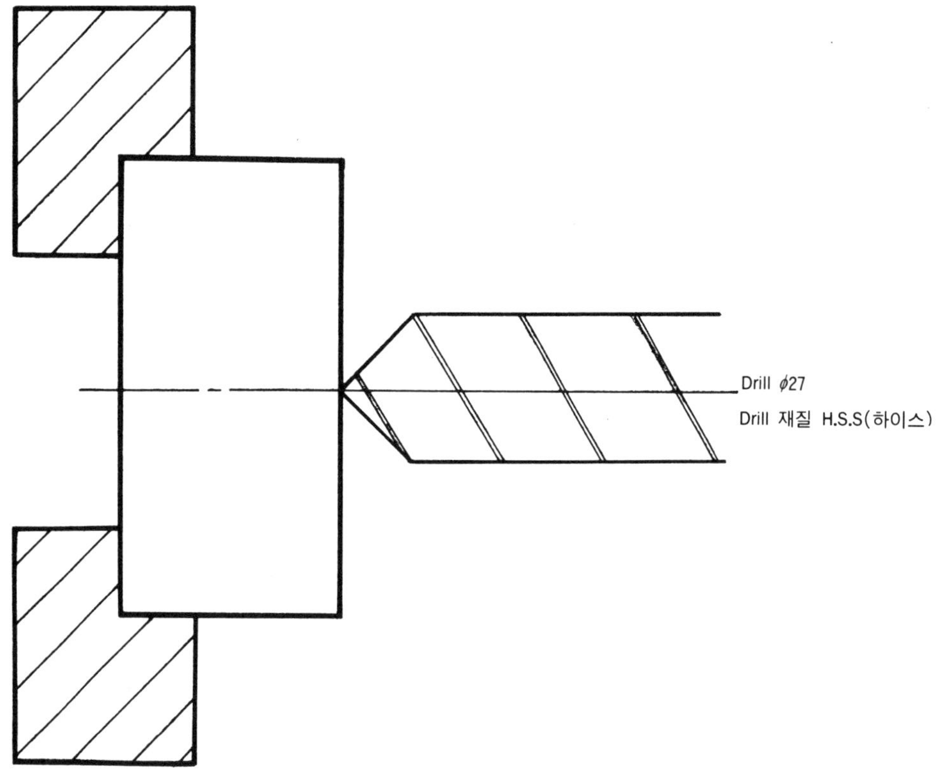

고속도강(H.S.S)으로 S45C를 드릴작업할 경우 보통 절삭속도(V)를 25~30정도를 부여한 다. 많은 수량을 안전하게 작업하려면 V=25 정도가 좋다.

그렇다면 $V = \dfrac{\pi DN}{1000}$ 에서

$N = \dfrac{1000V}{\pi D}$ ┌ ★ 드릴 작업에서는 D가 Drill의 지름을 뜻한다. ┐

$N = \dfrac{1000 \times 25}{\pi \times 27} \fallingdotseq 294RPM$ 으로 된다.

비단 NC 작업에서 만이 아니라 일반 Drill에서도 마찬가지 이므로 NC기술자들은 이와 같은 방법을 충분히 응용해서 Drill작업자에게 조언을 해서 무리한 드릴작업이 되지 않도록 서로 협조하도록 하자.

14. $\boxed{\text{G98}}$ $\boxed{\text{G99}}$

1) **G98** : 분당 이송

2) **G99** : 회전당 이송

위의 두 기능은 동시에 비교하면서 설명을 해야겠다.

먼저 **G99**를 설명해 보겠다. **G99**는 회전당 이송속도라고 했다. 주축이 1회전마다 Bite가 가는 거리를 말한다.

예를 들어 RPM 1500일 때 **G99 F0.3**; 이런 지령을 주었다고 하면(R.P.M은 1분당 주축 회전수) 1분에 Bite가 가는 거리는 $1500 \times 0.3 = 450mm$를 이송하게 된다는 것이다. 1초에는 얼마나 갈 것인가도 알아보자.

$\dfrac{1500}{60} = 25$ 1초에 주축이 25회전하므로 $25 \times 0.3 = 7.5mm$를 절삭이송 하게된다. 이런 계산을 해 봄으로써 제품을 가공하는 데 걸리는 시간을 대충 구할 수 있는 것이다.

G99의 기능에서 RPM 1500일 때 F0.3이면 1분에 450mm를 지나간다고 했다. 바로 이것을 **G98**로 하면 **F450.0** 이렇게 고칠 수가 있는 것이다. RPM 1500 일때 다음과 같은 관계가 있다.

G99 G01 F0.3;=**G98 G01 F450.0**; 그런데 위 두 기능의 가장 큰 차이는

G99는 주축의 회전당 이송 속도이기 때문에 주축이 회전할 때만 이송을 하고 주축이 정지하면 이송을 멈추고 prg 진행이 되지 않지만, **G98**은 회전에 관계없이 분당 이송속도이기 때문에 주축이 회전하든 정지하든 관계없이 지령을 하면 공구대가 이송을 한다. 바로 이 점을 이용해서 주축이 정지중일 때 **G00**을 쓰지 않고 **G01**을 써서 적당한 속도로 공구대(터렛)를 이송할 필요시에 응용할 수가 있기에 별로 중요치 않은 두 기능을 이렇게 장황하게 설명을 했다. 실제로 상당히 필요할 때가 있을 것이다.

일반 작업에서는 **G98**은 거의 사용치않으며, 또한 NC기계를 ON할 때 기계자체에 **G99**로 되어 있기 때문에 prg에 따로 **G99**를 지령할 필요는 없다.

 다음 그림을 보고 G98과 G99의 관계를 알아보고 제품을 가공하는 시간도 대충 알아보자.

 제품재질: S 45C　　절삭공구재종: 코팅 초경
 절삭속도: V=180　　절삭이송: 회전단 0.25

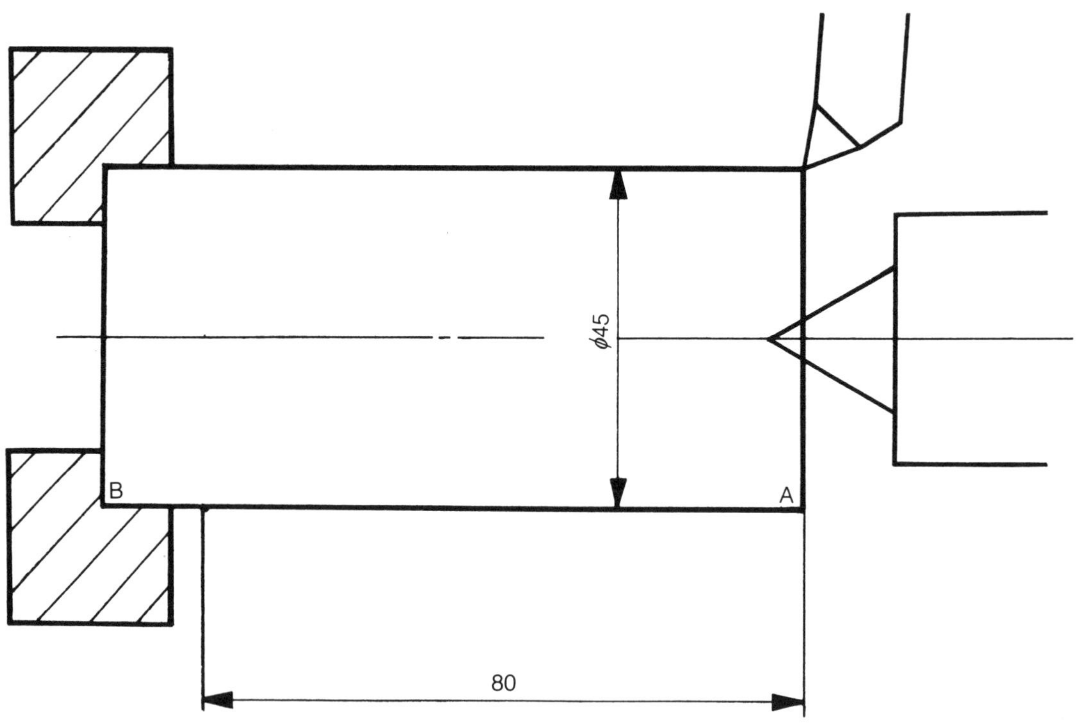


```
    G99 G01 F0.25 ;… ①
    G98 G01 F318.3;… ②
```

 위와 같이 지령을 할 수 있는데 ①은 별 문제가 없지만 ②가 조금 이해가 안될 것이다. 같이 알아보자.
 먼저 회전수를 구해보자.

$$N=\frac{1000\times180}{\pi\times45} = 1273\text{RPM}$$이 된다.

 절삭속도 180일 때 ø45의 위치에서 주축이 1분에 약 1273회전하므로
 1273×0.25≒318 즉 1분에 318mm를 공구대가 이송하게 되므로 **G98 G01 F318.;** 과 같이 지령할 수 있다. 그러면 A에서 B까지 절삭하는 데 걸리는 시간은?

 1분에 318mm이므로 1초에는 $\frac{318}{60}$ =5.3mm

1초에 5.3mm 이송하므로 A⇒B까지는 80mm

$$\therefore \frac{80}{5.3} \fallingdotseq 15초.$$

앞의 그림과 같은 제품을 A⇒B까지 가공하는 데는 절삭속도 V＝180, 회전당 이송속도 F＝0.25일 때 약15초 걸린다는 것을 알 수 있다.

앞과 같은 연습을 많이하여 NC기술자라면 도면을 보고 제품 1개당 시간이 얼마만큼 걸린다는 것도 대충 알아낼 수 있어야만 되겠다.

이상과 같이 G기능(준비기능) 중에서 꼭 필요한 것만 중점적으로 알아보았다. 이것만 충분히 이해를 한다면 기초적인 program은 작성할 수 있으리라 생각되며 차차 응용력도 붙게 될 것이다.

제3장

Sub Program (보조 prg)

제3장

Sub program(보조 prg)

Program 중에 어떤 고정된 형태나 계속 반복되는 pattern이 있을 때 이것을 미리 보조 prg으로 작성해서 memory에 저장해 두었다가 주 prg에서 필요시에 호출해서 사용함으로써 매우 간단하고 편리하게 사용할 수 있다.

Sub−prg은 자동운전에서만 호출 가능하며

Sub−prg이 또 다른 Sub−prg을 호출할 수 있다.

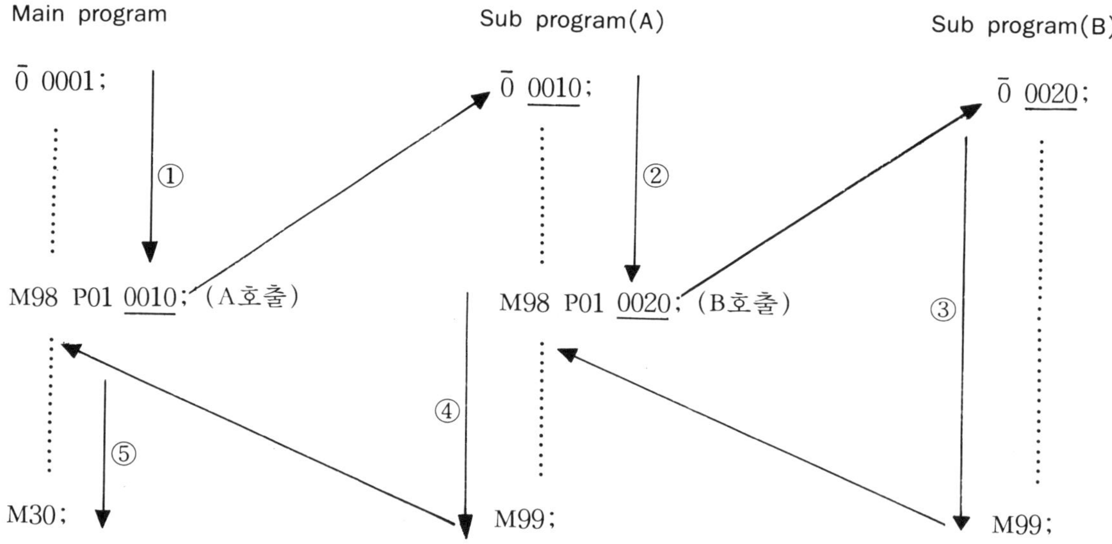

program 진행순서

①→②→③→④→⑤→처음으로 복귀.

보조 prg은 한 번 호출 지령으로 1~999회까지 반복시킬 수 있다.

1. **Sub program의 작성**

다음과 같이 작성한다.

$\overline{0}$ □□□□ ; (prg 번호)

   ⋮

  M99;

보조 prg도 주 prg과 똑같이 작성한다.

첫머리에는 address $\overline{0}$에 prg 번호를 붙이며 단지 main prg과 다른 것은 끝을 알리는 기호가 M99; 이다.

2. **Sub program의 실행**

보조 prg은 Main prg에서 M98로 호출하며 P 다음에 반복횟수와 보조 prg 번호를 지정한다. (시스템에 따라 반복 횟수를 L 다음에 지령하기도 한다.)

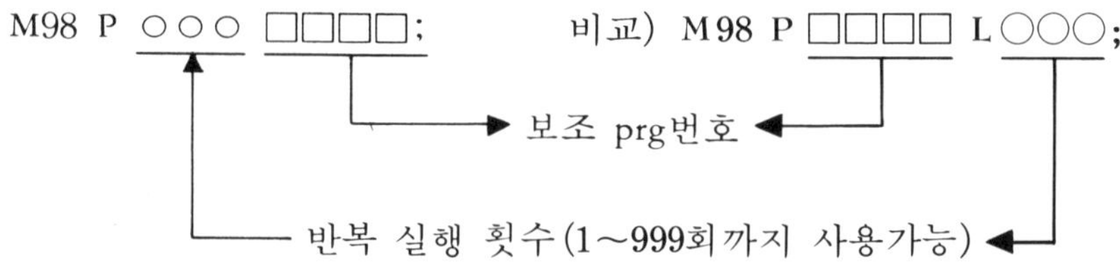

[예제]

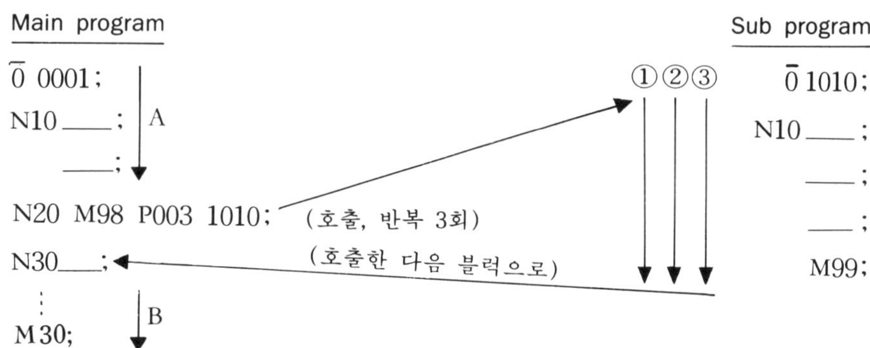

prg 진행순서

A→① ② ③→B→처음으로 복귀.

보조 program을 수행하고 나서는 보조 prg을 호출한 바로 다음 Block을 수행한다.

[비교]

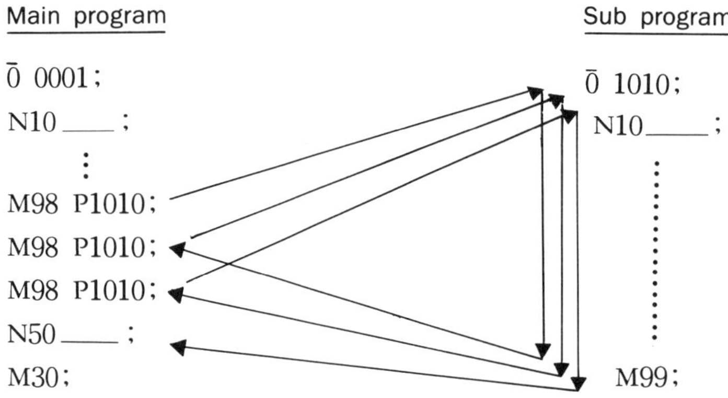

이와 같이 호출해서 반복시킬 수도 있다.
실제로 이렇게 호출해서 사용하는 것이 편리한 경우도 있으니 잘 연구하기 바란다.

3. 특수한 사용방법

① Sub prg에서 끝나는 마지막 Block에 M99와 함께 P 다음에 어떤 전개번호를 지정하면 주 prg의 보조 prg을 호출한 다음 Block으로 가서 수행하지 않고 P로 지정한 번호의 Block 으로 가서 prg을 수행한다.

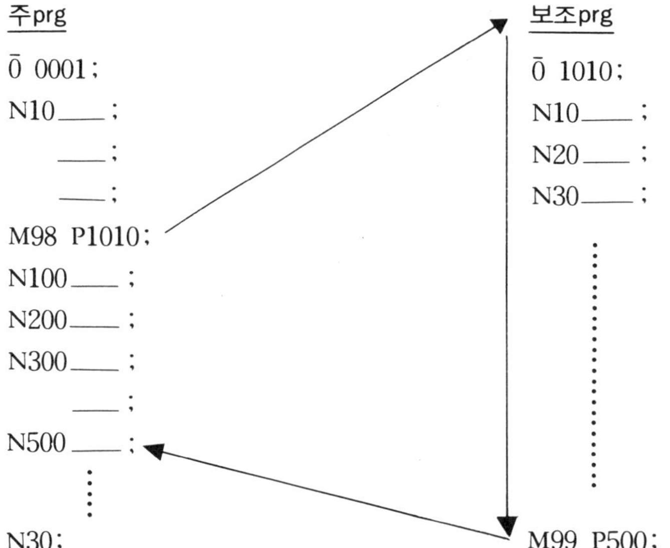

② Main program에서 M99가 사용되면 program의 첫머리로 되돌아가 계속 반복 수행한다.

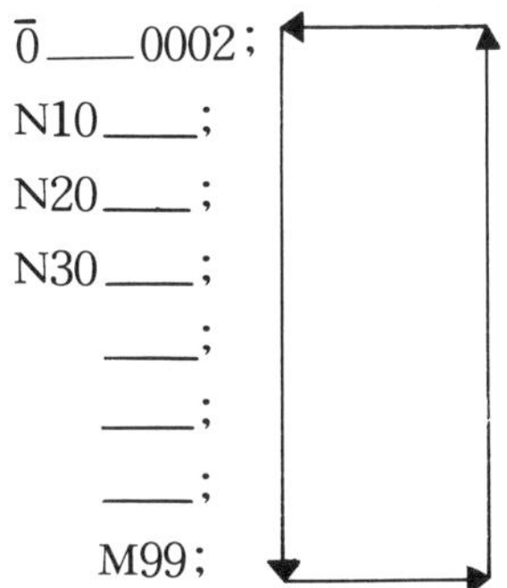

이렇게 반복 수행하는 prg을 적당히 작성하여 아침이면 처음 기계를 시운전 할 때 사용할 수 있다. 특히 추운 겨울에 사용하면 좋다.

③ Main program에서 몇 개의 Block 혹은 필요없는 공정을 뛰어 넘어서 수행하고자 할 때 M99와 함께 P에 전개번호를 지령하면 곧바로 P로 지정된 Block로 가서 Prg을 수행한다.

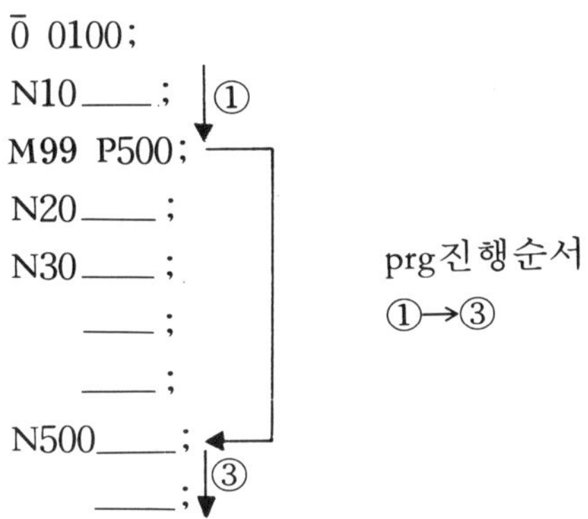

prg진행순서
①→③

<Sub program 사용예제>

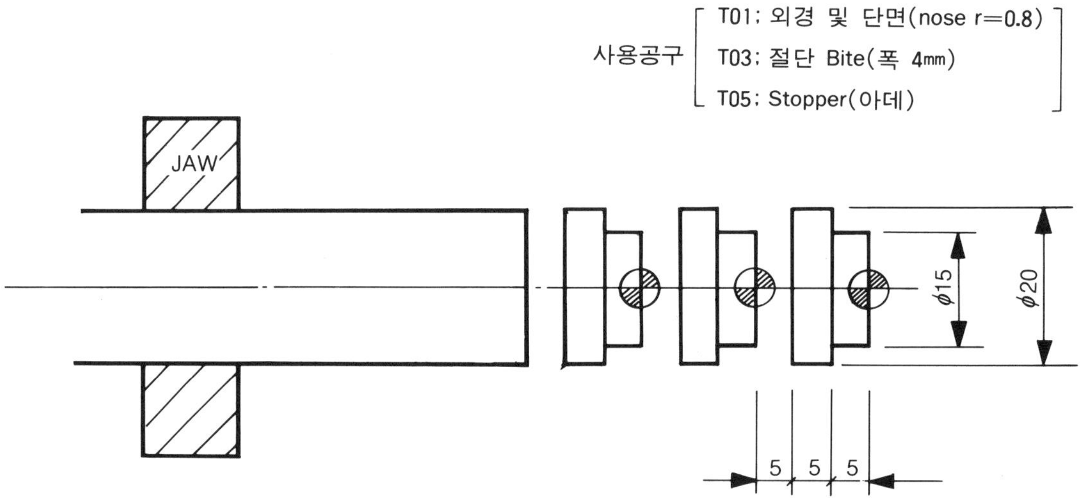

Main Program	sub program

```
Main Program

Ō 0001;
   G30 U0 W0;
   G50 X100 Z100.0 T0500;
   G0 X0 Z1.0 T0505;
   M0; (소재이송)
   G0×100.0 Z100.0 T0500;
   M98 P003 1010;
   G30 U0W0 M5;
   M30
```

```
sub program

Ō 1010 M8;
N10 G50 X100.0 Z100.0 S2500 T0100 M42;
   G96 G0 X25.0 Z0.0 S160 T0101 M3;
   G1 X−1.6 F0.15;
      W0.5;
   G0 X15.0;
   G1 Z−5.0
      X20.0;
      Z−16.0;
      U0.5;
   G0 X100. Z100. T0100;
N20 T0300 M8;
   G96 G0 X25.0 Z−14.0 S100 T0303 M3;
   G1 X10.0 F0.08;
      X0.0 F0.05;
   G0 X25.0 M9;
      X100.0 Z100.0 T0300;
      W−15.0; (15mm씩 이동)
      M99;
```

[예제]

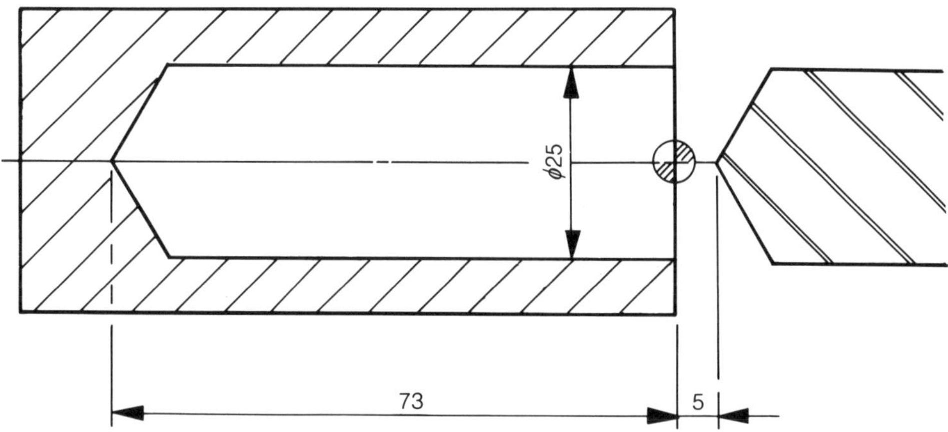

Main program

$\overline{0}$ 0010 M8;
G30 U0 W0;
G50 X100. Z100. S2500 T0400 M42;
G97 G0 X0 Z5. S320 T0404 M3;
M98 P005 1234;
G0 Z5.0 M9;
   X100. Z100. T0400 M5;
M30;

Sub program

$\overline{0}$ 1234;
G1W−15.0 F0.15;
W0.5;
M99;

위와 같이 함으로써 Chip이 끊어지게 할 수 있다.

제4장

M 기능 (보조기능)
: Miscellaneous

제4장
M기능(보조기능):Miscellaneous

M기능 즉 보조기능은 기계측의 on / off에 관계되는 기능이며 기계 메이커에 따라 약간 차이가 있으나 보통으로 많이 사용되는 기능을 알아보자.

1) M30(M02): End of program(EOB)

이 기능은 prg의 끝을 나타낸다. program 맨 끝에 M30; 혹은 M02; 이렇게 하므로써 prg의 끝을 알림과 동시에 prg의 첫머리로 되돌아간다. 기계 메이커에 따라 M02;는 prg의 끝만 나타내고 prg 처음으로 되돌아가지 않는 경우도 있다. 여러 말 할 것 없이 program 맨 끝에는 M30; 이렇게 넣는다는 것을 기억하자.

* 보조기능(M기능)은 한 블럭에 1개만 쓸 수 있고 겹쳐서 쓸 수 없다.

2) M00: Program Stop

이 기능은 prg의 정지를 나타낸다. 자동운동 중에 이 기능을 만나면 program이 정지한다. 작업자가 다시 **prg 개시 버튼**(사이클 스타트 버튼)을 눌러주면 이어서 계속 수행한다.
주로 이 기능은 제품의 한 쪽을 가공하고 나서 이어서 반대 쪽을 가공한다던지 또는 가공 도중 기계를 멈추고 심압대를 전진 하고나서 작업을 계속할 경우 등 상당한 응용에 필요하다.

3) M01: Optional Stop

이 기능은 선택정지 기능이다. prg 수행 중 M01;을 만나면 정지하는 것은 M00;과 마찬가지이지만 M01;은 기계 조작반상의 M01;의 기능을 유효(ON)할 것인지 아니면 무효(off)할 것인지의 스위치에 의해서 결정할 수가 있다. 그래서 선택정지 기능이다. 보통으로 prg의 공정과 공정 사이에 넣어서 제품의 상태를 점검하기 위하여 많이 쓴다.

4) M03: 주축의 정회전을 의미한다.

5) M04: 주축의 역회전을 의미한다.

예) **G96 S180 M03**; 이렇게 지령되면 절삭속도 180으로 주축이 정회전하게 된다.

　　G96 S180 M04; 절삭속도 180으로 주축이 역회전한다.

6) M05: 주축정지

주축이 회전을 하다가 **M05**란 지령을 만나면 정지한다.

7) M08: 절삭유 ON

절삭유가 나오게 된다.

8) M09: 절삭유 off

절삭유가 멈추게 된다.

9) M40: 주축기어의 중립

10) M41: 주축기어의 1단(혹은 저속)

11) M42: 주축기어의 2단(혹은 고속)

12) M43: 주축기어의 3단

13) M98: 보조프로그램 호출

14) M99: 보조프로그램 끝

이 두 기능은 보조 prg 응용시에 자세히 배우기로 한다.

이상 열거한 외에도 주축의 Clamp(조임), unclamp(풀림), 심압대가 있는 경우 센터의 전진, 후퇴 등의 기능이 있으나 기계에 따라 다르니 그때 그때 작업자나 프로그래머가 익혀서 하면 되겠다.

제5장
T기능 (공구기능)

제5장
T기능(공구기능)

    T기능(Tool)은 NC를 이해하는 데 상당히 중요한 부분이다. 소홀히 생각할 지 몰라도 이 공구기능의 원리를 잘 이해해야 실무에서 Setting(작업이 가능하도록 장치하는 것)을 할 때에 남보다 쉽게 할 수 있다. 그 동안의 경험을 총 동원해서 가능한 쉽게 많은 지면을 할애 할까 한다.

    우선 T기능은 통상 4자리 숫자로 구성된다.

    T○○△△; 이와 같이 구성된다.

    앞의 두 자리(○○)는 공구를 선택하는 번호이고 뒤의 두 자리(△△)는 보정번호(off set 번호)를 나타낸다.

    예를 들어 T0100; 이렇게 지령 되었다고 하면 1번 공구를 선택하라는 것이다. 그러면 기계는 여러 개의 공구(통상10~12개)중 1번 공구가 제품을 가공할 수 있는 위치로 오게된다. 터렛형 공구대를 가진 NC 선반인 경우 터렛이 회전하여 1번 공구가 제품을 가공할 수 있는 위치로 오게된다.

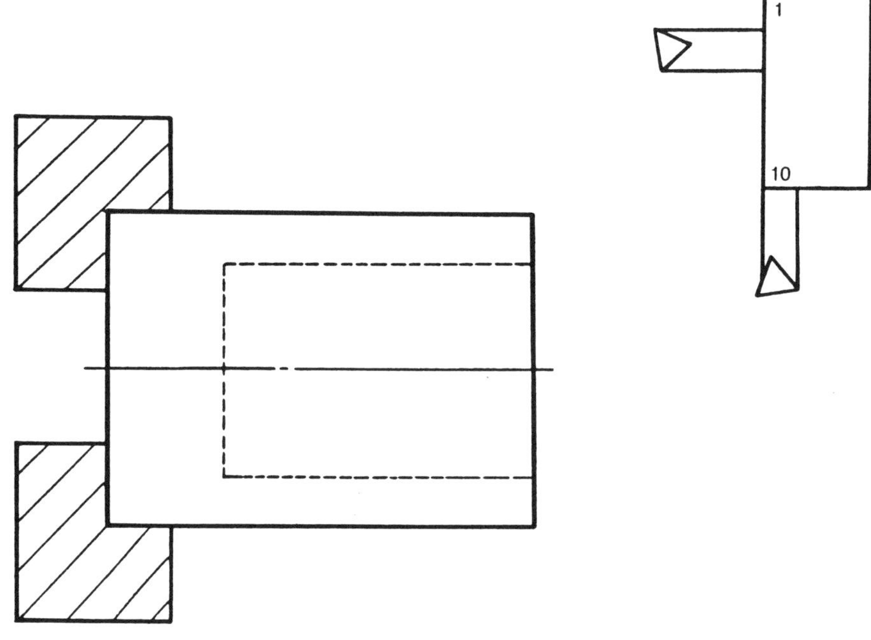

위 그림에서 내경 Bite를 1번이라 하고 외경 Bite를 10번이라고 가정했다면 **T0100;** 이렇게 지령하면 아래 그림과 같이 터렛이 회전하여 1번이 제품을 가공할 수 있는 위치가 된다.

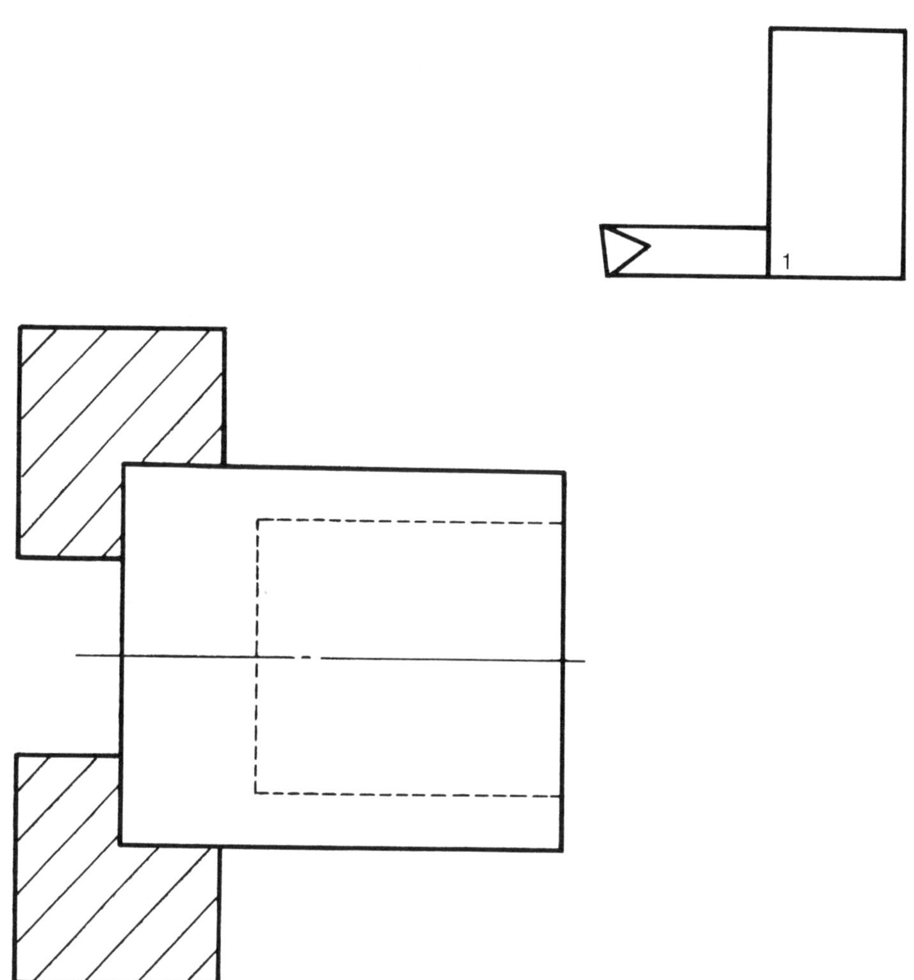

그런데 이제는 T0101; 이렇게 지령했다고 하자, 앞의 두 자리는 공구 선택이고 뒤의 두 자리는 공구보정 번호라고 했다. 바로 이 공구보정번호가 무슨 뜻인지 또 어떻게 이루어지는지를 설명하겠다.

제품을 가공하기 위한 program을 작성할 때 각각의 Bite마다 기준을 삼아 program을 작성하면 매우 복잡해지므로 실제 prg을 작성할 때는 어느 한 Bite를 기준으로해서 좌표를 잡는다. 예를 들어 외경 Bite인 A라는 공구를 기준으로 좌표를 잡았을 때, B라는 내경 Bite, C라는 외경 Bite 등이 A와 좌표가 같을 수가 없으며, A라는 Bite로 제품을 가공하더라도 치수가 약간 차이가 있게 마련이다. 기준 Bite와 다른 Bite간의 차이 또는 Bite 자체의 실제제품과의 차이 등을 보정하는 것을 공구보정이라 한다.

그림을 보면서 알아보자.

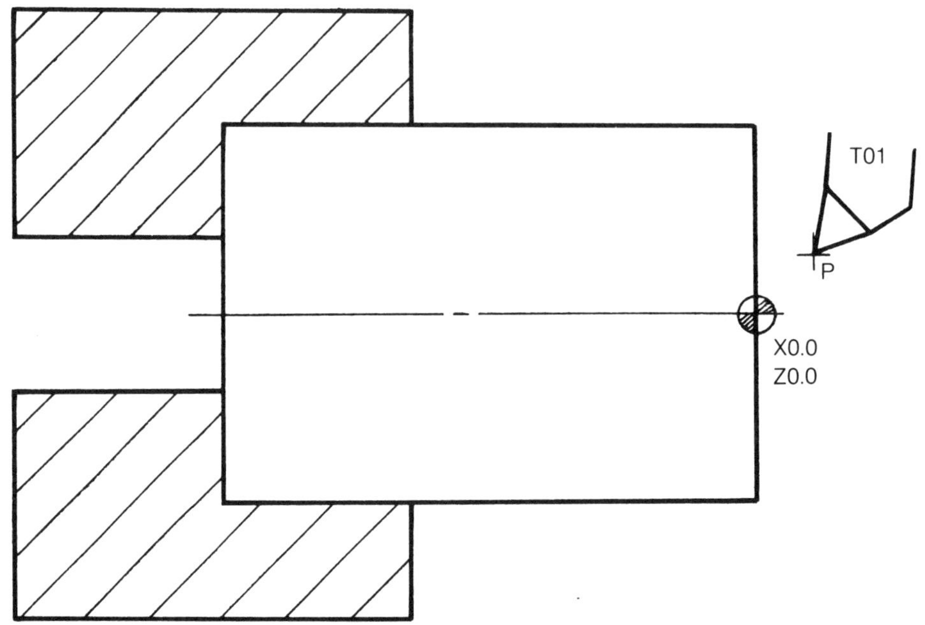

위 그림에서 G01 X0.0 Z0.0; 이라고 지령을 했는데 실제로 기준 Bite인 T01이 점 P에 와서 멈췄다면 program 좌표와 실제 가공할 때의 좌표가 그림과 같이 차이가 나는 것이다. 점 P를 실제의 X0.0 Z0.0의 위치에 오게 하려면 X는 약간 밑으로 Z는 약간 좌측으로 각각 더 보내야만 한다. 이 더 보내야 하는 값을 NC의 다음과 같은 화면에 입력시킨다. (T0101이라고 했다고 하자)

No	OFX	OFZ	R	T
01	○○○.×××	○○○.×××		
02				
03				
⋮				

```
G00 X10.0 Z5.0 T01 01 ;
                          → 화면 1번의 수치만큼 이동시에 가감을 함
G01 X0.0 Z0.0;
                          → 1번 공구 선택 번호
```

이렇게 지령하면 1번의 공구가 옵셋번호 1번에 있는 X, Z의 옵셋량을 선택하여 공구대 이동시에 가감함으로써 점 P가 실제의 X0.0 Z0.0의 위치에 오게 된다.

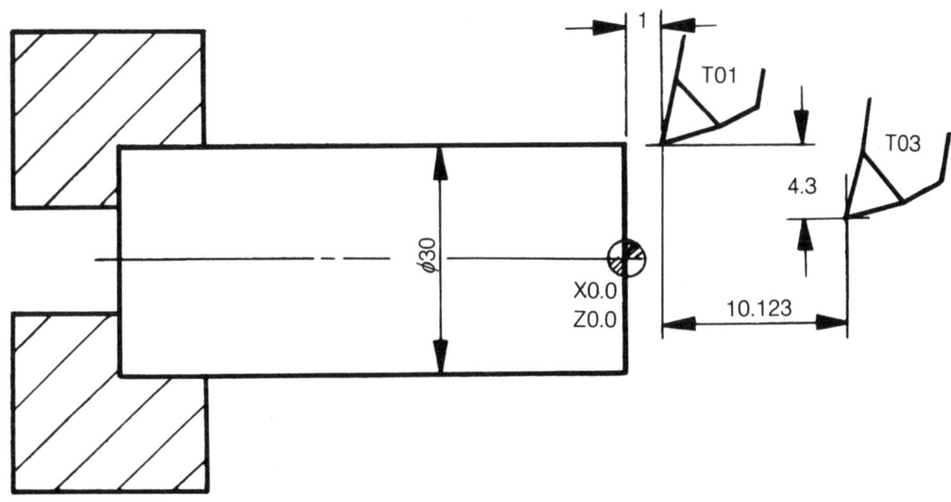

위 그림에서 기준 바이트 T01은 옾셋 보정이 된 상태라고 하면

G00 X30.0 Z1.0 T0101; 이렇게 하면 그림의 T01의 위치에 오게 된다. 그런데 T03을 똑같이 지령했더니 그림과 같은 위치에 왔다면 보는 바와 같이 편차가 생긴다.

G00 X30.0 Z1.0 T0303; 이렇게 지령 했을 때 T03이 T01의 위치에 오게 하려면 왼쪽으로 **10.123**만큼, 위쪽으로 **4.3×2**만큼 이동시켜야 한다. 그러기 위해서 NC의 화면에 아래와 같이 입력한다.

offset 번호	ofX	ofZ	R	T
01	○○○.×××	○○○.×××	—	—
02	....	....	—	—
03	008.600	−010.123	—	—
⋮	⋮	⋮	⋮	⋮

공구 보정에 대하여 많은 연습을 하기로 하자.

G00 X10.0 Z10.0 **T0100**; 이렇게 지령했더니 아래 그림과 같이 공구대가 이동했다고 하자.

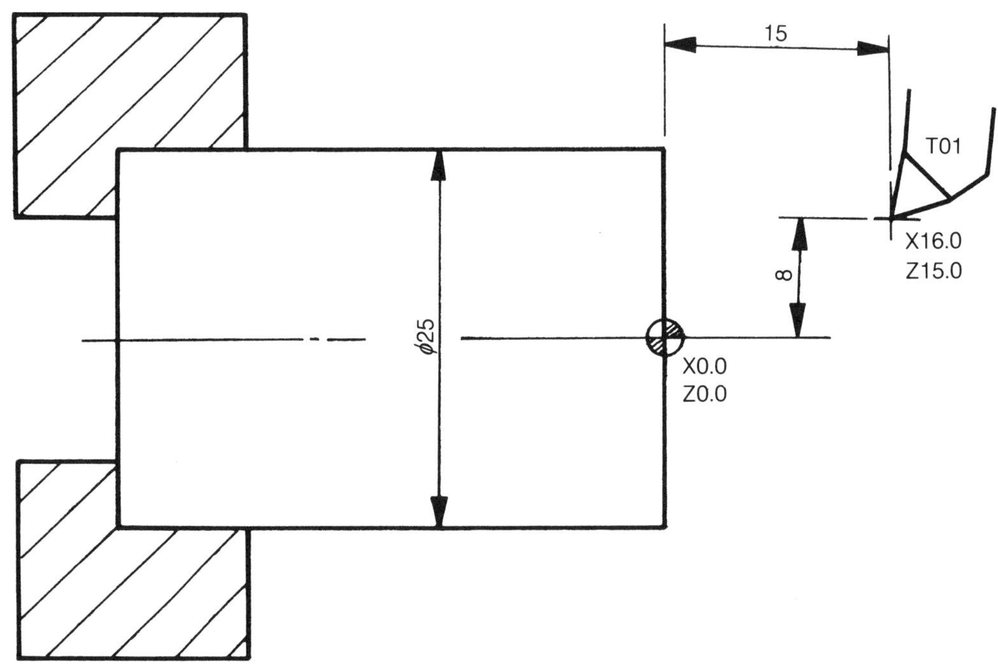

T0100;은 아직 보정번호를 지령하지 않은 상태이다. 그런데 위의 그림같이 되었다면 실제 X10.0 Z10.0과의 편차는 이렇다. 위 그림의 T01은 X16.0 Z15.0에 위치하고 있으므로 X10.0보다 6.0 위에 있고 Z10.0보다 5.0 오른쪽에 있다. 그러므로 X쪽으로 −6.0 이동시키고 Z쪽으로 −5.0 이동시켜야 정상으로 된다.

옵셋번호 NO	X축보정값 OFX	Z축보정값 OFZ	R	T
01	−6.000	−5.000		
02	○○○,×××	○○○,×××		
03	○○○,×××	○○○,×××		
⋮	⋮	⋮		

위와 같이 OFFSET 번호 01번에 보정값을 입력시켜 놓고

G00 X10.0 Z10.0 **T0101**: 이렇게 지령하면 아래 그림과 같이 된다.

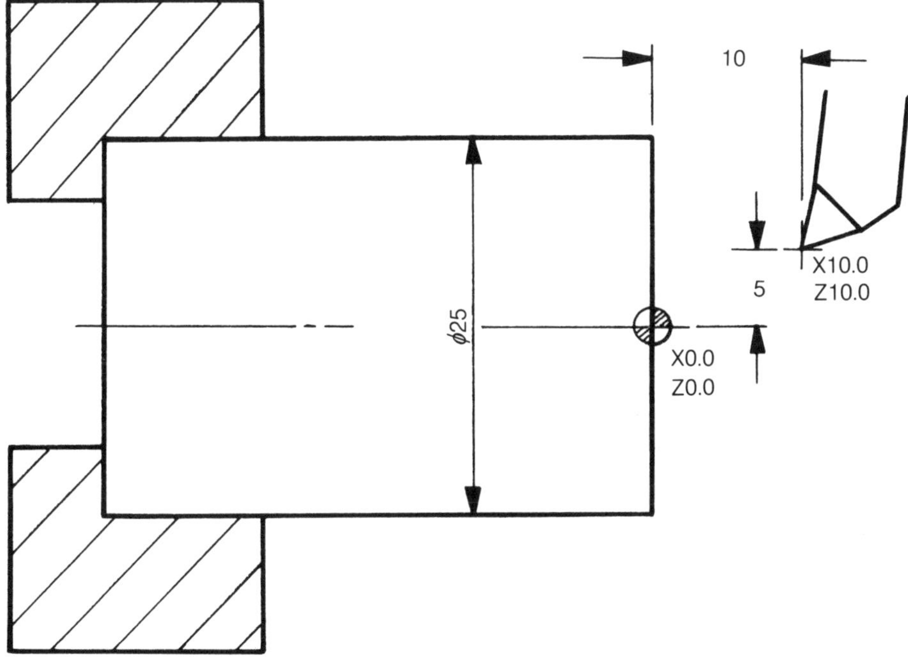

그러면 이제 NC화면의 X, Z의 좌표를 보면서 공구 보정값을 알아내는 방법을 공부해 보자.

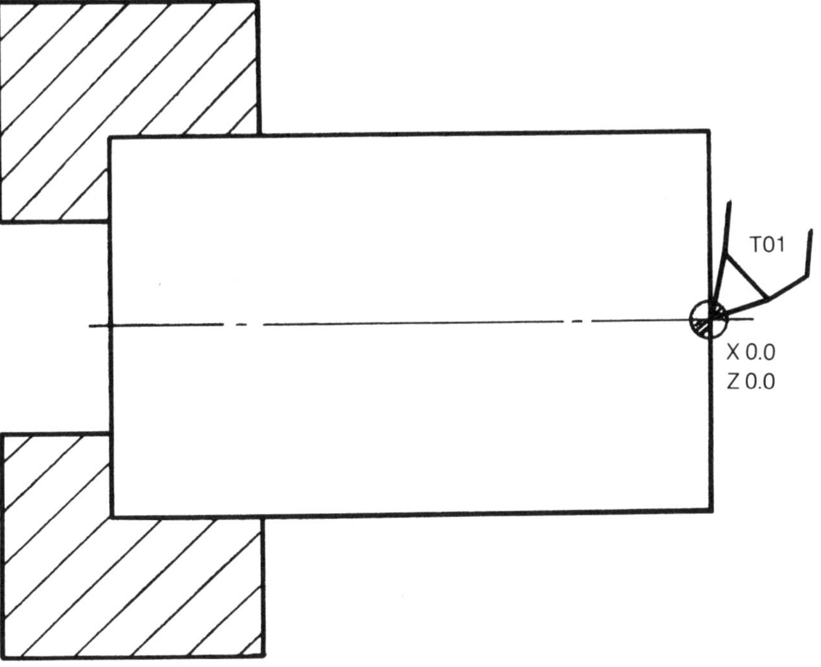

위 그림과 같이 Bite가 실제로는 X0.0 Z0.0의 위치에 왔는데 화면의 좌표는 다음과 같이 되었다면

X 3.123

Z 0.456

이것은 어떤 의미를 가지냐하면, Bite가 실제로 X축으로 더 길게 나와 있고(3.123만큼) Z축으로 더 튀어나와(0.456만큼)있다는 것이다.

그림을 그려서 알아보면

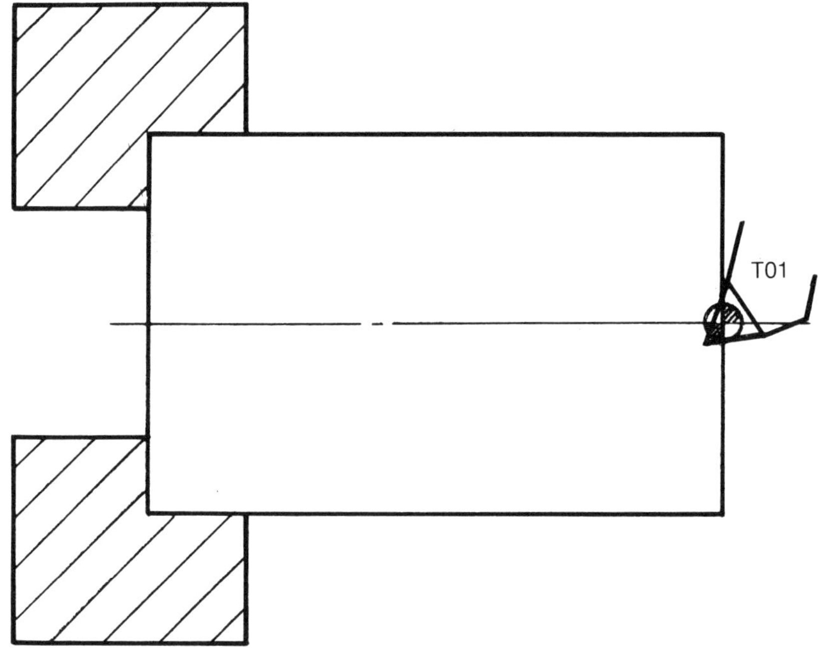

화면의 치수가 X0.0 Z0.0이 되게끔 Bite(공구대)를 이동시키면 실제로 위 그림과 같이 되는 것이다. 이것을 실제의 X0.0, Z0.0과 화면의 X0.0, Z0.0과 일치 시키려면 X축으로 3.123만큼 위로, Z축은 0.456만큼 오른쪽으로, 그러니까 X축, Z축 둘다 +방향으로 이동시켜야 된다. 바로 이 X, Z의 편차량을 공구보정 화면의 보정번호에 입력시키고 T0101;과 함께 이동지령을 내리면, 공구대가 이동할 때, 보정값만큼 가감을 하여 이동하므로써 비로소 실제치수와 NC화면치수(prg된 치수)가 일치하게 되는 것이다.

[예제] 다음과 같을 때 보정값을 입력시켜라.

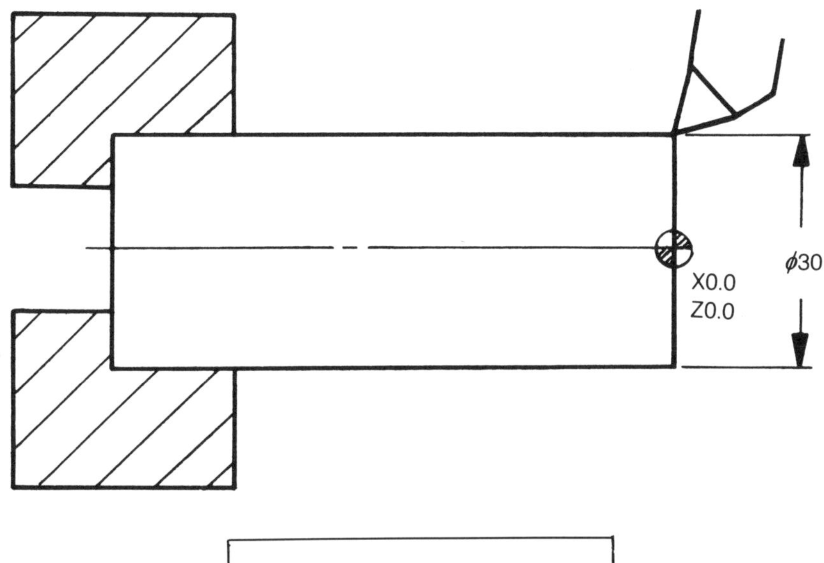

[답]

No	OFX	OFZ	R	T
01	1.012	−0.346		
02	○○○.×× ×	○○○.×× ×	—	—
02	○○○.×× ×	○○○.×× ×	—	—
⋮	⋮	⋮	⋮	⋮

실제 제품을 가공하고 나서 제품을 측정한 결과 도면과 차이가 났을 때 다음과 같이 보정값을 입력한다.

예를 들어 T0505에 의한 외경정삭을 했을 때

외경이 도면보다 0.05 적게 가공되었다면

① 보정화면을 찾는다.

② 커셔(■)를 05번에 이동시킨다.

③ U0.05를 타자한다.

④ [Input] 버튼을 누른다.

N	X	Z	R	T
01				
02				
03				
04				
05	0.123	−1.234		
⋮				
U0.05				

위와 같이 타자한 후 Input 버튼을 누르면 다음과 같이 된다.

N	X	Z	R	T
01				
⋮				
05	0.173	−1.234		
⋮				

주의할 점은 더하고 빼고 할 때는 반드시 X는 U를 Z는 W를 타자하여야 한다. X나 Z를 직접 타자하면 수치만큼 더하거나 빼지는 것이 아니라 타자한 수치로 변경되어져 버린 것이다.

더하고자 할 때는 부호를 생략하고 빼고자 할 때는 마이너스 (−)부호를 붙인다. W도 마찬가지다. 길이를 길게하고 싶으면 W다음에 원하는 치수를 타자하여 Input 하고 길이를 짧게하고 싶으면 W 다음에 마이너스로 원하는 치수를 타자한 후 Input 한다.

U값을 입력할 때, 흔히 생각한대로 1mm가 크면 −0.05를 입력하는 것이 아니라 그대로 −1.0을 입력한다. 크면 큰 만큼 빼주고 작으면 작은 만큼 더해주면 된다.

또 반드시 주의할 점은 타자한 수치를 무조건 Input 하지 말고 한 번 확인한 다음 입력시킬 것이며 기존의 보정값에 지금 입력시킨 값이 가감이 되는지도 똑바로 바라보면서 확인을 반드시 하도록 하자. 특히 부호에 주의하자. 확인을 하지 않고 입력시킨 다음 Cycle start버튼을 눌러서 엉뚱한 일이 벌어진 다음에 후회하지 않도록 하자.

보정값에 대해 정리를 하면

제품의 외경
- 도면보다 크게 나왔으면 큰 만큼 뺀다(직경지정)
- 도면보다 작게 나왔으면 작은 만큼 더한다(직경지정)
- X의 보정값 입력시는 U를 타자한다.

제품의 길이
- 도면보다 길게 나왔으면 긴 만큼 뺀다.
- 도면보다 짧게 나왔으면 짧은 만큼 더한다.
- Z의 보정값 입력시는 W를 타자한다.

제6장

nose "R" 보정의 원리와 계산법

1. TAPER가공시
2. 원호 가공시
3. TAPER와 원호 가공시
4. TAPER와 TAPER가공시
5. 접점(Point)을 구하는 법

제6장
nose "R" 보정의 원리와 계산법

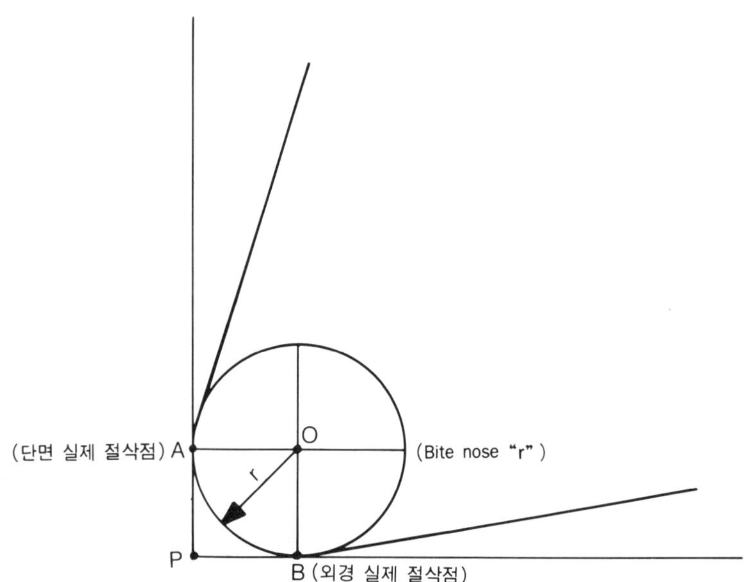

위 그림에서 보는 바와 같이 우리가 program을 작성하여 제품을 절삭할 때 Bite nose "r" 의 중심인 "O"점이 기준이 아니고 "P"점이 기준이 된다. 점"P"를 **가상 인선**이라 하며 Bite 의 끝이 예리한 점이라고 가상할 때는 "P"점을 기준으로 program해도 별 문제가 없지만 Bite의 끝이 둥글게 되어 있기 때문에 단면절삭시에는 실제로 "A"점이 절삭을 하며 외경 절삭시에는 "B"점이 절삭을 하기 때문에 Taper 나 원호 절삭시에는 nose"r"에 의한 절삭오차 가 나타나기 때문에 nose"r" 보정기능(G40-G42)을 사용하든지 계산을 해서 오차를 없애야 한다. 여기에서는 계산에 의한 오차를 수정하는 방법을 설명하고자 하며 실제로 현장에서 이 방법을 많이 사용하고 있으며 또 필요한 경우가 많으므로 확실히 이해하여 응용하도록 하자.

1. TAPER 가공시

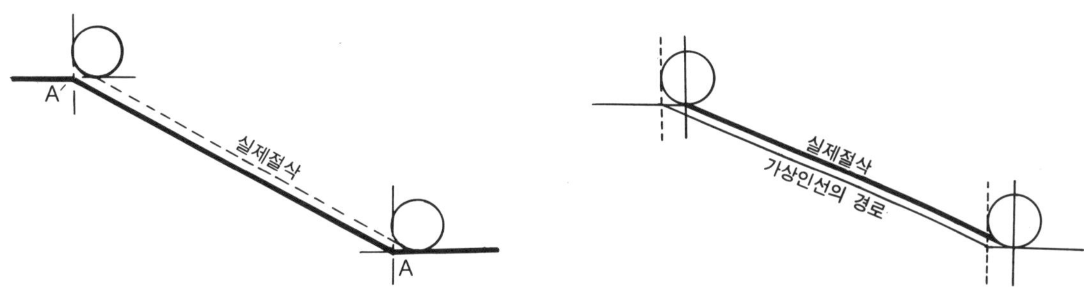

　위의 왼쪽 그림에서 Bite를 A위치까지 보낼 때 Bite의 왼쪽 끝이 기준이 되어 직각(90°) 절삭을 한다면 제품의 구석에 Bite의 nose "r"만큼 둥글게 될 뿐 치수에 지장이 없으나 A에서 A'로 Taper 절삭을 할 때 X축 기준은 nose "r"의 아래 끝이 되며 Z축 기준은 nose "r"의 왼쪽 끝이 되어 위 그림과 같은 절삭오차가 생기기 때문에 오른쪽 그림과 같이 nose "r"을 감안해야 한다. 다음 그림을 보면서 자세히 공부하자.

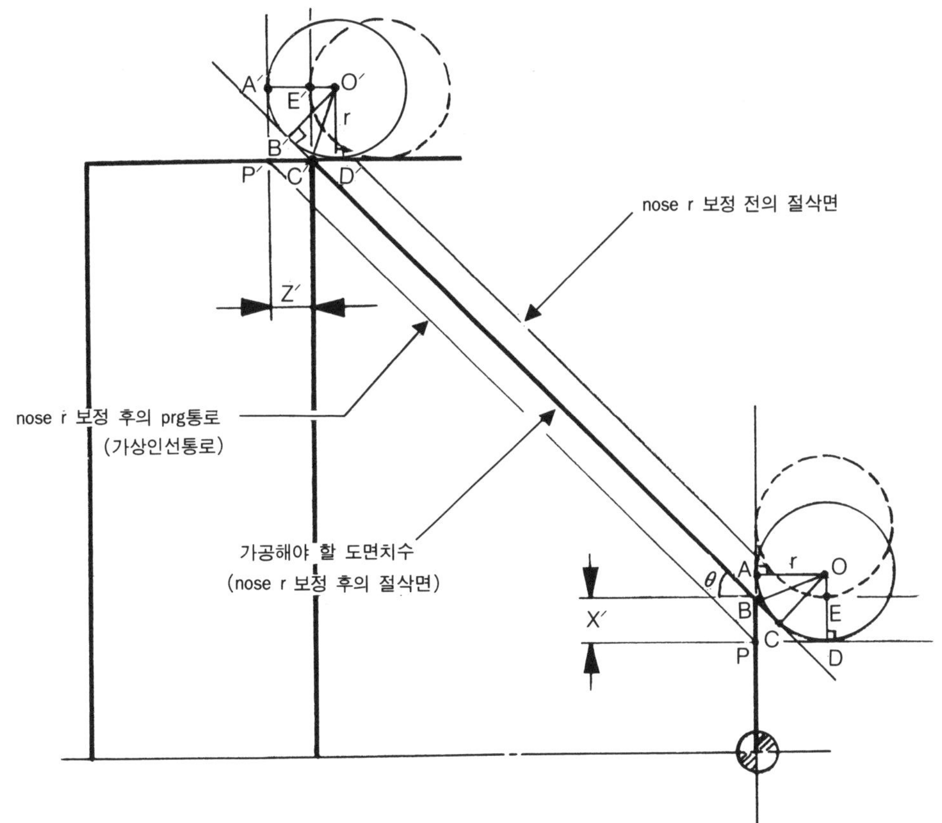

위 그림에서 각이 θ 일때 nose r 보정값 X′와 Z′를 구하는 법을 알아보자.

1) X′를 구하는 법

X′=OD−OE이다. OD는 r이므로 X′=r−OE가 된다.

∠COD=θ이므로 ∠AOC=$90-\theta$가 된다.

$$AOB=\ \angle BOC=\frac{\angle AOC}{2}=\frac{90-\theta}{2}\ \ 이다.$$

OE=AB이므로 직각삼각형 AOB에서 $\tan\ \angle AOB=\dfrac{AB}{AO}$

$\angle AOB=\dfrac{90-\theta}{2}$ 이고 AO=r이므로 $\tan\dfrac{90-\theta}{2}=\dfrac{AB}{r}$

$\therefore AB=r\times\tan\dfrac{90-\theta}{2}$ 이다. AB=OE이고

$X′=r-OE\ =r-AB\ =r-r\times\tan\dfrac{90-\theta}{2}$

식을 정리하면

$$\boxed{\ X′=r(1-\tan\ \frac{90-\theta}{2}\ \ \ )\ }$$ 의 공식이 유도된다.

2) Z′를 구하는 법

Z′=A′O′−E′O′이다. A′O′는 r이므로 Z′=r−E′O′가 된다.

∠B′O′D′=θ이므로 $\angle B′O′C=\angle C′O′D′=\dfrac{\angle B′O′D′}{2}=\dfrac{\theta}{2}$ 가 된다.

E′O′=C′D′이므로 직각삼각형 C′O′D′에서

$\tan\ \ \angle C′O′D′=\dfrac{C′D′}{O′D′}$, $\angle C′O′D′=\dfrac{\theta}{2}$ 이고 O′D′=r이므로

$\tan\dfrac{\theta}{2}=\dfrac{C′D′}{r}$, $\therefore C′D′=r\times\tan\dfrac{\theta}{2}$ 이다.

E′O′=C′D′이므로 Z′=r−E′O′에서

$Z′=r-r\times\tan\ \dfrac{\theta}{2}$ 이다.

식을 정리하면

$$\boxed{\ Z′=r(1-\tan\frac{\theta}{2}\ )\ }$$ 의 공식이 된다.

$$* \text{공식}$$
$$X'=r\left(1-\tan\frac{90-\theta}{2}\right)$$
$$Z'=r\left(1-\tan\frac{\theta}{2}\right)$$

실제 치수를 대입해 보자.

nose r =0.8, θ=45°일 때

$$X'=0.8\left(1-\tan\frac{90-45}{2}\right)=0.8-\tan 22.5\times0.8=\boxed{0.468\fallingdotseq0.47}$$

$$Z'=0.8\left(1-\tan\frac{45}{2}\right)=0.8-\tan 22.5\times0.8=\boxed{0.468\fallingdotseq0.47}$$

여기에서 X′는 반대쪽에 또 X′가 있으므로 실제 program에서는 2×X′ 즉 2×0.47=0.94를 X의 prg에 보정해야 한다. 항상 X′를 보정할 때는 2배해서 X의 prg에 더하거나 빼준다는 것과 어느 각을 공식에 적용해야 되는지를 주의해야 된다는 것을 꼭 기억하자.

각을 적용하는 연습을 해 보자.

[외경]

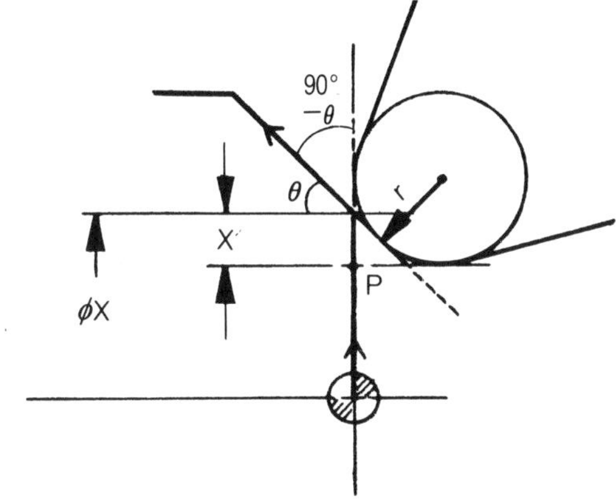

$$X'=r\left(1-\tan\frac{90-\theta}{2}\right)$$
점 P의 X좌표＝φX−2X′
θ=45°, nose r=0.8, φX=20이라면
P점은 **X19.06**;

[내경]

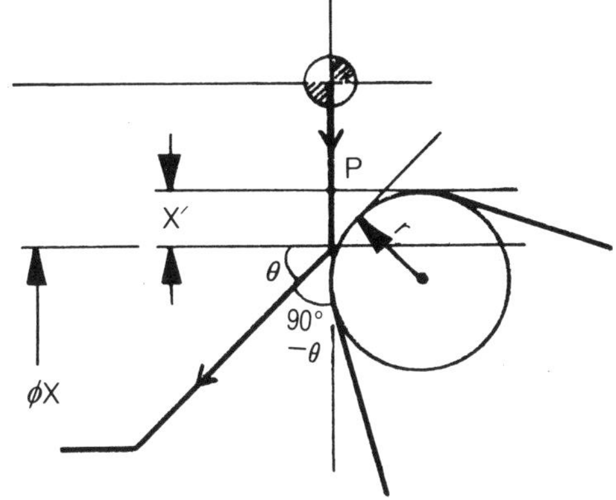

$$X'=r\left(1-\tan\frac{90-\theta}{2}\right)$$
P점의 X좌표＝φX＋2X′
θ=45°, nose r=0.4, φX=20이라면
P점은 **X20.468**;

[외경]

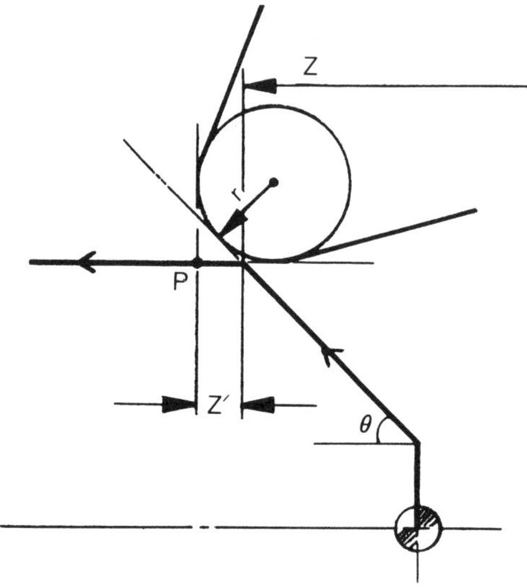

$$Z'=r\left(1-\tan\frac{\theta}{2}\right)$$

P점의 Z좌표＝Z＋Z′

$\theta=45°$, nose r＝0.8, Z＝－10.0이라면

P점의 좌표는 Z－10.47;

[내경]

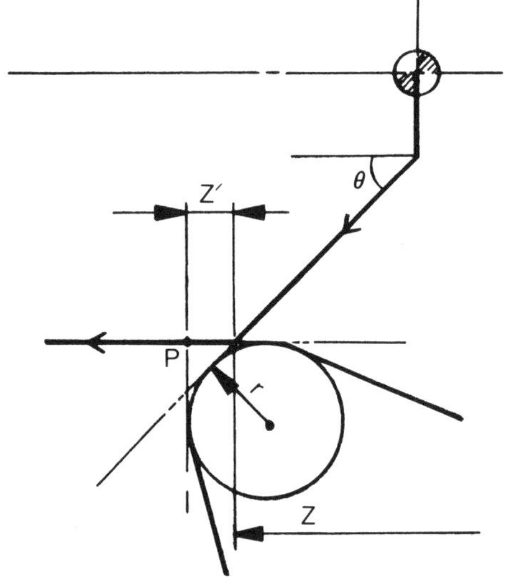

$$Z'=r\left(1-\tan\frac{\theta}{2}\right)$$

P점의 Z좌표＝Z＋Z′

$\theta=45°$, nose r＝0.4, Z＝－5.0이라면

P점은 Z－5.234;

[외경]

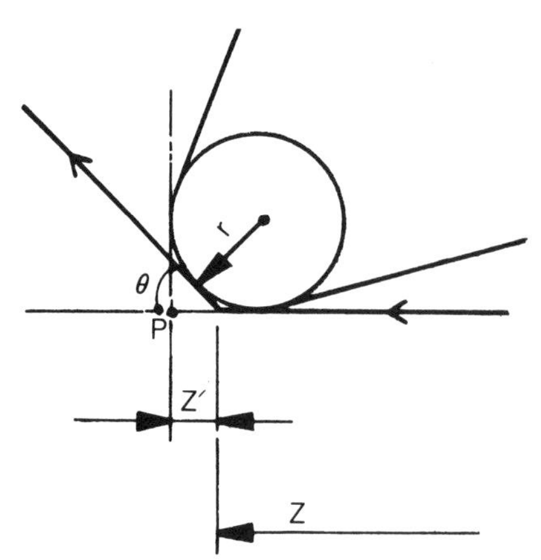

$$Z'=r\left(1-\tan\frac{\theta}{2}\right)$$

P점의 Z좌표＝Z＋Z′

$\theta=45°$, nose r＝0.8, Z＝－10이라면

P점은 Z－10.47;

[내경]

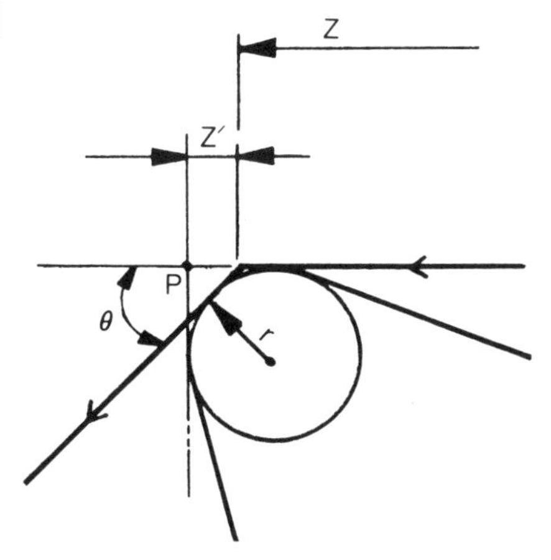

$$Z'=r(1-\tan\frac{\theta}{2})$$

P점의 Z좌표$=Z+Z'$

$\theta=45°$, nose r$=0.4$, Z$=-5.0$이라면

P점은 Z-5.234;

그림을 보고 실제로 가공해 보자.

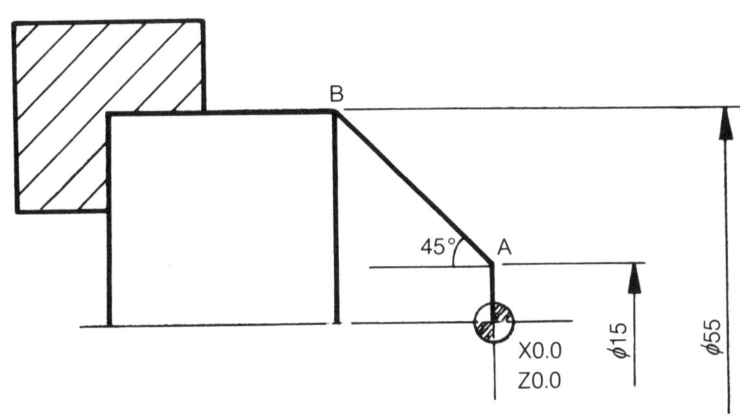

보정 전의 program은

G1 X 15.0;
　　 X55.0 W-20.0; (혹은 X55.0 Z-20.0;)

보정 후의 program은

A점 $X'=0.8(1-\tan\dfrac{90-45}{2})=0.8-\tan 22.5\times0.8=0.47$

B점 $Z'=0.8(1-\tan\dfrac{45}{2})=0.8-\tan 22.5\times0.8=0.47$

이므로

X값에 2×0.47＝0.94

Z값에 0.47을 각각 보정하여

G1 X14.06;

   X55.0 W−20.47; (혹은 X55.0 Z−20.47;)

과 같이 된다. 이렇게 prg 되어야 비로소 도면의 치수와 제품의 실제 치수와 같아진다.

다음 예제들을 연습해 보자.(nose R 0.8)

①

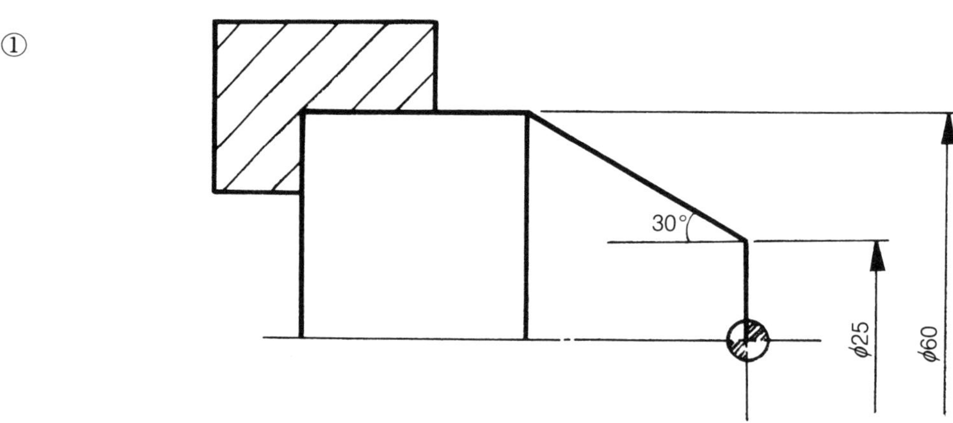

nose R을 보정 전의 program은

G1 X25.0;

   X60.0 W−30.31;(혹은 X60.0 Z−30.31;)

nose R을 보정 후의 program은

G1 X24.323;

   X60.0 W−30.897;(혹은 X60.0 Z−30.897;)

(＊ nose R 0.4일 때의 값을 구해보자.)

②

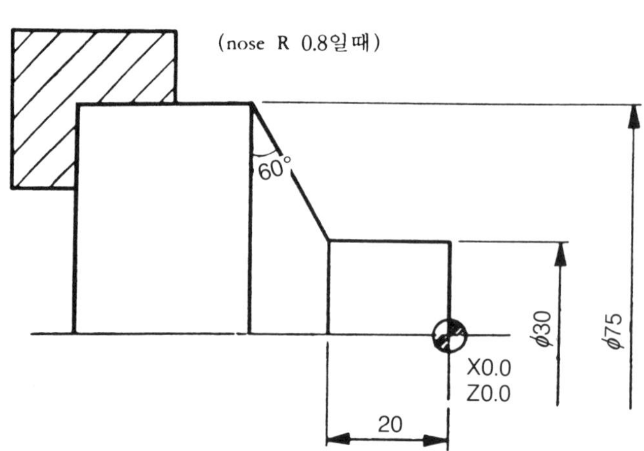

위와 같은 경우는 nose R 보정에서 X의 값은 필요없게 된다.

보정 전의 program은

G01 X30.0;
　　　Z−20.0;
　　　X75.0 W−38.971; (혹은 X75.0 Z−58.971;)

보정 후의 program은

G01 X30.0;
　　　Z−20.585;
　　　X75.0 W−39.556; (혹은 X75.0 Z−59.556;)

　Taper부의 양쪽 Z값에 nose R 보정값 0.585를 더하여 prg해야 실제 제품이 도면의 치수와 같아진다. (* nose R이 0.4일 때의 값을 구해보라.)

③

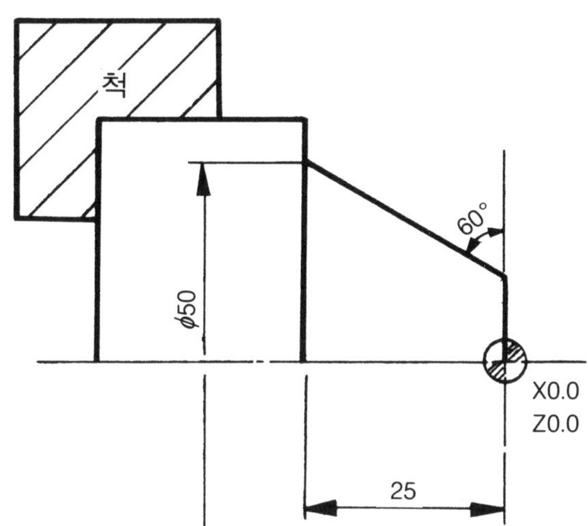

위 그림과 같은 경우는 Z의 보정값은 필요 없게 된다.

보정 전의 program은

G01 X21.132;
　　　X50.0 W−25.0; (혹은 X50.0 Z−25.0;)

보정 후의 program은

G01 X20.456;
　　　X49.324 W−25.0; (혹은 X49.324 Z−25.0;)

위와 같이 X값에만 nose R 보정을 해야만 실제 제품 치수와 도면의 치수가 같아진다.
(* nose R 0.4일 때도 구해보라.)

④

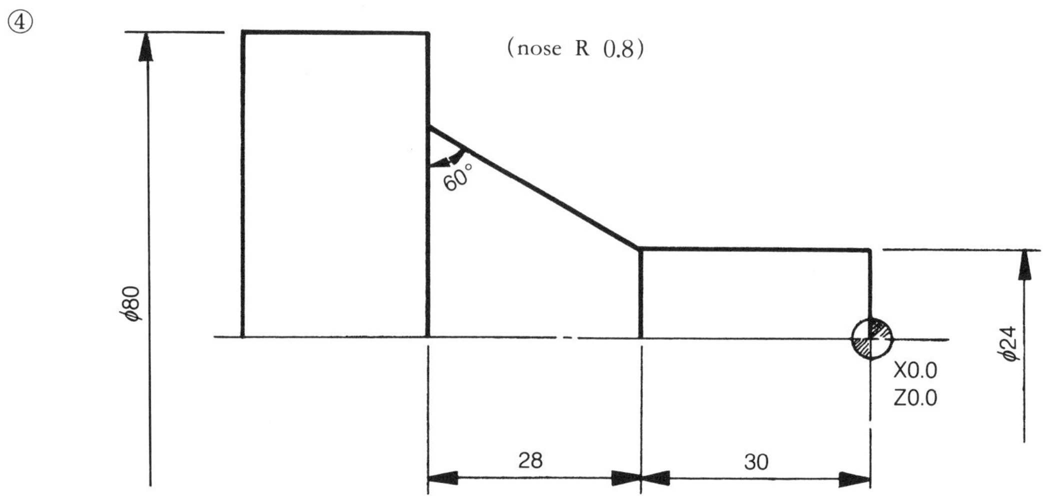

보정 전의 program은

G01 X24.0;
　　 Z−30.0;
　　 X56.332 W−28.0; (혹은 X56.332 Z−58.0;)

보정 후의 program은

G01 X24.0;
　　 Z−30.585;
　　 X55.656 W−27.415; (혹은 X55.656 Z−58.0;)

위와 같은 경우는 상당히 주의를 해야 되는 제품이다. (* nose R 0.4일 때도 알아보라.)

　지금까지는 올라가는 taper 를 공부해 봤는데 이제는 내려가는 taper 에서는 떻게 nose R보정을 할 것인가 자세히 알아보자.(Bite의 nose R＝0.8)

[예제]

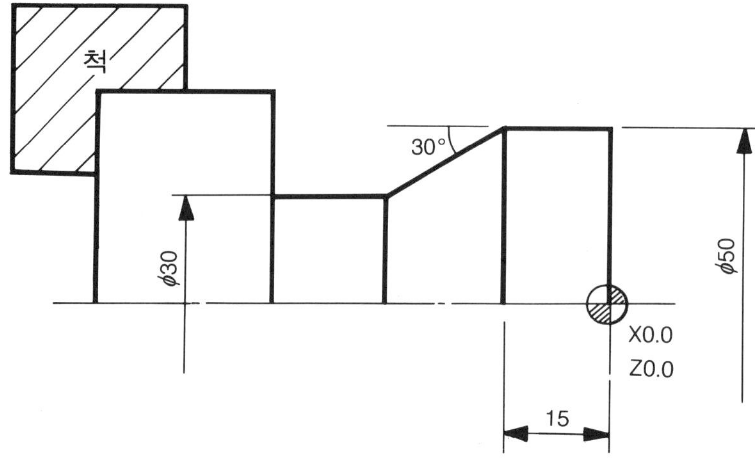

위와 같은 제품이 있다고 할 때 어떻게 보정계산을 할 것인가?
우선 테이퍼 부분을 확대해서 알아보자.

nose R 보정을 하지 않고

G01 X50.0;

    Z−15.0;

    X30.0 W−17.32;

    (혹은 X30.0 Z−32.32;)

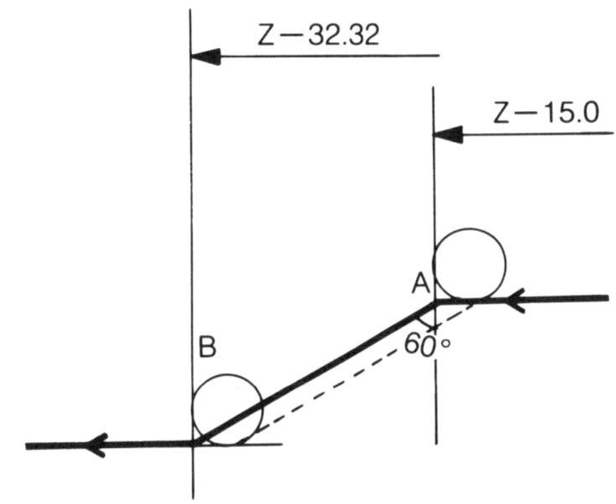

이렇게 지령하면 옆 그림의 점선과
같이 가공이 되어 도면치수와 상당
한 차이가 나게된다.

계산하는 요령을 알아보면

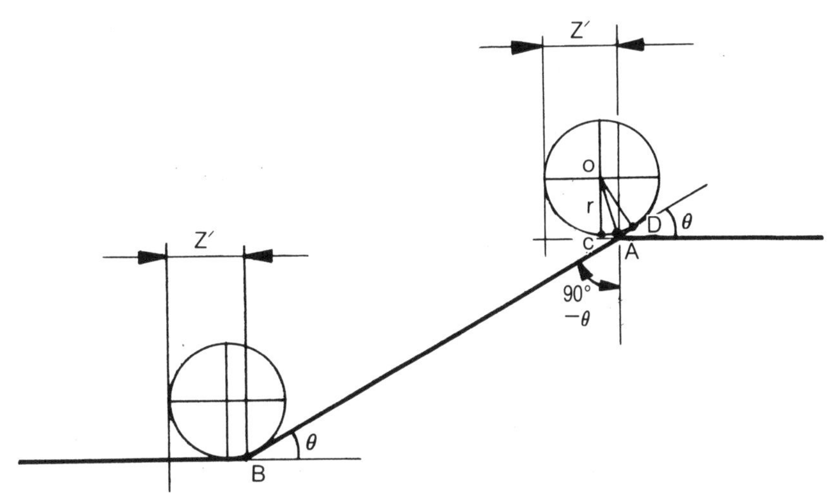

위 그림에서 우리가 최종적으로 구하고자 하는 것은 Z′이다.

그런데 Z′는 r+$\overline{AC}$이다.

$\overline{AC}$를 구해보자.

$\angle COD = \theta$이다. $\therefore$ $\angle AOC = \dfrac{\theta}{2}$ 가 된다.

따라서 $\overline{AC} = r \times \dfrac{\tan\theta}{2}$ 이다.

$\therefore$ $Z' = r + \overline{AC} = r + r \times \dfrac{\tan\theta}{2}$

$$= \boxed{r\left(1 + \dfrac{\tan\theta}{2}\right)}$$ 이와 같은 공식이 된다.

만약 nose r=0.8이고 θ=45°라면

$Z'=0.8(1+\dfrac{\tan\theta}{2})=0.8+0.8\times\tan 22.5°$
$=0.8+0.331=1.131$이 된다.

그러면 앞의(예제)의 prg을 작성해 보기로 하자.

먼저 보정량 Z′는

$0.8(1+\tan\dfrac{30}{2})=0.8+0.8\times\tan 15°$
$=0.8+0.214=1.014$이므로

G01 X50.0;
　　　Z−16.014
　　　X30.0 W−17.32; (혹은 X30.0 Z−33.334;)

위와 같이 되어야 실제 가공된 제품과 도면의 치수가 비로소 일치하게 된다.
(* nose r=0.4일 때를 구해보자.)

◎ 다음 예제를 구해보자(nose r=0.8)

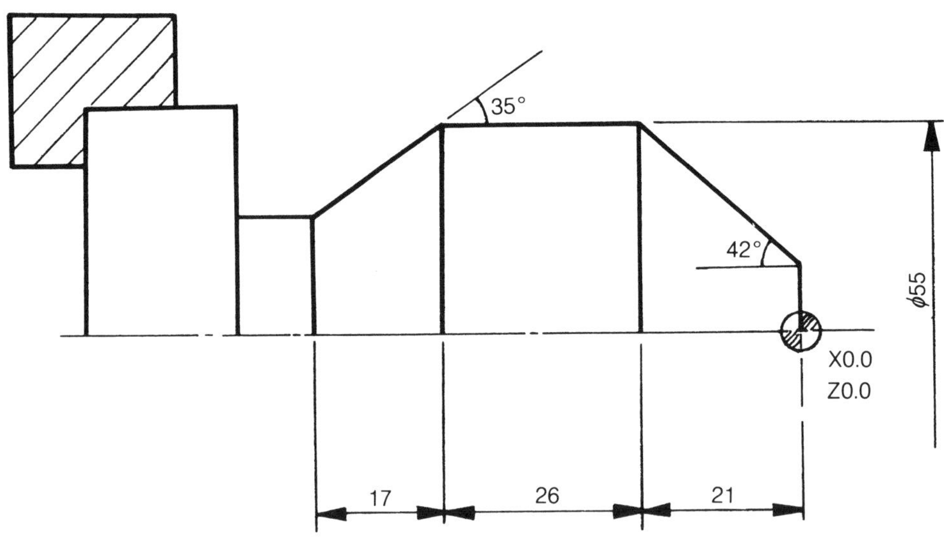

nose r을 보정하기 전의 Program은

G01 X17.183; (55−tan 42×21×2=17.183)
　　　X55.0 W−21.0; (혹은 X55.0 Z−21.0;)
　　　Z−47.0;
(55−tan 35×17×2=31.193) X31.193 W−17.0; (혹은 X31.193 Z−64.0;)

nose r을 보정한 후의 Program은

G01 X16.295;
　　X55.0 W−21.493; (혹은 X55.0 Z−21.493;)
　　Z−48.052; (혹은 W−27.052;)
　　X31.193 W−17.0; (혹은 X31.193 Z−65.052;)

이렇게 되어야 완전한 prg이 된다.
서로 비교하면서 잘 연구해 보자.
(＊ nose r=0.4일 때도 구해보자.)

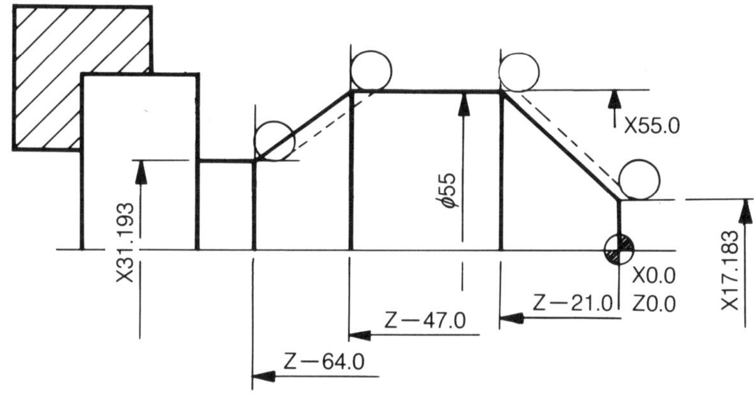

　　그림을 통해서 nose r의 보정 전과 보정 후의 Bite의 진로를 알아보자.
　　위 그림과 같이 noser을 보정하지 않고 도면의 치수대로 program하면 실제로 가공된 제품
은 점선모양으로 되어, 180°진행이나 90°진행시에는 편차가 없으나 TAPER 절삭시에는
보는 바와 같이 차이가 나는 것이다.

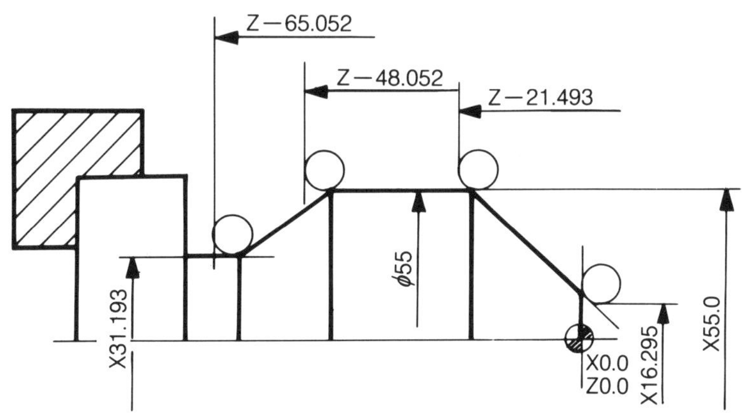

　　위와 같이 nose r 보정이 되어야 실제 절삭된 제품과 도면의 치수가 일치함을 알 수 있을
것이다. 왜 이와 같은 번거로운 계산을 해야 하는지 다시 원리를 알아보자.

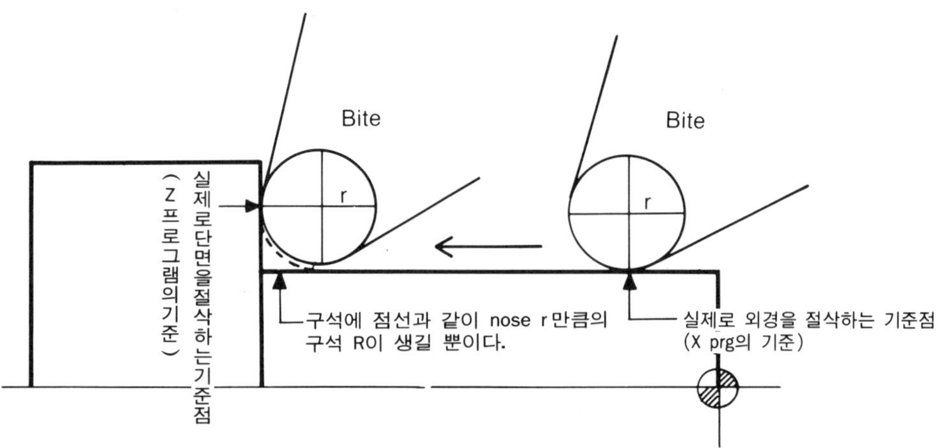

위와 같이 180°진행 혹은 직각(90°) 진행일 때는 prg 기준점과 실제 절삭점이 일치하므로 문제가 없다.

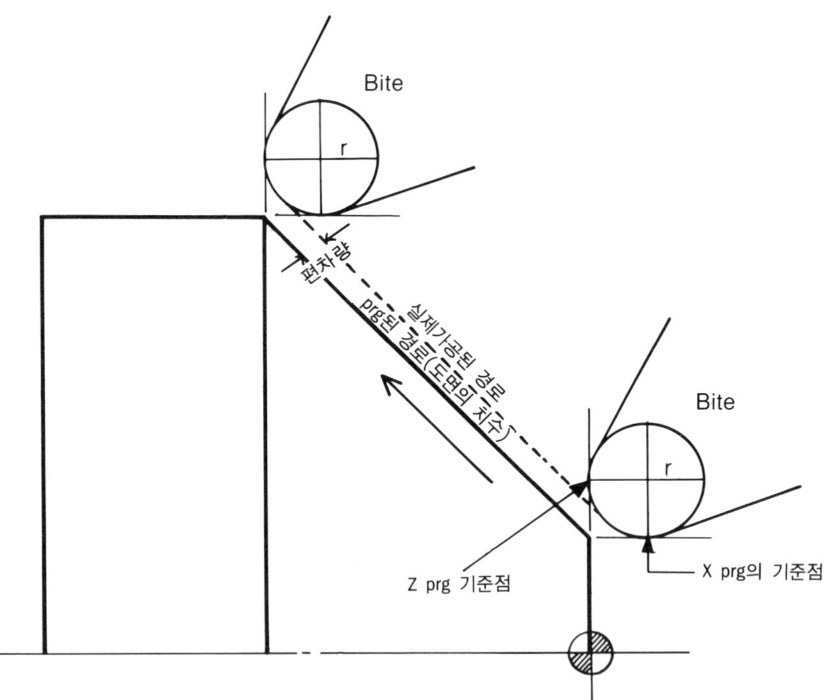

위의 그림과 같이 prg 기준점은 도면의 치수와 맞게 위치되어 있으나 실제 절삭점이 prg 기준점과 일치하지 않기 때문에 taper 절삭을 할 때 편차가 생기는 것이다.

이제는 이와 같은 nose r이 원호 가공일 때는 어떠한 영향을 미치는지, 자세하게 알아보기로 하자.

2. 원호 가공시

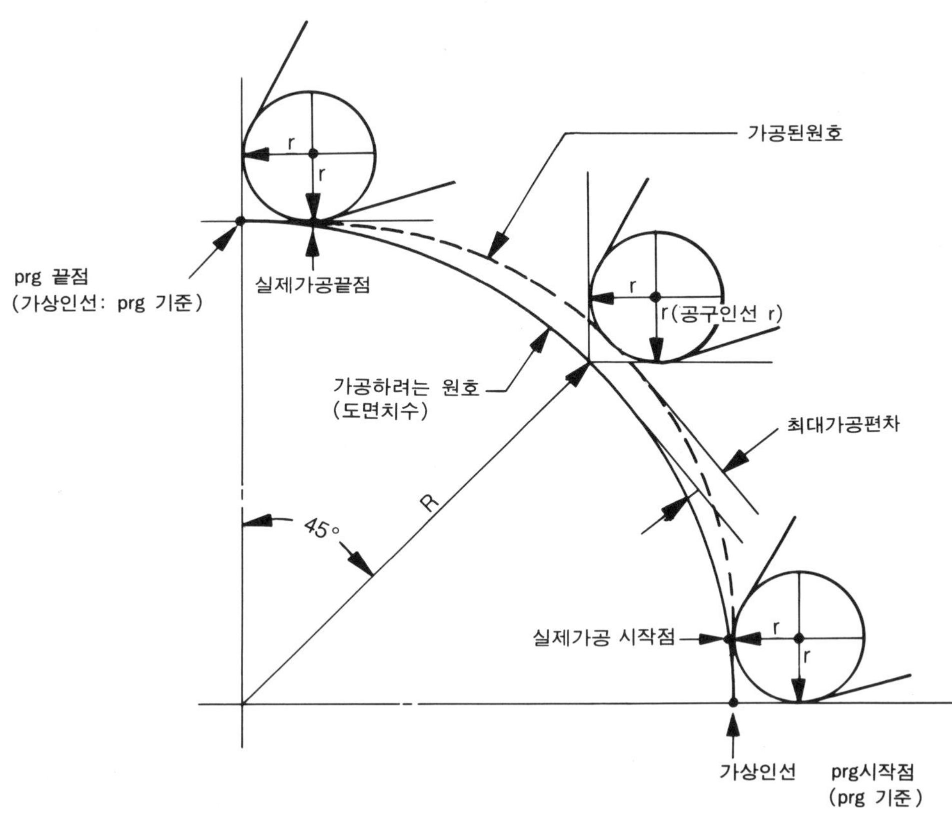

  그림과 같이 공구의 nose r을 생각지 않고 도면의 치수대로 program을 했을 경우 실제 가공된 원호는 점선과 같이 도면의 R보다 공구인선 r만큼 적은 원호가 가공 된다는 것을 알 수 있다. 또한 위와 같이 Bite가 45° 부근에서 가장 많은 가공오차가 생긴다. 가상인선을 기준으로 program이 작성되기 때문에 가상인선은 분명히 도면의 치수 위를 이동하지만 실제가공은 ⌒ R에서 R−r 만큼만 가공이 이루어지므로 이것을 정상대로 가공이 되기 위해서는 R+r로 계산해서 prg을 작성해야만 된다. 다음 그림을 보고 알아보자.

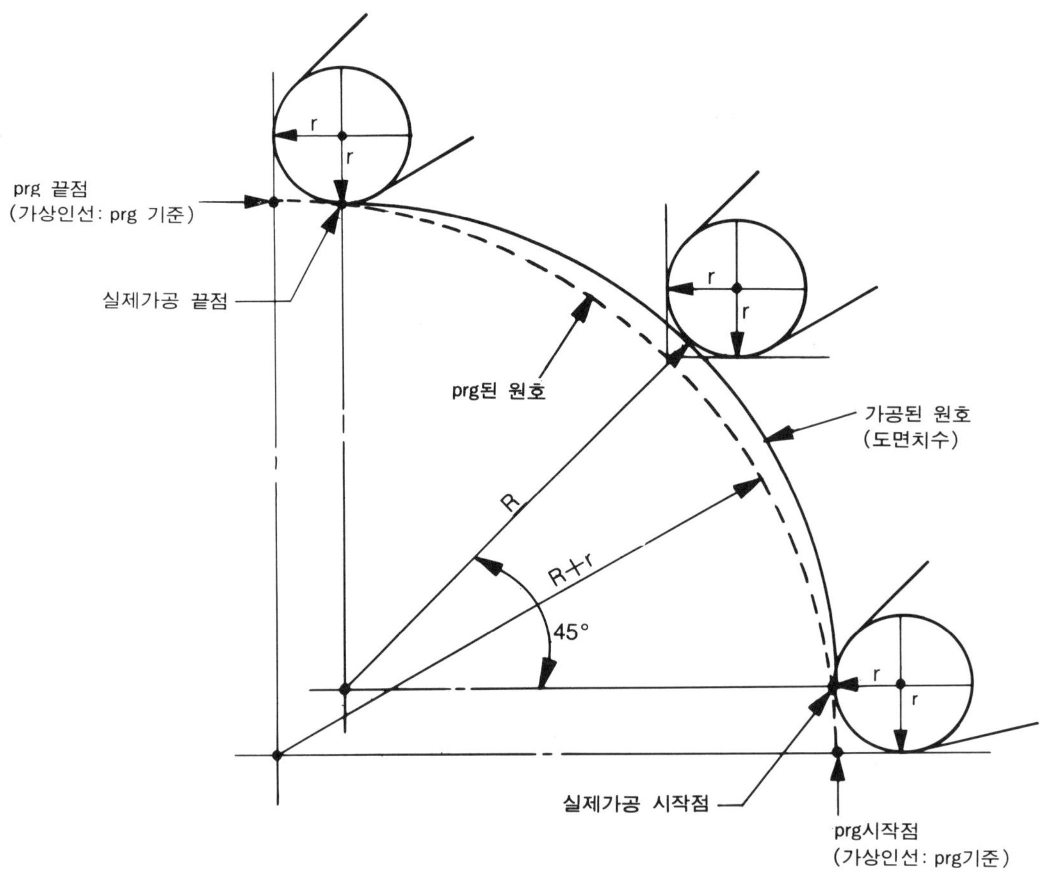

위와 같이 prg을 R+r로 작성함으로써 실제가공이 도면의 치수와 일치한다. 가상인선의 이동선은 점선 위가 된다. 결론적으로 凸(볼록)R을 가공할 때는 도면의 R에 Bite nose r을 더한 값 즉 R+r을 기준으로 prg 작성해야 된다. 도면에 15R을 공구 nose r 0.8로 가공하려면 15.8R이 prg 작성시의 수치가 된다.

다음은 오목(凹) R에 있어서 nose r이 미치는 영향에 대해서 알아보자.

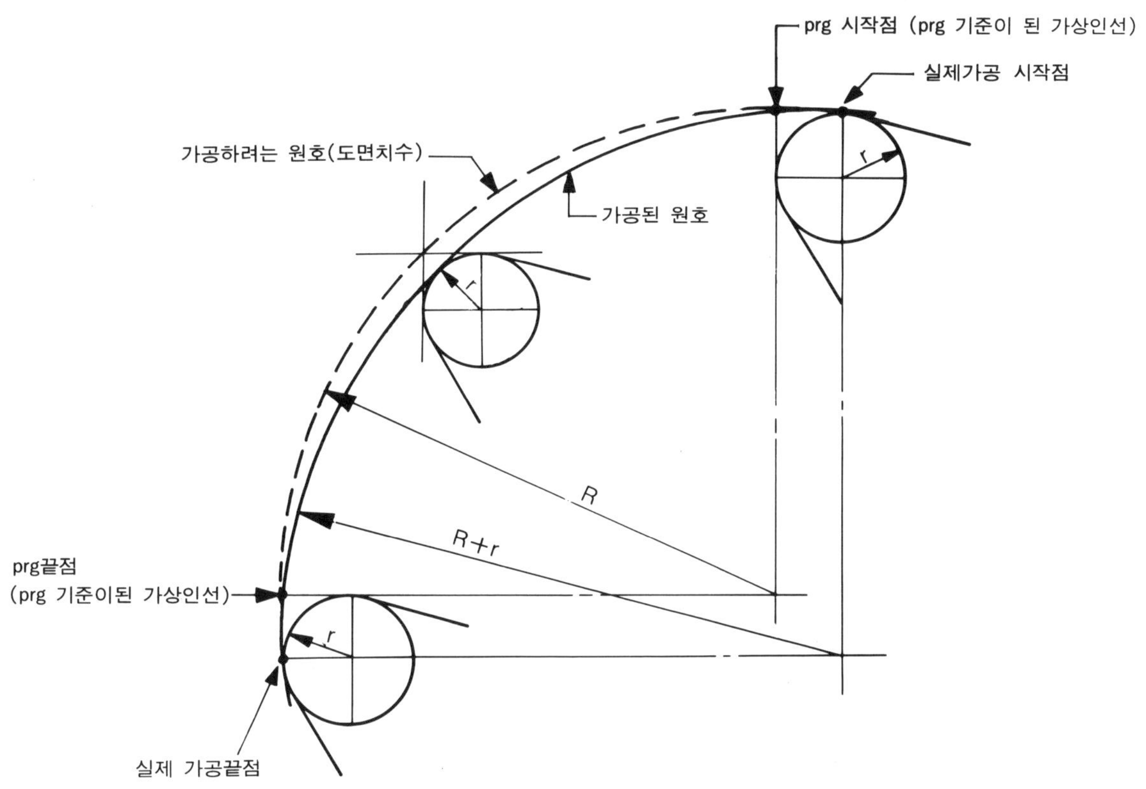

　위의 그림과 같이 점선과 같은 R을 가공하려고 하는데 실제 가공을 해보면 nose r 때문에 실선과 같이 r만큼 더 큰 R이 가공되어진다. 그럼으로 凹 R에서는 실제가공이 R+r로 이루어지므로 이것을 정상대로 가공하려면 R-r로 prg 작성해야 된다. 다음 그림으로 알아보자.

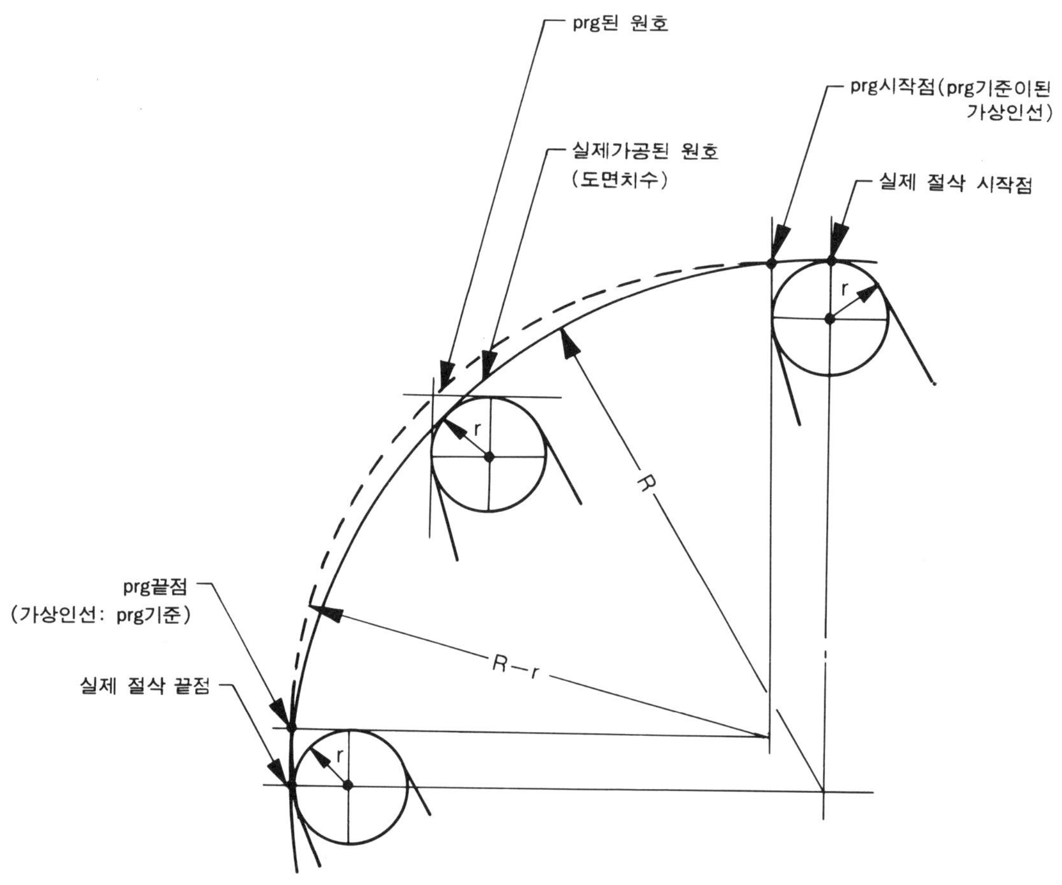

위와같이 R−r로 계산된 prg을 작성하므로써 실제 가공이 도면치수와 일치하게 된다. ⌣R일 때는 R+r ⌢R일 때는 R−r임을 기억하자. 도면치수에 R15인 오목(凹)R을 가공하려면 nose r이 0.8일 때 prg작성시의 R은 14.2가 된다.

다음과 같은 경우의 오목(凹)R도 마찬가지다.

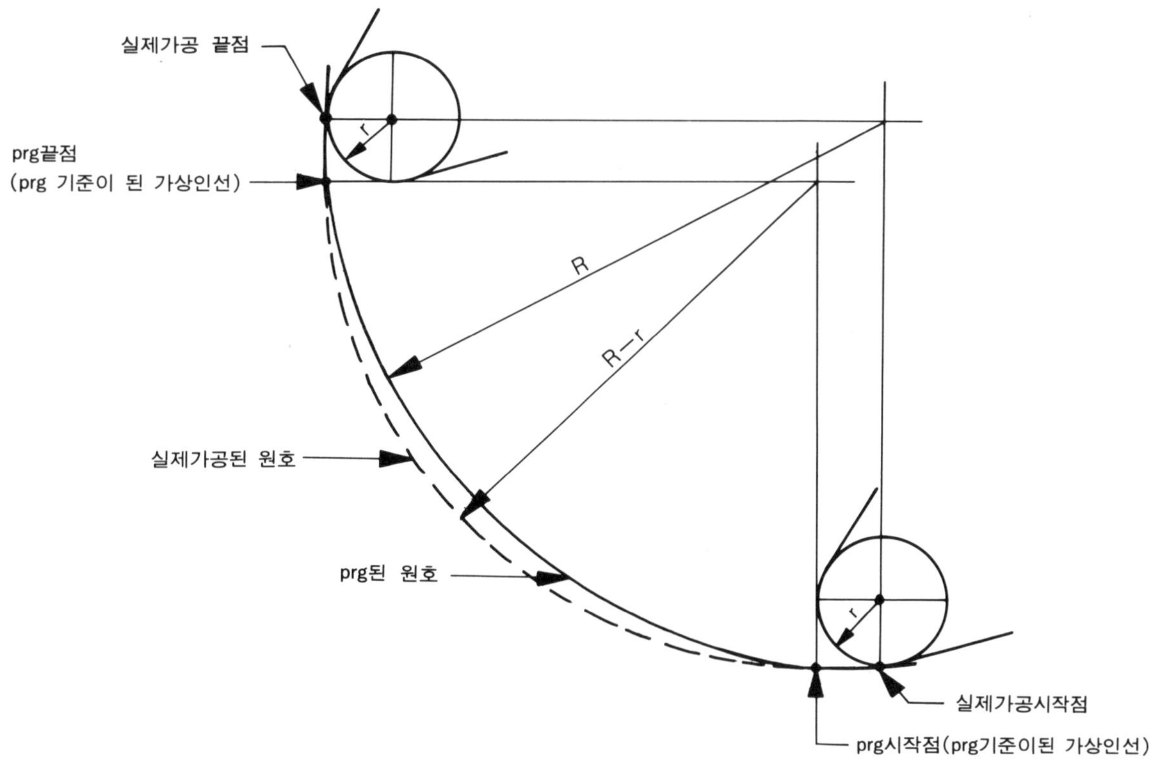

　　지금까지 배운　taper 와　원호절삭시에 nose r 보정하는 요령으로 다음 예제들을 prg 작성해 보자.

[예제1] 사용공구 nose r 0.8

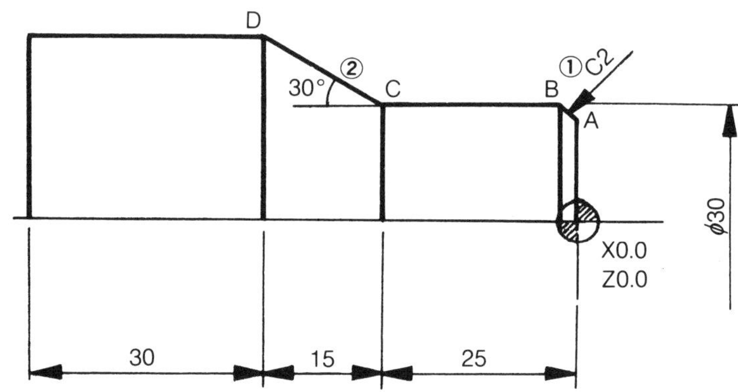

nose r 보정 전의 program은

G01 X26.0;

X30.0 Z−2.0 (혹은 W−2.0);

Z−25.0;

X47.32 Z−40.0 (혹은 W−15.0);

Z−70.0;

nose r 보정 후의 Program 을 연구해 보자.

먼저 C2의 각도는 45°이므로 X, Z의 보정값이 같다.

$R(1-\tan\frac{\theta}{2})$ 에서 $0.8(1-\tan\frac{45}{2})$ 이것은 $0.8-\tan 22.5\times0.8$

$0.8-0.331≒0.47$이 된다. ∴ X의 위치 $26-0.47\times2=\boxed{25.06}$

① 의 X축 25.06; A점

　　　Z축 Z−2.47; B점

② 의 부분은 Z값만 보정하면 된다. 각이 30°이므로

$R(1-\tan\frac{\theta}{2})$ 에서 $0.8(1-\tan\frac{30}{2})$, $0.8-\tan 15\times0.8$

$0.8-0.214=\boxed{0.585}$

∴ ②의 C점의 Z축 좌표 $25+0.585=25.585$

　　　D점의 Z축 좌표 $40+0.585=40.585$가 된다.

보정 후의 program은

G01 X25.06;

X30.0 Z−2.47(혹은 W−2.47);

Z-25.585;
X47.32 Z-40.585(혹은 W-15.585);
Z-70.0;

이와 같이 된다.

[예제2] 사용공구 nose r 0.4

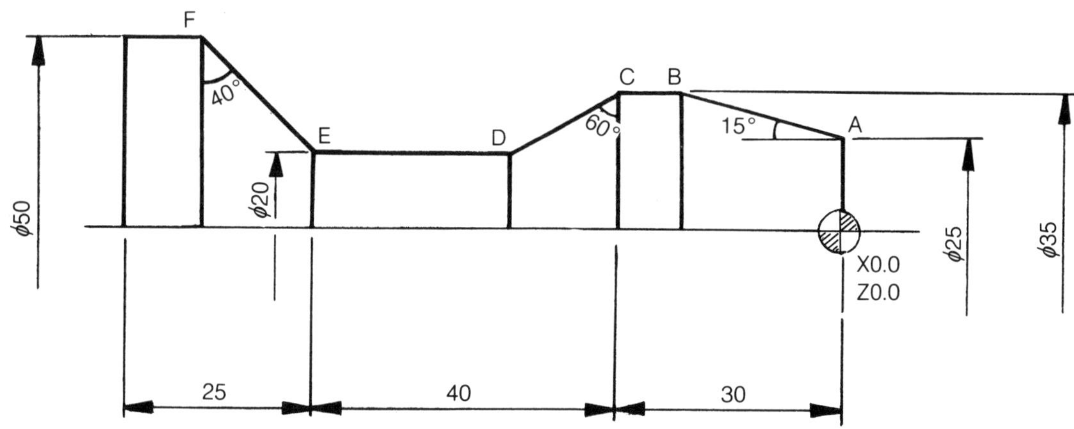

nose r 보정 전의 program은

G1 X25.0;
X35.0 Z-18.66 (혹은 W-18.66);
Z-30.0;
X20.0 Z-42.99 (혹은 W-12.99);
Z-70.0;
X50 Z-82.586 (혹은 12.586);
Z-95.0;
- END -

nose r 보정 후의 prg을 작성해 보자.

A점의 X위치 $25-0.4(1-\tan\dfrac{75}{2})\times2=24.814$

B점의 Z위치 $18.66+0.4(1-\tan\dfrac{15}{2})=19.0$

C점의 Z위치 $30+0.4(1+\tan\dfrac{30}{2})=30.507$

D점의 Z위치 $42.99+0.4(1+\tan\dfrac{30}{2})=43.497$

E점의 Z위치 $70+0.4(1-\tan\dfrac{40}{2})=70.254$

F점의 Z위치 $82.586+0.4(1-\tan\dfrac{40}{2})=82.84$

위와 같이 계산이 되었으면 prg은 다음과 같다.

```
G1  X24.814;
    X35.0  Z-19.0 (혹은 W-19.0);
    Z-30.506;
    X20.0  Z-43.497 (혹은 W-12.99);
    Z-70.254;
    X50.0  Z-82.84 (혹은 W-12.586);
    Z-95.0;
    - END -
```

---

* nose r을 계산할 때, 주의할 점은 올림 taper와 내림 taper에 따라 보정값이 달라지는 것은 물론 이거니와 X값 과 Z값을 계산할 때 어느 각을 계산식에 적용할 것인지를 명확히 알아야 한다. 각을 잘못 적용하면 보정값 을 계산 하나마나이다. 물론 45°일 때는 각이 같으므로 상관없다. 많은 연습을 하여 척 보면 이럴땐 이각 을, 저럴땐 저 각을 할 수 있도록 하자.

[예제3]　nose r 0.8일 때

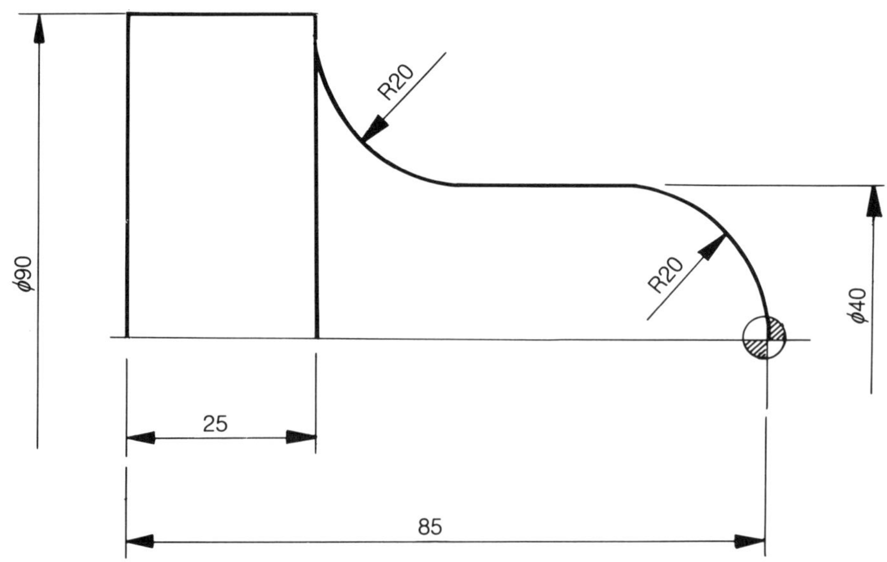

nose r 보정 전의 program 은

    G1 X0.0 Z0.0;

    G3 X40.0 Z−20.0 (혹은 W−20.0) R20.0;

    G1 Z−40.0;

    G2 X80.0 Z−60.0 R20.0;

    G1 X90.0;

       Z−85.0;

        − END −

nose r 보정 후의 program은

    G1 X−1.6 Z0.0; ←R+r=20.8 ∴40−20.8×2=−1.6

    G3 X40.0 Z−20.8 (혹은 W−20.8) R20.8;

    G1 Z−40.8; ←R−r=19.2 ∴60−19.2=40.8

    G2 X78.4 Z−60.0 R19.2; ←R−r=19.2 ∴40+19.2×2=78.4

    G1 X90.0;

       Z−85.0;

        − END −

[예제4] nose r 0.4일 때

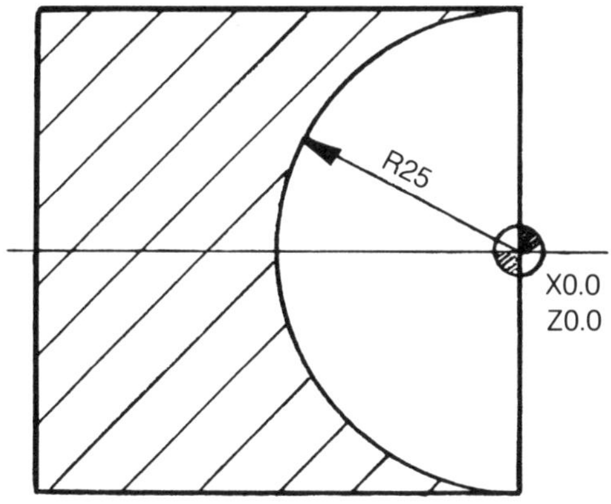

nose r 보정 전의 program은

    G1 X 50.0 Z0.0;

    G3 X 0.0 Z−25.0 (혹은 W−25.0) R 25.0;

       − END −

nose r 보정 후의 program 은

    G1 X 50.0 Z−0.4;

G3 X0.8　Z−25.0　(혹은　W−24.6)　R　24.6；
　　　− END −

위와　같은　반구의　제품은　쉬운　듯　하지만　상당한　주의를　요한다.

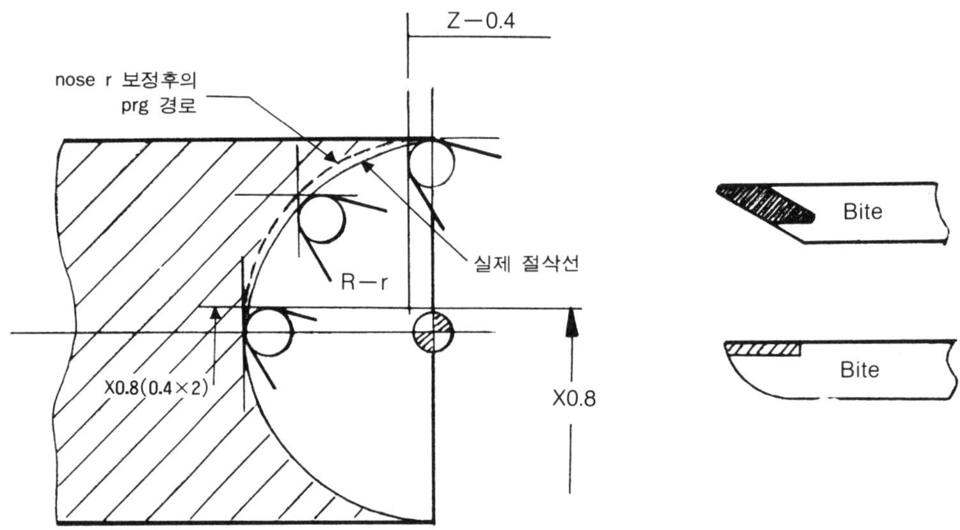

　　위의　그림과　같이　R−r의　prg을　작성했더라도　실제는　도면과　똑같은　제품이　된다.　시작점의 Z점과　끝점의　X점을　필히　주의한다.　물론　끝점에서의　Bite　간섭도　여간　중요한　일이　아 니다.

[예제5]　nose r 0.8일　때

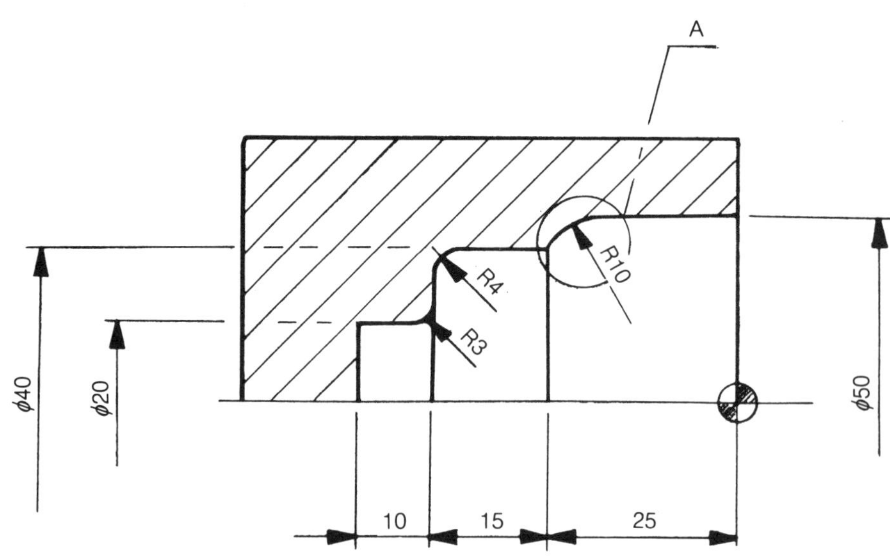

nose r 보정 전의 program은

G1 X50.0 Z0.0;
 Z－16.34;
G3 X40.0 Z－25.0 R10.0;
G1 Z－36.0;
G3 X32.0 Z－40.0 R4.0;
G1 X26.0;
G2 X20.0 Z－43.0 R3.0;
G1 Z－50.0;
 － END －

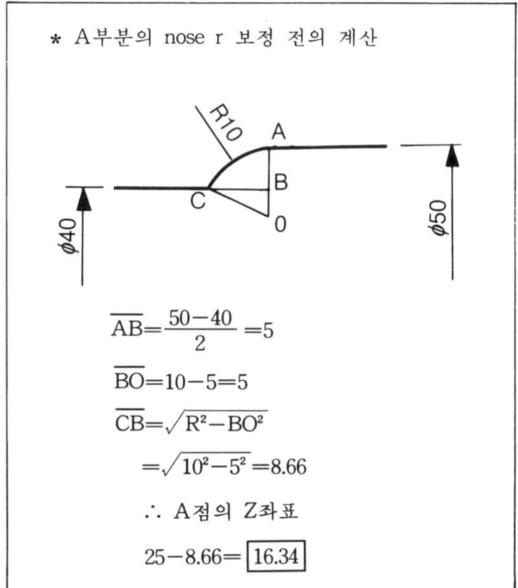

$$\overline{AB}=\frac{50-40}{2}=5$$

$$\overline{BO}=10-5=5$$

$$\overline{CB}=\sqrt{R^2-BO^2}$$

$$=\sqrt{10^2-5^2}=8.66$$

∴ A점의 Z좌표

$$25-8.66=\boxed{16.34}$$

nose r 보정 후의 prg을 작성하기 위하여 A부분을 계산하면 다음과 같다.

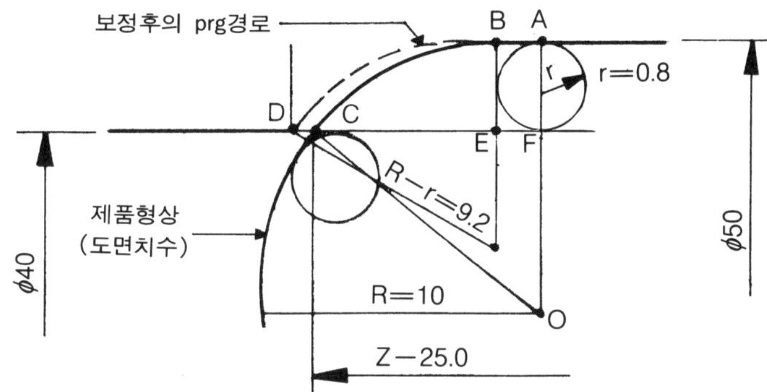

위 그림에서 $AF=BE=\dfrac{50-40}{2}=5$

$$AB=0.8$$

$$OF=R-AF=10-5=5$$

$$EP=(R-r)-BE=9.2-5=4.2$$

$$CF=\sqrt{R^2-OF^2}=\sqrt{10^2-5^2}=8.66$$

∴ A점의 Z좌표는 $25-8.66=$ **16.34**

B점의 좌표는 $16.34+0.8=\boxed{17.14}$

$$DE=\sqrt{(R-r)^2-EP^2}=\sqrt{9.2^2-4.2^2}=8.185$$

$$DF=DE+0.8=8.185+0.8=8.985$$

$$DC=DF-CF=8.985-8.66=\mathbf{0.325}$$

∴ D점의 Z좌표는 $25+0.325=\boxed{25.325}$

위와 같은 계산이 된다.
program은 다음과 같다.

```
G1  X50.0  Z0.0;
   Z−17.14;
G3  X40.0  Z−25.325 (혹은 W−8.185) R9.2;
G1  Z−36.8;
G3  X33.6  Z−40.0  R3.2;  ← R−r=4−0.8=3.2
                          40−3.2×2=33.6
G1  X27.6;  ← 20+3.8×2=27.6
G2  X20.0  Z−43.8  R3.8;  ← R+r=3+0.8=3.8
G1  Z−50.0;
   − End −
```

[예제6] nose r 0.8일때,

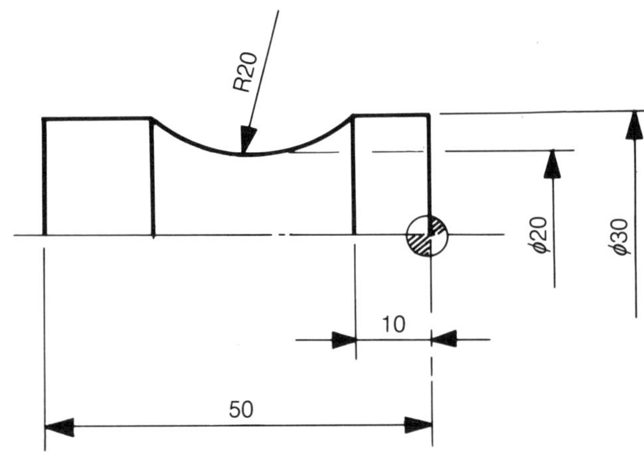

nose r 보정 전의 program 은

```
G1  Z−10.0;
G02  X30.0  Z−36.458 (혹은 W−26.458) R20.0;
G1  Z−50.0;
   − End −
```

위와 같이 nose r 보정을 하지 않고 prg하면 많은 오차를 가져오는 제품이다. 내림 테이퍼나 위의 그림과 같이 Bite의 뒷날로 R을 절삭하는 형태에서는 특히 주의를 해야만 한다. R부분에서 nose r 보정을 하지 않을 경우 다음과 같이된다.

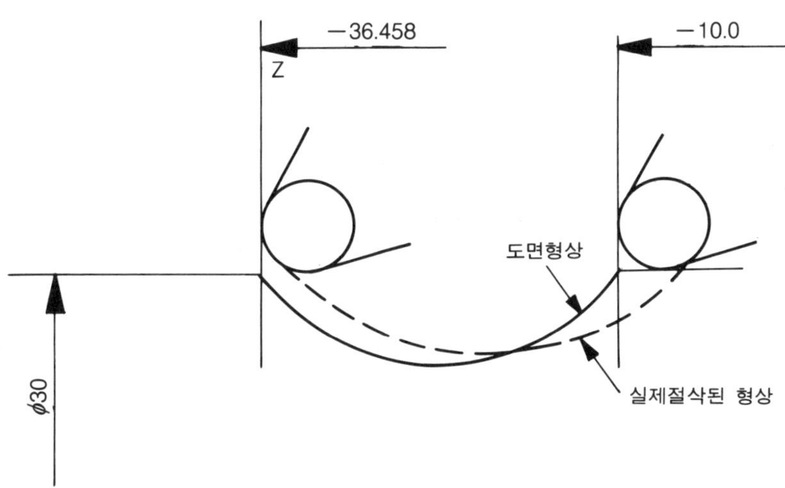

위 그림과 같이 많은 편차가 나므로 계산을 잘 해야만 한다. 자세히 알아보기로 하자.

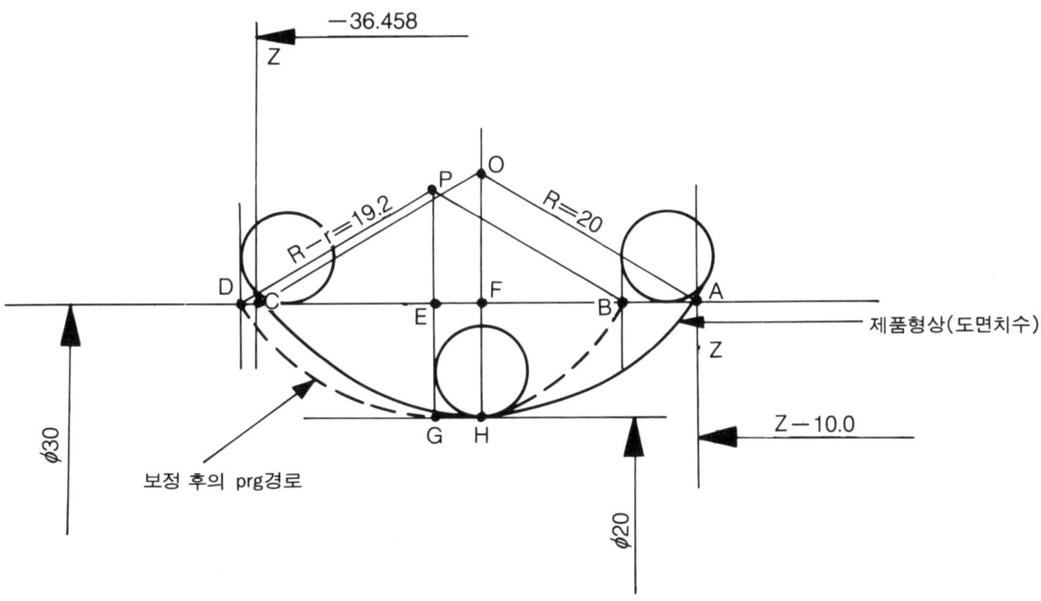

위 그림에서 $FH = \dfrac{30-20}{2} = 5$

$$OF = 20 - 5 = 15$$

$$\therefore \text{FA}=\sqrt{20^2-15^2}=13.229$$

$$\text{FH}=\text{EG}=5$$

$$\text{PE}=19.2-5=14.2$$

$$\therefore \text{EB}=\sqrt{19.2^2-14.2^2}=12.923$$

$$\text{EF}=0.8$$

$$\text{AE}=\text{AF}+\text{EF}=13.229+0.8=14.029$$

$$\therefore \text{AB}=\text{AE}-\text{EB}=14.029-12.923=\boxed{1.106}$$

B점의 Z좌표는 $10+1.106=11.106$

$$\text{EB}=\text{ED}=12.923$$

$$\therefore \text{D점의 Z좌표는 } 11.106+12.923\times2=36.952$$

nose r=0.8 보정 후의 program은

```
G1 Z-11.106;
G2 X30.0 Z-36.952 (혹은 W-25.846) R19.2;
G1 Z-50.0;
   - End -
```

[예제7] 공구 nose r 0.8 일때

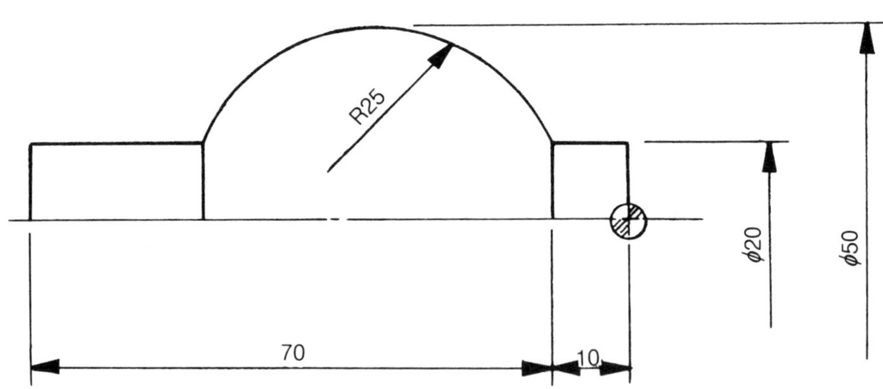

nose r 보정 전의 program은

```
G1 Z-10.0;
G3 X20.0 Z-55.826(W-45.826) R25.0;
G1 Z-70.0;
   - End -
```

보정 후의 prg작성을 위해서 계산을 해보자.

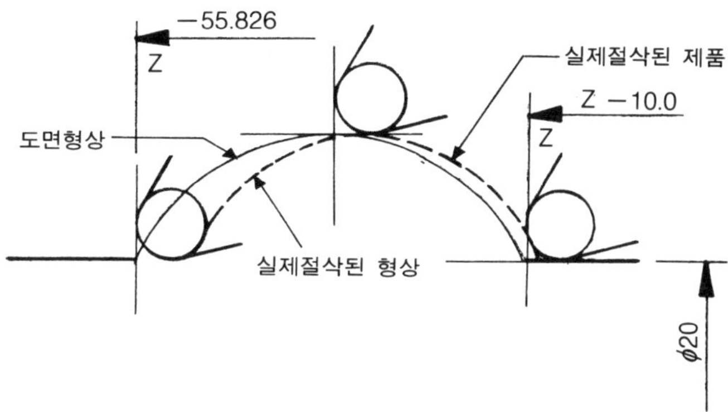

nose r 보정을 하지 않았을 경우 위의 그림과 같은 절삭 오차가 나타난다.

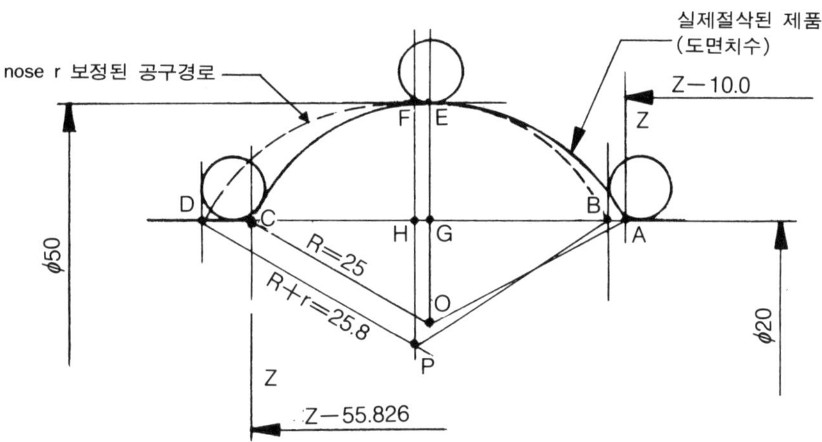

위와 같이 보정이 되어야 하는데

$$EG=FH=\frac{50-20}{2}=15$$

$$OG=EO-EG=25-15=10$$

$$\therefore AG=\sqrt{R^2-OG^2}=\sqrt{25^2-10^2}=\textbf{22.913}$$

$$HP=FP-FH=25.8-15=10.8$$

$$\therefore HB=\sqrt{(R+r)^2-HP^2}=\sqrt{25.8^2-10.8^2}=\textbf{23.43}$$

HG=0.8이므로 AH=AG+HG=22.913+0.8=**23.713**

$$\therefore AB=AH-HB=23.713-23.43=0.283$$

B점의 Z위치는 10+0.283=**10.283**

　　　　HB=HD=23.43이므로

D점의 Z위치는 10.283+23.43×2=**57.143**

prg은 다음과 같다.

　　G1 Z−10.283;

　　G3 X20.0 Z−57.143 (혹은 W−46.86) R25.8;

　　G1 Z−70.0;

　　　− End −

[예제8] 사용공구 nose r 0.8일 때

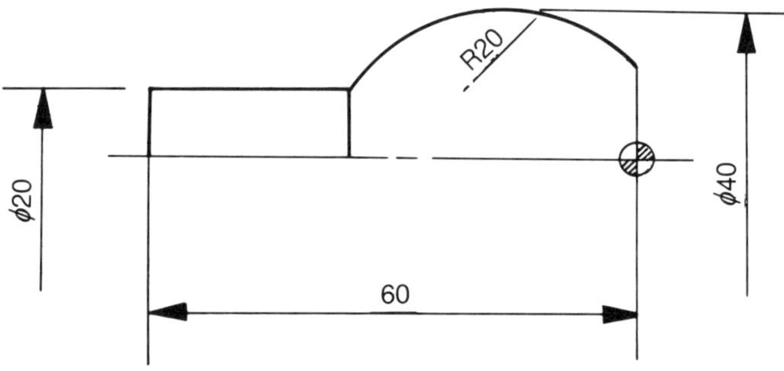

nose r 보정전의 program

　　G1 X20.0;

　　G3 X20.0 Z−34.641 (혹은 W−34.641) R20.0;

　　G1 Z−60.0;

　　　− End −

nose r 보정 후의 prg을 연구해 보면

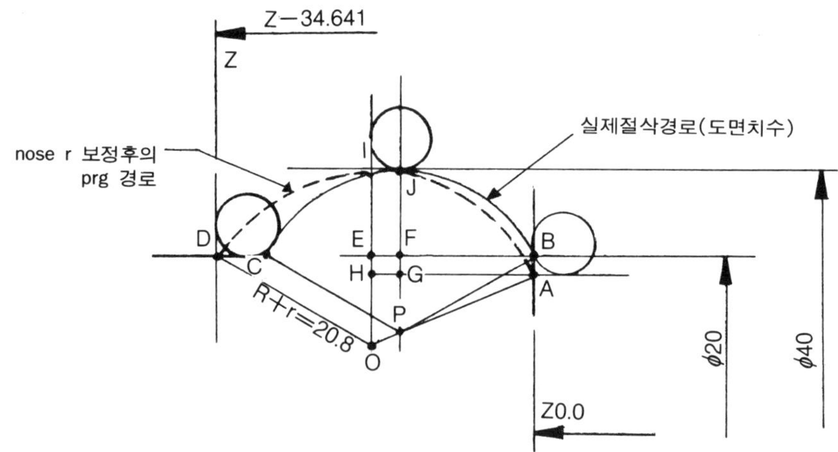

위의 그림에서

$$IE = JF = \frac{40-20}{2} = 10$$

$$PF = R - 10 = 20 - 10 = 10$$

$$\therefore \ FB = \sqrt{20^2 - 10^2} = \mathbf{17.32}$$

$$OE = (R+r) - 10 = 20.8 - 10 = 10.8$$

$$EF = HG = 0.8$$

$$AH = FB + 0.8 = 17.32 + 0.8 = \mathbf{18.12}$$

$$\therefore \ OH = \sqrt{AO^2 - AH^2} = \sqrt{20.8^2 - 18.12^2} = \mathbf{10.213}$$

$$AB = EH = OE - OH = 10.8 - 10.213 = \boxed{0.587}$$

A점의 X위치는 $20 - 0.587 \times 2 = \mathbf{18.826}$

$$CF = FB = 17.32$$

$$OE = 10.8$$

$$\therefore \ DE = \sqrt{20.8^2 - 10.8^2} = \mathbf{17.776}$$

$$DF = DE + EF = 17.776 + 0.8 = \mathbf{18.576}$$

$$\therefore \ DC = DF - CF = 18.576 - 17.32 = \boxed{1.256}$$

D점의 Z위치는 $34.641 + 1.256 = \mathbf{35.897}$

보정 후의 program은

```
G1 X18.826;
G3 X20.0 Z-35.897 (혹은 W-35.897) R20.8;
G1 Z-60.0;
   - End -
```

3. TAPER와 원호 가공시

［예 ］

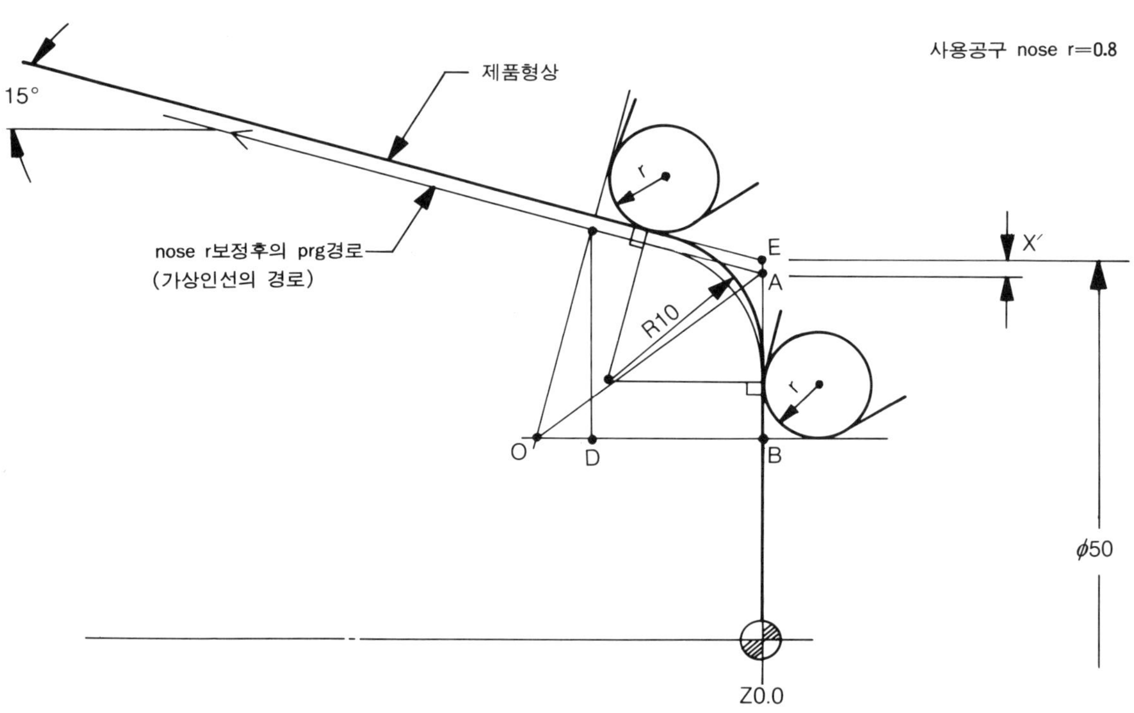

* 위와 같이 직선과 원이 만나는 데에는 중요한 key point인 규칙이 있다.

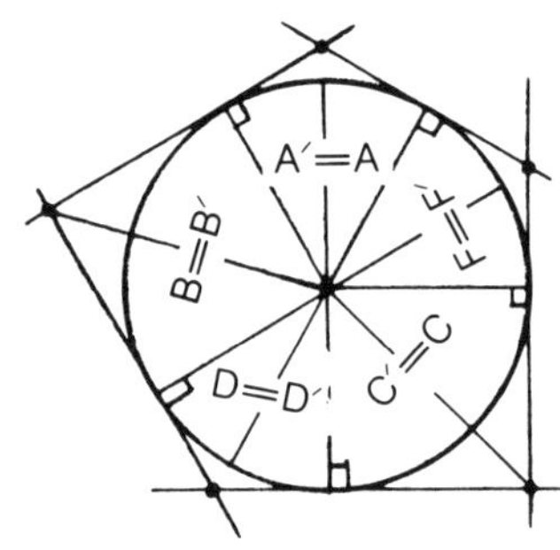

① 원의 접선은 방향에 관계없이 원의 중심선과 반드시 수직으로 만난다. 아래 그림과 같다.

② 2개의 원의 접선이 만나는 꼭지점에서 원의 중심에 이은 선은 2개의 똑같은 직각삼각형으로 나눈다. 옆의 그림 참조.

이런 규칙을 꼭 기억하고 이제 앞의 문제를 풀어보자.
먼저 테이퍼 15°에 대한 보정값 X′를 구해보면

$$X' = r(1 - \tan\frac{90-\theta}{2}) = 0.8(1 - \tan\frac{75}{2})$$

$$= 0.8 - \tan 37.5 \times 0.8 = \boxed{0.186}$$

$$\therefore \text{ A점의 } X축 = 50 - 0.186 \times 2 = 49.627$$
$$Z축 = 0.0$$

$\angle BOC = 75°$이므로 $\angle AOC = \angle AOB = \dfrac{\angle BOC}{2} = \dfrac{75°}{2} = \boxed{37.5°}$

$\triangle AOC = \triangle AOB$이고 $AB = AC$이다.

직각삼각형 AOB에서 $\tan \angle AOB = \dfrac{AB}{BO}$

$\angle AOB = 37.5°$이고 $BO = R + r = 10 + 0.8 = 10.8$ $\boxed{* \; \text{凸 R에서는 R+r이므로}}$

$\tan 37.5 = \dfrac{AB}{10.8}$

$$\therefore \text{ AB} = \tan 37.5 \times 10.8 = \boxed{8.287}$$

B점의 X축 = A점 X축 $- AB \times 2 = 49.627 - 8.287 \times 2$
$$= \boxed{33.053}$$

B점의 nose r 보정 후의 좌표는
X33.053 Z0.0;

C점의 좌표에 대하여 알아보자.

C점의 X좌표는 B점의 X좌표에 CD의 2배를 더한 값이다.

C점의 Z좌표는 B점의 Z좌표로부터 BD만큼 떨어진 위치이다.

직각 삼각형 COD에서 $\angle COD = 75°$이므로

$\text{Sin} \angle COD = \dfrac{CD}{CO}, \quad CD = \text{Sin} \angle COD \times CO,$

$CO = R + r = 10 + 0.8 = \mathbf{10.8}$

$$\therefore \text{ CD} = \text{Sin } 75 \times 10.8 = \boxed{10.432}$$

$\text{COS} \angle COD = \dfrac{DO}{CO}, \quad \therefore \text{ DO} = \text{COS } 75 \times 10.8 = \boxed{2.795}$

$$\therefore \text{ BD} = (R+r) - DO = 10.8 - 2.795 = \boxed{8.005}$$

C점의 X축 좌표는 $33.053 + 10.432 \times 2 = \boxed{53.917}$

$$Z축 \text{ 좌표는 } \boxed{-8.005}$$

이상에서 nose r 보정 후의 program은

    G01 X33.053;
    G03 X53.917 Z−8.005(혹은 W−8.005) R10.8;
    G01 X____ Z____;
       − End −

[예]   사용공구 nose r 0.8

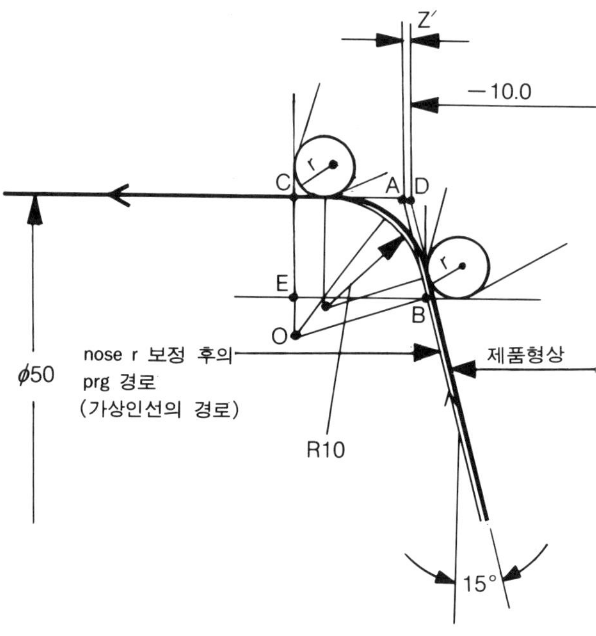

nose r 보정 후의 원호 반경은 R+r=10+0.8=**10.8**이 된다.
먼저 15° TAPER의 nose r 보정량 Z′를 구해보자.

$$Z′=r(1-\tan\frac{75}{2}\,)=0.8(1-\tan\,37.5)=0.8-\tan\,37.5\times0.8=\boxed{0.186}$$

∴ A점의 X축은 **50.0**
Z축은 $-(10+0.186)=-$**10.186**

$$\angle BOC=75°\quad \angle AOC=\angle AOB=\frac{75°}{2}\,=37.5°$$

직각삼각형 AOC에서

$$\tan\angle AOC=\frac{AC}{CO}\,,\quad \angle AOC=37.5°이고\ CO=R+r=10.8$$

$$\tan\,37.5=\frac{AC}{10.8}\,,$$

∴ $AC=\tan\,37.5\times10.8=\boxed{8.287}$

∴ C점의 X축은 $\boxed{50.0}$
Z축은 $-(10.186+8.287)=\boxed{-18.473}$

직각 삼각형 BEO에서

$\angle$BOE$=75°$, BO$=$R$+$r$=10+0.8=10.8$이므로

$$\text{Sin } 75=\frac{BE}{R+r}=\frac{BE}{10.8}\quad \therefore\ \textbf{BE}=\text{Sin } 75\times10.8=\boxed{10.43}$$

$$\text{Cos } 75=\frac{EO}{10.8}\quad \therefore\ EO=\text{Cos } 75\times10.8=\boxed{2.795}$$

$$CE=CO-EO=10.8-2.795=\boxed{8.005}$$

$$\therefore\ \text{B점의 X축은 } 50-2\times8.005=\boxed{33.99}$$

$$\text{Z축은 } -(18.473-10.43)=\boxed{-8.043}$$

이상에서 nose r 보정 후의 program은

```
G01  X33.99 Z-8.043;
G03  X50.0 Z-18.473 (혹은 W-8.287) R10.8;
G01  Z___ ;
        ⋮
      - End -
```

> ***** 우리가 program을 작성할 때
> nose r 보정을 하는 것은 결
> 국 가상인선의 경로(자취)를
> 구하는 것이다.

[예]

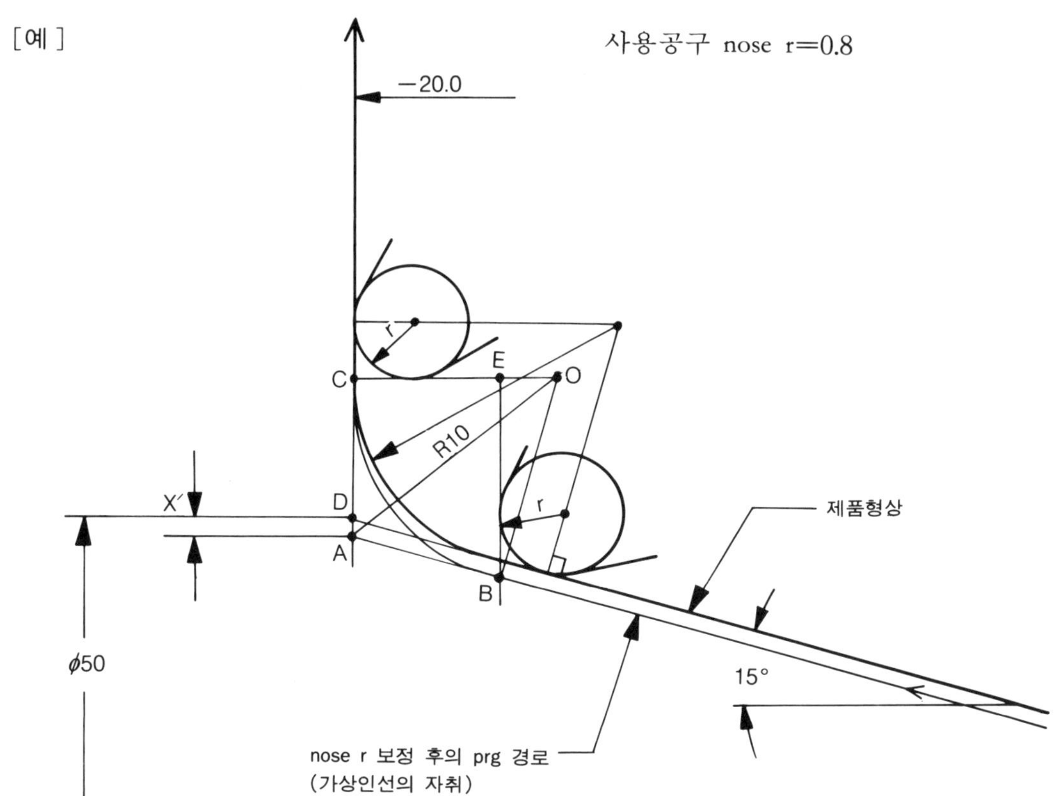

凹R이므로 보정 후의 R은 R－r＝10－0.8＝**9.2**가 된다.

먼저 TAPER 15°에 대한 보정량 X′를 구하면

$$X'=r(1-\tan\frac{90-\theta}{2})=0.8(1-\tan\frac{90-15}{2})=0.8(1-\tan 37.5°)$$

$$=0.8-\tan 37.5\times 0.8=\boxed{0.186}$$

$$\therefore \text{A점의 X축은 } 50-0.186\times 2=49.627$$

$$\text{Z축은 } \boxed{-20.0}$$

$$\angle BOC=90-15=75°, \quad \angle AOB=\angle AOC=\frac{75}{2}=37.5°$$

직각 △AOC에서

$$\tan\angle AOC=\frac{AC}{CO}, \quad \angle AOC=37.5°\text{이고 } CO=R-r=9.2\text{이므로}$$

$$\tan 37.5=\frac{AC}{9.2},$$

$$\therefore AC=\tan 37.5\times 9.2=\boxed{7.059}$$

$$\therefore \text{C점의 X축은 } 49.627+7.059\times 2=\boxed{63.745}$$

$$\text{Z축은 } \boxed{-20.0}$$

직각 △BOE에서 ∠BOE＝75°

$$BO=R-r=10-0.8=\textbf{9.2}$$

$$\text{Sin } 75=\frac{BE}{9.2}, \quad \therefore BE=\text{Sin } 75\times 9.2=8.886$$

$$\text{Cos } 75=\frac{EO}{9.2}, \quad \therefore EO=\text{Cos } 75\times 9.2=2.381$$

$$\textbf{CE}=CO-EO=9.2-2.381=\boxed{6.819}$$

$$\therefore \text{B점의 X축의 } 63.745-8.886\times 2=\boxed{45.973}$$

$$\text{Z축은 } -(20-6.819)=-13.181$$

이상에서 nose r 보정 후의 program은

```
G01 X45.973 Z-13.181;
G02 X63.745 Z-20.0 (혹은 W-6.819) R9.2;
G01 X____ ;
     ⋮
 - End -
```

[예]

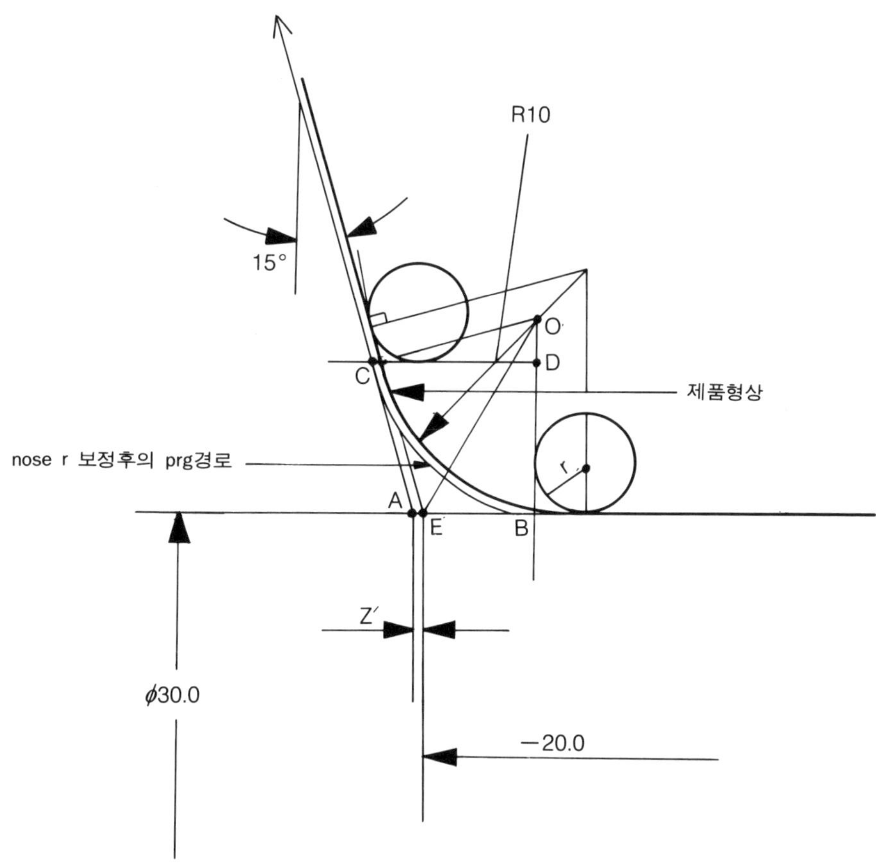

凹R이므로 nose r보정 후의 원호반경은 R−r=10−0.8=⎡9.2⎤이다. 먼저 TAPER 15°에 대한 보정량 Z′를 구하면

$$Z' = r\left(1 - \tan\frac{75}{2}\right) = 0.8(1 - \tan 37.5) = 0.8 - \tan 37.5 \times 0.8$$

$$= \boxed{0.186}$$

∴ A점의 X축은 30.0

Z축은 $-(20.0 + 0.186) = \boxed{-20.186}$

$\angle\mathrm{BOC}=75°,\ \angle\mathrm{AOB}=\angle\mathrm{AOC}=\dfrac{75}{2}=37.5°$

직각 $\triangle\mathrm{AOB}$에서 $\angle\mathrm{AOB}=37.5°, \mathrm{BO}=\mathrm{R}-\mathrm{r}=10-0.8=9.2$

$$\tan\ \angle\mathrm{AOB}=\frac{\mathrm{BE}}{\mathrm{BO}}\Rightarrow\tan\ 37.5=\frac{\mathrm{BE}}{9.2}$$

$\therefore\ \mathrm{BE}=\tan\ 37.5\times9.2=\boxed{7.059}$

$\therefore$ B점의 X축은 $\boxed{30.0}$
Z축은 $-(20.186-7.059)=\boxed{-13.127}$

직각 $\triangle\mathrm{CDO}$에서

$\angle\mathrm{COD}=75°,\ \mathrm{CO}=\mathrm{R}-\mathrm{r}=10-0.8=9.2$

$\mathrm{Sin}\ 75=\dfrac{\mathrm{CD}}{9.2}$, $\therefore$ $\mathrm{CD}=\mathrm{Sin}\ 75\times9.2=\boxed{8.886}$

$\mathrm{Cos}\ 75=\dfrac{\mathrm{DO}}{9.2}$, $\therefore$ $\mathrm{DO}=\mathrm{Cos}\ 75\times9.2=\boxed{2.381}$

$\mathrm{BD}=\mathrm{BO}-\mathrm{DO}=9.2-2.381=\boxed{6.819}$

$\therefore$ C점의 X축은 $30+6.819\times2=\boxed{43.638}$

Z축은 $-(13.127+8.886)=\boxed{-22.013}$

이상에서 nose r 보정 후의 program은

    G01 Z−13.127;
    G02 X43.638 Z−22.013 (혹은 W−8.886) R9.2;
    G01 X＿＿ Z＿＿ ;
            ⋮
        − End −

[예]   사용공구 nose r＝0.4

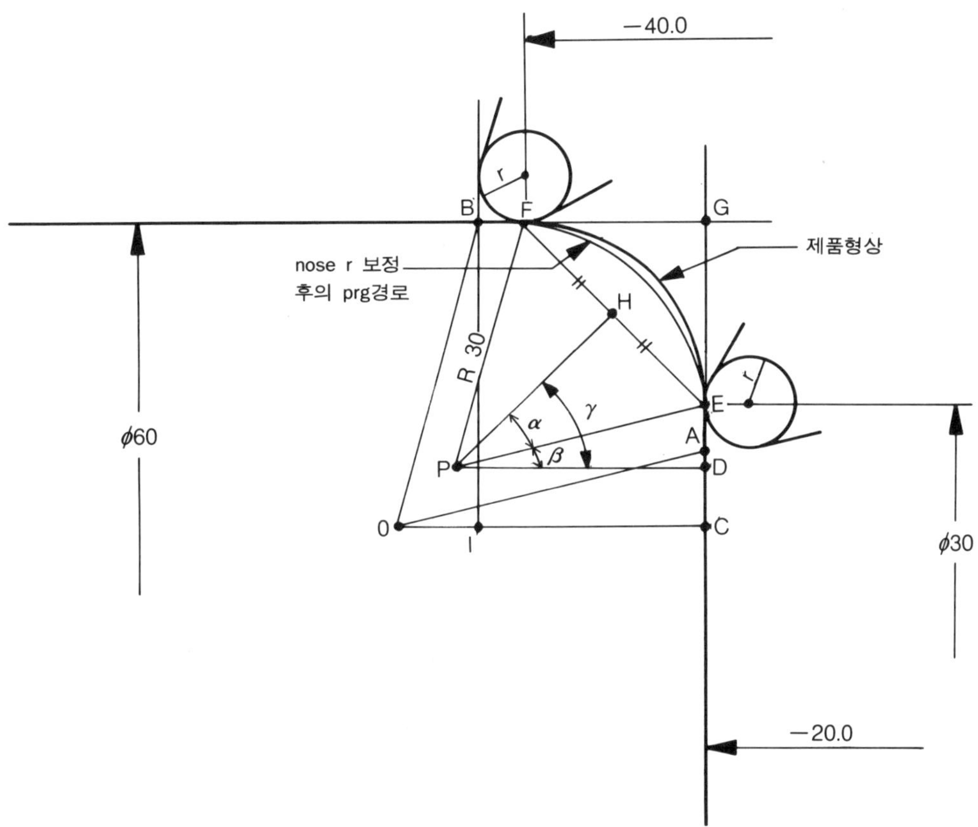

위의 예제는 상당히 어려운 종류이다. nose r 보정을 하지 않는다면

    G01 X30.0;

    G03 X60.0 Z−40.0 R30.0;

    G01 Z＿＿;

이렇게 하면 되겠지만 nose r 보정 때문에 무척 계산이 복잡해진다. 자세히 공부해 보기로 하자.

우선 nose r을 보정하기 전에 구할 수 있는 치수와 각도를 모두 알아보자.

$FG=20.0$ $EG=15.0$ $\therefore EF=\sqrt{20^2+15^2}=25$

$$PE=PF=R=30.0,\ \ Sin\ \alpha=\frac{EH}{PE}=\frac{\dfrac{EF}{2}}{R}=\frac{\sqrt{20^2+15^2}}{2R}$$

$$=\frac{25}{2\times30}=0.4166$$

$$\therefore\ \angle\alpha=24.624°$$

$$\angle \text{PEH}=90-\angle \alpha=90-24.624=65.376°$$

$$\tan \angle \text{GEH}=\frac{\text{FG}}{\text{EG}}=\frac{20}{15}=1.3333$$

$$\therefore \ \angle \text{GEH}=53.13°$$

$$\angle \text{PEA}=180-(53.13+65.376)=61.494°$$

$$\angle \text{DPE}=90-61.494=\mathbf{28.506}=\beta$$

$$\text{CD}=0.4, \ \text{AO}=\text{BO}=\text{R}+\text{r}=30+0.4=\mathbf{30.4}$$

$$\sin\beta=\frac{\text{DE}}{\text{PE}}=\frac{\text{DE}}{30} \quad \therefore \ \text{DE}=\text{Sin } 28.506\times30=\mathbf{14.317}$$

$$\cos\beta=\frac{\text{PD}}{\text{PE}}=\frac{\text{PD}}{30} \quad \therefore \ \text{PD}=\text{Cos } 28.506\times30=\mathbf{26.363}$$

$$\text{CE}=\text{DE}+0.4=14.317+0.4=\mathbf{14.717}$$

$$\text{OC}=0.4+\text{PD}=0.4+26.363=\mathbf{26.763}$$

$$\text{AC}=\sqrt{\text{AO}^2-\text{OC}^2}=\sqrt{30.4^2-26.763^2}=\mathbf{14.418}$$

$$\text{DG}=\text{DE}+\text{EG}=14.317+15.0=\mathbf{29.317}$$

$$\text{BI}=0.4+\text{DG}=0.4+29.317=\mathbf{29.717}$$

$$\text{AE}=\text{CE}-\text{AC}=14.717-14.418=\boxed{0.299}$$

$$\therefore \ \text{A점의 X축은 } 30-0.299\times2=\boxed{29.402}$$

$$\text{Z축은 } \boxed{-20.0;}$$

$$\text{IO}=\sqrt{\text{BO}^2-\text{BI}^2}=\sqrt{30.4^2-29.717^2}=\mathbf{6.407}$$

$$\text{CI}=\text{CO}-\text{IO}=26.763-6.407=\mathbf{20.356}$$

$$\text{BG}=\text{CI}, \ \text{BF}=\text{BG}-\text{FG}=20.356-20.0=\boxed{0.356}$$

$$\therefore \ \text{B점의 X축좌표는 } \boxed{60.0}$$

$$\text{B점의 Z축은 } -(20.0+20.356)=\boxed{-40.356}$$

이상에서 nose r 보정 후의 Program은

```
G01 X29.402;
G03 X60.0 Z-40.356 (혹은 W-20.356) R30.4;
G01 Z___ ;
      ⋮
```

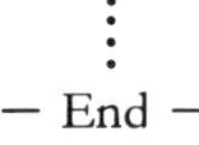

— End —

4. TAPER와 TAPER 가공시

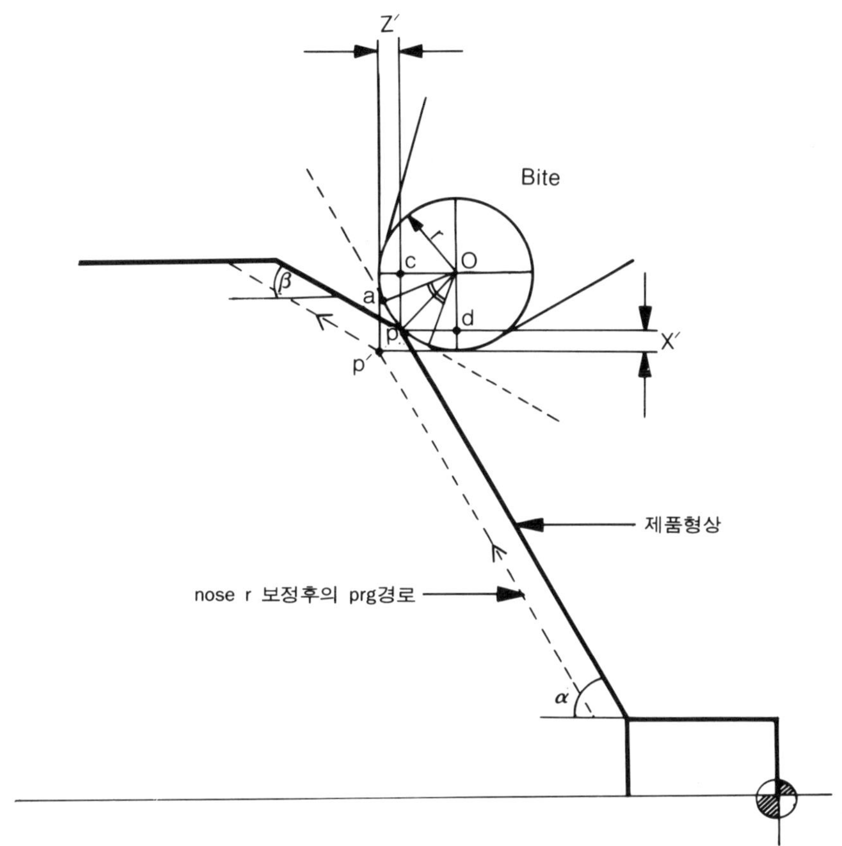

　위와 같이 α의 각과 β의 각이 만나는 P점에서의 nose r을 보정하는 법이다. (점 P′의 좌표를 구하는 법)

　궁극적으로 구하고자 하는 것은 X′와 Z′를 구하는 것인데 그 과정이 조금 복잡하니 잘 이해하자.

결국 X′$=r-OD$

　　Z′$=r-OC$ 이므로 OD와 OC를 구하면 된다.

먼저 각각의 각을 구해보자.

　　$\angle AOD=\alpha$, $\angle AOC=90-\alpha$

$$\angle BOD = \beta, \quad \angle AOP = \angle BOP = \frac{\alpha - \angle BOD}{2} = \boxed{\frac{\alpha - \beta}{2}}$$

$$\angle DOP = \angle BOP + \angle BOD = \frac{\alpha - \beta}{2} + \beta = \frac{\alpha - \beta}{2} + \frac{2\beta}{2} = \boxed{\frac{\alpha + \beta}{2}}$$

$$\angle COP = \angle AOC + \angle AOP = (90 - \alpha) + \frac{\alpha - \beta}{2}$$

$$= \frac{2(90 - \alpha)}{2} + \frac{\alpha - \beta}{2} = \frac{180 - 2\alpha}{2} + \frac{\alpha - \beta}{2}$$

$$= \frac{180 - 2\alpha + \alpha - \beta}{2} = \frac{180 - \alpha - \beta}{2} = \boxed{\frac{180 - (\alpha + \beta)}{2}}$$

이와 같이 각을 구할 수 있다.

OD와 OC를 알기 위해서는 기준이 되는 OP를 구해야 한다. OP를 구하기 위하여 다음과 같은 삼각형을 떼어 올 수 있다.

$$\angle BOP = \angle AOP = \frac{\alpha - \beta}{2} \text{ 이므로}$$

$$\cos\frac{\alpha - \beta}{2} = \frac{OB}{OP} \text{ 또는 } \cos\frac{\alpha - \beta}{2} = \frac{OA}{OP} \text{ 가 된다.}$$

$$OA = OB = r \text{이므로 } \cos\frac{\alpha - \beta}{2} = \frac{r}{OP}$$

$$\boxed{\therefore \ OP = \frac{r}{\cos\dfrac{\alpha - \beta}{2}}}$$

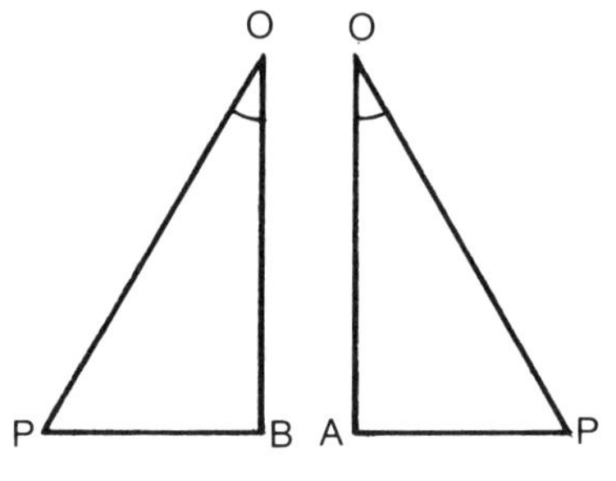

OP는 구해졌으므로 OD를 구하기 위하여 다음과 같은 삼각형을 떼어 올 수 있다.

$$\angle DOP = \angle BOP + \angle BOD = \angle BOP + \beta = \frac{\alpha - \beta}{2} + \beta = \boxed{\frac{\alpha + \beta}{2}}$$

$$\cos\frac{\alpha + \beta}{2} = \frac{OD}{OP}$$

$$\therefore \ OD = \left(\cos\frac{\alpha + \beta}{2}\right) OP \text{이므로}$$

$$OP = \frac{r}{\cos\dfrac{\alpha - \beta}{2}}$$

$$OD = \left(\cos\frac{\alpha + \beta}{2}\right) \frac{r}{\cos\dfrac{\alpha - \beta}{2}} = \frac{\left(\cos\dfrac{\alpha + \beta}{2}\right) r}{\cos\dfrac{\alpha - \beta}{2}}$$

$$= r \cdot \frac{\cos\dfrac{\alpha+\beta}{2}}{\cos\dfrac{\alpha-\beta}{2}}$$

$$\therefore \ X' = r - OD = r - \left(r \cdot \frac{\cos\dfrac{\alpha+\beta}{2}}{\cos\dfrac{\alpha-\beta}{2}} \right) = r \left\{ 1 - \frac{\cos\dfrac{\alpha+\beta}{2}}{\cos\dfrac{\alpha-\beta}{2}} \right\}$$

공식
$$X' = r \left\{ 1 - \frac{\cos\dfrac{\alpha+\beta}{2}}{\cos\dfrac{\alpha-\beta}{2}} \right\}$$

OC를 구하기 위하여 다음과 같은 삼각형을 떼어올 수 있다.

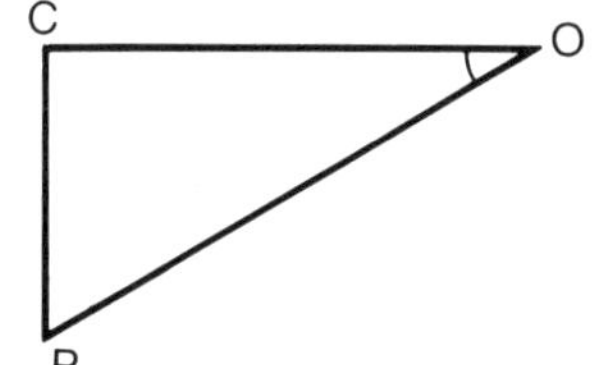

$$\angle COP = \angle AOC + \angle AOP = (90-\alpha) + \frac{\alpha-\beta}{2} = \frac{180-(\alpha+\beta)}{2}$$

$$\cos\angle COP = \frac{OC}{OP} \Rightarrow \cos\frac{180-(\alpha+\beta)}{2} = \frac{OC}{\dfrac{r}{\cos\dfrac{\alpha-\beta}{2}}}$$

$$\therefore \ OC = \cos\frac{180-(\alpha+\beta)}{2} \times \frac{r}{\cos\dfrac{\alpha-\beta}{2}}$$

$$= \boxed{r \cdot \frac{\cos\dfrac{180-(\alpha+\beta)}{2}}{\cos\dfrac{\alpha-\beta}{2}}}$$

그런데 $\angle CPO = 90 - \angle COP = 90 - \dfrac{180-(\alpha+\beta)}{2}$

$$= \frac{180}{2} - \frac{180-(\alpha+\beta)}{2} = \frac{180-\{(180-(\alpha+\beta)\}}{2}$$

$$= \frac{180-180+(\alpha+\beta)}{2} = \frac{\alpha+\beta}{2} \ \ 가 \ 되므로$$

$$\sin \text{CPO} = \frac{\text{OC}}{\text{OP}} \Rightarrow \sin \frac{\alpha+\beta}{2} = \frac{\text{OC}}{\text{OP}}$$

$$\therefore \text{OC} = \sin \frac{\alpha+\beta}{2} \times \text{OP} = \sin \frac{\alpha+\beta}{2} \times \frac{r}{\cos \frac{\alpha-\beta}{2}}$$

$$= r \cdot \frac{\sin \frac{\alpha+\beta}{2}}{\cos \frac{\alpha-\beta}{2}}$$

$$\therefore Z' = r - \text{OC} = r - r \cdot \frac{\sin \frac{\alpha+\beta}{2}}{\cos \frac{\alpha-\beta}{2}} = r \left(1 - \frac{\sin \frac{\alpha+\beta}{2}}{\cos \frac{\alpha-\beta}{2}} \right)$$

공식
$$Z' = r \left(1 - \frac{\sin \frac{\alpha+\beta}{2}}{\cos \frac{\alpha-\beta}{2}} \right)$$

[예제] 사용공구 nose r 0.8일 때

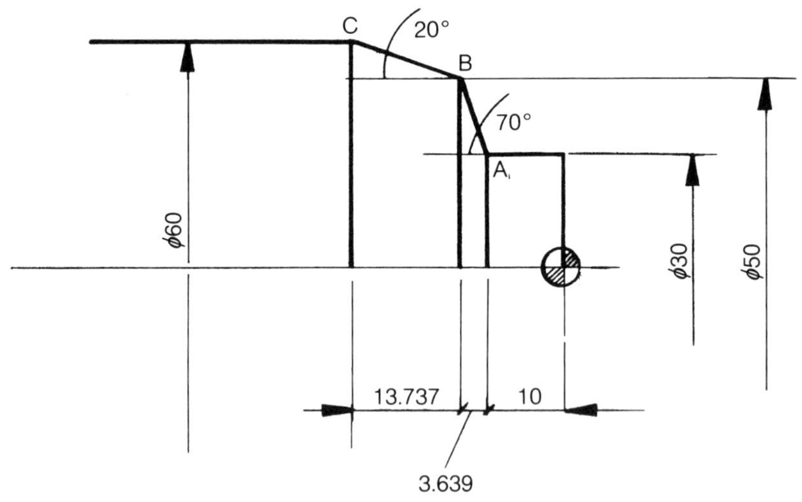

A점의 nose r 보정값 $Z' = r\left(1 - \tan \frac{\theta}{2}\right) = 0.8\left(1 - \tan \frac{70}{2}\right)$

$= 0.8 - \tan \frac{70}{2} \times 0.8 = 0.8 - \tan 35 \times 0.8$

$=0.8-0.56 = \boxed{0.239}$

$\therefore$ A점의 좌표 X30.0 $\boxed{Z-10.239}$; ←10+0.239

B점의 nose r 보정값 $X' = r\left(1-\dfrac{\cos\dfrac{\alpha+\beta}{2}}{\cos\dfrac{\alpha-\beta}{2}}\right)$

$=0.8\left(1-\dfrac{\cos\dfrac{70+20}{2}}{\cos\dfrac{70-20}{2}}\right) = 0.8\left(1-\dfrac{\cos 45}{\cos 25}\right)$

$=0.8-\dfrac{\cos 45}{\cos 25}\times 0.8 \quad =0.8-0.624 \quad =\boxed{0.175}$

$Z'=r\left(1-\dfrac{\sin\dfrac{\alpha+\beta}{2}}{\cos\dfrac{\alpha-\beta}{2}}\right) \quad =0.8\left(1-\dfrac{\sin\dfrac{70+20}{2}}{\cos\dfrac{70-20}{2}}\right)$

$=0.8\left(1-\dfrac{\sin 45}{\cos 25}\right)=0.8-\dfrac{\sin 45}{\cos 25}\times 0.8$

$0.8-0.624= \boxed{0.175}$

$\therefore$ B점의 X좌표$=50-0.175\times 2= \boxed{49.65}$

Z좌표$=13.639+0.175= \boxed{13.814}$

C점의 nose r 보정값 $Z'=r(1-\tan\dfrac{\theta}{2})=0.8(1-\tan\dfrac{20}{2})$

$=0.8(1-\tan 10)=0.8-\tan 10\times 0.8$

$=0.8-0.141= \boxed{0.658}$

$\therefore$ C점의 X좌표$=60$

Z좌표$=27.376+0.658= \boxed{28.034}$

prg은

```
G1 X30.0 Z0.0;
   Z-10.239;
   X49.65 Z-13.814;
   X60.0 Z-28.034;

   - End -
```

[예제] 사용공구 nose r 0.4일 때

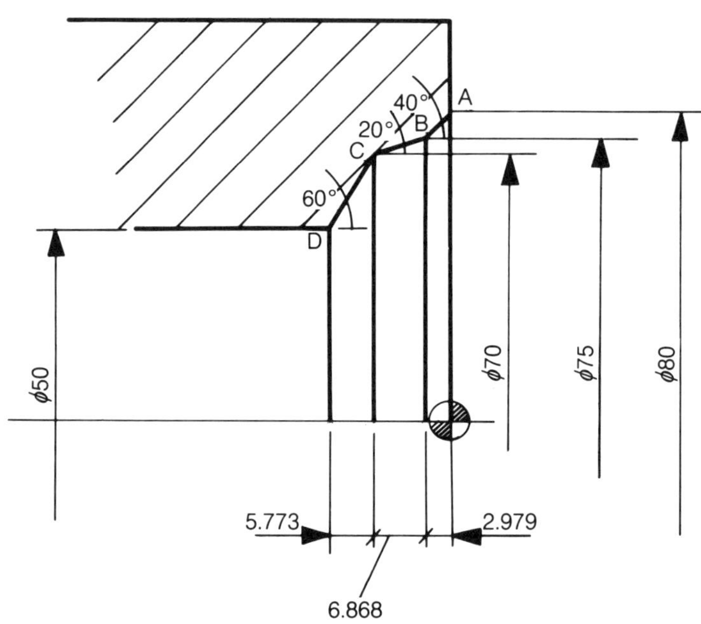

A점의 nose r 보정값 Z′=필요없다

$$X'=0.4(1-\tan\frac{90-40}{2}\quad)$$

$$=0.4(1-\tan 25)=0.4-\tan 25\times0.4=\boxed{0.213}$$

$$\therefore \text{A점의 X좌표}=80+0.213\times2=\boxed{80.426}$$

$$\text{Z좌표}=0.0$$

B점의 nose r 보정값 $X'=r\left(1-\dfrac{\cos\dfrac{40+20}{2}}{\cos\dfrac{40-20}{2}}\right)$

$$=0.4(1-\frac{\cos 30}{\cos 10})=0.4-\frac{\cos 30}{\cos 10}\times0.4$$

$$=\boxed{0.048}$$

$$Z'=r\left(1-\frac{\sin\dfrac{40+20}{2}}{\cos\dfrac{40-20}{2}}\right)\quad=0.4\left(1-\frac{\sin 30}{\cos 10}\right)$$

$$=0.4-\frac{\sin 30}{\cos 10}\times 0.4= \boxed{0.196}$$

$$\therefore\ \text{B점의 X좌표}=75+0.048\times 2\ =\boxed{75.096}$$

$$\text{Z좌표}=2.979+0.196\ =\boxed{3.175}$$

$$\text{C점의 nose r 보정값}\ X'=r\left(1-\frac{\cos\dfrac{60+20}{2}}{\cos\dfrac{60-20}{2}}\right)\ =0.4\left(1-\frac{\cos 40}{\cos 20}\right)$$

$$=0.4-\frac{\cos 40}{\cos 20}\times 0.4\ =\boxed{0.073}$$

$$Z'=r\left(1-\frac{\sin\dfrac{60+20}{2}}{\cos\dfrac{60-20}{2}}\right)\ =0.4\left(1-\frac{\sin 40}{\cos 20}\right)$$

$$=0.4-\frac{\sin 40}{\cos 20}\times 0.4\ =\boxed{0.126}$$

$$\therefore\ \text{C점의 Z좌표는}\ 2.979+6.868+0.126\ =\boxed{9.973}$$

$$\text{X좌표는}\ 70+0.073\times 2=\boxed{70.146}$$

D점의 nose r 보정값 X′=필요없음

$$Z'=0.4\left(1-\tan\frac{60}{2}\right)=0.4-\tan 30\times 0.4$$

$$=\boxed{0.169}$$

$$\therefore\ \text{D점의 X좌표}=50.0$$

$$\text{Z좌표}=2.979+6.868+5.773+\textbf{0.164}$$

$$=\boxed{15.789}$$

prg은

```
G1  X80.426  Z0.0;
    X75.096  Z-3.175;
    X70.146  Z-9.973;
    X50.0   Z-15.789;
   - End -
```

* 주의)

　공식에 각을 적용할 때 어느 각을 적용할 것인가가 매우 중요한 문제다. 특히 내경 가공일 경우 더욱 혼란을 일으킨다. 앞의(예제)들을 보고 적용각을 찾아내는 연습을 충분히 하기 바란다. 도면에는 각이 다른 방향에 표시되어 있더라도 공식에 적용할 수 있는 각을 찾아서 계산하는 것을 잊지 말자.

정 리

[외경]

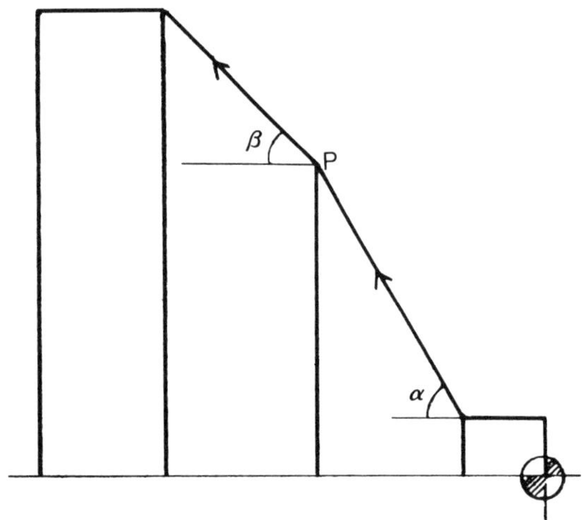

$$P점의\ X'=r\left(1-\frac{\cos\dfrac{\alpha+\beta}{2}}{\cos\dfrac{\alpha-\beta}{2}}\right)$$

$$Z'=r\left(1-\frac{\sin\dfrac{\alpha+\beta}{2}}{\cos\dfrac{\alpha-\beta}{2}}\right)$$

[내경]

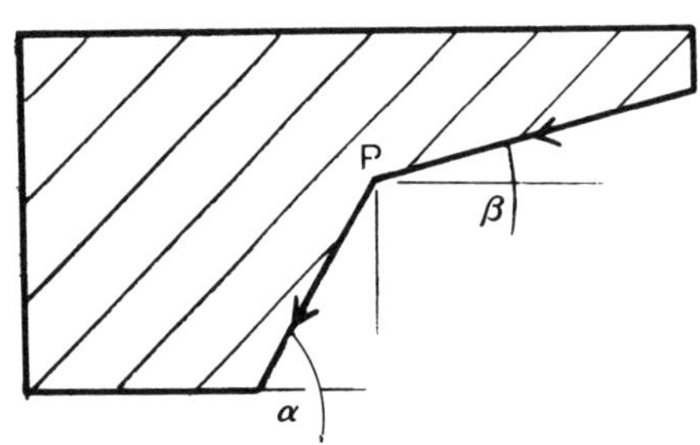

$$P점의\ X'=r\left(1-\frac{\cos\dfrac{\alpha+\beta}{2}}{\cos\dfrac{\alpha-\beta}{2}}\right)$$

$$Z'=r\left(1-\frac{\sin\dfrac{\alpha+\beta}{2}}{\cos\dfrac{\alpha-\beta}{2}}\right)$$

5. 접점(point) 구하는 법

1) 원호와 원호의 접점

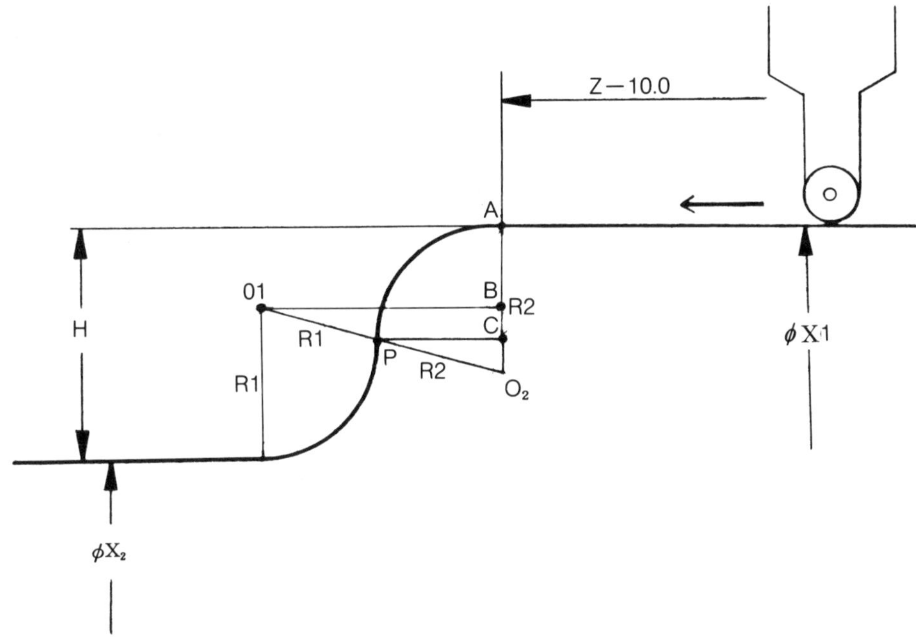

원호와 원호가 만났을 때의 접점을 구하는 중요한 key−point는 두 원호가 만나는 점을 통과하는 직선은 위의 그림과 같이 두 원의 중심을 지난다는 것을 기억하자.

$$h=\frac{\phi X_1-\phi X_2}{2}, \quad AB=h-R_1, \quad BO_2=R_2-AB$$

$$\therefore BO_2=R_2-(h-R_1)$$

$$= \boxed{R_2+R_1-h}$$

큰직각 △ O_1O_2B에서

$O_1O_2=R_1+R_2$이고 $\boxed{BO_2=R_2+R_1-h=R_1+R_2-h}$ 이므로 나머지 한변 O_1B도 간단히 구할 수 있다.

$$O_1B=\sqrt{(R_1+R_2)^2-(R_1+R_2-h)^2}$$

작은 직각 △PO_2C에서

$PO_2=R_2$이고 나머지 두 변은 큰삼각형의 변과 비로써 구할 수 있고 큰삼각형의 각을 구하여 작은 삼각형은 닮은 꼴이므로 삼각함수를 이용하여 구할 수 있다.

$$O_1O_2 : O_1B = PO_2 : PC$$

$$O_1O_2 : BO_2 = PO_2 : CO_2$$

$$AC = R_2 - CO_2$$

이렇게 해서 모든 치수가 구해지면 P점의 좌표를 구할 수 있다.

$$X좌표 = \phi X_1 - AC \times 2$$

$$Z좌표 = -(A점좌표 + PC)$$

실제 치수를 대입해 보자.

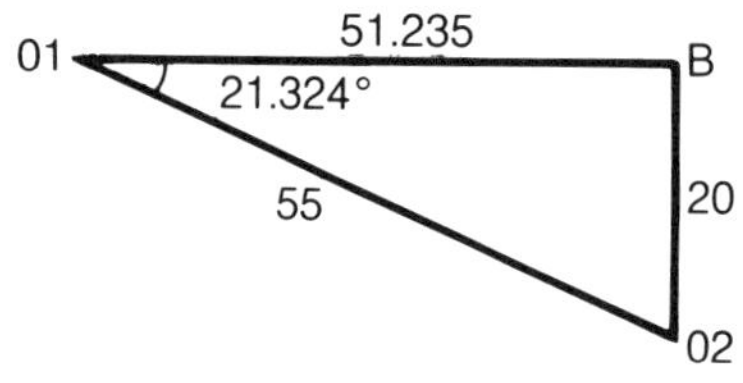

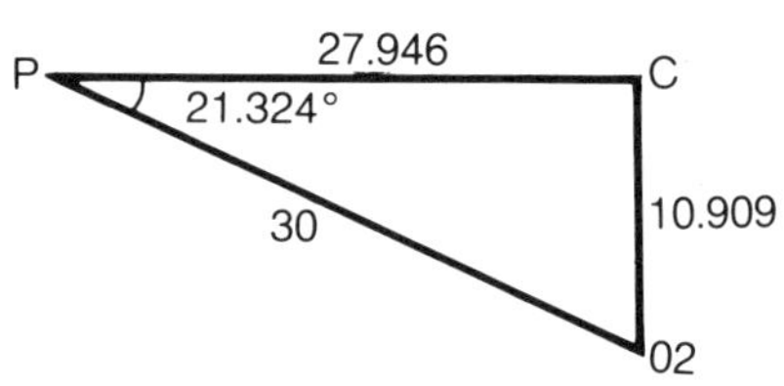

$\phi X_1 = 100$　　$\phi X_2 = 30,$　　$R_1 = 25,$ $R_2 = 30$이라 하면

$$h = \frac{100-30}{2} = 35 \qquad O_1O_2 = 25+30 = 55 \qquad BO_2 = 25+30-35 = 20$$

$$PO_2 = R_2 = 30$$

$$55 : 30 = 51.235 : PC \quad \therefore \ PC = \frac{30 \times 51.235}{55} = 27.946$$

$$또는 \ \cos 21.324° = \frac{PC}{30} \quad \therefore \ PC = \cos 21.324 \times 30 = 27.946$$

$$55 : 20 = 30 : CO_2 \quad \therefore CO_2 = \frac{20 \times 30}{55} = 10.909$$

$$또는 \ \sin 21.324° = \frac{CO^2}{30} \quad \therefore \ CO_2 = \sin 21.324° \times 30 = 10.909$$

$$AB = R_2 - CO_2 = 30 - 10.909 = 19.091$$

$$\therefore \ P점의 \ X좌표 = 100 - 19.091 \times 2 = 61.818$$

$$Z좌표 = -(10 + 27.946) = -37.946$$

이상에서 program은

```
G1 Z-10.0;
G3 X61.818 Z-37.946 R30.0;
G2 X30.0 Z-61.235 R25.0;
G1 Z__;
  - End -
```

$$-\{37.946 + (51.235 - 27.946)\}$$
$$= -61.235$$

[예제] nose r 4일때

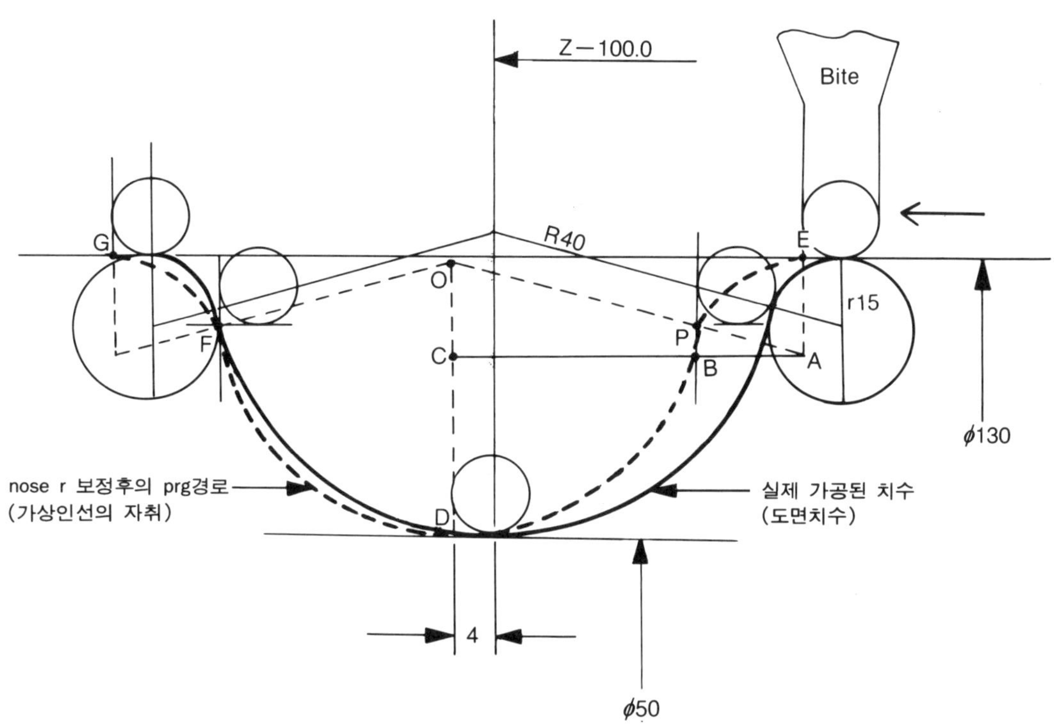

$$OP = R - r = 40 - 4 = 36$$

$$AP = R + r = 15 + 4 = 19$$

$$AO = 36 + 19 = 55$$

$$CD = \frac{130 - 50}{2} - 19 = 21 \quad \therefore \quad CO = 15$$

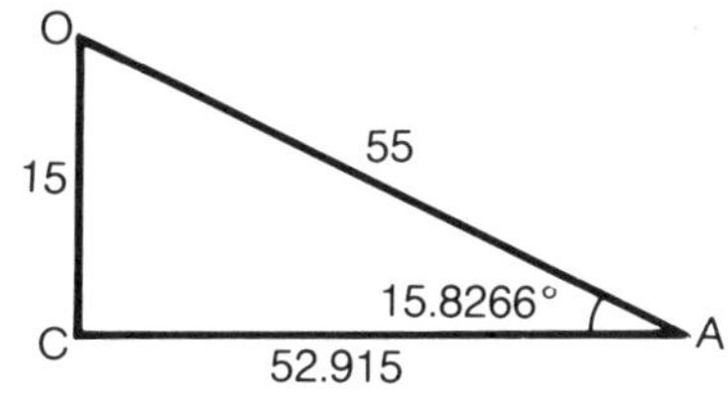

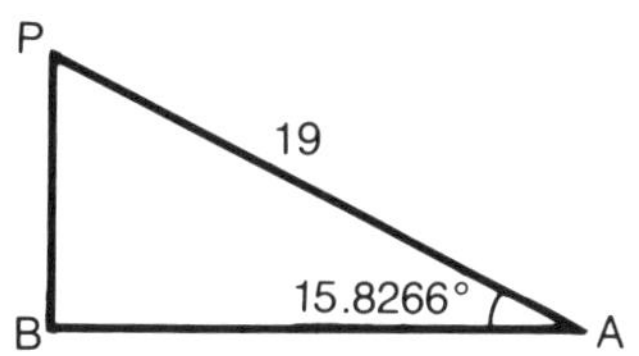

∴ 작은 삼각형의 변을 구하면

$$55 : 15 = 19 : BP \quad \therefore \quad BP = \frac{15 \times 19}{55} = \mathbf{5.1818}$$

또는 $\sin 15.8266 = \dfrac{BP}{19}$ $\therefore BP = \sin 15.8266 \times 19 = 5.1818$

$55 : 52.915 = 19 : AB$ $\therefore AB = \dfrac{52.915 \times 19}{55} = 18.279$

또는 $\cos 15.8266 = \dfrac{AB}{19}$ $\therefore AB = \cos 15.8266 \times 19 = 18.279$

$\therefore CB = AC - AB = 52.915 - 18.279 = 34.636$

이상에서 E점 X좌표 $= \boxed{130.0}$

$\quad$ Z좌표 $= -(104 - 52.915) = \boxed{-51.085}$

$\quad$ P점 X좌표 $= 130 - (19 - 5.181) \times 2 = \boxed{102.362}$

$\quad$ Z좌표 $= -(51.085 + 18.279) = \boxed{-69.364}$

$\quad$ F점 X좌표 $= \boxed{102.362}$

$\quad$ Z좌표 $= -(69.364 + 34.636 \times 2) = \boxed{-138.636}$

$\quad$ G점 X좌표 $= \boxed{130}$

$\quad$ Z좌표 $= -(138.636 + 18.279) = \boxed{-156.915}$

program은

```
G1 Z-51.085;
G3 X102.362 Z-69.364 R19.0;
G2 X102.362 Z-138.636 R36.0;
G3 X130.0 Z-156.915 R19.0;
G1 Z-___;
  - End -
```

이런 경우 증분좌표와 함께 program 작성하는 것이 편리하다.

```
G1 Z-51.085;
G3 X102.362 W-18.279 R19.0;
G2 X102.362 W-69.272 R36.0;
G3 X130.0 W-18.279 R19.0;
G1 Z-___;
  - End -
```

2) TAPER와 원호와 TAPER의 접점

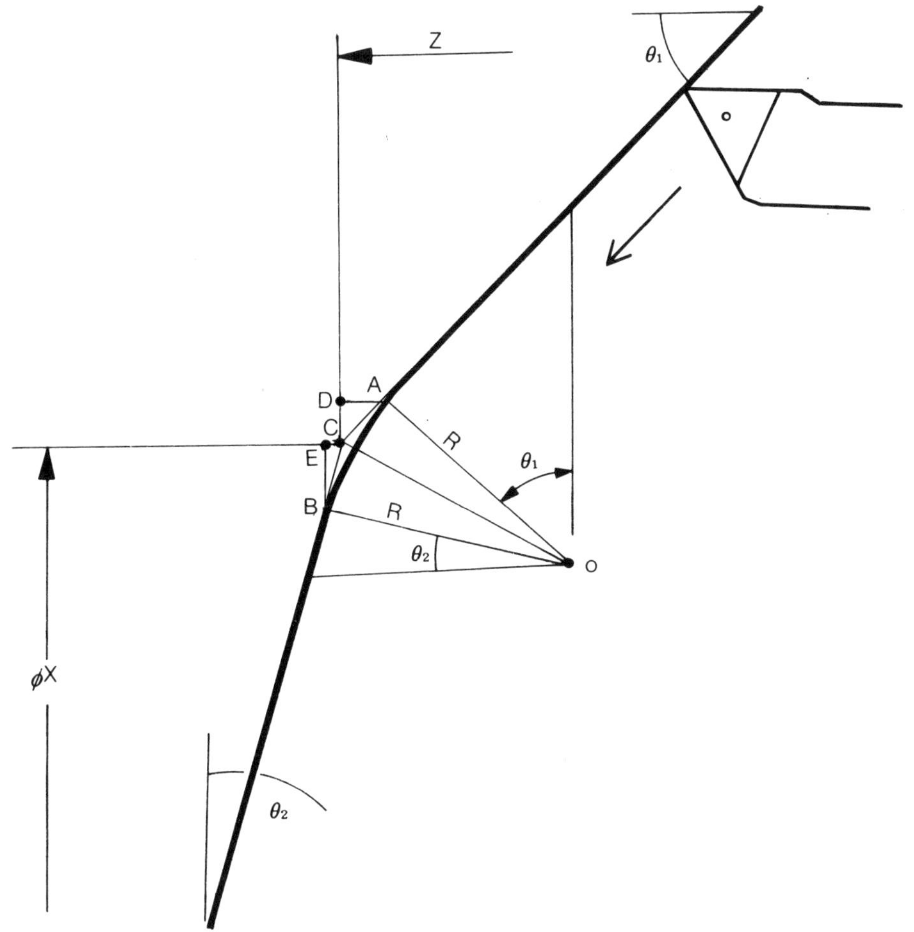

그림에서 궁극적으로 구하고자 하는 것은 A점과 B점의 좌표이다.

$$\angle AOB = 90 - (\theta_1 + \theta_2)$$

$$\angle AOC = \angle BOC = \frac{\angle AOB}{2} \quad = \quad \boxed{\frac{90 - (\theta_1 + \theta_2)}{2}}$$

$AO = BO = R$이므로

$AC = BC = R \times \tan \dfrac{90 - (\theta_1 + \theta_2)}{2}$ 이렇게 해서

$AC = BC$가 구해졌으므로

$AD = \cos\theta_1 \times AC$

$DC = \sin\theta_1 \times AC$

$BE = \cos\theta_2 \times BC$

$CE = \sin\theta_2 \times BC$

$\therefore$ A점 X좌표 $= \phi X + DC \times 2$

　　　　Z좌표 $= Z - AD$

　B점 X좌표 $= \phi X - BE \times 2$

　　　　Z좌표 $= Z + CE$

실제 치수를 대입하여 보자.

$\theta_1 = 50°,\ \theta_2 = 20°\ \ R = 50\ \ \phi X = 100\ \ Z = -20.0$이라면

$$\angle AOC = \angle BOC = \frac{90 - (50 + 20)}{2} = 10°$$

$$AC = BC = 50 \times \tan 10 = \boxed{8.816}$$

$$AD = \cos\theta_1 \times AC = \cos 50 \times 8.816 = 5.666$$

$$DC = \sin\theta_1 \times AC = \sin 50 \times 8.816 = 6.753$$

$$BE = \cos\theta_2 \times BC = \cos 20 \times 8.816 = 8.284$$

$$CE = \sin\theta_2 \times BC = \sin 20 \times 8.816 = 3.015$$

$\therefore$ A점 X좌표$=100 + 6.753 \times 2 = 113.506$

Z좌표$= -(20 - 5.666) = -14.334$

$\therefore$ B점 X좌표$=100 - 8.284 \times 2 = 83.432$

Z좌표$= -(20 + 3.015) = -23.015$

이상에서 program은

```
G1  X113.506  Z-14.334;
G03  X83.432  Z-23.015  R50.0;
G1  X____   Z____ ;
    - End -
```

제7장

NC Program 작성요령과 Setting 방법

제7장
NC program 작성요령과 Setting 방법

1. program 번호

prg 번호는 도면의 도번을 그대로 하든지, 도번이 없을 경우 그 제품의 가장 특징적인
치수 즉 전장이나 가장 큰 지름의 치수를 prg 번호로 정하면 편리하다.

$\overline{0}$ 1012; 또는 $\overline{0}$ 0125;

2. 절삭유 ON의 시기

경험으로 볼 때 절삭유 ON을 공구이동과 같은 Block에 지령할 경우 이미 Bite는 제품을
절삭하면서 어떤 경우 불꽃이 튀고 있는데 아직 절삭유가 나오지 않는 경우가 있다. 이때는
Bite에 상당한 마모가 올 수 있다. 그래서 가능한 절삭유는 빨리 나오게 하는 것이 좋다는
결론이다. 빨리 나와서 좋으면 좋았지 문제될 게 전혀 없다. 다음과 같이 program번호와
함께 지령하는 것을 원칙으로 권장하고 싶다.

예) $\overline{0}$ 1012 M8;

3. 절삭유 off의 시기

앞에서 절삭유는 가능한 빨리 나오게 하는 것이 좋다고 했다. 반대로 절삭유 off는 절삭에 문제가 없는 한 최대한 빨리 정지해야 좋다. 왜냐하면 다음 작업을 위해서 제품을 교환할 때 천장이나 기타 다른 곳에 절삭유가 줄줄 흘러내리면 작업자에게 아주 좋지 않다. 물론 능률도 떨어진다. 그래서 절삭유 off는 마지막 절삭지령과 함께 지령하면 좋다. 급속이동지령이 아니라 실제 절삭의 마지막 지령 즉

  G01 Z−50.123 M9; 또는 G01 X80.5 M9;

위와 같이 한다. 어떤 사람은 다음과 같은 의심을 할 것이다. "위와 같이 지령하면 절삭하는 도중에 절삭유가 off되는 거 아니오?" 그런데 그렇지가 않다. M기능은 절삭이동이 끝난 다음에 이루어지게 되어있다. 또 주의할 것은 어떤 이는 가공 공정이 끝날 때마다 절삭유 off를 지령하는 것을 봤는데 이것은 큰 잘못이다. 자꾸 절삭유 모터를 켰다 껐다 할 필요가 없다. 가공 공정에 관계없이 첫머리에서 ON했으면 그 제품의 마지막 절삭지령까지 ON해 놓는 것이 좋다. 예를 들어 황삭하고 off, 정삭하고 off, 홈파고 off, 나사가공하고 off, 이렇게 하지말고 **절삭유 ON→황삭 →정삭→홈→나사가공 off** 이렇게 하라는 것이다.

4. 절삭 속도 혹은 R.P.M 정하기

G96을 사용하여 절삭속도를 정할 때는 통상 Tip 제작회사에서 추천하는 수치를 참고하면 좋다. G96은 지름이 크고 길이가 짧은 제품에 사용하면 좋다. G97을 사용하여 회전수를 직접지령할 때 역시 먼저 가장 알맞은 절삭속도를 알아야 한다.

그리하여 $V=\dfrac{\pi DN}{1000}$

$N=\dfrac{1000V}{\pi D}$ 에 의하여 회전수를 정하여 지령한다.

G97은 지름이 크지 않고 긴제품이나 Drill작업, 나사작업 등에 사용하면 좋다.

[예제]

예) 소재: S45C Tip: 코팅초경

  G96 S200 M3;

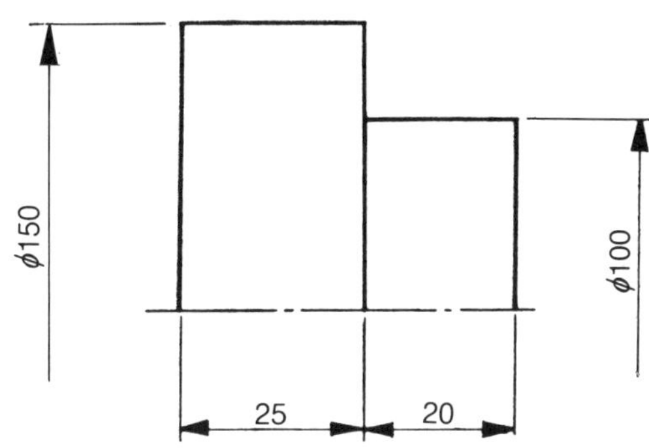

예) 소재: S45C Tip: 코팅초경
G97 S1950 M3;

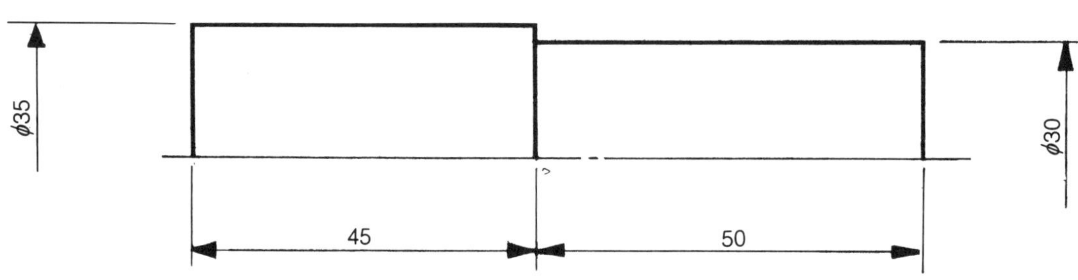

예) 소재: S45C Tip: p20
G97 S1020 M3;

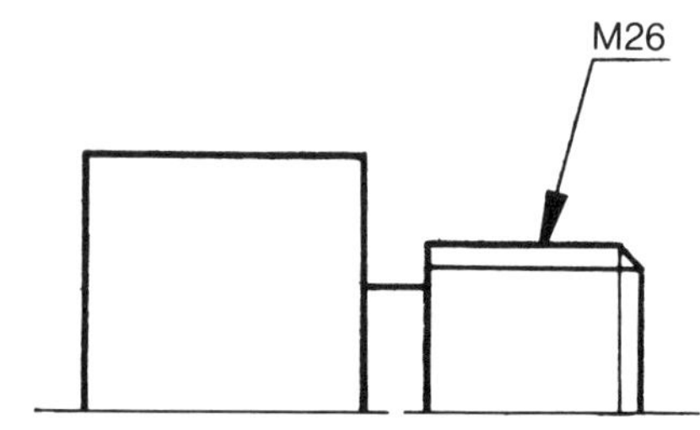

예) 소재: S45C Drill: H.S.S
G97 S320 M3;

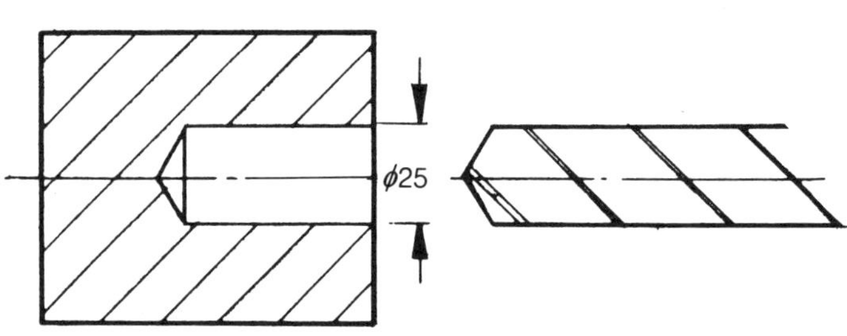

5. 기준 Bite로 좌표를 손쉽게 구하는 법

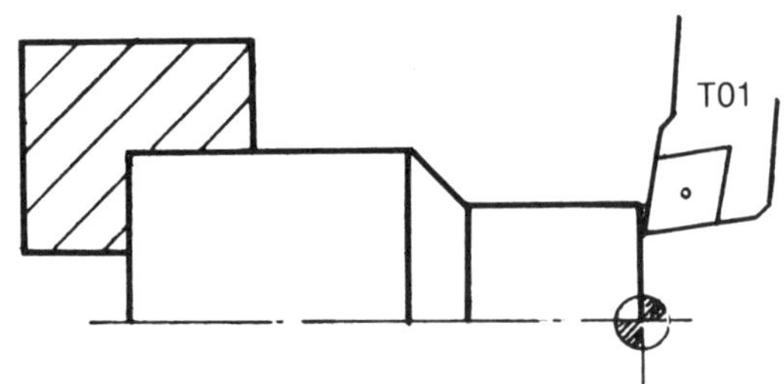

① 제품의 우측 단면을 깎는다
(기준 Bite를 T01이라고 하자)

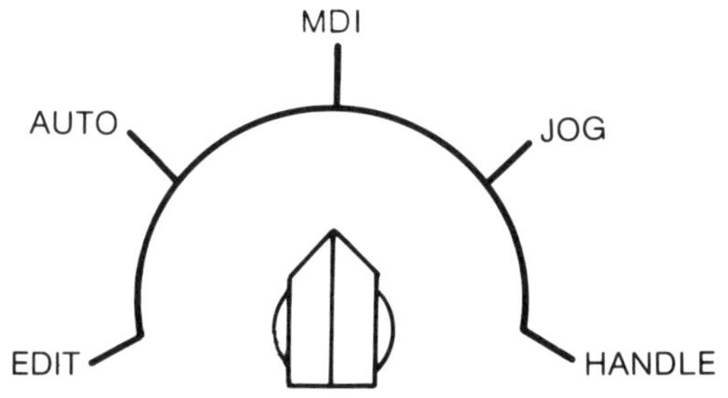

② Mode 선택을 M.D.I에 놓는다.

```
Prg(MDI)

  G50  Z0.0
```

③ NC 화면에 **G50 Z0.0**이라고 입력한다.

```
                    Position
                     (ABS)

  X123.456

  Z 0.000
```

④ START 버튼을 누르면 NC의 위치(POS)화면에 Z0.0이 된다.(절대좌표)

이렇게하여 Z축 좌표계가 설정되었다.

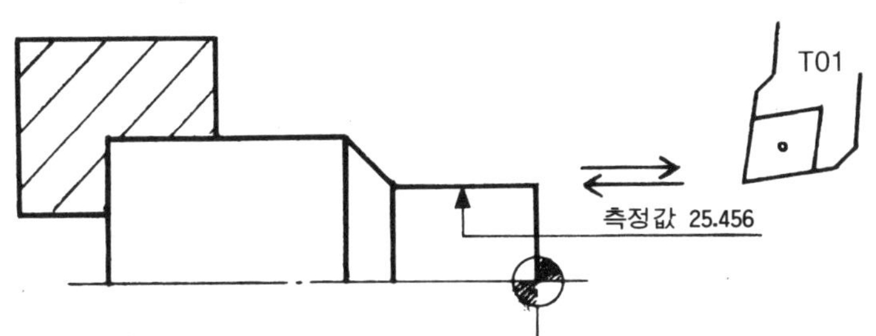

⑤ 기준 Bite로 외경을 깎고 X축으로는 변화없이 Z축만 이동하여 Bite를 우측으로 빼고 주축 정지시킨다.

⑥ 측정기로 깎인 외경을 측정한다. 예를 들어 **25.456**이라 하자.

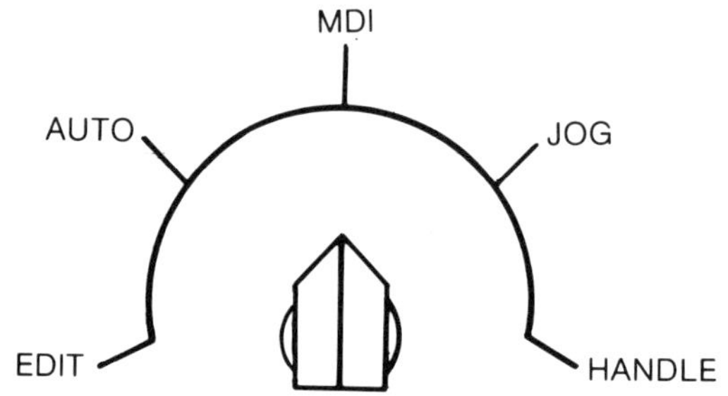

⑦ Mode를 M.D.I에 놓는다.

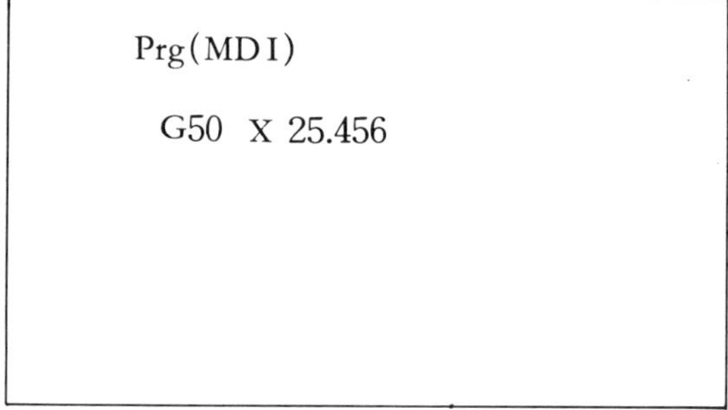

⑧ NC 화면에 **G50 X25.456**이
라고 입력한다.

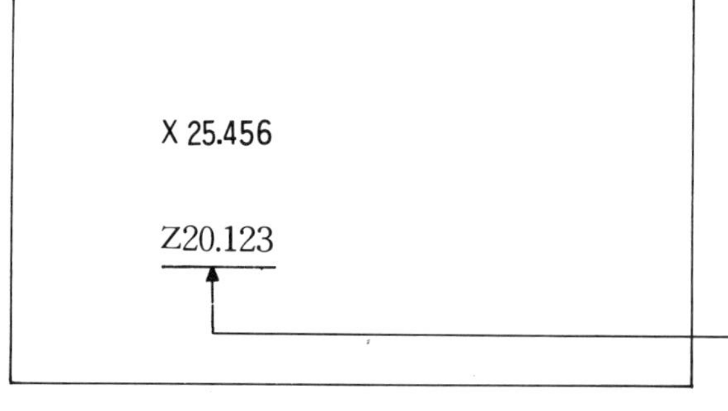

START 버튼을 누르면
NC의 위치(pos)화면에 절
대좌표 X25.456이 된다.

이렇게 하여 X, Z축 모두 기준 Bite에 의한 좌표계가 설정될 뿐만 아니라 기준 Bite는
Setting이 끝났다.

* (주의)기준 Bite의 보정값은 X0.0 Z0.0이므로 보정화면에 기준 Bite의 보정값이 X0.0 Z0.0인지 확인하여 어떤 수
  치가 있으면 0.0으로 하여야 한다.

[예] 기준 Bite가 01 라고 하면 다음과 같이 X, Z에 0.0으로 한다.

No	X	Z	R	T
01 ▬ 02 03 ⋮	0.0	0.0		

6. 시작점 구하기

앞의 방법으로 기준 Bite에 의한 좌표계가 설정되었으므로 시작점을 구해보자.

시작점은 공구교환에(터렛 회전) 다른 간섭이 없고 제품과 가급적 가까운 곳을 정하면 좋다. X100.0 Z100.0을 시작점으로 정하고 싶다면 수동 혹은 M.D.I로 절대좌표가 X100. 0 Z100.0이 되는 위치로 공구대를 이동시킨다.

<pre>
(증분좌표)   (절대좌표)
U100.0   X100.0
W100.0   Z100.0
                  (기계좌표)
                  X−50.123 ⎤
                  Z−80.456 ⎦ 기계 원점으로부터 거리
</pre>

NC의 화면에 위와 같이 될 것이다. 여기서 기계 좌표 X−50.123 Z−80.456을 기록하여 Parameter에 입력시킨다. 이렇게 되면 제2원점이 설정된 것이다. 이 제2원점이 곧 시작점이 된다. program을 작성할 때

    G30 U0 W0.0;
    G50 X100.0 Z100.0; 이렇게 하면 되는 것이다.

7. 기준 **Bite**가 아닌 기타 다른 **Bite** 세팅(**Setting**)하기

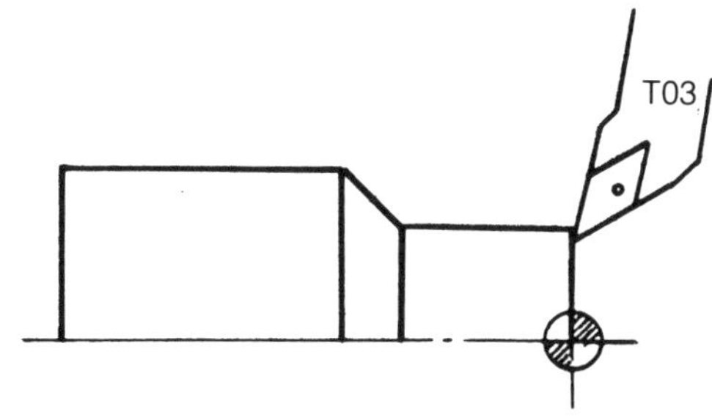

① 기준 Bite로 가공된 단면에 댄다. 이때 NC 화면에 나타난 Z의 좌표가 T03의 Z보정치다. 이 값을 보정화면 T03의 Z난에 입력시키면 된다.

[예]

```
X10.123

Z−0.431
```

위와 같이 되었다면 아래와 같이 입력한다.

No	X	Z	R	T
01	0.0	0.0		
02				
03		−0.431		
▬				
04				
⋮		U10.123　　W−0.431		

옆에서 보정화면의 U, W의 좌표가 절대좌표와 일치한다면 보정화면의 U, W의 좌표를 보면서 보정값을 계산하면 된다.

② 기준 Bite로 가공된 제품의 외경에 살짝 갖다댄다.

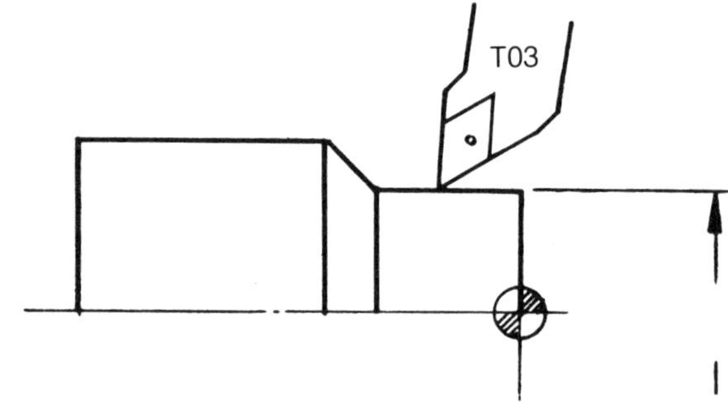

위와 같이 하였을 때 실제 제품의 치수는 25.456인데 NC화면의 X좌표에 다음과 같이 나타났다면

```
X26.123

Z−4.056
```

　T03 Bite가 기준 Bite T01보다 더 튀어 나왔다는 증거이다. 그러므로 튀어나온 만큼 뒤로 물러나게 하려면 보정값에 ⊕값을 넣어야 한다. 얼마나 튀어 나왔는지 계산을 정확히 하여 보자.

$$26.123 - 25.456 = \boxed{0.667}$$

그런데 위의 계산을 자세히 보면
26.123은 화면에 나타난 수치이고
25.456은 실제 제품의 치수이다.
그래서 다음과 같은 공식을 유도할 수 있는 것이다.

$$\boxed{\text{보정값=화면의 치수－실제가공된 치수}}$$

위의 보정값을 보정화면에 다음과 같이 입력한다.

N	X	Z	R	T
01	0.0	0.0		
02				
03	**0.667**	**−0.431**		
04				
⋮				

＊.　−값은 부호를 붙이지만 ＋값은 부호를 생략한다.

8. 내경 Bite를 Setting 해보자.

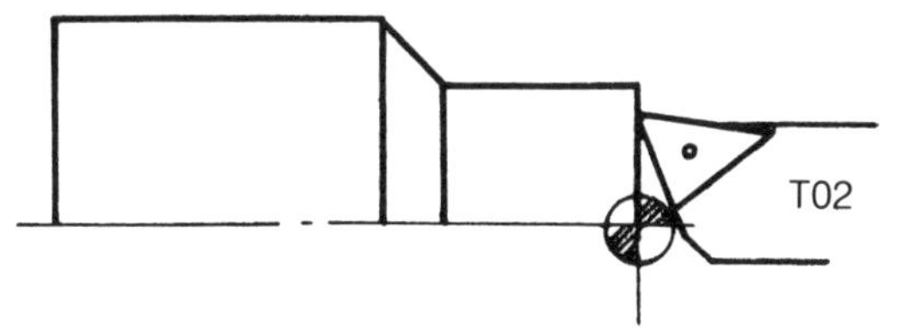

① 먼저 내경 Bite를 기준 Bite로 가공된 우측 단면에 살짝댄다. 이때 화면에 나타난 Z의 수치가 보정값이다. Z의 보정값은 모두 이렇게 똑같이 세팅한다.

N	X	Z	R	T
01	0.0	0.0		
02		30.789		
03	0.667	−0.431		
04				
⋮				

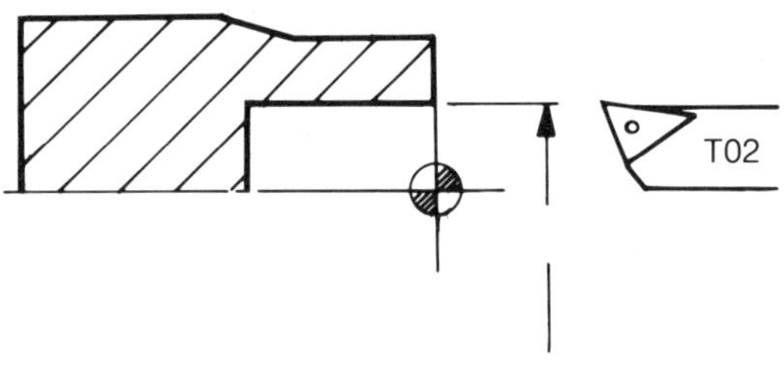

② X값 보정을 하기 위하여 내경 Bite로 내경을 가공한다(이때 미리 구멍이 뚫어져 있지 않으면 구멍을 뚫은 다음에 가공한다).

X축으로 이동없이 Z축으로만 우측으로 Bite를 빼고 주축 정지한 다음 측정기로 내경을 정확히 측정한다.

내경을 측정한 값이 19.234이고 NC화면에 좌측과 같이 X값이 나타났다면

보정값=화면의 치수−실제치수

위의 공식에서

$$19.012 - 19.234 = \boxed{-0.222}$$

위의 보정값을 다음과 같이 입력시킨다.

N	X	Z	R	T
01	0.0	0.0		
02	−0.222	30.789		
03	0.667	−0.431		
04				
⋮				

다른 내경 Bite도 위와 같은 방법으로 한다.

9. Drill의 Setting

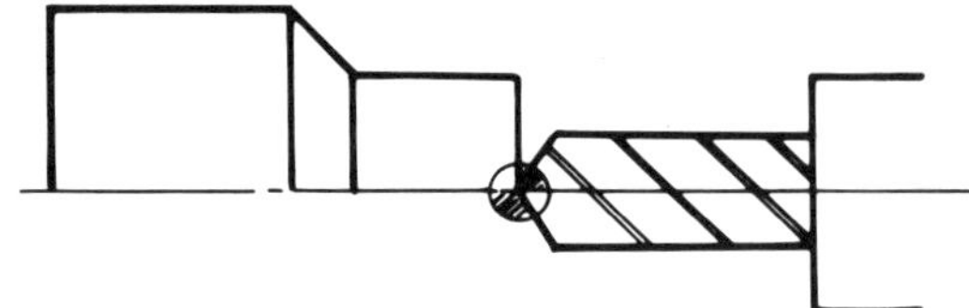

기준 Bite로 가공된 우측 단면의 X중심선과 단면에 살짝댄다. 이때 화면에 나타난 X, Z의 수치가 그대로 X, Z의 보정값이다.

10. 자동 **Setting** 법

지금까지는 Setting을 하는데 있어서 수동방법 즉 사람이 계산을 해서 보정값을 입력하는 방법을 알아봤다. 그런데 요즈음 모든 NC는 자동으로 계산을 해서 입력이되므로 사람이 일일이 계산을 하지 않아도 된다. 원리는 위에서 우리가 했던 똑같은 계산을 NC가 할 뿐이다. 즉 **화면의 치수**에서 사람이 알려주는 **실체치수**를 빼서 보정번호에 그 값을 입력시켜 주는 것이다.

1) Z축 보정

① 기준 Bite로 가공한 단면에 어느 Bite든지 상관없이 살짝대고 ② 보정화면의 커셔(**▬** 이런마크)를 보정하고자 하는 번호에 옮겨놓고

③ M 을 타자 ④ Z 를 타자 ⑤ 0.0을 타자한다.

[예] 보정 번호를 03번 이라 할 때

N	X	Z	R	T
01				
02				
03				
▬				
⋮				
MZ0.0				

위와 같이 된다.

⑥ Input 버튼을 누른다. 그러면 보정값이 Z에 입력된다.

N	X	Z	R	T
01				
02				
03		−0.123		
▬				
⋮				

---

* MZ0.0 타자후 Tool measure 버튼을 누른다음 input 버튼을 눌러야 되는 기계도 있으니 측정 버튼이 있는 기계는 꼭 이 버튼을 보정할 때마다 누르기 바란다.

2) X축 보정

① 기준 Bite로 가공된 외경에 Bite를 살짝댄다. 또는 새로 깎아도 상관없다.

② X축으로 이동없이 Z축으로 공구대를 이동 후 주축 정지시킨다.

③ 외경을 측정한다. (예) **35.123**이라 하자.

④ M 을 타자한다.　⑤ X 를 타자한다.

⑥ 35.123을 타자한다.

⑦ 측정 버튼이 있는 기계는 이 버튼을 한두 번 누른다. 없는 기계는 필요없다.

N	X	Z	R	T
01 02 03 ▬ ⋮		−0.123		
MX35.123				

위와 같이 된다.

⑧ Input 버튼을 누른다. 이렇게 하면 X의 보정값이 입력된다(아래와 같다).

N	X	Z	R	T
01 02 03 ▬ ⋮	**1.234**	−0.123		

어느 Bite든 상관 없다. 외경이든 내경이든 단면이든 Bite를 제품의 실제 위치에 갖다놓고 보정하고자 하는 번호에 커셔를 옮긴 다음

Z값⇒ MZ 제품의 실제치수 input
X값⇒ MX 제품의 실제치수 input
　　　 이렇게 하면 된다.

11. 절대지령(X, Z)과 증분지령(U, W)을 적절히 이용하면 편리한 경우

절대지령은 좌표지정 즉 progam 원점(X0.0 Z0.0)에서 떨어진 지점이며 증분지령은 현재의 위치에서 다음 이동할 지점까지의 거리로 나타낸다고 했다. 다음의 예로 비교해보자.

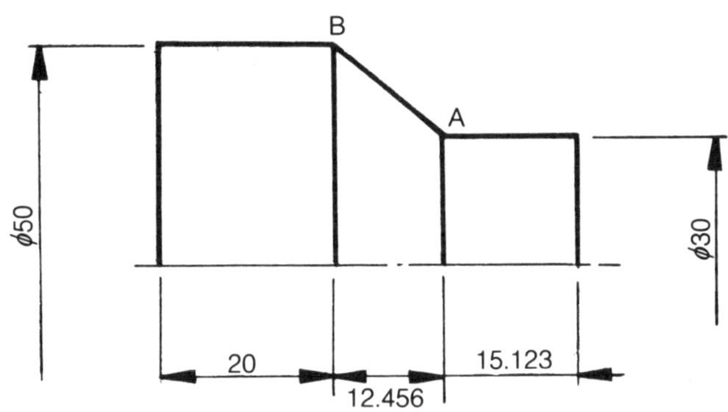

절대지령 G01 Z−15.123;
              X50.0 Z−27.579;
              Z−47.579;

절대증분 혼합지령 G01 Z−15.123;
              X50.0 W−12.456;
              Z−47.579;

이렇게 prog이 되는데 문제는 A→B의 구간에서의 절대지령이 편리하느냐, 아니면 증분지령이 편리하느냐이다. 절대지령을 하려면 Z−15.123에다 또 12.456을 더해서 Z−27.579를 지령한다.

그런데 증분지령을 하려면 Z−15.123까지 진행한 다음 또 더할 필요없이 W−12.456 하면 되는 것이다. 또한 A지점을 조금 더 보내거나 덜 보내고자 할 때 절대지령만을 사용하면 A점의 Z축과 B점의 Z축을 동시에 수정해야 된다. 하지만 증분지령을 사용하면 A지점의 치수만 수정하면 A→B의 구간은 증분지령을 하였기 때문에 수정할 필요없이 A지점의 수정된 치수만큼 따라다니게 되는 것이다.

결과적으로 TAPER나 기타 계산을 복잡하게 해야되는 구간은 증분지령을 함으로써 훨씬 편리하다는 것을 강조하고자 한다.

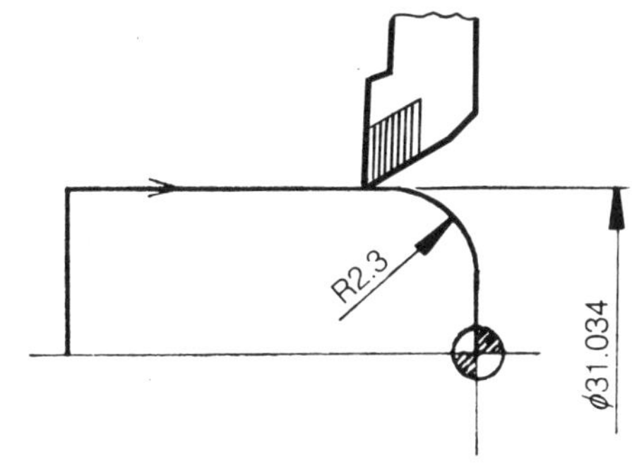

G01 Z−2.3;
G02 U−4.6 Z0.0 R2.3;
G01 X＿＿;
    − End −

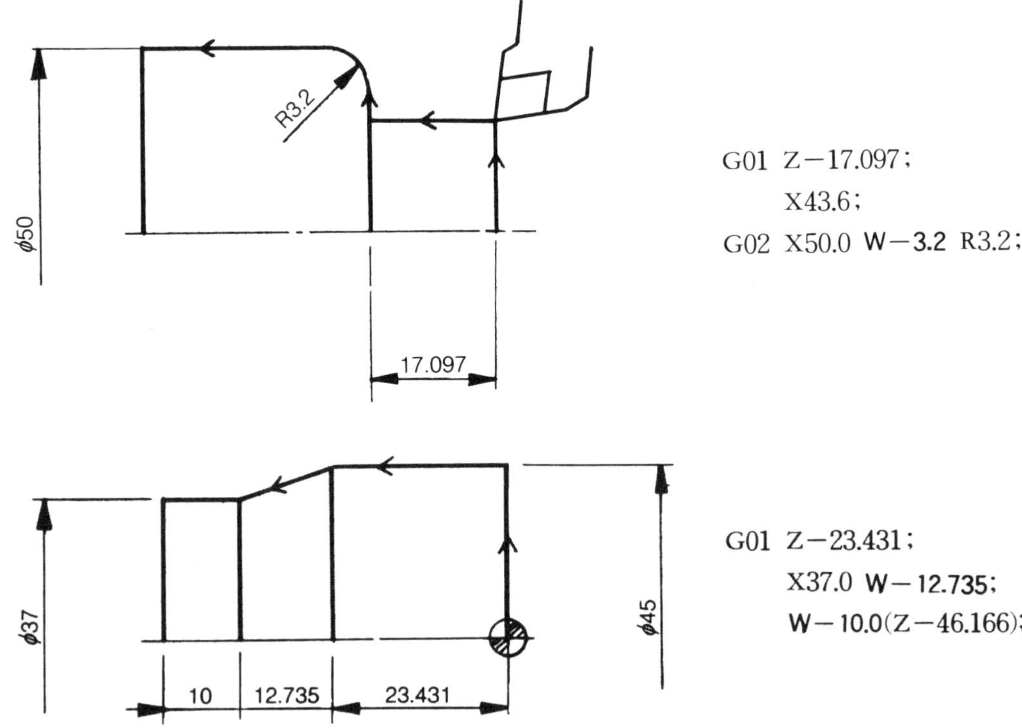

G01 Z−17.097;
      X43.6;
G02 X50.0 **W−3.2** R3.2;

G01 Z−23.431;
      X37.0 **W−12.735**;
      W−10.0(Z−46.166);

12. 황삭과 정삭

글자 그대로 황삭은 정삭을 하기 전에 거칠게 가공을 하는 것을 말한다. 그런데 이 황삭을 너무 쉽게 여기고 대충하게 되면 정삭에서 정확한 칫수가 잘 안 나온다는 것이다. 강조하고 싶은 점은 황삭도 정삭만큼 정성을 들여 가공하라는 것이다.

그리고 다음과 같은 경우 반드시 황삭에서 완성하기를 권한다.

① 면취
② 중요하지 않은 부위(공차가 큰 곳)

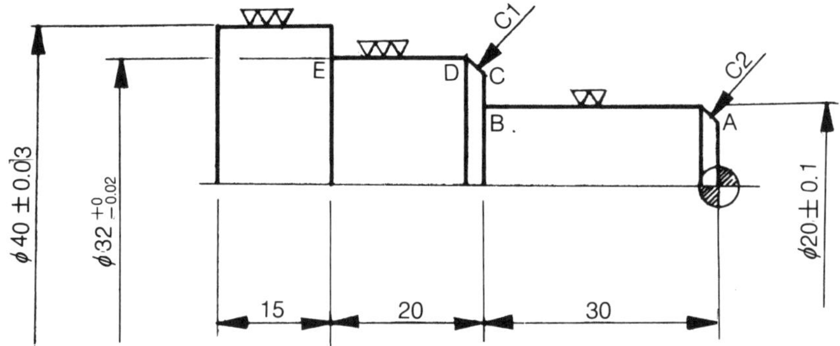

위와 같은 경우 전체를 다 황삭해 놓고 다음에 모든 부분을 다 정삭 한다면 좀 어리석다

고 할 수 있다.

황삭을 할 때 D점까지는 제품을 완성 하는 것이 좋다.

정삭은 D점부터 시작함으로써 시간도 절약되고 정삭 Bite의 마모도 줄일 수 있는 것이다.

정삭 program

    G0 X31.99 Z−30.0;
    G1 Z−50.0;
        X40.0;
        Z−65.0;
    G0 X___ Z___ ;

모든 부분을 다 정삭하게 되면 시간도 더 걸리고 Bite의 마모뿐 만이 아니라 정삭에 의해서 전체가 다시 가공되기 때문에 황삭 Bite의 상태를 알아보기가 힘들다. 황삭에 의해서 완성된 부분이 있어야 그 부분을 검사함으로써 현재의 황삭 Bite의 상태를 짐작하는데도 많은 도움을 주는 것이다. 전체를 다 정삭을 했을 경우 오직 정삭 Bite에만 제품의 정도를 의지하게 되어 황삭 Bite가 이상이 생겼는데도 모르고 제품의 치수가 오락가락하니 정삭 Bite만 자주 갈아끼우는 실수를 범하게 되는 것이다. (단, 황삭시에 제품의 중심이 흔들리지 않아야 한다.)

13. **단조나 주조품 가공**

단조나 주조품은 형상이 어느정도 잡혀 있기에 황삭의 횟수가 적어지겠지만 쉽게 생각해서는 안된다.

반드시 소재상태를 정확하게 측정을 하여 황삭의 경로를 결정해야 한다. 그렇지 않으면 쓸데없이 비절삭 시간이 길어지거나 또는 무리하게 절삭되는 곳이 있어 제품이 흔들리거나 척으로부터 튀어나가는 경우가 있다.

[예]

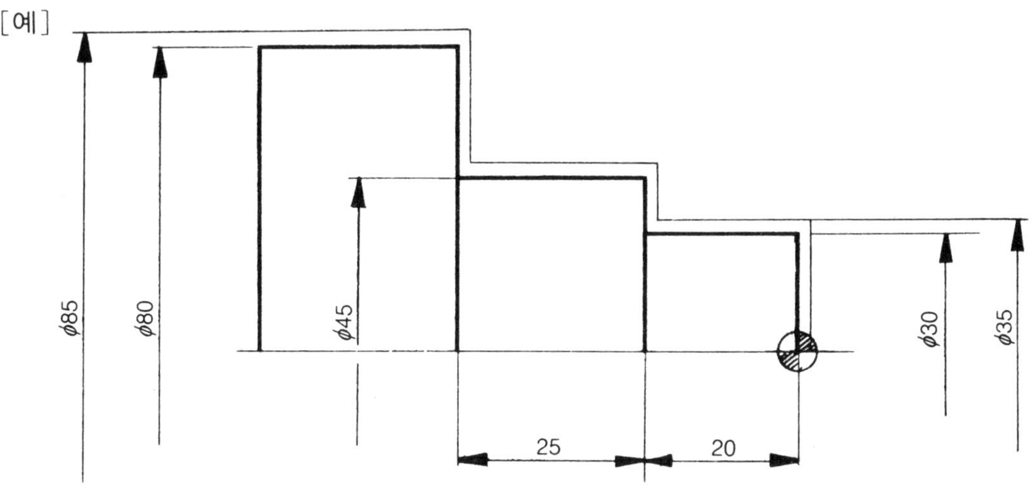

위와 같은 경우 황삭 program을 연구해 보자.

```
G0  X90.0  Z−44.0;
G1  X50.0;
    U0.5;
G0  Z−18.0;
G1  X37.0;
    U0.5;
G0  Z1.0;
G1  X−1.6;
    W0.5;
G0  X37.5;
    Z0.0;
G1  X−1.6;
    W0.5;
G0  X31.0;
G1  Z−18.0;
    W0.5;
G0  X46.0;
G1  Z−44.0;
    W0.5;
G0  X81.0;
G1  Z−55.0;
    U0.5;
G0  Z−44.5;
G1  X 46.0;
    U0.5,  W0.5;
G0  Z−19.5;
G1  X31.0;
    U0.5,  W0.5;
G0  X__,  Z__;
```

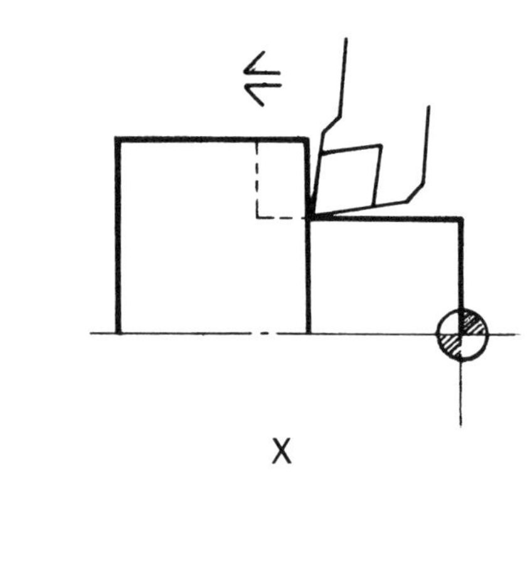

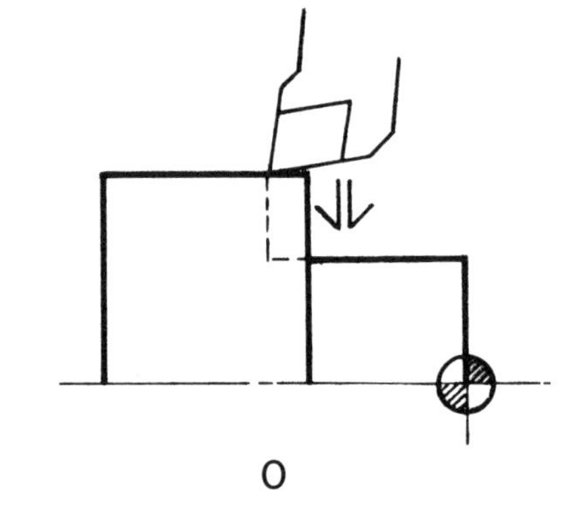

* 단면이 사용하는 Bite, Tip의 ⅔를 넘는 경우에는 반드시 Z축 진행을 삼가고 X축 진행으로 단차의 치수를 완성하도록 하자.

14. **program 작성 순서**

$\overline{0}$ 0001 M8; … prg 번호 절삭유 on

N100 G30 U0 W0; … 제2원점

G50 X___ Z___ S___ T___ M42;

                          · 공구선택
                          · 좌표결정
                          · 주축 최고 회전수 제한
                          · 기어선택

G96 S___ M3; … 주축속도 및 회전
<$\overline{G\ 97}$>
G0 X___ Z___ T___ ; … 위치결정, 공구보정선택

G1 X___ Z___ ;
        ⋮   절삭

G0 X___ Z___ T___ ; … 시작점으로 복귀 공구보정해제

M01; … 선택정지 1공정 끝

N200 T___ M8; … 2공정 시작 공구선택 절삭유 on

G96___ S___ M3;

G0 X___ Z___ T___ ;

G1___ ;
        ⋮

G0 X___ Z___ T___ ;
M01;

N300 T___ M8; … 마지막 공정
        ⋮

G1___ M9; … 마지막 절삭 지령 Block에서 절삭유 off

G0 X___ Z___ T___ M5; … 원위치 공구보정 해제 주축 정지

T___ ; … 처음 공구 선택해 둔다.

M30; … Prg 끝.

15. Soft JAW(연질 죠)의 가공법

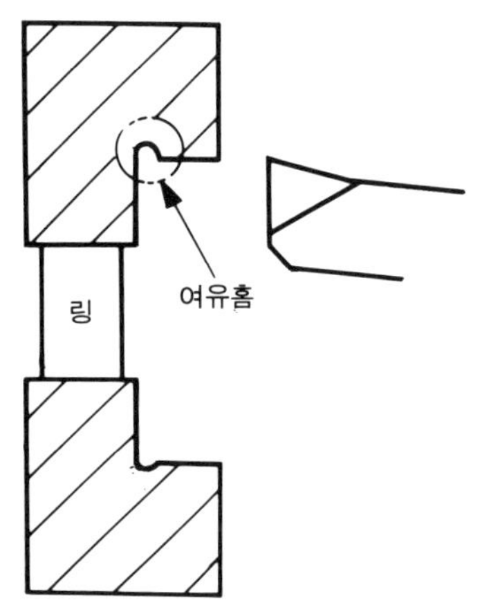

그림과 같이 링 또는 동그란 판을 Soft JAW에 물리고 천천히 가공을 하며, 가공된 부위는 물리고자 하는 제품과 똑같은 크기로 가공한다. 이때 척의 압력은 실제 작업할 제품을 물릴 때와 동일한 압력으로 한다. 그림과 같이 안쪽에 여유홈을 준다.

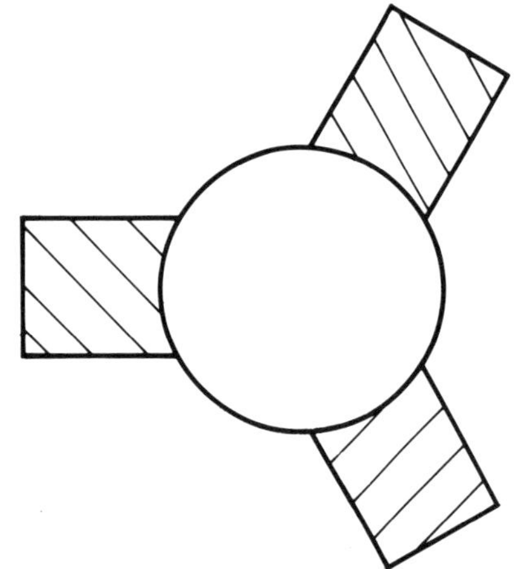

그림과 같이 가공된 죠와 제품과의 틈새가 전혀 없어야 큰 힘과 정확하게 Chucking할 수 있다.

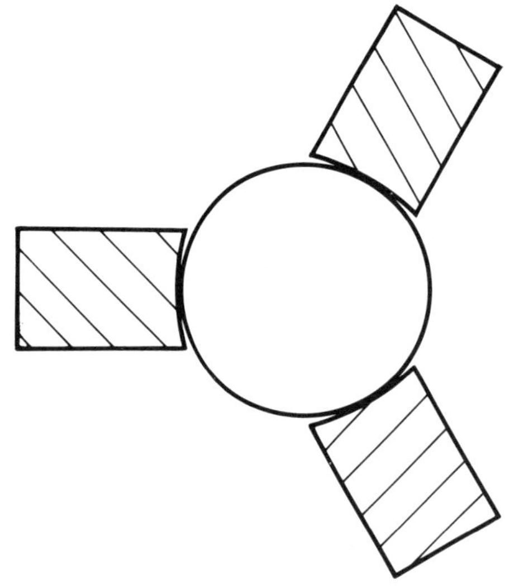

그림과 같이 JAW가 제품보다 크게 가공되었을 경우 접촉면이 JAW의 가운데 부분밖에 되지 않아 강하게 Chucking이 되지 않으므로 제품이 흔들리거나 튀어나갈 염려가 있다.

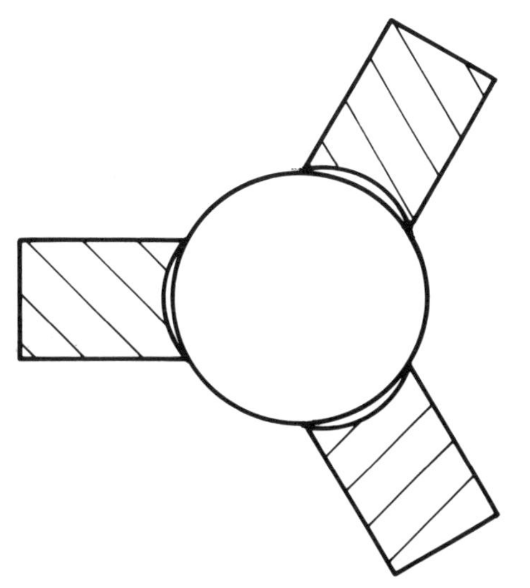

그림과 같이 JAW가 제품보다 적게 가공이 되었을 경우 Chucking 하였을 때 큰 힘을 발휘하지 못함은 물론이려니와 제품에 찍힌 자국이 나타나므로써 보기 싫게 된다.

JAW에 기준면이 없이 관통되는 가공을 하고자 할 때는 우선 제품보다 외경이 0.5~1mm 가량 적은 링 또는 동그란 링을 준비한다.

그림과 같이 척킹한다.

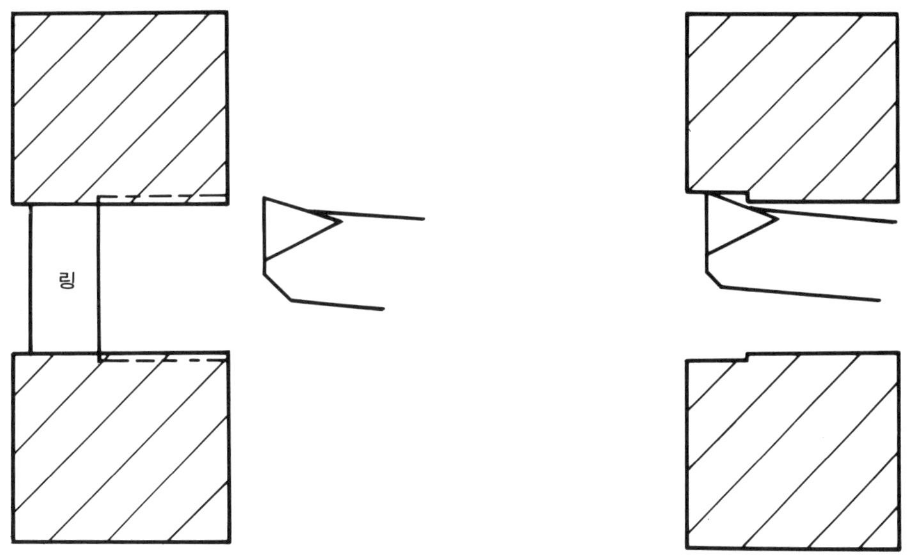

그림과 같이 제품과 똑같이 JAW를 가공한 다음 JAW를 벌려서 링을 제거한 다음 링을 물렸던 자리를 제품과 똑같이 가공한 앞쪽보다 더 크게 가공하여 버린다.

제8장

NC Program 작성과 해설

제8장
NC program 작성과 해설

1. 2급과제

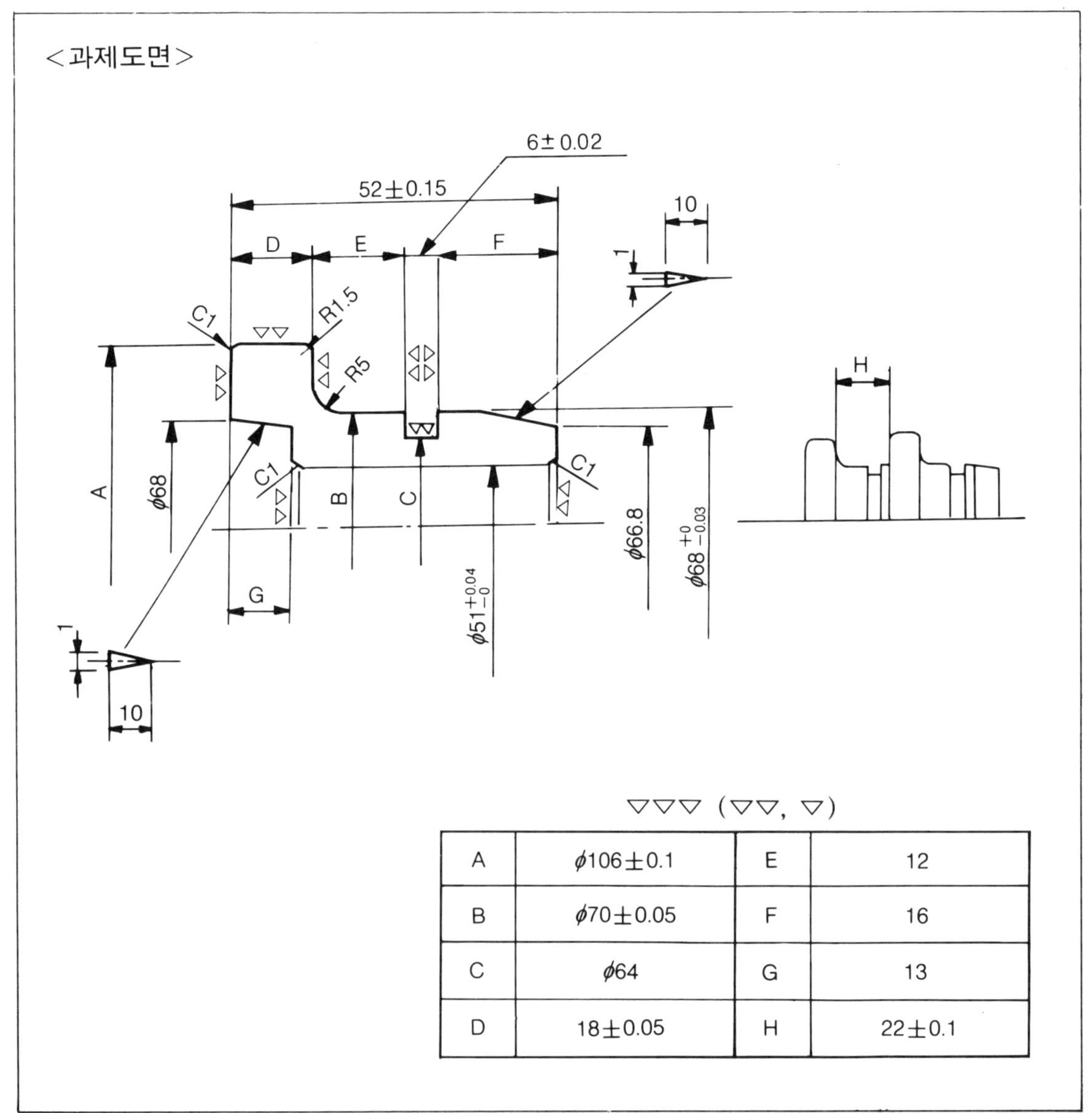

A	φ106±0.1	E	12
B	φ70±0.05	F	16
C	φ64	G	13
D	18±0.05	H	22±0.1

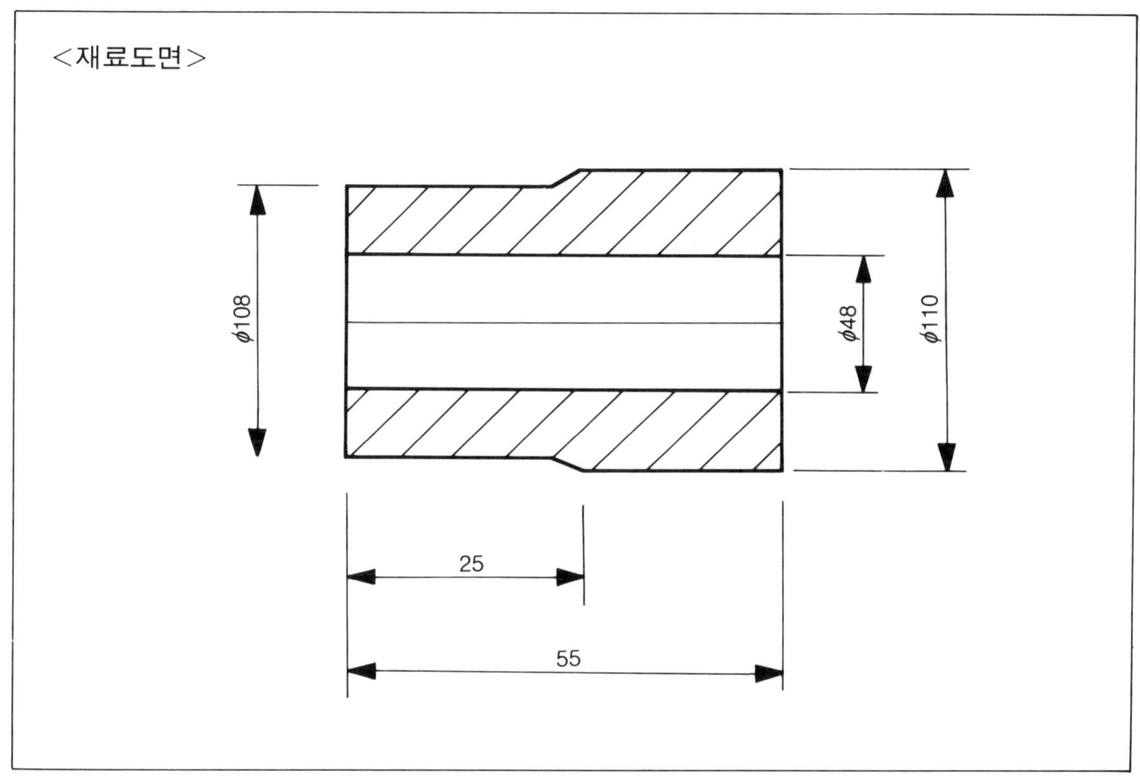

<program 및 해설>

1펄스당 이동량은 0.001mm의 최소지령단위로 program했다.

제1차 1공정

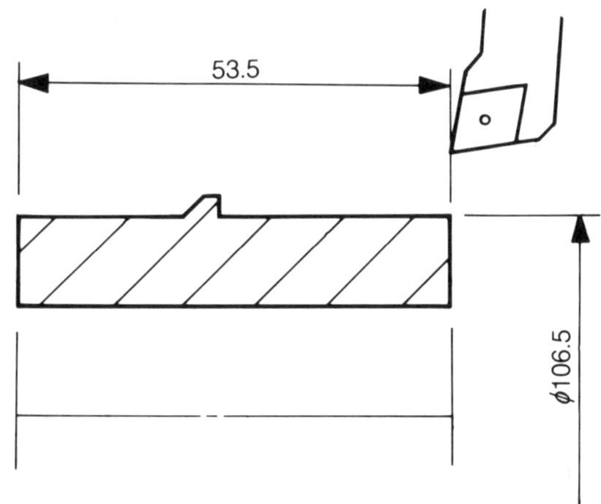

- 가공부분: 외경 및 단면
- 사용공구: 외경황삭 Bite PCLNR
  2525 (CNMG 120408)
- 절삭속도: V=180^{m}/min
- 절삭이송: 0.3^{mm}/회전
- Z0.0을 재료단면으로부터 2mm 들
  어간 곳으로 정한다.

$\overline{0}$ 0001 M8; (prg번호 1번 절삭유 on)

N100 G30 U0W0;

N101 G50 X200. Z150. ;S2000 T0100 M42;

N102 G96 S180 M3;

N103 G0 X115.0 Z0.5 T0101;

N104 G1 X46.0 F0.3;

N105 W0.5; (단면과 Bite의 방해를 방지하기 위하여 약간 뗀다.)

N106 G0 X106.5;

N107 G1 Z−28.0;

N108 U0.5; (외경과의 방해를 없애기 위하여 약간 위로 도피)

N109 G0 X200.0 Z150.0 T0100;

N110 M01; ← 선택정지, 매공정 끝에 붙여주면 좋다.

> * 전개번호를 매 Block마다 붙인것은 해설을 위해 편의상 붙였음. 실제는 공정첫 머리에만 붙이고 생략함이 좋다.

<해설> N100… 제2원점으로 공구대 이동

  N101… X200.0 Z150.0으로 좌표계 설정.

  S2000으로 최고 회전수제한

  T0100 제1번 공구선택

  N102… 절삭속도 180으로 주축 정회전

  M42 기어 고속선택

  N103… 절삭을 위해서 X115.0 Z0.5위로 급속이송

  공구보정번호 01번에 있는 보정량 선택

  N109… 처음 시작점으로 복귀, 공구보정량 해제

2공정

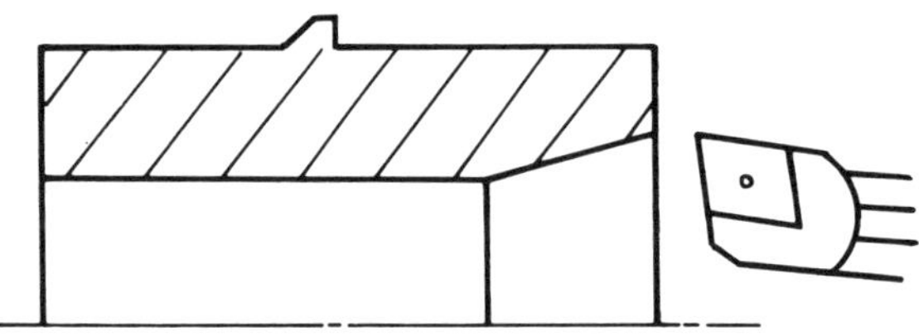

· 가공부분 : 내경테이퍼 부위와
  $\phi 50^{+0.04}_{-0}$ 부의 황삭

· 사용공구 : 내경황삭 Bite S32U
  PCLNR12 (CNMG 12
  0408)

· 절삭속도 : 160 ^{m}/min

· 절삭이송 : 0.25 / rev

<주의> 외경과 반대로 prg 되는
  것에 유의한다.

N200 T0200 M8;
N201 G96 G0 X53.0 Z1.0 S160 T0202 M3;
N202 G1 Z−12.8 F 0.25;
N203 U−0.5;
N204 G0 Z1.0;
N205   X58.0;
N206 G1 Z−12.8;
N207   U−0.5;
N208 G0 Z1.0;
N209   X63.0;
N210 G1 Z−12.8;
N211   U−0.5;
N212 G0 Z1.0;
N212   X67.5;
N213 G1 X66.12 Z−12.8;
N214   X50.5;
N215 Z−55.0;
N216 U−0.5;
N217 G0 Z5.0;
N218 X200.0 Z150.0 T0200;
N219 M1;

<해설>

N200··· 공구선택 절삭유 on ＊제1공정에서 좌표를 결정했기에 2공정부터는 G50에 의한 좌표 결정이나 최고회전수 제한은 생략한다.

N201··· 주축기능과 위치결정을 함께 한 Block에 넣었다. 분리해도 좋고 한 Block에 넣어도 관계없다. 절삭속도 160 ᵐ/min으로 정회전과 절삭이송을 위해서 X53.0 Z1.0지점으로 급속으로 이동하면서 공구보정량 02번을 선택하여 위치결정에 가감한다.

N213··· TAPER 절삭. 주의할 것은 제품의 단면으로부터 얼마나 떨어져 있는 지점에서 TAPER절삭을 시작하는가를 꼭 감안해서 계산해야 한다.

3공정

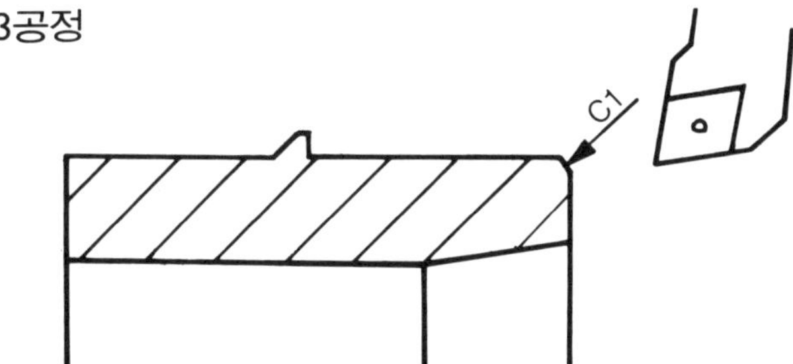

· 가공부분: 외경 및 단면부분의 정삭가공
· 사용공구: PCLNR 2525 (CNMG 120408)
· 절삭속도: 200 ᵐ/min
· 절삭이송: 0.2 ᵐᵐ/rev

N300 T0300 M8;
N301 G96 G0X110.0 Z0.0 S200 T0303 M3;
N302 G1 X65.0 F0.2;
N303 W0.5
N304 G0 X102.06;
N305 G1 X106.0 Z−1.47(혹은 W−1.97);
N306 Z−24.0;
N307 U0.5;
N308 G0 X200.0 Z150.0 T0300;

<해설>
N304··· X102.06의 위치결정은 다음과 같은 nose r 0.8의 보정량 계산으로 얻어진다.

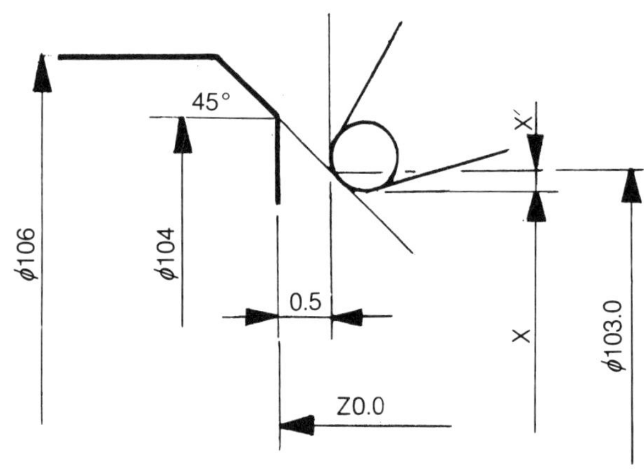

$$X'=r(1-\tan\frac{90-\theta}{2})$$

$$=0.8(1-\tan 22.5)$$

$$=0.8-\tan 22.5 \times 0.8=0.468$$

$$\fallingdotseq 0.47$$

이것은 반경값이므로 직경으로 바꾸어서 $\phi103.0$에서 뺀다.

X좌표$=103-0.47\times2=$**102.06**

N305··· Z−1.47과 W−1.97의 비교

절대값 Z는 Z0.0으로부터의 좌표이고 증분값 W는 Z0.5로부터 떨어진 거리이다. 둘중 아무거나 편리한 것을 쓴다. 서로 혼동되지 않도록 주의한다.

4공정

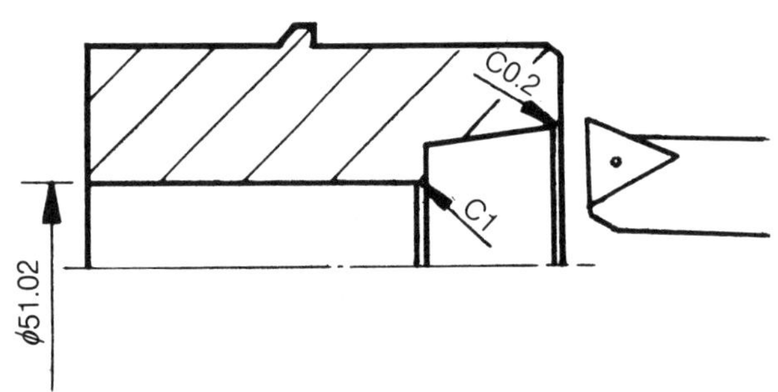

· 가공부분: 내경 및 내경 TAPER 부분 정삭
· 사용공구: S32U−CTFPR16(TPMR 160308)
· 절삭속도: 150 ^{m}/min
· 절삭이송: 0.12 / rev

<주의> TAPER부 계산에 유의한다. 테이퍼 단면을 0.2일반 모떼기한다. TAPER와 모떼기 연결부의 nose r 보정 계산을 잘 해보자.

N400 T0400 M8;
N401 G96 G0 X71.317 Z1.0 S150 T0404 M3;
N402 G1 X68.013 Z−0.652 (혹은 W−1.652) F0.12;
N403   X66.778 Z−13.0 (혹은 W−12.348);
N404 X53.96;
N405 X51.02 W−1.47;

N406 Z−54.0 M9;

N407 U−0.5;

N408 G0 Z5.0;

N409 X200. Z150. T0400 M5;

N410 T0100;

N411 M30;

− End − <제1차 가공 완료>

<해설>

N400… 공구선택과 절삭유 on;

N406… 절삭의 마지막 Block에서 절삭유 off 신호를 함께 넣는다. 그러면 절삭이동이 끝남과 동시에 절삭유
가 정지한다. 절삭유는 가능한 빨리 나오게 하고 정지도 가능한 빨리한다.

N409… 원위치하면서 제1차공정의 마지막이므로 주축정지시킨다.

N410… 다음 제품을 가공하기 위하여 1공정의 Bite T01로 선택해 놓는다.

N411… M30으로 prg 끝난다. prg은 처음으로 복귀한다. 제1차 공정을 목표한 수량만큼 가공이 끝났으면
제2차공정 즉 반대편 가공을 위해서 JAW를 ⌀106으로 정밀하게 가공한다. JAW를 가공할 때는
반드시 링을 물리고 가공한다. 깊이는 15mm정도한다. 이제 되돌려 물려 제2차 공정 즉 5공정부터
가공을 시작한다.

N401
  ⋮   … 이 부분은 많은 설명이 필요하니 잘 공부하기 바란다.
N403

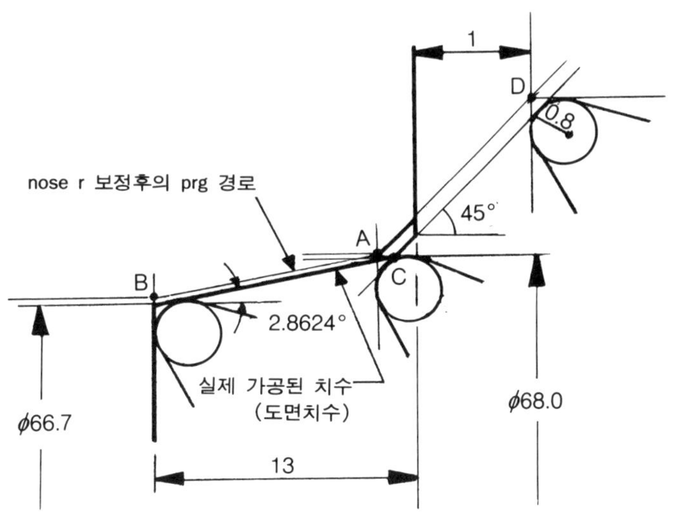

taper 단면에 0.2의 모떼기를 주면
C점은 X67.98 Z−0.2;

TAPER 2.8624°에 대한 nose r 0.8의
보정량을 계산한 **B점은**
Z축은 Z−13.0이고 X축을 계산해 보
면

$$X'=0.8(1-\tan\frac{90-2.8624}{2})$$

$$=0.8-\tan 43.5688\times 0.8=\mathbf{0.039}$$

$$\therefore\ 66.7+0.039\times 2=\boxed{66.778}$$

B점의 X축은 X66.778
문제는 A점의 좌표이다.

TAPER와 TAPER가 만나는 곳의 nose r 보정량 구하는 공식을 활용해 보자.

$$X'=r\left(1-\frac{\cos\frac{\alpha+\beta}{2}}{\cos\frac{\alpha-\beta}{2}}\right)$$

$$Z'=r\left(1-\frac{\sin\frac{\alpha+\beta}{2}}{\cos\frac{\alpha-\beta}{2}}\right)$$

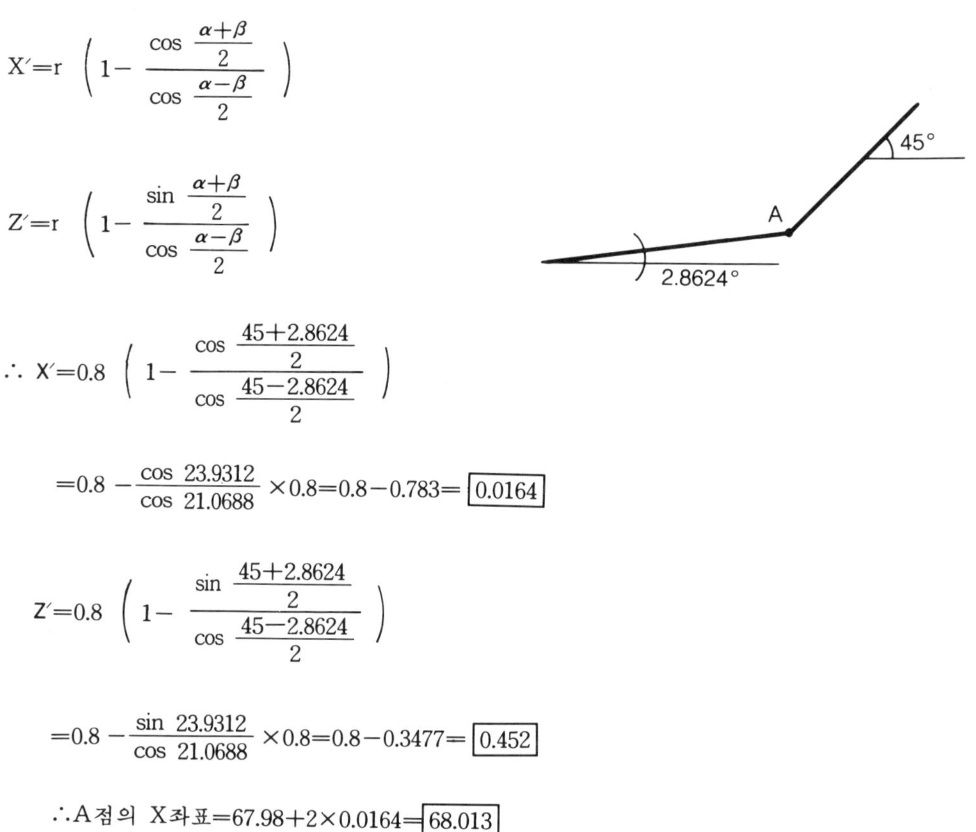

$$\therefore\ X'=0.8\left(1-\frac{\cos\frac{45+2.8624}{2}}{\cos\frac{45-2.8624}{2}}\right)$$

$$=0.8-\frac{\cos 23.9312}{\cos 21.0688}\times 0.8=0.8-0.783=\boxed{0.0164}$$

$$Z'=0.8\left(1-\frac{\sin\frac{45+2.8624}{2}}{\cos\frac{45-2.8624}{2}}\right)$$

$$=0.8-\frac{\sin 23.9312}{\cos 21.0688}\times 0.8=0.8-0.3477=\boxed{0.452}$$

$$\therefore \text{A점의 X좌표}=67.98+2\times 0.0164=\boxed{68.013}$$

$$\text{Z좌표}=-(0.2+0.452)=\boxed{-0.652}$$

D점의 좌표는 간단하다. 45°이기에 Z값의 2배만큼 올라간 점이 X 좌표이다. 단면으로부터 1mm 떨어져 있으므로

$$Z'=1+0.652=\boxed{1.652}$$

$$X'=1.652$$

$$\therefore\ \text{X좌표는 } 68.013+2\times 1.652=\boxed{71.317}$$

$$\text{Z좌표는 }\boxed{1.0}$$

이와 같이 계산이 복잡한데 사실 모떼기는 별로 중요하지 않으므로 적당히 표시만 나게 해 준다고 가정하고 간단한 계산법을 연구해서 prg작성해 보자. 먼저 면취량을 임의로 **0.2**라고 정했다고 하자 그러면 면취 45°에 대한 보정값은 nose r 0.8이기 때문에 **약0.5**정도 잡으면 총면취량이 prg상으로 **0.7**이 되겠다.

도면상에 C점이 68이므로 테이퍼 $1/10$에 의한 **B점**의 nose r 보정전의 치수는 66.7이 되는데 **nose r 보정**을 하면 **66.778**이 된다. 이렇게 해서 B점을 먼저 구한 다음 A점의 Z값이 -0.7이므로

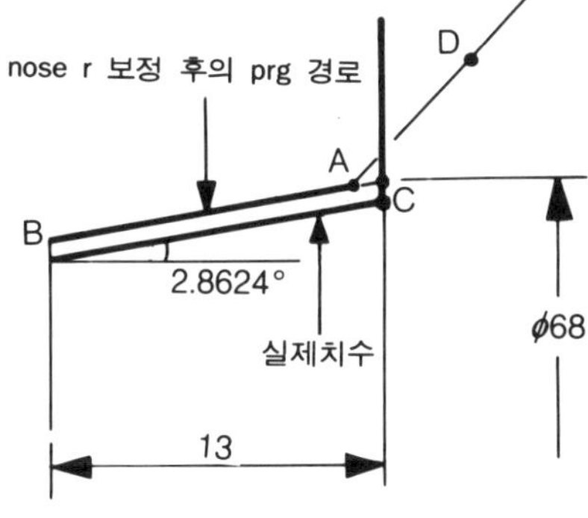

$$\tan 2.8624 = \frac{X}{13-0.7} = \frac{X'}{12.3}$$

$$\therefore\ X' = \tan 2.8624 \times 12.3 = \boxed{0.615}$$

$$\text{A점의 X좌표는 } 66.778 + 0.615 \times 2 = \boxed{68.01}$$

이렇게 해서 A점이 구해졌으므로 D점은 간단하다.
단면으로부터 1mm 떨어졌다면 $Z' = 1 + 0.7$이므로

$$X' = 1.7$$
$$\therefore\ \text{D점 } X = 68 + 1.7 \times 2 = \boxed{71.4}$$
$$\boxed{Z1.0}$$

이와 같이 주어진 각도를 유지하면서 거꾸로 계산을 해 오면 쉽다.

제2차 : 5공정

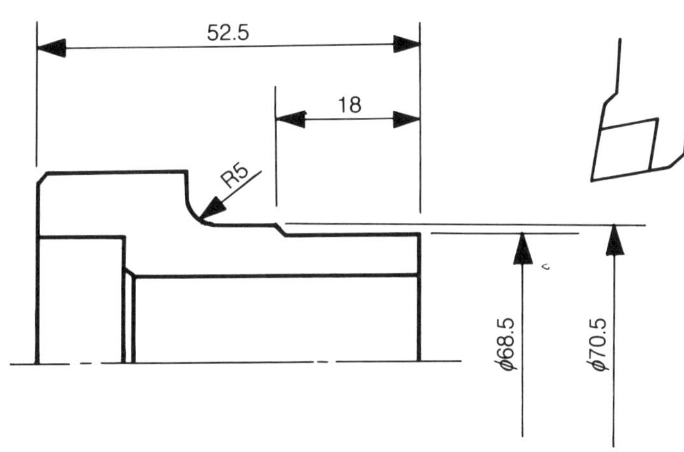

- 가공부분: 단면 및 외경 황삭
- 사용공구: PCLNR 2525(CNMG 120408)
- 절삭속도: $180\,^{\text{m}}/\text{min}$
- 절삭이송: $0.3\,^{\text{mm}}/\text{rev}$

$\overline{0}$ 0002 M8; ⇐ prg번호 0002번 절삭유 on
N500 G30 U0 W0;
N501 G50 X200. Z150.0 S2000 T0100 M42;
N502 G96 G0 X112.0 Z0.5 S180 T0101 M3;
N503 G1 X48.0 F0.3;
N505   W0.5;
N506 G0 X104.0;
N507 G1 Z−33.8;
N508   U0.5;
N509 G0 Z1.0;
N510   X98.0;
N511 G1 Z−33.8;
N512   U0.5;
N513 G0 Z1.0;
N514   X92.0;
N515 G1 Z−33.8;
N516   U0.5;
N517 G0 Z 1.0;
N518   X86.0;
N519 G1 Z−33.8;
N520   U0.5;
N521 G0 Z1.0;
N522   X80.0;
N523 G1 Z−31.8;
N524 G2 U4.0 W−2.0 (Z−33.8) R2.0;
N525 G0 Z1.0;
N526   X74.0;
N527 G1 Z−29.6;
N528   U0.5;
N529 G0 Z 1.0;
N530   X68.5;
N531 G1 Z−18.0;
N532   X70.5;
N533 Z−29.6;
N534 G2 X78.9 Z−33.8(혹은 U8.4 W−4.2) R4.2;
N535 G1 X110.0;
N536 G0 X200, Z150, T0100;
N537 M01;

<해설>

N500… 돌려서 제2차를 하기 때문에 다시 제2원점과 좌표를 잡아야한다.

N501… X200.0 Z150.0으로 좌표설정 최고회전수 2000으로 제한 기어는 고속.

N502… 절삭속도 180으로 주축 정회전. 공구 보정번호 2번 선택. 절삭을 위하여 X112.0 Z0.5위치로 급속이동

N507… Z−33.8까지 절삭하므로써 단면 정삭 여유 0.2가 있다.

N523… R부분의 정삭 여유를 두기 위하여

N523… 凹R이므로 R−r 즉
    5−0.8＝4.2R

N534… 70.5＋4.2×2＝78.9⇐X
    −(29.6＋4.2)＝−33.8 ⇐Z
    절대값은 항상 X0.0 Z0.0으로부터의 떨어진 좌표이기에 계산이 복잡할 때가 있다. 이럴 땐 증분값으로 prg을 작성하면 편리하다.

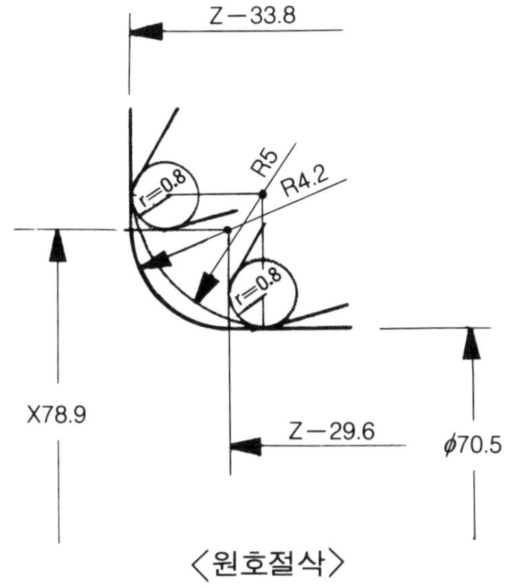

〈원호절삭〉

6공정

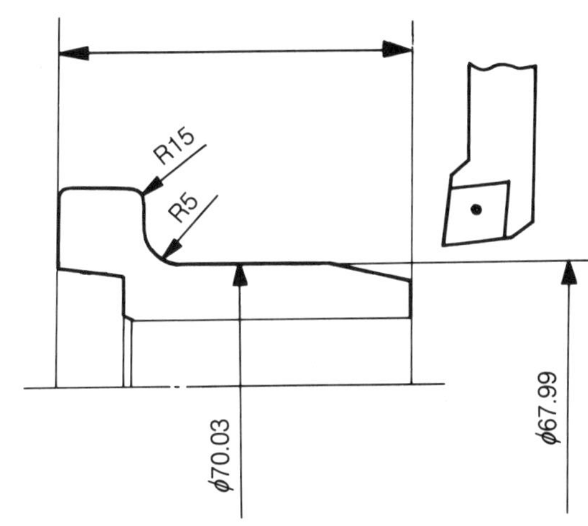

- 가공부분: 외경 및 단면 다듬질(정삭)
- 사용공구: PCLNR 2525(120408)
- 절삭속도: $200^{m}/\min$
- 절삭이송: $0.15/\text{rev}$

```
N600  T0300 M8;
N601  G96 G0 X73.0 Z0.0 S200 T0303 M3;
N602  G1 X48.0 F0.15;
N603     W0.5;
N604  G0 X64.483;
N605  G1 X66.787 Z-0.652 (혹은 W-1.152);
N606     X67.99 Z-12.68 (혹은 W-12.028);
N607     Z-21.0;
```

N608 X70.03;

N609 Z−29.80

N610 G2 X78.43 Z−34.0 (혹은 U8.4 W−4.2) R4.2;

N611 G1 X101.4;

N612 G3 X106.0 W−2.3 R2.3;

N613 U0.5;

 614 G0 X200 Z150 T0300;

N615 M01;

<해설>

N609… R−r=5−0.8=4.2R이므로
　　　 −(34− 4.2)=−29.8

N610… 4.2×2+70.03=78.43← X좌표

N611 ⎤
 ⟩ 　凸R이므로 R+r＝1。5＋0。8＝2.3 R
N612 ⎦

N604 ⎤ 　이 부분을 다시 자세히 공부하자.
 ⟩ 　일반 모떼기를 0.2로 정하고 TAPER
N606 ⎦ 　시작부분에 면취를 하면서 진행하는
　　　 방법을 아래 그림과 같이 알아보자.

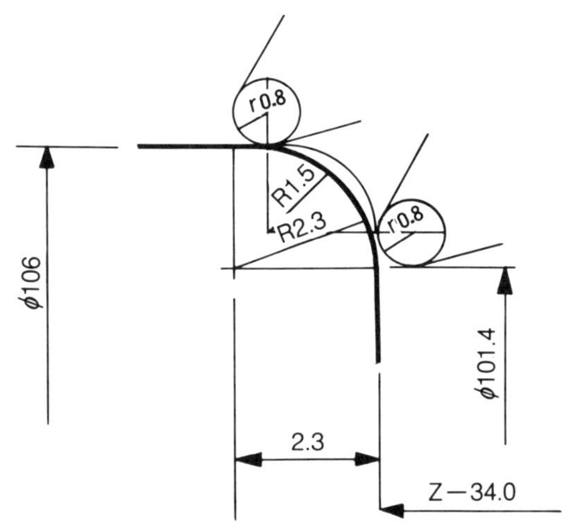

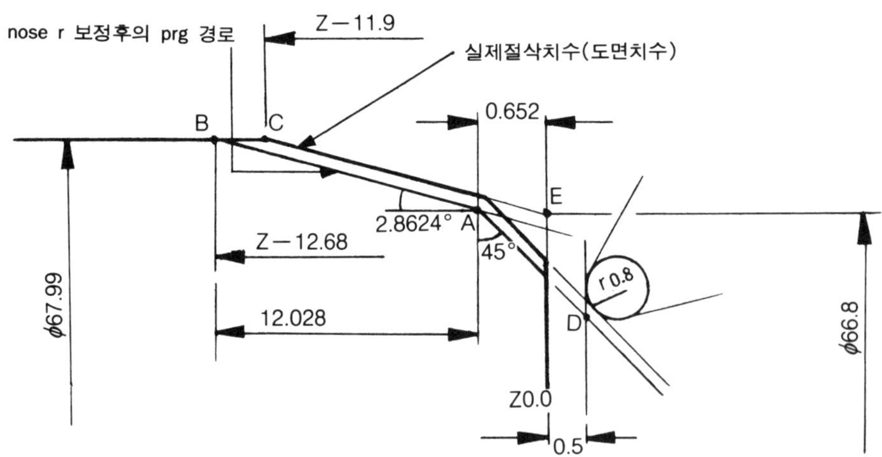

TAPER와 TAPER가 만나는 점의 nose r 보정식을 이용하지 말고 구해보자.

먼저 C점의 좌표 X는 67.99
$$Z=-11.9$$이다.

$\therefore$ 67.99$-$66.8$=$1.19 이 값을 1 / 10 테이퍼에 준하여 Z값을 구하면 11.9가 되는 것이다.

C점에서 nose r 보정값 Z′를 구하면

$$Z'=0.8(1-\tan\frac{2.8624}{2})=\boxed{0.78}$$

$\therefore$ B점의 Z좌표$=-(11.9+0.78)=\boxed{-12.68}$

$\qquad$ X좌표$=\boxed{67.99}$

테이퍼단면에서 모떼기 0.2에 nose r 보정값을 더하여

A점에서 단면과의 거리가 $\boxed{0.652}$라고 하면

A점에서 B점까지의 Z거리는

$$12.68-0.652=12.028$$이 된다.

B점에서 A점까지를 TAPER 1 / 10에 준하여 계산하면

A점의 X좌표$=67.99-1.2028=\boxed{66.787}$

$\qquad$ Z좌표$=\boxed{-0.652}$

D점은 단면으로부터 0.5떨어져 있으므로

A점에서 D점까지의 Z거리는 $0.5+0.652=\boxed{1.152}$

$\therefore$ D점의 X좌표$=66.787-(1.152\times2)=\boxed{64.483}$

$\qquad$ Z좌표$=$Z0.5

이상에서 program은

D점 X64.483 Z0.5;
A점 X66.787 Z$-$0.652;
B점 X67.99 Z$-$12.68;
$-$ End $-$

7공정

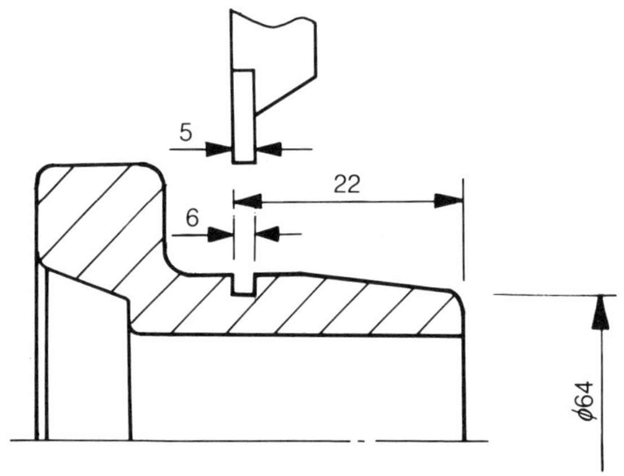

- 가공부분: 외경홈
- 사용공구: 5mm폭의 홈 Bite. 양쪽 모서리 nose r은 0.2
- 절삭속도: $100^{\,m}/\min$
- 절삭이송: 0.08 / rev
- <주의> 홈가공은 좌표를 결정할 때 반드시 Bite의 폭을 생각하자.

```
N700  T0500  M8;
N701  G96  G0  X75.0  Z-21.5  S100  T0505  M3;
N702  G1  X64.1  F0.08;
N703  G0  X71.5;
N704       Z-23.0;
N705  G1  X69.5  Z-22.0;
N706       X64.0;
N707       W0.3;
N708  G0  X69.5;
N709       Z-20.0;
N710  G1  X67.5  Z-21.0;
N711       X64.0;
N712       W-0.8;
N713  G0  X80.0;
N714       X200.0  Z150.0  T0500;
N715       M01;
```

<해설>

N701… 홈에서는 절삭속도를 조금 낮춘다. 절삭속도 100으로 했다.

N706 ~ N707, N711 ~ N712 홈의 바닥을 더욱 곱게 하거나 떨림이 올때 떨림을 방지하기 위하여 이들 Block 들 사이에 G04에 의한 잠깐 멈춤을 지령할 수 있다.

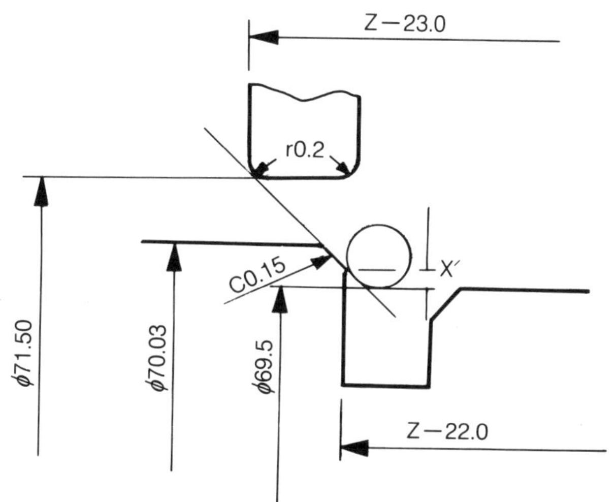

N704~N705의 계산법

$$X'=0.2\left(1-\tan\frac{45°}{2}\right)$$

$$=0.2-\tan22.5\times0.2=\boxed{0.11}$$

$\phi69.5$는 $70.03-(0.15+0.11)\times2=69.51$

$\phi71.5$는 $69.5+(23-22)\times2=71.5$

$\therefore$ 45°이므로 Z′=X′이다.

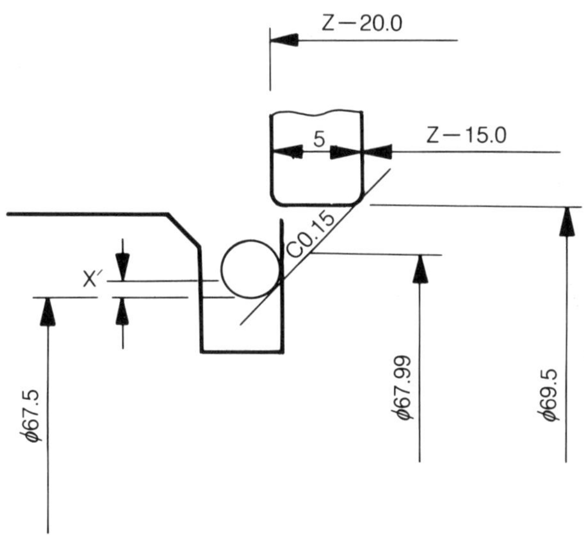

N708~N710의 계산

$$X'=0.2\left(1-\tan\frac{45}{2}\right)=\boxed{0.11}$$

$\phi67.5$는 $67.99-(0.15+0.11)\times2=67.47$

---

* Bite의 폭이 5mm이므로 Bite우
측이 절삭을 할 때는 Bite의 좌
측을 기준으로 prg한 Z좌표 보
다 5mm 우측에서 절삭이 이루
어 진다는 것에 주의하자.

$\phi69.5$는 $67.5+(21-20)\times2=69.5$

$\therefore$ 45°이므로 X′=Z′이다.

8공정

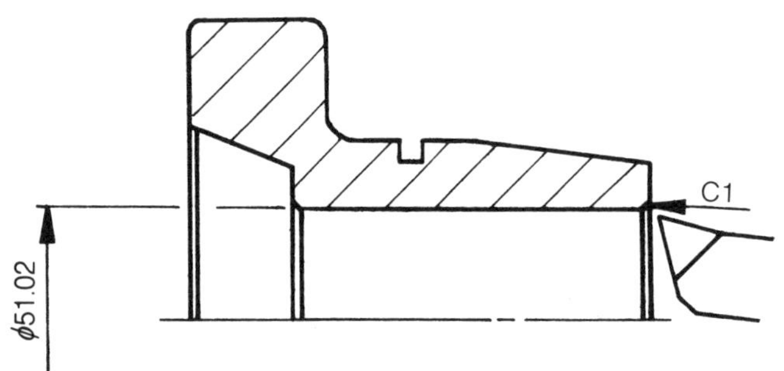

- 가공부분: 내경단면 모떼기 C1
- 사용공구: S32U—CTFPR16
  (TPMR 160308)
- 절삭속도: 130 ^{m}/min
- 절삭이송: 0.15

N800 T0400 M8;

N801 G96 G0 X55.96 Z1.0 S130 T0404 M3;

N802 G1 U−6.0 W−3.0 F0.15 M9;

N803 G0 Z5.0;

N804　　X200.0 Z150.0 T0400 M5;

N805　　T0100;

N806　　M30;

<해설>

N801… X55.96, Z1.0의 위치결정은 그림과
　　　　같다.

N802… 좌표에 구애받지 말고 45°진행으로
　　　　면취를 하면 좋겠다. 그래서 증분지령
　　　　을 썼다.
　　　　절삭이 끝남과 동시에 절삭유를 정지
　　　　키 위하여 M9를 썼다.

N804… 제2차 공정의 마지막이니 공구대
　　　　원위치하면서 주축정지한다.

N805… 계속 작업을 위하여 처음 공구선택해
　　　　둔다.

N806… M30은 prg종료. prg은 처음으로 되돌
　　　　아간다. − 가공끝 −

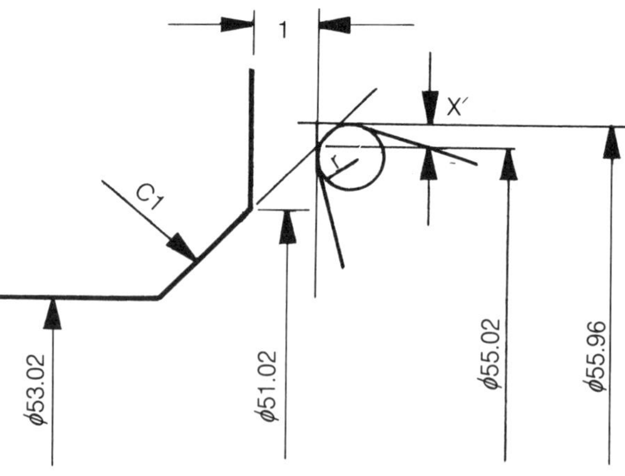

$$X'=0.8(1-\tan\frac{45}{2})=0.47$$

$$\therefore\ 55.02+0.47\times2=\boxed{55.96}$$

2. 1급과제

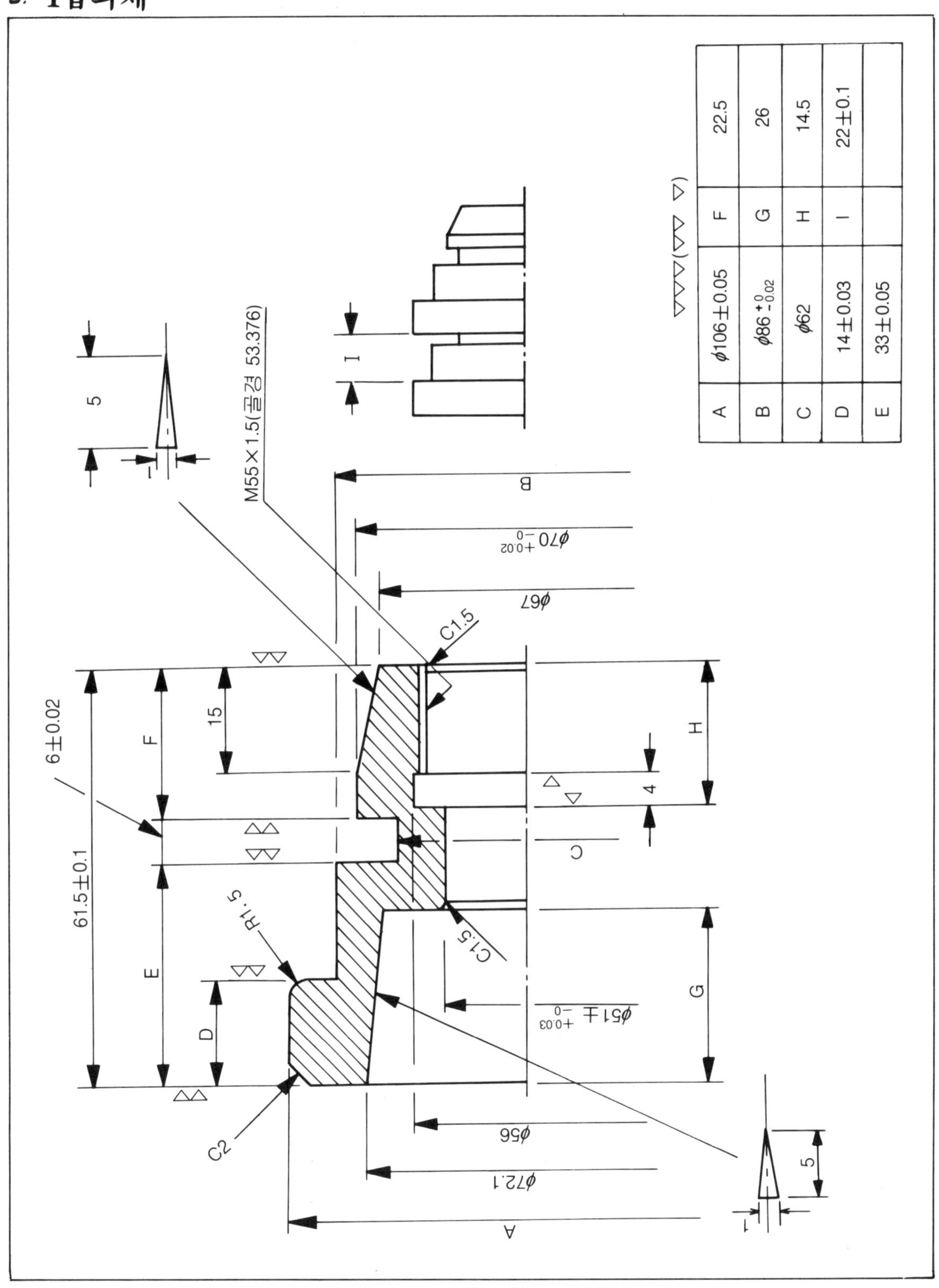

▽▽▽(▽▽ ▽)			
A	φ106±0.05	F	22.5
B	φ86 +0 -0.02	G	26
C	φ62	H	14.5
D	14±0.03	I	22±0.1
E	33±0.05		

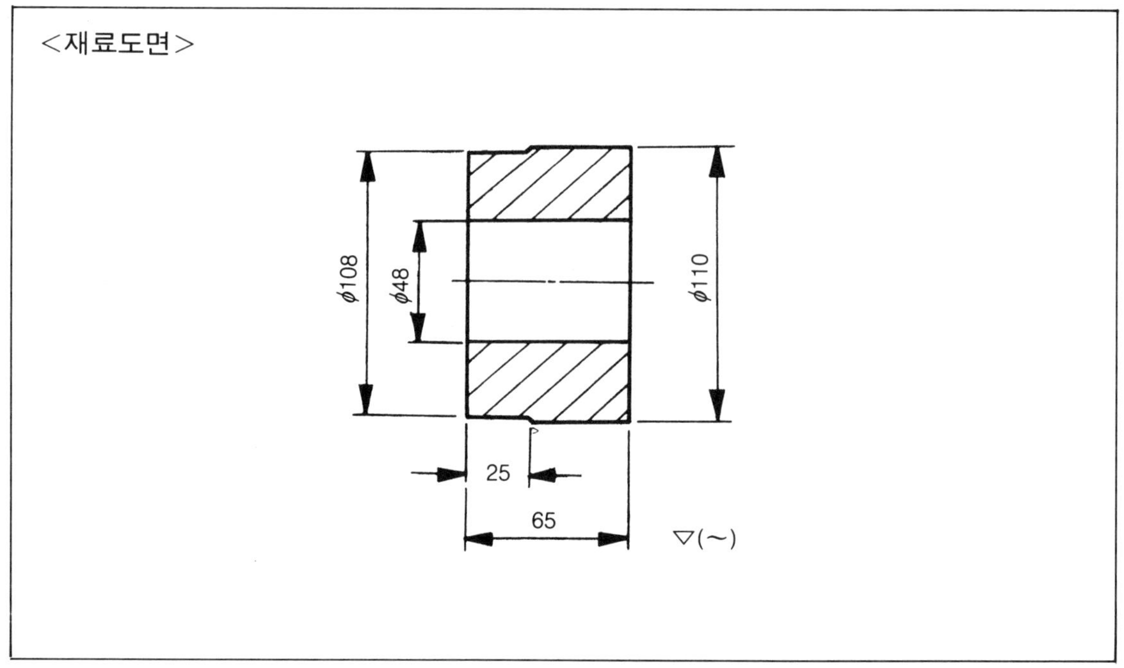

<program 및 해설>

최소 지령 단위는 0.001mm로 programming 하였다.

제1차 1공정

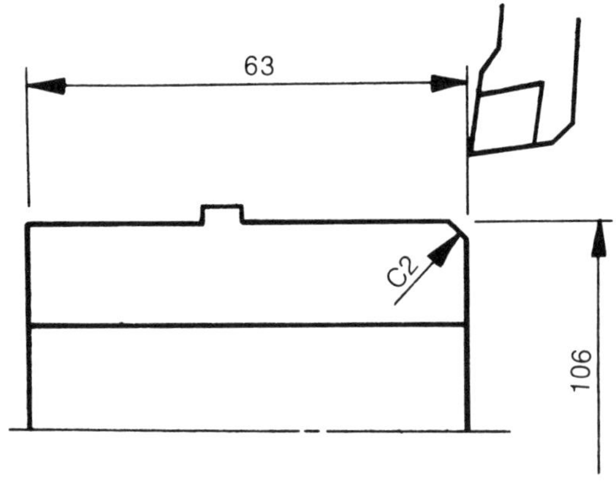

· 가공부분: 외경 및 단면 다듬질
· 사용공구: PCLNR2525 (CNMG 120408)
· 절삭속도: 180 $^m/_{min}$
· 이송: 0.2~0.3 /rev
· 황삭과 정삭을 동시에 끝낸다.

```
 0̄ 0010 M8;
N100 G30 U0. W0;
     G50 X200.0 Z150.0 S2500 T0100 M42;
```

```
     G96  G0  X107.0  Z3.0  S180  T0101  M3;
     G1  Z−18.0  F0.3;
         U0.5;
     G0  Z0.0;
     G1  X45.0  F0.2;
         W0.5;
N101 G0  X100.06;
N102 G1  X106.0  Z−2.47(또는  W−2.97);
         Z−18.0;.
         U0.5;
     G0  X200.0  Z150.0  T0100;
         M01;
```

<해설>

$$\left.\begin{array}{l} \text{N101} \\ \text{\large\~} \\ \text{N102} \end{array}\right\}$$ … 사용공구 nose r=0.8이므로 45°일때 nose r보정량은 다음 그림과 같다.

$$Z'=0.8(1-\tan\frac{45}{2})=0.47$$

$$X'=0.8(1-\tan\frac{90-45}{2})=0.47$$

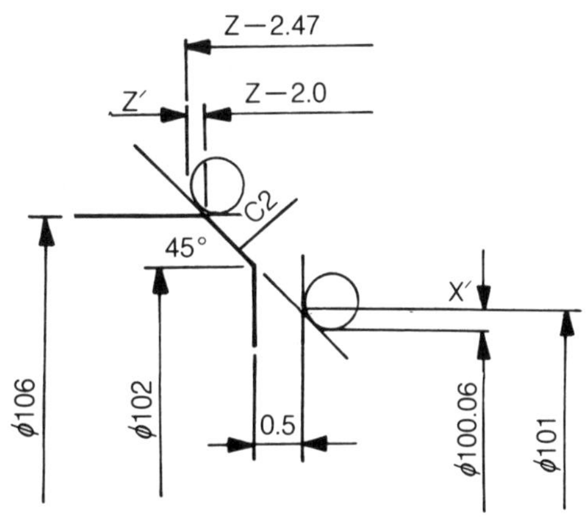

2공정

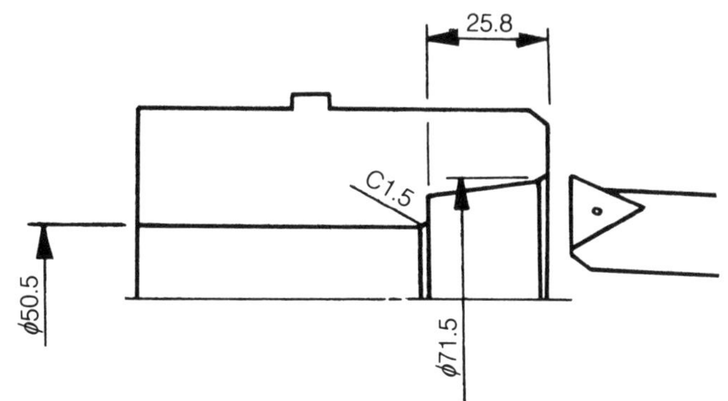

· 가공부분: taper 부 및 $\phi\ 51^{+0.03}_{-0}$
　　　　　 내경 황삭
· 사용공구: S32U−CTFPR16
　　　　　 (TPMR 160308)
· 절삭속도: $160\,^{\text{m}}/\text{min}$
· 절삭이송: $0.25\,^{\text{mm}}/\text{rev}$

```
N200 T0200 M8;
     G96 G0 X52.0 Z2.0 S160 T0202 M3;
     G1 Z-25.8 F0.3;
        X50.5;
        Z-65.0;
        U-0.5;
     G0 Z1.0;
        X56.0;
     G1 Z-25.8;
        U-0.5;
     G0 Z1.0;
        X60.0;
     G1 Z-25.8;
        U-0.5
     G0 Z1.0;
        X64.0;
     G1 Z-25.8;
        U-0.5;
     G0 Z1.0;
        X68.0;
     G1 Z-15.0;
        X66.0 Z-25.8;
        U-0.5;
N201 G0 Z1.0;
N202     X72.0;
N203 G1 X66.64 Z-25.8;
N204     X54.0;
N205     X50.0 W-2.0;
     G0 Z5.0;
        X200.0 Z150.0 T0200;
     M01;
```

<해설>

N201
 ⌇
N203

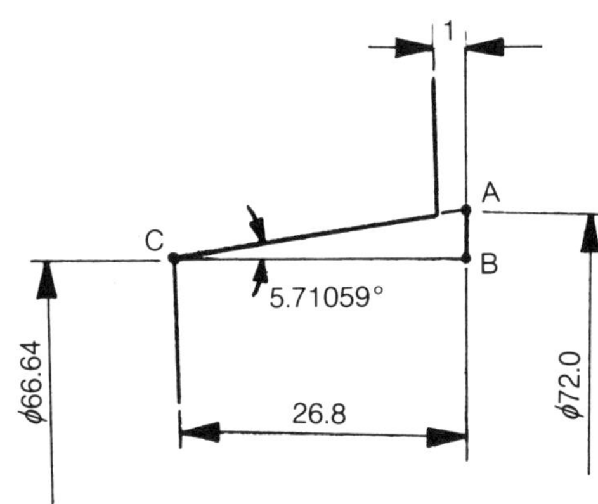

CB=26.8이므로

AB=tan 5.71059°×26.8=2.67999

∴66.64=72-2.67999×2

황삭이므로 이상과 같이 계산하여 가공한다.

N204
 ⌇   면취를 황삭했다.
N205

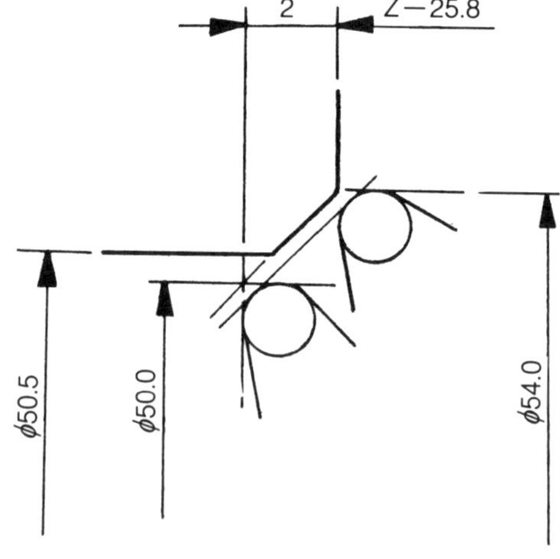

3공정

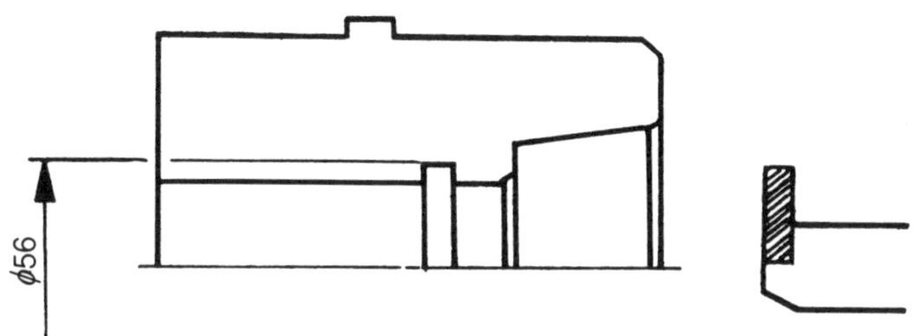

- 가공부분: 내경홈
- 사용공구: 내경홈 Bite(폭4mm)
- 절삭속도: 100 $^m/_{min}$
- 절삭이송: 0.08 $^{mm}/_{rev}$

* 반대편 가공시에 홈작업을 하지 않고 지금 하는 이유는 반대편 가공시에 홈작업을 하면, 중심이 혼들릴 염려가 있기 때문이다. 왜냐하면 현재 1차작업은 강력하게 Chucking 되었지만 2차 가공시에는 Chucking하는 부위가 깊지 않아서 강력하게 물리기 어렵기 때문이다.

```
N300 T0400 M8;
     G96 G0 X48.0 Z5.0 S100 T0404 M3;
     Z-51.0;
     G1 X56.0 F0.08;
N301 G4 U0.5;
     G0 X48.0;
        Z5.0;
        X200.0 Z150.0 T0500;
        M01;
```

<해설>

N301… 홈 바닥에서 떨림을 방지하기 위하여 잠깐 멈추는 기능인 G4를 지령했다. 떨림이 없다면 이 기능은 생략해도 좋다.

4공정

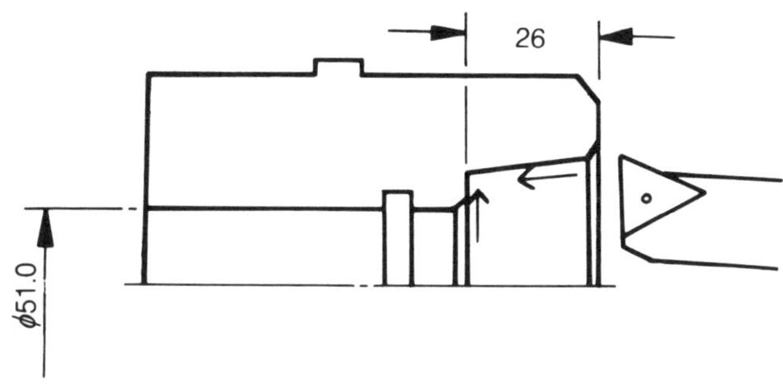

- 가공부분: taper 및 $\phi51 ^{+0.03}_{-0}$ 부의 정삭
- 사용공구: S32U-CTFPR16 (TPMR 160308)
- 절삭속도: 160 $^m/_{min}$
- 절삭이송: 0.15 $^{mm}/_{rev}$

N400 T0600 M8;

N401 G96 G0 X48.0 Z5.0 S160 T0606 M3;

N402　　　　　Z-26.0;

N403 G1 X66.6 F0.15;

　　　　　　U-0.5 W0.5;

　　　G0 Z1.0;

N404　　　　X75.458;

N406 G1 X72.118 Z-0.67(W-1.67);

N407　　　　X67.052 Z-26.0(W-25.33);

N408　　　　X65.0;

　　　　　　W0.5;

N409 G0 X55.95;

N410 G1 X51.01 Z-27.97(W-2.47);

N411　　　　Z-65.0 M9;

　　　　　　U-0.5;

N412 G0 Z5.0;

N413　　　　X200.0 Z150.0 T0600 M5;

N414　　　　T0100;

N415　　　　M30;

<해설>

N401
　~
N403

Z-26.0의 단차를 맞추기 위해서 우측에서 가공해 들어가면서 맞추게 되면 단차가 Tip 의 날보다 길기 때문에 과부하가 발생하므로 X48.0 Z-26.0의 위치에서 X축으로 이동하면서 단차길이를 맞췄다. 황삭에서 X66.64까지만 가공해 놓았으므로 그 이상 가공해서는 안된다는 것을 주의하자.

N404
　~
N407

아래그림과 설명을 잘 보면서 이해하자.

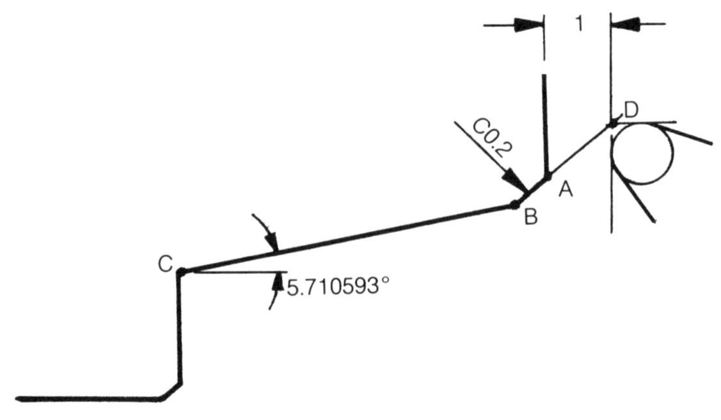

먼저 nose r 보정 전의 C점의 X축 좌표를 구하면

$$5:1=26:X \quad \therefore X=5.2$$

C점의 X축은 $72.1-5.2=\boxed{66.9}$

C점에서의 nose r 보정 X′를 구하면

$$X'=0.8(1-\tan\frac{90-5.710593°}{2})=\boxed{0.076}$$

$\therefore$ C점에서 nose r 보정 후의

X좌표는 $66.9+0.076\times2=\boxed{67.052}$

테이퍼 우측 끝에서 모떼기를 0.2한다고 임의로 정하고 nose r 보정까지 합하면 모떼기는 0.67이 된다.

$\therefore$ BC의 Z축 거리는 $26-0.67=\boxed{25.33}$ 이 된다.

TAPER ⅕의 값을 유지하고 B점의 X축의 좌표를 구하면

$$5:1=25.33:X \quad \therefore \quad X=\boxed{5.066}$$

$$67.052+5.066=\boxed{72.118}$$

$\therefore$ B점의 nose r 보정 후의 좌표

X 72.118
Z−0.67

B점에서 D점까지의 Z축거리는

$1+0.67=1.67$이므로 45°모떼기에서 X값은 Z값의 2배이므로

B점 X좌표=72.118에서

D점의 X좌표=72.118+ $1.67\times2=\boxed{75.458}$

이상과 같이 구할 수 있는데 이 방법은 역으로 계산을 해 오는 일종의 간이계산법이라고 생각하면 되겠다. 현장에서 손쉽게 할 수 있는 방법을 제시했을 뿐이지 TAPER 우측 끝에서 정확한 0.2C라고 볼수 없다. 하지만 특별히 중요한 모떼기가 아니면 이와같이 편리한 방법을 사용하도록 권하고 싶다.

중요한 것은 TAPER값이 ⅕이므로 정확한 TAPER계산을 하도록 하고, 또한 nose r보정에 의한 prg을 작성하는데 주의하자.

N408··· N403에서 X66.6까지 가공이 되었지만 nose r=0.8이므로 $66.6-0.8\times2=65.0$ 이렇게 X65.0까지 가공했다. X64나 X63까지 이동해도 상관없다.

$$\left.\begin{array}{l} \text{N409} \\ \wr \\ \text{N410} \end{array}\right]$$ … 면취가 1.5이므로 nose r 보정값을 더하면 1.97이 되는데 Z−26.0에서 W0.5가 되어, 0.5떨어져 있으므로 1.97+0.5=2.47이 되므로 51.01+2.47×2=55.95가 된다.

prg 작성할 때 외경과 반대로 면취값을 더해 주는 것에 주의하자.

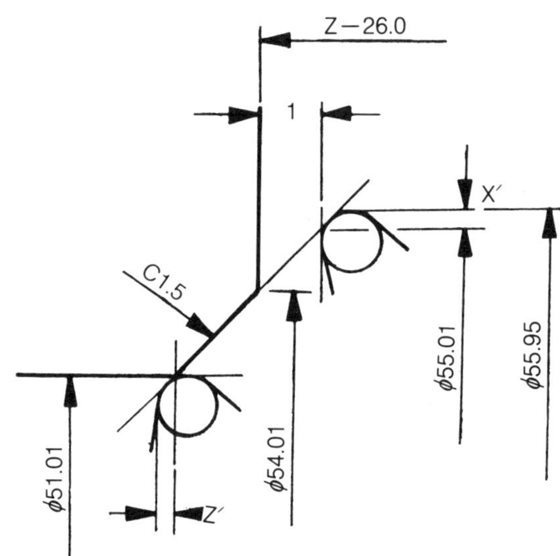

$$X'=0.8(1-\tan\frac{90-45}{2})=0.47$$

$$Z'=0.8(1-\tan\frac{45}{2})=0.47$$

$$55.95=55.01+0.47\times2$$

N411… 제1차 마지막 절삭 Block에서 절삭유를 정지한다.

N413… 제1차 마지막 이므로 주축을 정지시킨다.

N414… 연속가공을 위해서 1공정 Bite로 선택해 둔다.

N415… prg끝. 이렇게 해서 제1차 작업이 끝났다. 원하는 갯수만큼 1차 가공이 끝나면 돌려 물려서 2차 가공을 한다. .

제2차 5공정

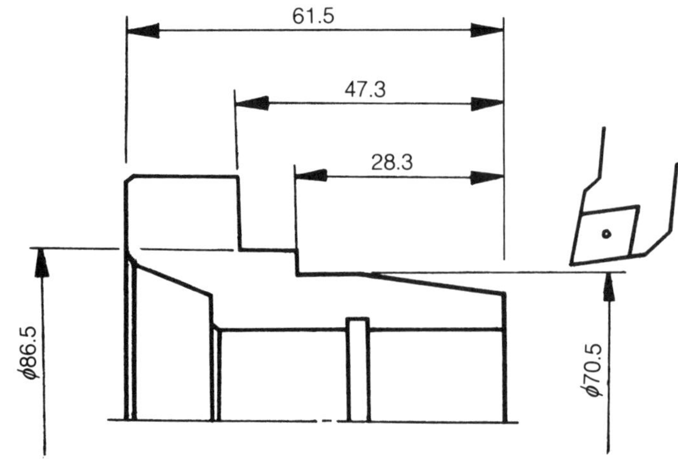

· 가공부분: 외경황삭
· 사용공구: PCLNR 2525
　　　　　（CNMG 120408）
· 절삭속도: 180^{m}/min
· 절삭이송: $0.2\sim0.3^{\text{mm}}$/rev

$\overline{0}$ 0011 M8;
N500 G30 U0. W0.;
G50 X200. Z150. S2500 T0100 M42;
G96 G0 X112.0 Z0.0 S180 T0101 M3;
G1 X48.0 F0.2;
W0.5;
G0 X105.0;
G1 Z−47.3 F0.3;
U0.5;
G0 Z0.5;
X100.0;
G1 Z−47.3;
U0.5;
G0 Z0.5;
X95.0;
G1 Z−47.3;
U0.5;
G0 Z0.5;
X90.0;
G1 Z−47.3;
U0.5;
G0 Z0.5;
X85.0;
G1 Z−28.3;
X86.5;
Z−47.3;
X107.0;
G0 Z0.5;
X80.0;
G1 Z−28.3;
U0.5;
G0 Z0.5;
X75.0;
G1 Z−28.3;
U0.5;
G0 Z0.5;
X70.0;

G1 Z−10.0;
X70.5;
Z−28.3;
X87.0;
G0 Z0.5;
X67.4;
G1 X70.5 Z−15.0 (혹은 W−15.5);
G0 X200.0 Z150.0 T0100;
M01;

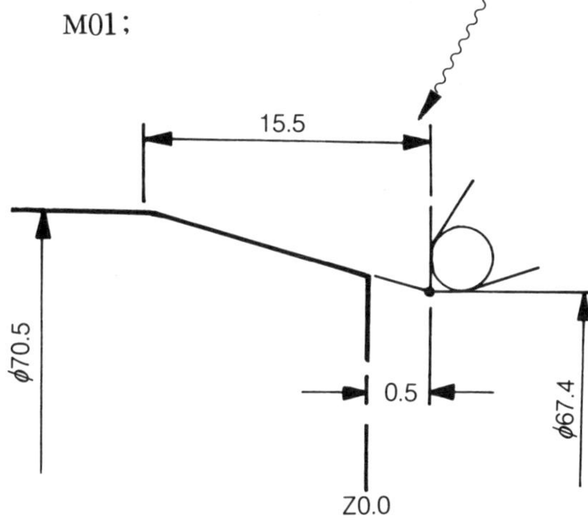

TAPER ⅕이므로
1 : 5 = 3.1 : X
∴X = 15.5

6공정

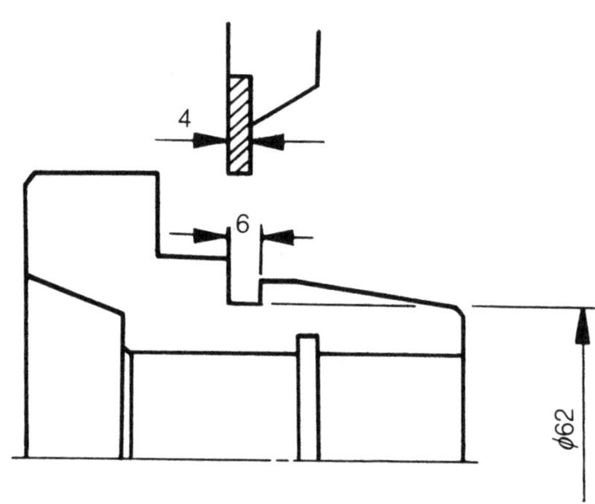

- 가공부분: 6±0.02 홈가공
- 사용공구: 폭4mm 홈Bite
- 절삭속도: $100^{\text{m}}/\min$
- 절삭이송: $0.08^{\text{mm}}/\text{rev}$

```
N600 T0500 M8;
      G96 G0 X73.0 Z-28.0 S100 T0505 M3;
      G1 X62.0 F0.08;
      G4 U0.5;
      G0 X87.0;
         Z-28.5;
      G1 X62.0;
      G4 U0.5;
      G1 W0.2;
      G0 X73.0;
         Z-24.683;
      G1 X69.366 W-1.817;
         X62.0;
      G4 U0.5;
      G1 W-0.2;
      G0 X90.0;
         X200.0 Z150.0 T0500;
         M01;
```

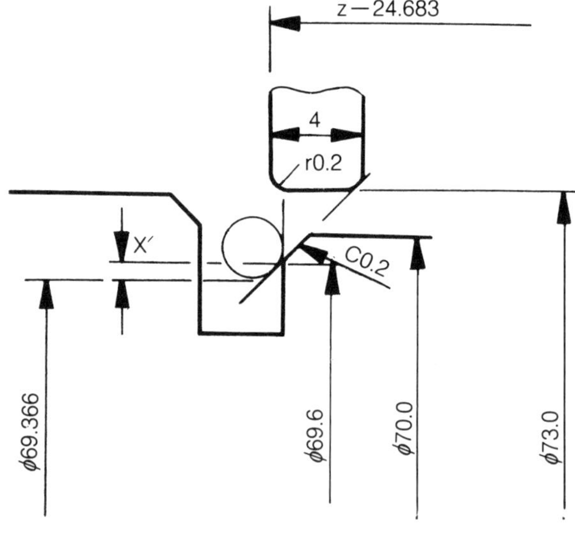

$$X'=0.2(1-\tan\frac{45}{2})=0.117$$

$$\frac{73-69.366}{2}=\boxed{1.817}$$

$$Z-24.683=-(26.5-1.817)$$

7공정

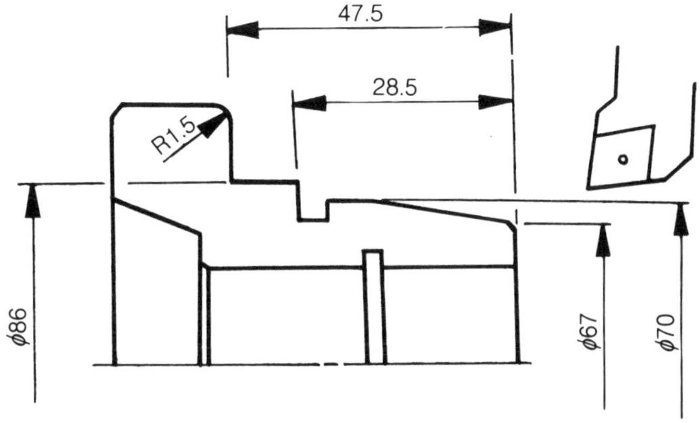

· 가공부분: 외경정삭 가공
· 사용공구: PDJNR2525
(DNMG 150604)
· 절삭속도: 180 m/min
· 절삭이송: 0.1 mm/rev

```
N700 T0700 M8;
N701 G96 G0 X65.171 Z0.5 S180 T0707 M3;
N702 G1 X67.007 Z-0.418 F0.1;
N703      X70.0 Z-15.38(혹은 W-14.962);
N704      Z-23.0;
N705      X84.14 Z-28.0 F0.5;
N706      X86.0 W-0.93 F0.1;
N707      Z-47.5;
N708      X102.2;
N709 G3 X106.0 W-1.9 R1.9;
N710 G1 U0.5;
N711 G0 X200.0 Z150.0 T0700;
N712 M01;
```

<해설>

N701 ~ N703 …TAPER와 TAPER가 만나는 점의 nose r보정값을 구하는 법을 공식을 써서 자세히 알아보자.

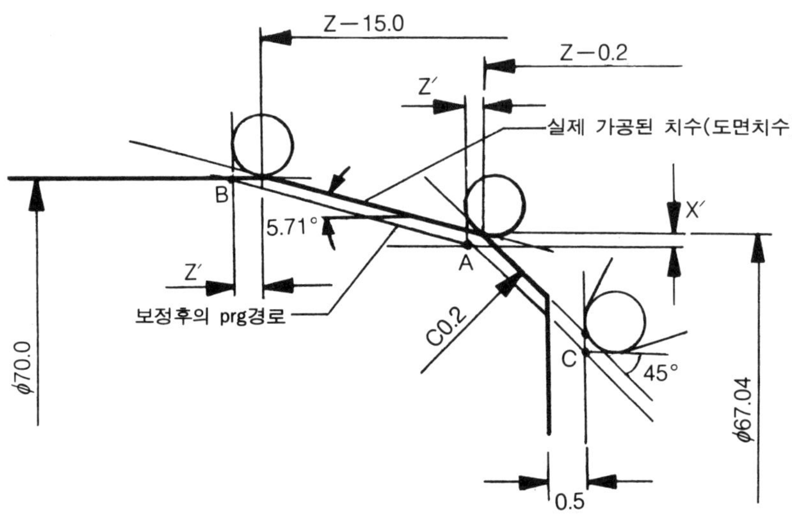

B점의 $Z'=0.4\left(1-\tan\dfrac{5.71}{2}\right)=0.38$

∴ B점의 X좌표 $\boxed{70.0}$

$\qquad$ Z좌표 $-(15+0.38)=\boxed{-15.38}$

A점의 $X'=0.4\ \left(1-\dfrac{\cos\dfrac{45+5.71}{2}}{\cos\dfrac{45-5.71}{2}}\right)\ =\boxed{0.016}$

$\qquad\quad Z'=0.4\ \left(1-\dfrac{\sin\dfrac{45+5.71}{2}}{\cos\dfrac{45-5.71}{2}}\right)\ =\boxed{0.218}$

∴ A점의 X좌표 $67.04-0.016\times2=\boxed{67.007}$

$\qquad$ Z좌표 $-(0.2+0.218)=\boxed{-0.418}$

C점의 X좌표 $67.007-(0.418+0.5)\times2=\boxed{65.171}$

$\qquad$ Z좌표 0.5

이상에서 G0 X65.171 Z0.5;
$\qquad\quad$ G1 X67.007 Z－0.418 (혹은 W－0.918);
$\qquad\qquad$ X70.0 Z－15.38 (혹은 W－12.962);
$\qquad\qquad$ Z____;

8공정

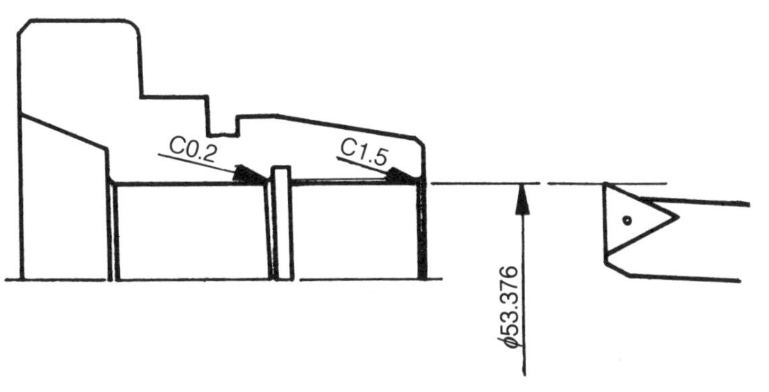

- 가공부분: 나사 가공부의 내경정삭
- 사용공구: S32U－CTFPR16 (160308)
- 절삭속도: $160^{\,m}/\min$
- 절삭이송: $0.2^{\,mm}/\mathrm{rev}$

```
N800  T0800  M8;
      G96  G0  X59.316  Z1.0  S160  T0808  M3;
      G1  X53.376  Z－1.97(혹은  W－2.97)  F0.2;
          Z－11.5;
          X52.34  Z－14.0  F0.5;
          X50.0  W－1.67  F0.2;
      G0  Z5.0;
          X200.0  Z150.0  T0800;
          M01;
```

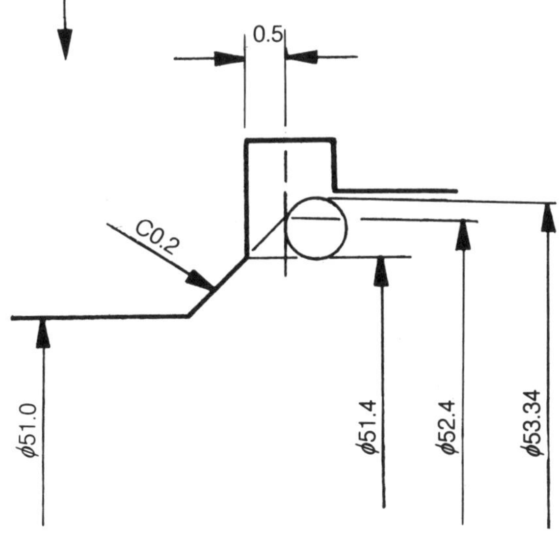

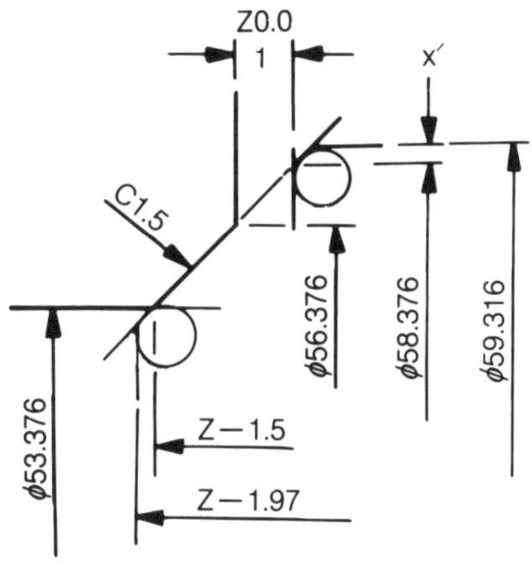

$$X' = 0.8\left(1 - \tan\frac{45}{2}\right) = 0.47$$

$$Z' = 0.8\left(1 - \tan\frac{45}{2}\right) = 0.47$$

9공정

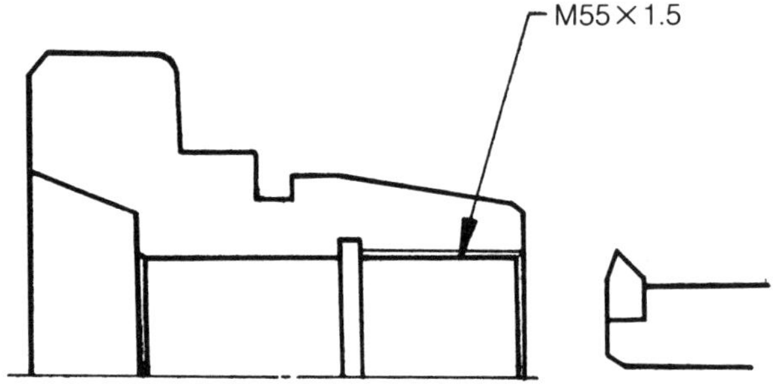

- 가공부분: M55×1.5 내경나사
- 절삭공구: 나사 Bite
- 절삭속도: 80m / min RPM450
- 이송: Lead=pitch=1.5;

```
N900  T1000  M8;
      G97  G0  X48.0  Z5.0  S450  T1010  M3;
      G92  X53.876  Z−12.0  F1.5;
           X54.276;
           X54.6;
           X54.84;
           X54.94;
           X55.0;
           X55.0  M9;
      G0  X200.0  Z150.0  T1000  M5;
         T0100;
         M30;
         − End −
N900  T1000  M8;
      G97  G0  X48.0  Z5.0  S450  T1010  M3;
      G76  P020060  Q50  R30;
      G76  X55.0  Z−12.0  P812  Q300  F1.5;
      G0  X200.  Z150.  T1000  M5
         M30;
```

복합 cycle 사용시

3. 연습과제 1

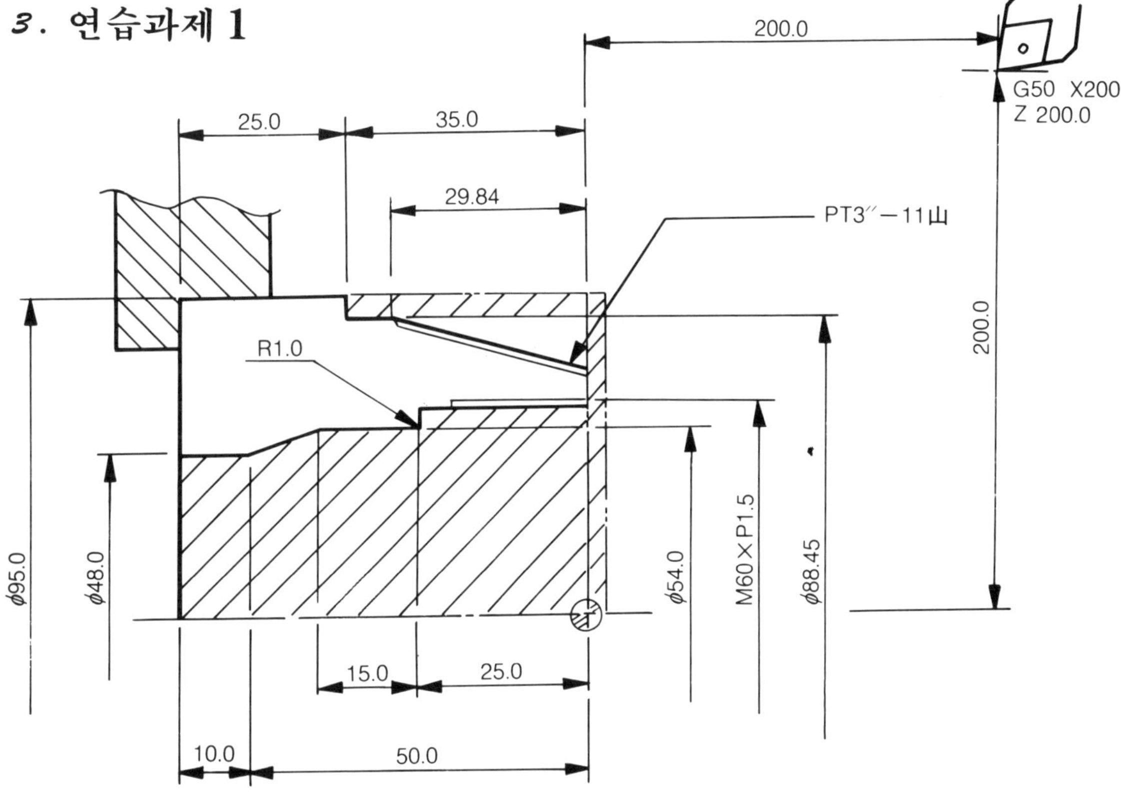

소재규격: φ95.0×62ᴸ
재   질: SCM4
도   번: 3456
품   명: FLANGE

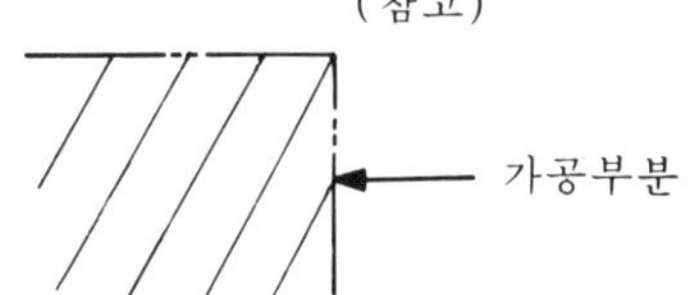

/ 3456 FLANGE
/ CHUCKING PRESSURE 20KG
/ CHUCKING DEPTH 20.0MM
/ WORK PIECE SCM4 φ95×62ᴸ

○ 가공순서
/ N100 T01 외경황삭 PCLNR2525 M12(CNMG 120408)
/ N200 T12 드   릴 φ40.0 MT #3
/ N300 T02 내경황삭 S25T−PCLNR12 (CNMG 120408)
/ N400 T03 외경정삭 PDJUR2525 M15(DNMG 150604)
/ N500 T04 내경정삭 S32U−CTFRR16(TPMR 160308)
/ N600 T05 외경나사 11山(P=2.3091) 55°
/ N700 T06 내경나사 PITCH 1.5MM

절삭조건

공 정	사용공구	절삭속도 m/min	이 송 mm/rev	절 입 양 mm	비 고
N100	T01	180	0.32	3.5	
N200	T12	25	0.18		
N300	T02	120	0.28	3.0~4.0	
N400	T03	200	0.15	0.15	
N500	T04	150	0.15	0.15	
N600	T05	80	2.3091	0.35~0.03	
N700	T06	70	1.5	0.3~0.03	

○. 외경황삭 공구경로

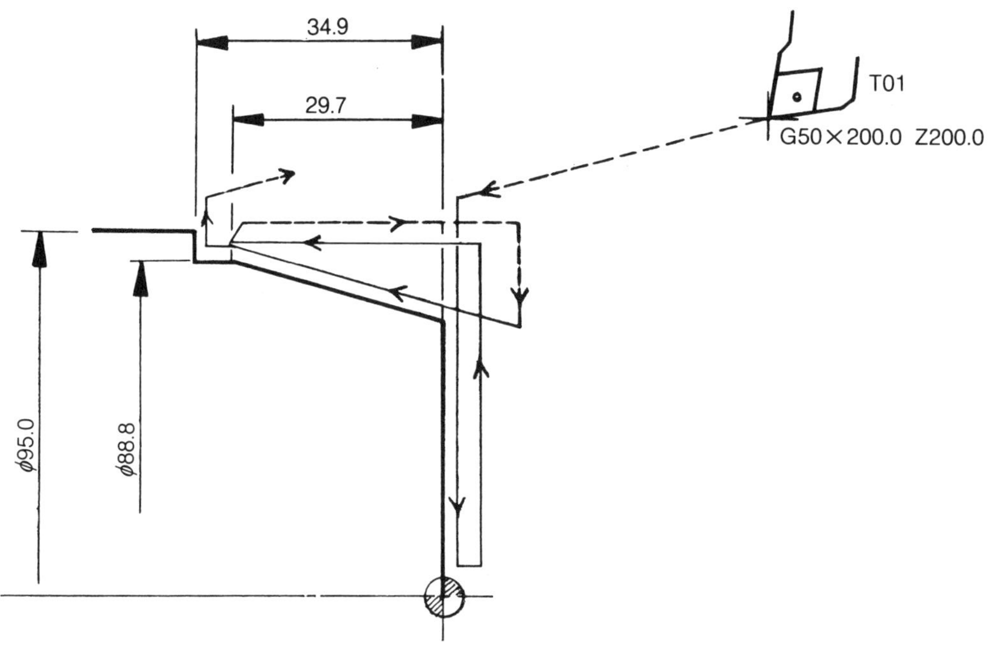

$\overline{0}$ 3456
N100 G50 X200.0 Z200.0 S1500 T0100 M41
     G96 S130 M03
     G00 X100.0 Z0 T0101 M08
     G01 X−1.6 F0.2
          W0.5;
     G00 X90.0
     G01 Z−31.0 F0.32
          U1.0 W0.5
     G00 Z5.0
          X80.1
     G42 G01 Z1.0 F0.8
               X87.1 Z−2.5 F0.15
               X88.0 Z−29.7 F0.32
               Z−34.9
               X97.0
     G40 G00 X200.0 Z200.0 T0100 M01

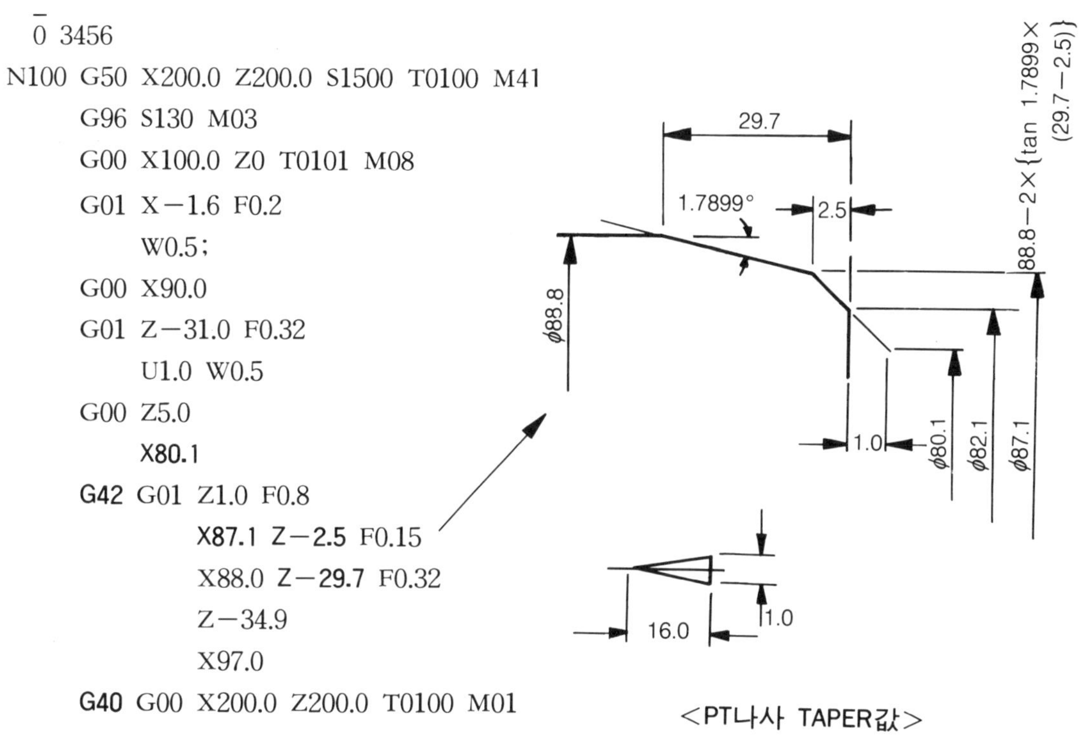

○ 드릴 공구경로

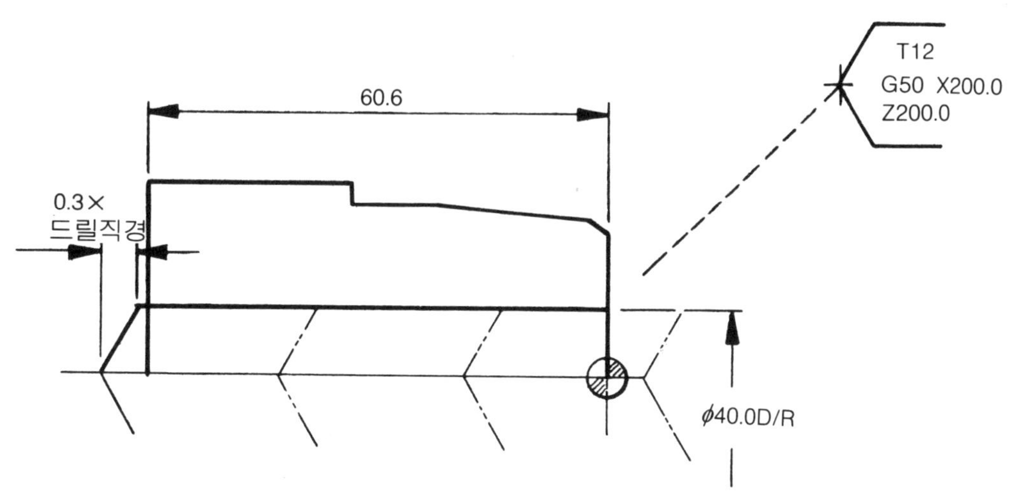

N200 G50 X200.0 Z200.0 T1200 M42
     G97 S200 M03
     G00 X0 Z5.0 T1212 M08
     G01 Z1.0 F1.0
         Z−3.0 F0.1
         Z−40.0 F0.18
     G00 Z10.0
         Z−39.0
     G01 Z−75.0
     G00 Z10.0;
         X200.0 Z200.0 T1200 M01

※ 복합 반복 Cycle을 이용한 DRILL 프로그램

G50 X200.0 Z200.0 T1200 M41
G97 S200 M03
G00 X0 Z5.0 T1212 M08
G01 Z1.0 F1.0
G74 R0.5
G74 Z−75.0 Q15000 F0.18
G00 X200.0 Z200.0 T1200 M01

○ 내경황삭 공구경로

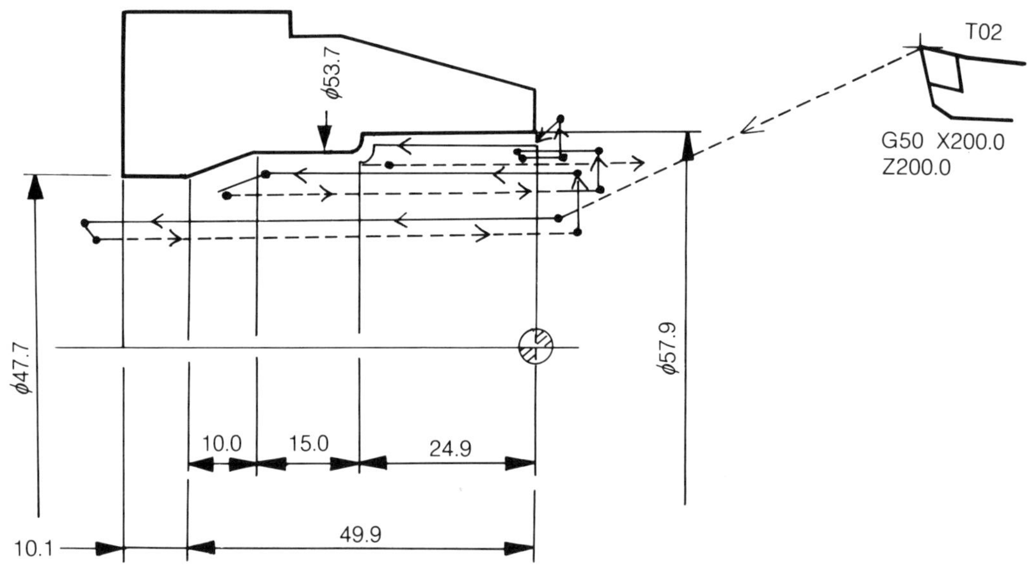

N300 G50 X200.0 Z200.0 S1000 T0200 M41
     G96 S110 M03
     G00 X47.7 Z5.0 T0202 M08
     G01 Z1.0 F0.5
         Z−61.5 F0.28
         U−1.0

G00 Z1.0
      X53.7
G01 Z **−40.583**
      X47.7 W **−10.0**
      U **−1.0**
G01 Z1.0
      X57.9
G01 Z **−2.0**
      U **−1.0** W0.5
      Z1.0 F0.7
      X62.94
      X57.9 W **−2.52** F0.15
      Z **−24.9**
      X57.3
G02 X53.7 W **−1.8** R1.8
G01 U **−1.0**
G00 Z10.0
      X200.0 Z200.0 T0200 M01

※ 복합 반복 Cycle을 이용한 내경황삭 프로그램

      G50 X200.0 Z200.0 S1000 T0200 M41
      G96 S110 M03
      G00 X40.0 Z5.0 T0202 M08
      G01 Z1.0 F0.5
      G71 U4.0 R1.0
      G71 P10 Q80 U0.3 W0.1 F0.28
N10 G00 **X62.94**
N20 G01 X58.22 W **−2.36** F0.15
N30   Z **−25.0**
N40   **X57.6**
N50 G02 X54.0 W **−1.8** R1.8
N60 G01 Z **−40.683**
N70   X48.0 W **−10.0**
N80   Z **−61.5**
      G00 X200.0 Z200.0 T0200 M01

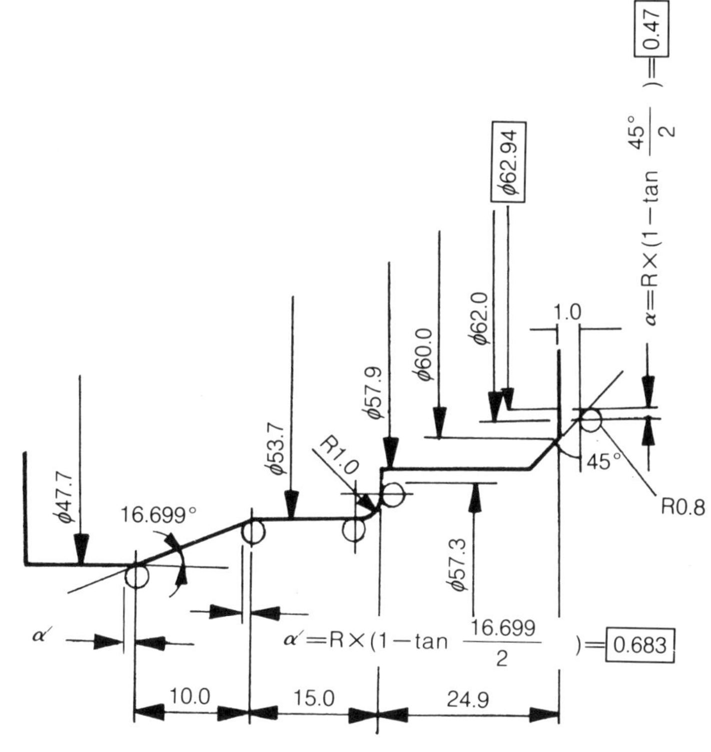

○. 외경정삭 공구경로

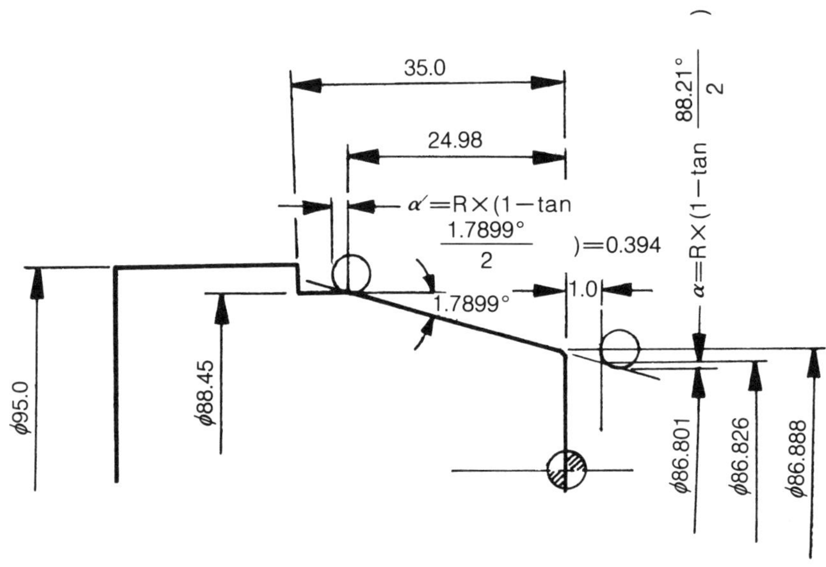


```
N400  G50  X200.0  Z200.0  S1500  T0300  M41
      G96  S170  M03
      G00  X86.801  Z5.0  T0303  M08
      G01  Z1.0  F0.5
           X88.45  Z-25.374  F0.15
           Z-35.0
           X97.0
      G00  X200.0  Z200.0  T0300  M01
```

※ 인선 반경보정 기능을 이용한 프로그램

```
  G50  X200.0  Z200.0  S1500  T0300  M41
  G96  S170  M03
  G00  X86.826  Z5.0  T0303  M08
G42  G01  Z1.0  F0.5
           X88.45  Z-24.98  F0.15
           Z-35.0
           X97.0
G40  G00  X200.0  Z200.0  T0.300  M01
```

○. 내경정삭 공구경로

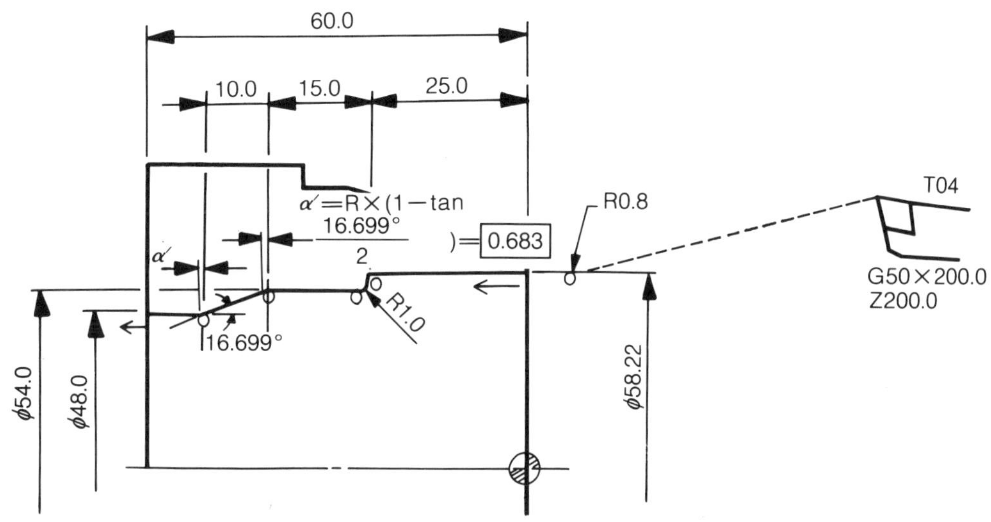

N500 G50 X200.0 Z200.0 S1000 T0400 M41
      G96 S120 M03
      G00 X58.22 Z5.0 T0404 M08
      G01 Z1.0 F0.5
           Z−25.0 F0.15
           X57.6
      G02 X54.0 W−1.8 R1.8
      G01 Z−40.683
           X48.0 W−10.0
           Z−61.5
           U−1.0
      G00 Z10.0
           X200.0 Z200.0 T0400 M01

※ 복합 반복 Cycle을 이용한 내경정삭 프로그램

           G50 X200.0 Z200.0 S1000 T0400 M41
           G96 S120 M03
           G00 X40.0 Z5.0 T0404 M08
           G01 Z1.0 F0.5
N300 참조→ G70 P10 Q80
           G00 X200.0 Z200.0 T0400 M01

○. 외경나사 공구경로

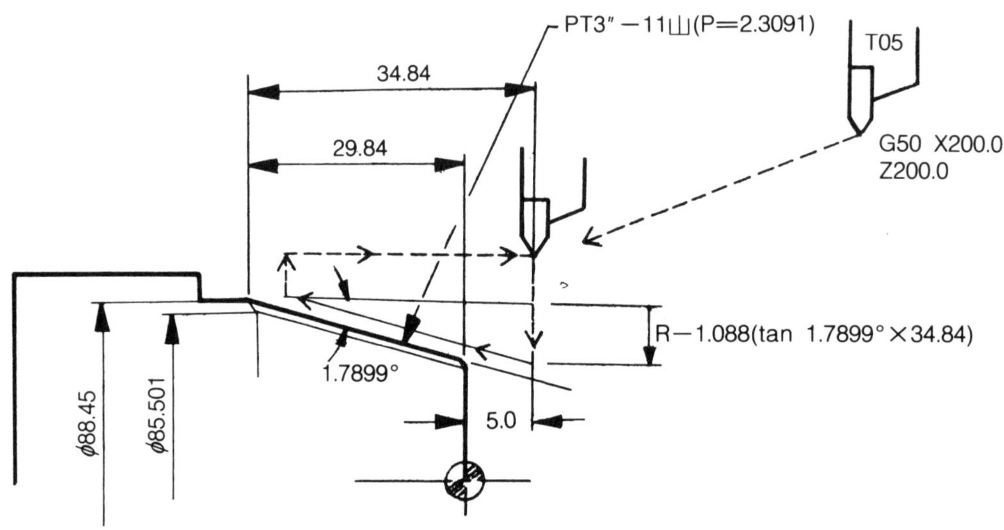


```
N600 G50  X200.0  Z200.0  T0500  M41
     G97  S300  M03
     G00  X93.0  Z5.0  T0505  M08
     G92  X87.75  Z−29.84  R−1.088  F2.3091
          X87.25
          X86.8
          X86.35
          X85.95
          X85.76
          X85.56
          X85.501
     G00  X200.0  Z200.0  T0500  M01
```

※ 복합 반복 Cycle을 이용한 프로그램

```
G50  X200.0  Z200.0  T0500  M41
G97  S300  M03
G00  X93.0  Z5.0  T0505  M08
G76  P011055  Q50  R30
G76  X85.501  Z−29.84  R−1.088  P1.475  Q350  F2.3091
G00  X200.0  Z200.0  T0500  M1
```

○. 내경나사 공구경로

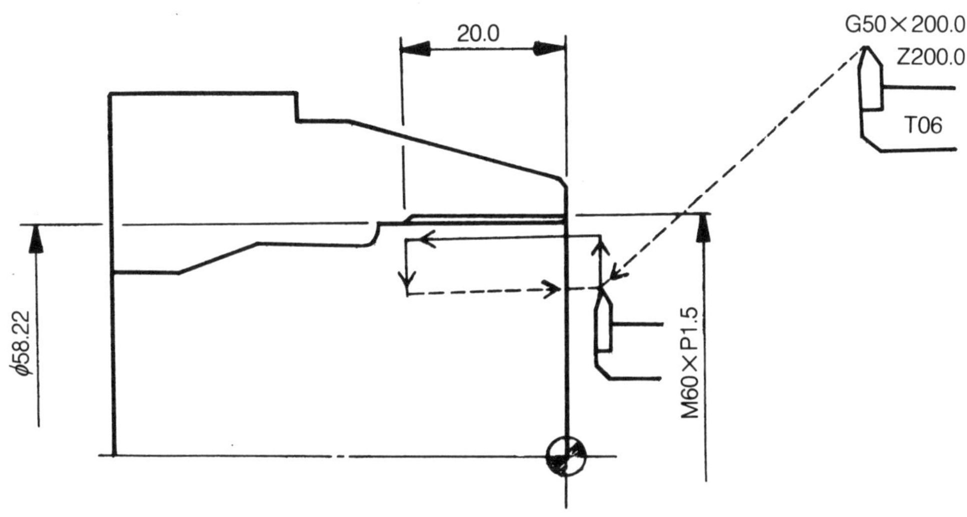


```
N700 G50  X200.0  Z200.0  T0600  M41
     G97  S370  M03
     G00  X54.0  Z5.0  T0606  M08
     G92  X58.92  Z－20.0  F1.5
          X59.32
          X59.7
          X59.9
          X60.0
     G00  X200.0  Z200.0  T0600
     M30
     － END －
```

4. 연습과제 **2**

다음을 prg 작성하여 가공하여 보자.

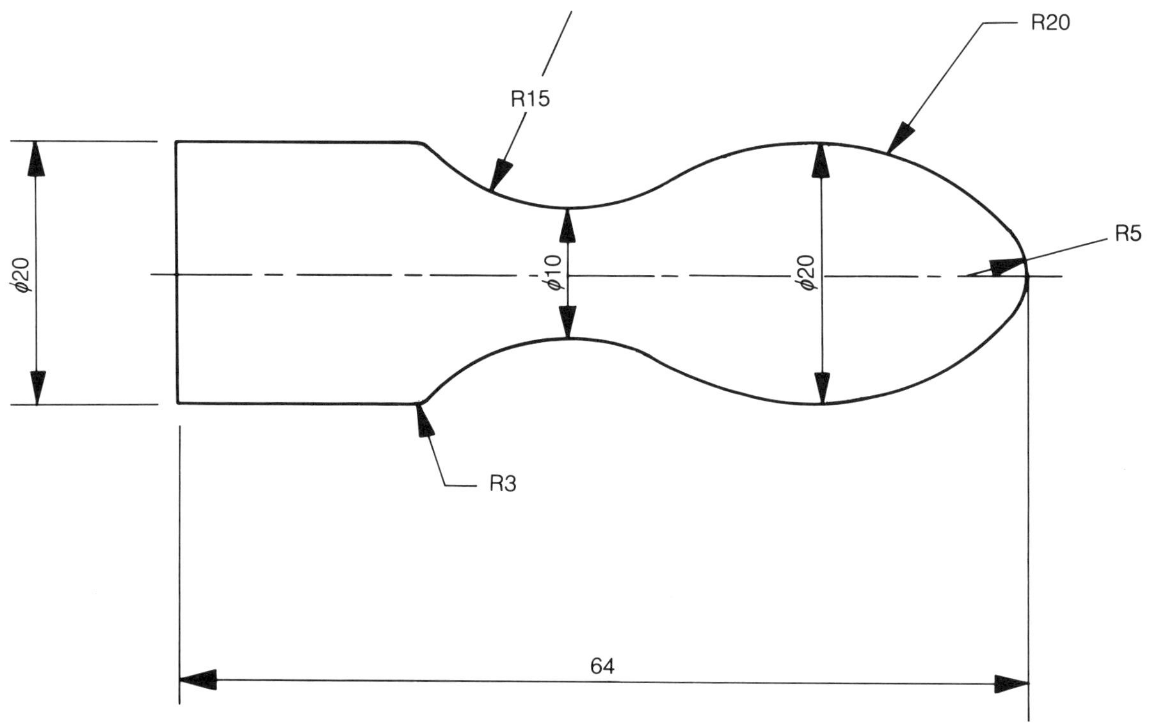

소재 규격 φ25×100ᴸ
재   질 S45C

○ 가공순서

N100 외경절삭 SVLBR 2525M16(VBMM 160404)

N200 절단(절단 Bite 폭 4m/m)

* 외경 황삭은 생략하고 정삭 prg만 작성해 보겠다. nose R 보정은 생략했다.

N100 T0100 M8;

    G97 G0 X0.0 Z1.0 S2000 T0101 M3;

    G1 Z0.0 F0.2;

    G3 X6.666 W−1.273 R5.0 F0.1;

        X20.0 W−14.907 R20.0;
        X14.284 W−10.301 R20.0;   ] (혹은 X14.284 W−25.208 R20.0)

    G2 X10.0 W−7.727 R15.0;
        X18.334 W−10.374 R15.0;   ] (혹은 G2 X18.334 W−18.101 R15.0)

    G3 X20.0 W−2.074 R3.0;

    G1 Z−69.0;

      U0.5;

```
      G0  X ___  Z ___  T0100;
N200  T0300  M8;
      G97  G0  X25.0  Z−68.0  S1800  T0303  M3;
      G1  X20.0  F0.2;
          X5.0  F0.07;
          U0.5  S500;
          X−0.5  F0.04  M9;
      G0  X ___  Z ___  T0300  M5;
M30;

      − End −
```

위의 연습과제는 곡선(R)가공에서 접점을 구하는데 중점을 두는 것이기 때문에 prg도 그런 점에 신경을 쓰고 작성했으며, 다른 잡다한 것은 생략했다. 그러면 어떻게 해서 위와 같은 prg이 나오게 되었는지 자세히 알아보기로 하자.

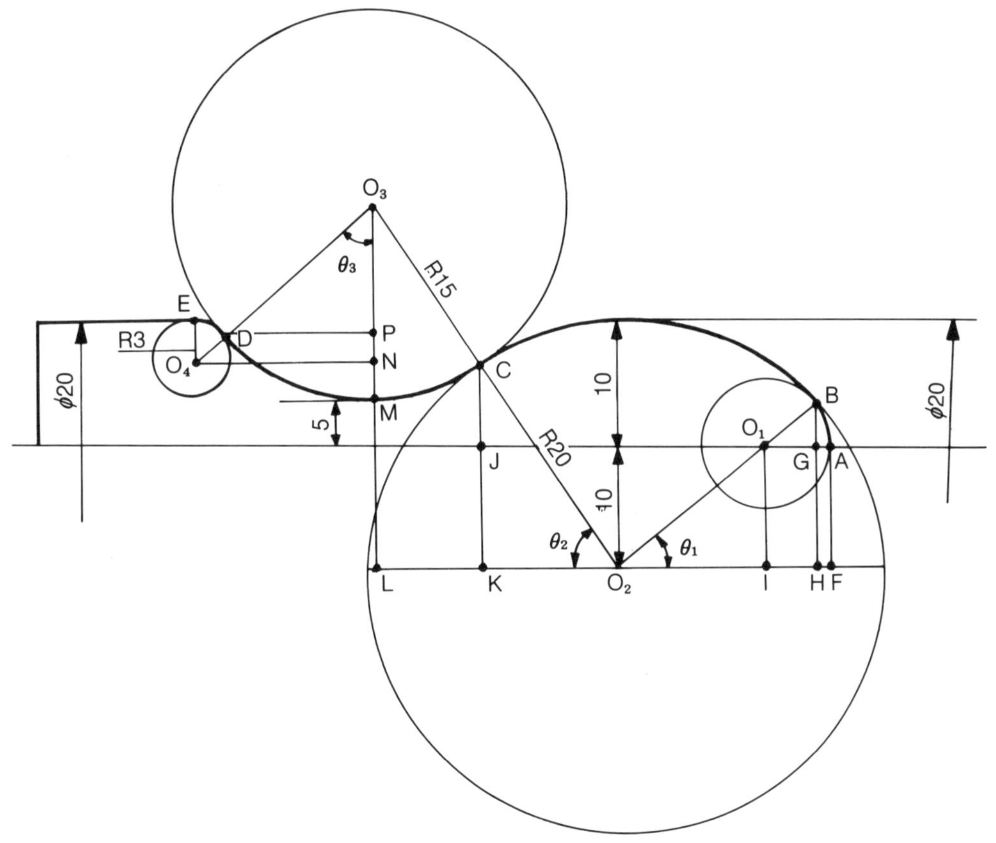

그림에서 우리가 구하고자 하는 것은 점 A, B, C, D, E이다. 우선 알 수 있는 것부터 찾아보면

$\boxed{\text{A점은 X0.0 Z0.0,}}$

$O_1B=O_1A=5,$

$O_2B=20, \quad \therefore O_1O_2=O_2B-O_1O_2=15,$

B점을 구해보자.

$O_1O_2=15, \quad O_1I=10$이므로

$$\sin\theta_1=\frac{O_1I}{O_1O_2}=\frac{10}{15}=0.666 \quad \therefore \angle\theta_1=41.8103°$$

따라서 $O_2I=\cos\theta_1\times15=11.1803$

$\quad\quad\quad\quad BH=\sin\theta_1\times20=13.3333$

$\quad\quad\quad\quad O_2H=\cos\theta_1\times20=14.9071$

$\quad\quad \therefore BG=BH-10=3.333$

$O_1A=5$이므로 $O_2F=16.1803$

$O_2H=14.9071$이므로

$HF=16.1803-14.9071=1.2732$

> $\therefore$ B점좌표 X축은 $3.333\times2=6.666$
> $\quad\quad\quad$ Z축은 $W-1.273$

D점을 구해보자.

$O_3O_4=18, \quad NM=2, \quad O_3N=13$이므로

$$\cos_3=\frac{13}{18}=0.7222, \quad \therefore\theta_3=43.7617°$$

따라서 $O_4N=\sin\theta_3\times18=12.4498$

$\quad\quad\quad\quad DP=\sin\theta_3\times15=10.3749$

$\quad\quad\quad\quad O_3P=\cos\theta_3\times15=10.8333$

$\quad\quad\quad\quad MP=15-10.8333=4.1667$

$\quad\quad\quad\quad LK=7.7262$

> $\therefore$ D점 X축은 $(5+4.1667)\times2=18.333$
> $\quad\quad\quad$ Z축은 $7.7262+10.3749=18.101\Rightarrow W-18.101$

E점은 $\boxed{X20.0}$

$\quad\quad\quad$ Z축은 $O_4N-DP=2.0749\Rightarrow \boxed{W-2.074}$

이와 같이 계산이 완료된다. 이런 접점을 구하는 연습을 많이하여 모두 훌륭한 기술자가 되기를 바란다.

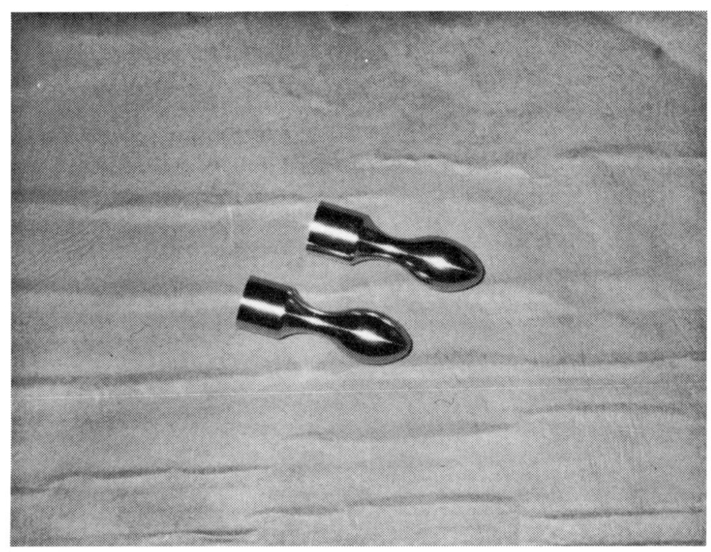

<완성품>

제9장

운전법

1. 전원 ON 및 OFF 순서
2. 기계조작반의 운전
3. CRT/MDI PANEL

제9장
운전법

조작에 관한 것은 각 기계 메이커에 따라, 또는 System에 따라 약간씩 다를 수도 있다. 기계를 구입할 때 따라오는 조작 설명서에 자세히 기록되어 있으니 그 책자를 참조하기 바라며 여기에서는 일반적이고 공통적이라고 생각되어지는 사항을 설명하고자 한다. System이나 기종이 다르더라도 서로 엇비슷하므로 한 가지를 확실하게 이해한다면, 다른 것도 문제될 게 없다고 생각되어진다.

1. 전원 ON 및 OFF 순서

1) 전원 ON

① 기계가 정상적인 상태인지 한번 둘러본다.

    (예, 강전반 문이 닫혀있는지, 윤활유는 채워져 있는지 등등)

② 보통으로 현장의 벽에 붙어 있는 분전반의 커버 나이프(Cover Nife) S/W를 올린다.

③ 기계의 뒤나 옆에 있는 NFB(Non Fuse Breaker) 핸들을 올린다. 이때 각 부분의 FAN 이 돌아간다. 돌아가지 않는 fan이 있는지 점검한다.

④ Power ON button을 누른다. −CRT화면이 켜진다.

    주의) CRT 화면이 켜지는 순간에 화면조작 Key를 누르면 이상이 생길 수도 있으므로 주의한다.

⑤ Machine Ready(기계준비) 버튼을 누른다. 이때 유압이 가동되고 비로소 모든 작동준비 가 완료된다.

* 전원공급시 순서대로 S/W 조작시 약간씩 시간차를 두고 조심스럽게 할 것이며, 일상적인 점검을 하는 것을 잊지 말자.

2) 전원 OFF 순서

① 비상정지(Emergency Stop) S/W를 누른다.

    (이 S/W는 반드시 누를 필요는 없다)

② Power off S/W를 누른다.

③ NFB 핸들을 내린다.

④ 분전반의 커버 나이프 S/W를 내린다.

2. 기계조작반의 운전

1) 비상정지(Emergency Stop)

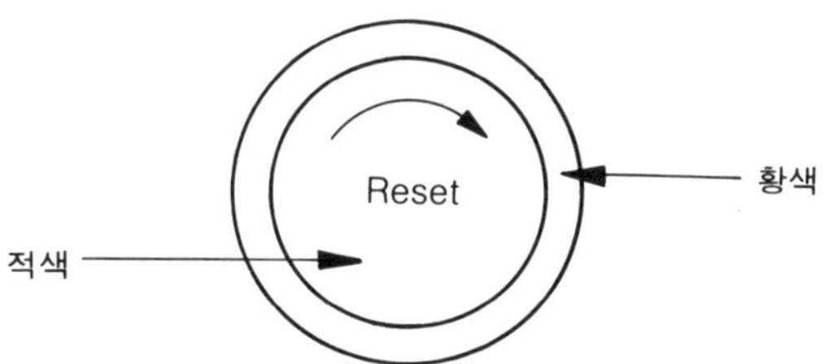

　　비상단추를 누르면 X, Z 각 축의 모터로 가는 전류가 차단되면서 바로 이송이 중지되며 NC는 Clear 상태로 돌입하고 동시에 기계작동 S/W가 꺼진다. 해제 방법은 통상 오른쪽 (화살표 방향)으로 돌린다. 비상을 해제하기 전에 이상의 원인을 제거하고 기계 작동 S/W 를 누른 후에는 다시 원점 복귀를 수행할 필요가 있다.

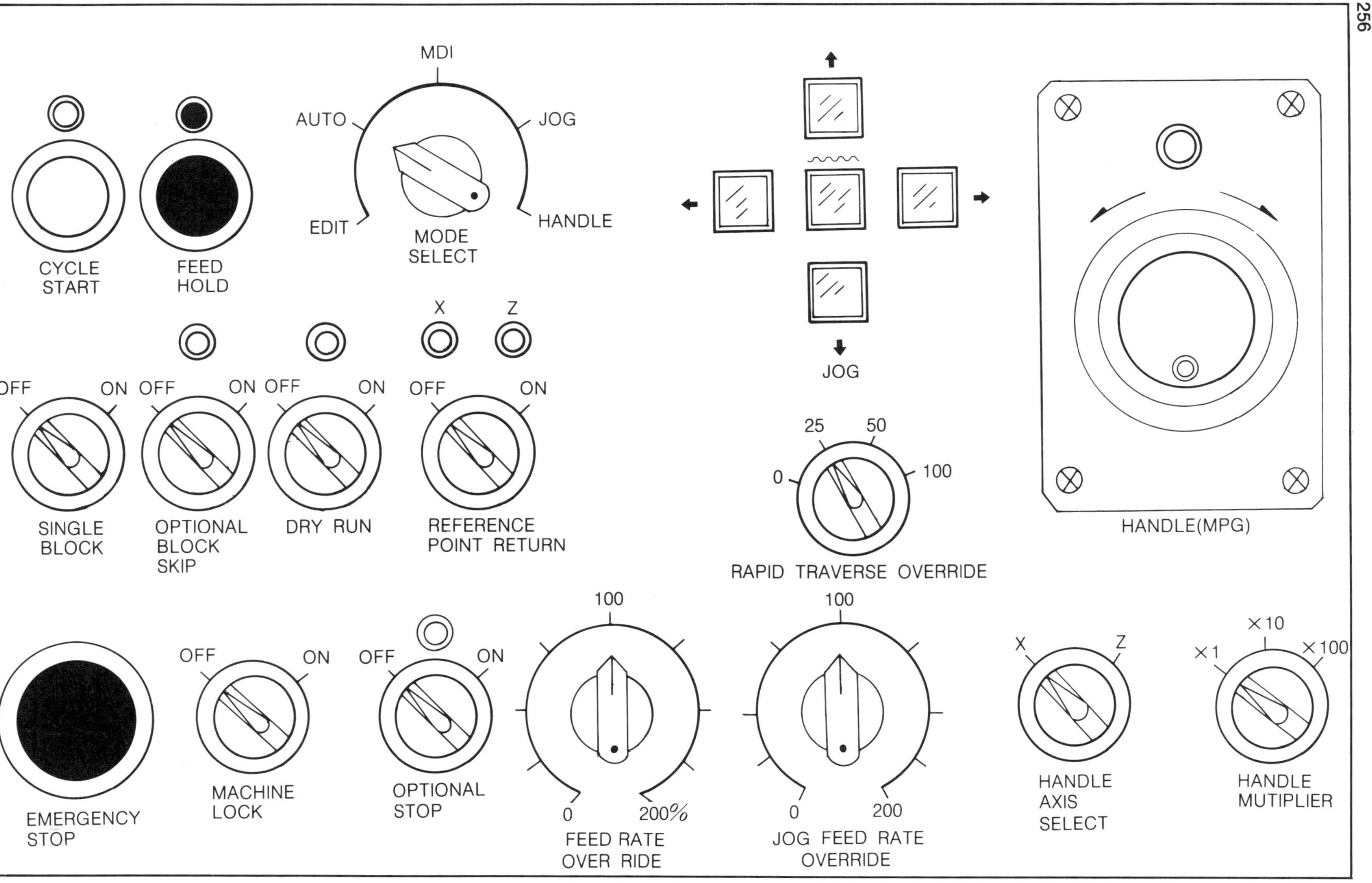

<기계 조작반>

* 일반적인 예를 나타낸 것일 뿐 실제 기계에는 이보다 많은 조작 버튼이 있다.

2) 수동운전

① 수동 Reference점(원점) 복귀

전원 공급 후 언제나 가장 먼저 해야 할 일은 원점 복귀이다. 원점 복귀를 하는 이유는 전원 공급 이후에 따르는 Servo motor 위치 편차를 원점 복귀 이후에 수정하고 또한 한계 기능 등이 원점 복귀 이후에 유효하기 때문이다. 그리고 원점은 공구대가 항상 일정하게 복귀하는 위치이므로 좌표계 설정의 기준이 되기도 한다.

순서는 다음과 같다.

ⓐ Mode 선택 S/W를 Jog에 위치한다.

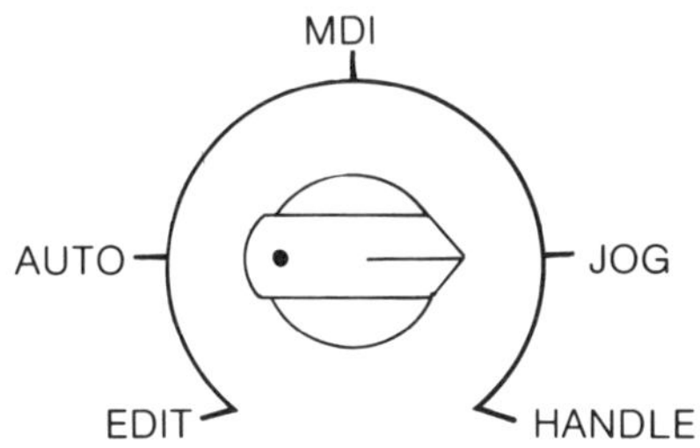

ⓑ Reference 점 복귀 S/W를 ON에 위치한다.

이 S/W는 기계 원점에 도달할 때까지 ON에 위치한다.

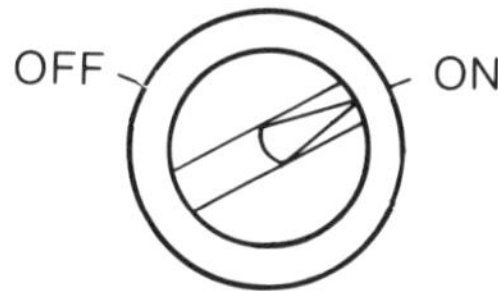

ⓒ X, Z축을 원점 방향으로 Jog 이송한다.

이송 속도는 감속점까지 급속 이송하고 감속점부터는 천천히 Reference점(기계원점)에 도달한다. 급속 이송 속도는 급속 이송 Override S/W의 조절에 따라 달라질 수 있다. 가능한 천천히 하는 것이 좋겠다.

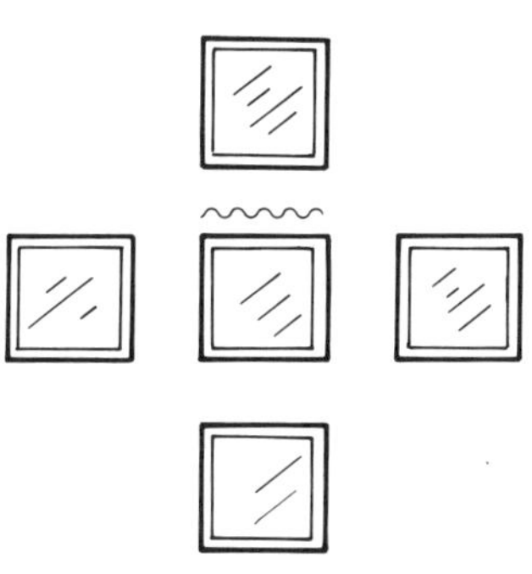

ⓓ 원점에 복귀하면 복귀완료 Lamp가 점등한다.

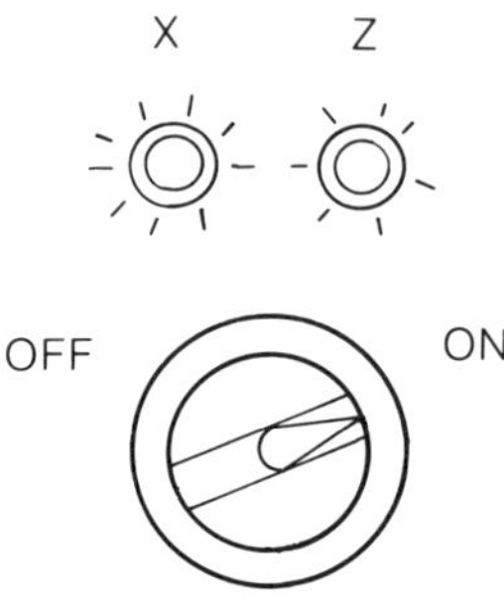

- 일단 기계 원점 복귀가 완료되면 복귀 완료 Lamp가 점등되고 Reference점 복귀 S/W를 OFF에 위치하지 않으면, 기계를 Jog Mode에서 움직일 수 없다. 흔히 이 S/W를 OFF에 위치하지 않고 기계가 움직이지 않는다고 야단 법석을 떠는 경우가 있는데, 습관적으로 원점 복귀 후에는 이 S/W를 OFF에 위치하도록 하자.

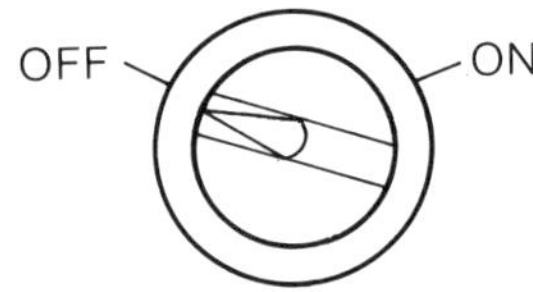

- 한번 점등된 원점 복귀 완료 Lamp는 다음 조건에서 꺼진다.
  ㉠ Reference점에서 공구대를 이동했을 때
  ㉡ 비상 정지상태로 되어 기계가 약간 움직였을 때
- 반드시 기계 원점으로부터 충분히 떨어진 곳에서부터 원점 복귀를 시작하도록 한다. 너무 가까운 곳에서 원점 복귀를 하면 Alarm이 걸린다. 이 경우 다시 원점 반대 방향으로 공구대를 충분히 이동시킨 다음 다시 원점 복귀를 시작한다.

② 수동 조그(Jog) 이송
  ⓐ 모드선택 S/W를 Jog에 위치한다.

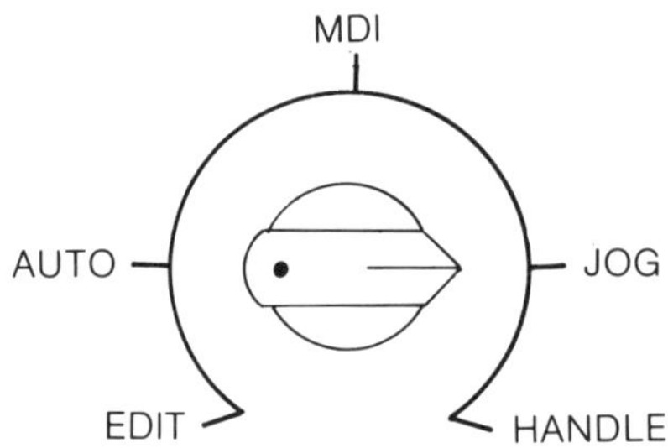

ⓑ 이송할 방향의 Jog 이송 버튼을 누른다.

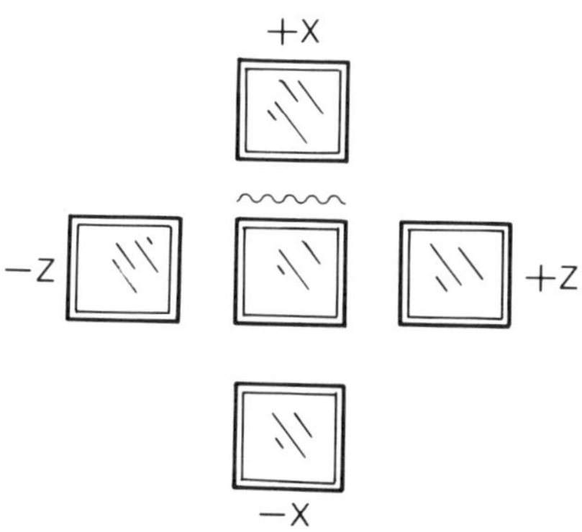

ⓒ 조그 이송 override S/W의 조정으로 Jog 이송 속도를 조절할 수 있다.

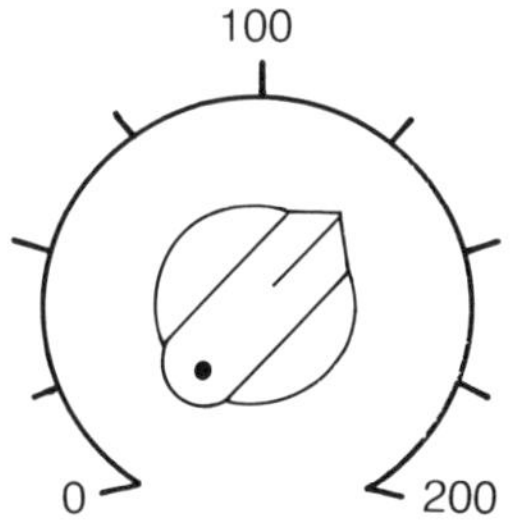

Jog Feed Rate Override

ⓓ 조그 이송 버튼의 가운데 버튼을 동시에 누르면 급속 이송을 한다. 이때 조그 이송 override S/W의 기능은 무시되며 급속 이송 override 스위치의 조정값이 유효하다.

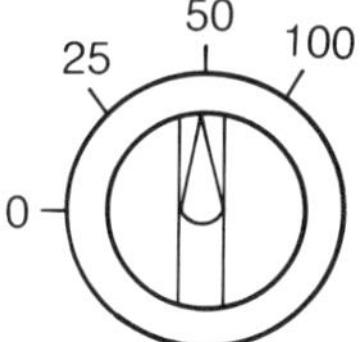

Rapid Traverse override

* 처음부터 Rapid Traverse Override S／W를 100에 놓고 이송을 하면 가끔 충돌하는 실수를 범하기 쉬우니 50이하에서 시작함이 좋을 것이다.

③ 핸들 이송

수동 펄스 발생기(Manual Pulse Generator)의 핸들을 돌림에 따라 기계를 미세 이송시켜 정확한 위치로 이동이 가능하다.

ⓐ Mode S/W를 Handle에 위치시킨다.

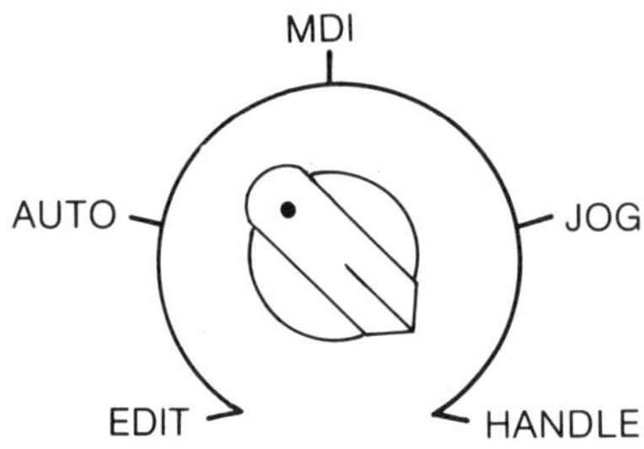

ⓑ 이송축을 선택한다.

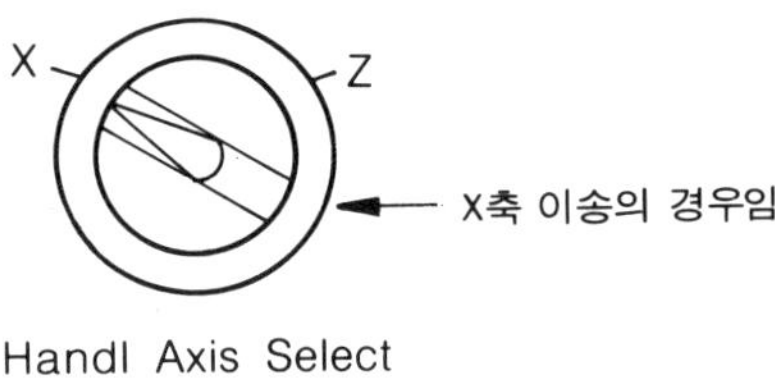

ⓒ Handle을 돌린다.

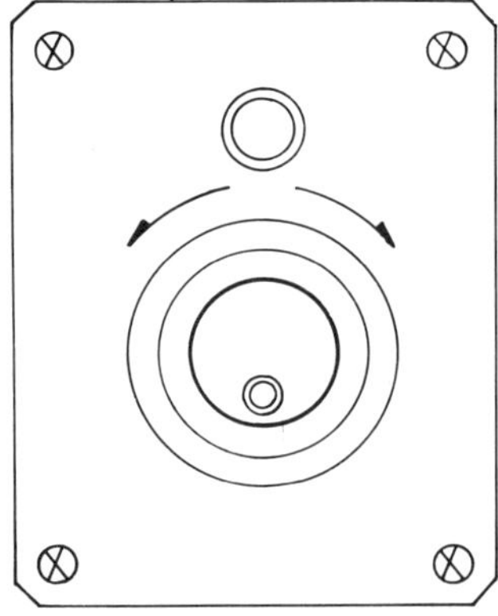

- 시계 방향으로 돌리면 ⊕ 방향 이송
- 반 시계 방향으로 돌리면 ⊖ 방향 이송

ⓓ 펄스당 이송 속도는 Handle 배율 절환 S/W로 조정이 된다.

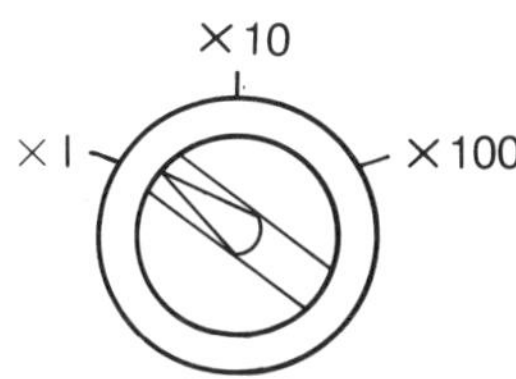

×1은 $\dfrac{1}{1000}$ m/m 이송이고 ×10은 $\dfrac{1}{100}$ m/m 이송이며 ×100은 $\dfrac{1}{10}$ m/m 이송이다.

* • Handle은 초당 5회전 이하로 돌리도록 한다.
  • ×100에 위치하고 Handle을 돌리면 위험할 수도 있으니 주의한다.

3) 자동운전

① Memory 운전

ⓐ 운전할 program이 맞는지 반드시 확인하고 맞지 않는 경우 운전할 prg을 선택한다. 찾는 방법은 다음과 같다.

㉠ Mode S/W를 EDIT나 AUTO에 두고

㉡ PRGRM 버튼을 누른다.

㉢ 화면에 선택할 prg 번호를 타자한다.

　예) Ō 1111

㉣ cursor key ↓ 를 누른다. 이렇게 하면 원하는 prg을 선택할 수 있다. 단, 찾고자 하는 prg이 미리 입력되어 Memory 영역에 저장되어 있는 경우이다.

ⓑ Mode S/W를 AUTO에 위치한다.

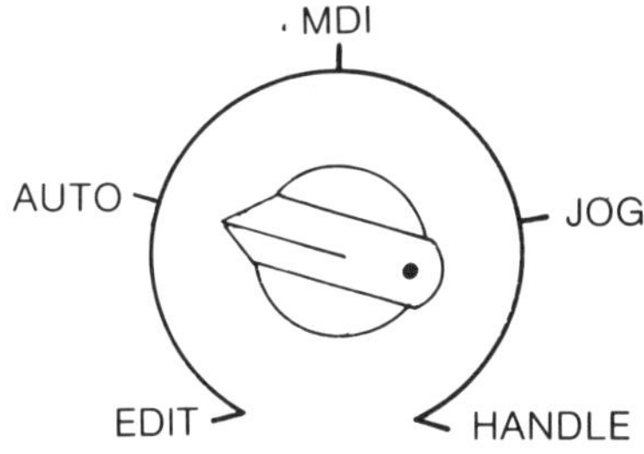

ⓒ Cycle Start 버튼을 누른다.

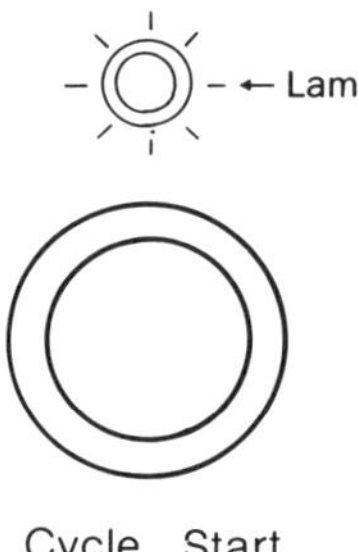

램프가 켜지고 자동 운전이 시작된다.

* • 좌표계 설정이 되어있지 않은 경우에 함부로 Cycle Start 버튼을 누르면 충돌사고가 발생할 수 있으니 주의한다.
  • 다음과 같은 경우 운전개시(Cycle Start) 버튼을 눌러도 운전이 되지 않으니 당황하지 말고 차분히 원인을 제거한다.
    ㉠ Mode 선택이 잘못되었을 때
    ㉡ 이상경고 발생시
    ㉢ NC가 준비상태에 있지 않을 때(Not Ready)
    ㉣ 척의 죠(JAW)가 장착의 상태가 아닐 때
    ㉤ 도어 인터록에 걸려 있을 때(도어 개폐를 감지하는 S/W가 달려 있는 경우 문이 완전히 닫혀 있지 않은 경우를 말한다)
    ㉥ 윤활유가 떨어진 경우 등이다.

② 자동운전 중단 및 재개
　　ⓐ 자동 운전 중에 이송 중지 버튼(Feed Hold)을 누르면 바로 중단된다.

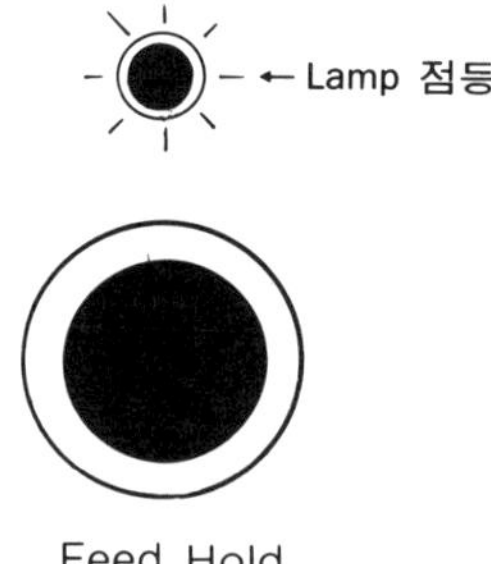

　　ⓑ M, S, T 기능은 그대로 수행 중이고 프로그램 진행이 중단된다. Cycle Start 버튼의 Lamp가 꺼진다.

　　* M: 보조기능(M기능) S: Spindle기능 T: Tool기능

　　ⓒ 다시 운전을 진행시키려면 Cycle Start 버튼을 누르면 이어서 계속 진행한다.

③ 단일 지령절(Single Block) 운전

ⓐ Single Block S/W를 ON에 위치한다.

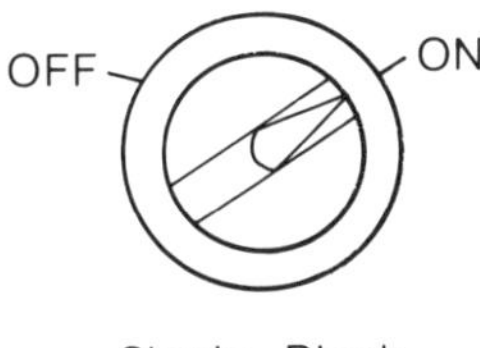

ⓑ Cycle Start 버튼을 누를 때마다 prg의 한 블럭씩 이동한다.

ⓒ 프로그램(prg)의 점검시에 많이 사용한다.

ⓓ 연속 진행을 시키고 싶으면 이 S/W를 OFF에 위치하고 Cycle Start 버튼을 누르면 된다.

④ 지령절 선택 도약(Optional Block Skip)

Optional Block Skip S/W를 ON에 위치하고 운전하면 prg 지령 중에 빗금(/)으로 시작된 Block은 생략하고 다음 Block부터 수행한다.

[예] N100 G1 X ___ Z ___;

　　 N200 X ___;

　　 / N300 Z ___;

　　 / N400 X ___ Z ___;

　　 N500 Z ___;

　　　　　⋮

위와 같은 경우 N200까지 수행하고 N300, N400의 지령절은 생략하고 N500 Block부터 수행한다.

⑤ 공운전(Dry Run)

ⓐ Dry Run S/W를 ON에 위치한다.

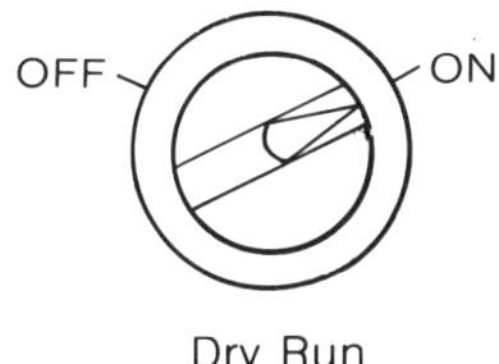

ⓑ 프로그램 지령에 의한 이송 속도는 무시되고 Jog Feed Rate override S/W의 조정에 의한 이송을 한다.

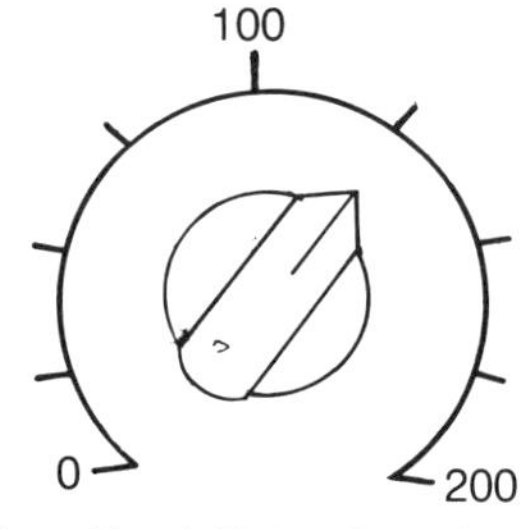

Jog Feed Rate Override

ⓒ Jog Feed Rate Override S/W를 좌우로 돌림에 따라 이송 속도를 마음대로 조절할 수 있으므로 가공물을 장착하지 않고 프로그램 실제 경로를 점검하는데 사용하면 편리하다.

ⓓ M, S, T 기능은 prg 지령대로 수행한다.

⑥ 기계고정(Machine Lock)

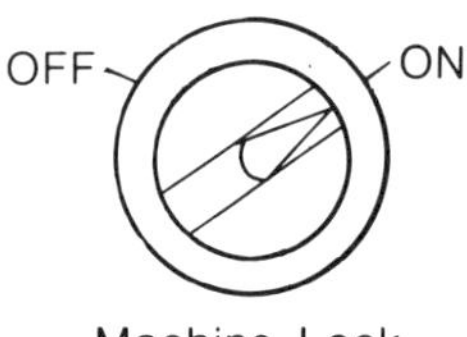

Machine Lock

이 S/W를 ON에 놓고 운전을 하면 기계 이송은 하지 않고 화면상의 prg만 정상대로 진행을 한다. 기계 이동없이 prg 점검에 사용한다. M, S, T기능은 수행한다.

⑦ 선택정지(Optional Stop)

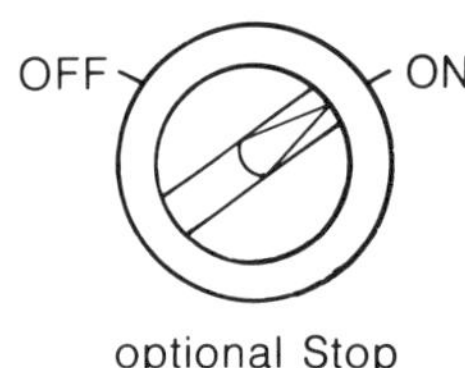

optional Stop

그림과 같이 이 S/W를 ON에 위치하고 운전을 하면 prg중에 M01; 이 있는 곳에서 운전이 정지된다. 통상적으로 공정과 공정 사이에 사용하여 제품을 확인할 때 많이 사용한다. 운전을 재개하려면 Cycle Start 버튼을 누르면 된다.

⑧ 이송속도조절(Feed Rate Override)

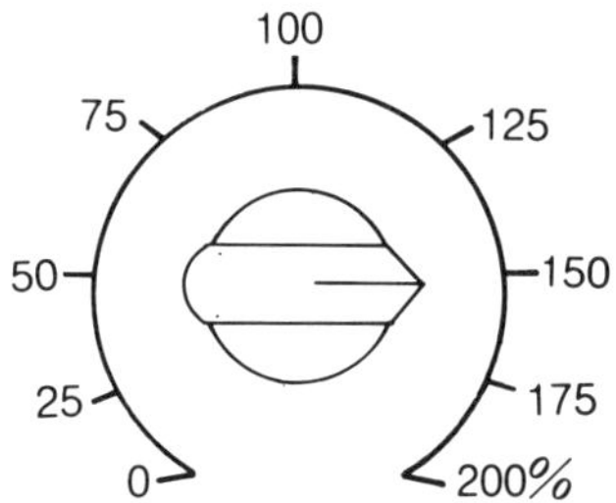

Feed Rate Override

이 S/W의 위치에 따라 prg에서 지령된 이송 속도를 백분율(%)로 조정할 수가 있다.

그림과 같이 150%에 놓고 수행을 할때 prg 상의 Feed가 F0.2였다면 실제이송은 0.2×1.5=0.3 즉 F0.3으로 지령하는 것과 같다. 통상적으로 100의 위치에 놓고 작업하도록 하자.

⑨ MDI 운전

한 Block씩의 지령을 CRT / MDI panel에서 입력하여 실행할 수 있다.

ⓐ Mode S/W를 MDI에 위치한다.

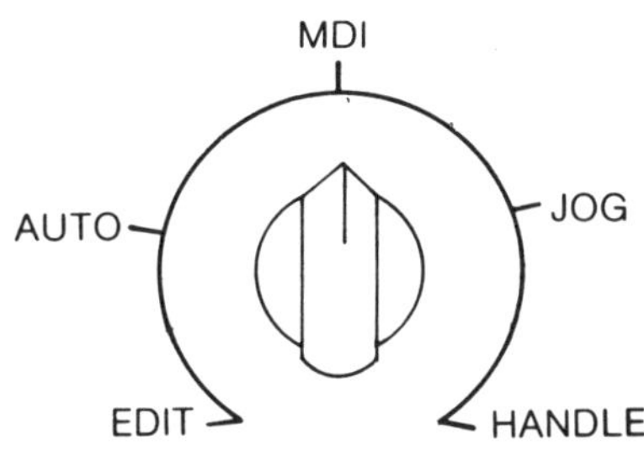

ⓑ |PRGRM| key를 누른다.

ⓒ |↓| (page) 버튼을 누르면 다음과 같은 화면이 나타난다.

```
program              O0000 N0000
(MDI)                (MODAL)

                     G00    F
                     G97    M
                     G__    S
                       ⋮    T
                            ⋮
ADRS                 MDI
```

ⓓ 화면에 실행하고자 하는 어드레스와 데이터를 타자하여 입력시킨다.

  예) G01 X100.0 Z100.0 ;

```
PROGRAM              O0000 N0000
(MDI)                (MODAL)
G01  X100.0          G00    F
     Z200.0          G97    M
                       ⋮    S
                            T
                       ⋮    ⋮
```

ⓔ |START| 버튼을 누르면 수행된다.

  기계의 종류에 따라 Cycle Start 버튼을 눌러야 수행되는 것도 있다.

  MDI 운전은 JAW를 가공하거나, 좌표설정 등에 사용하면 편리하다.

3. CRT/MDI PANEL

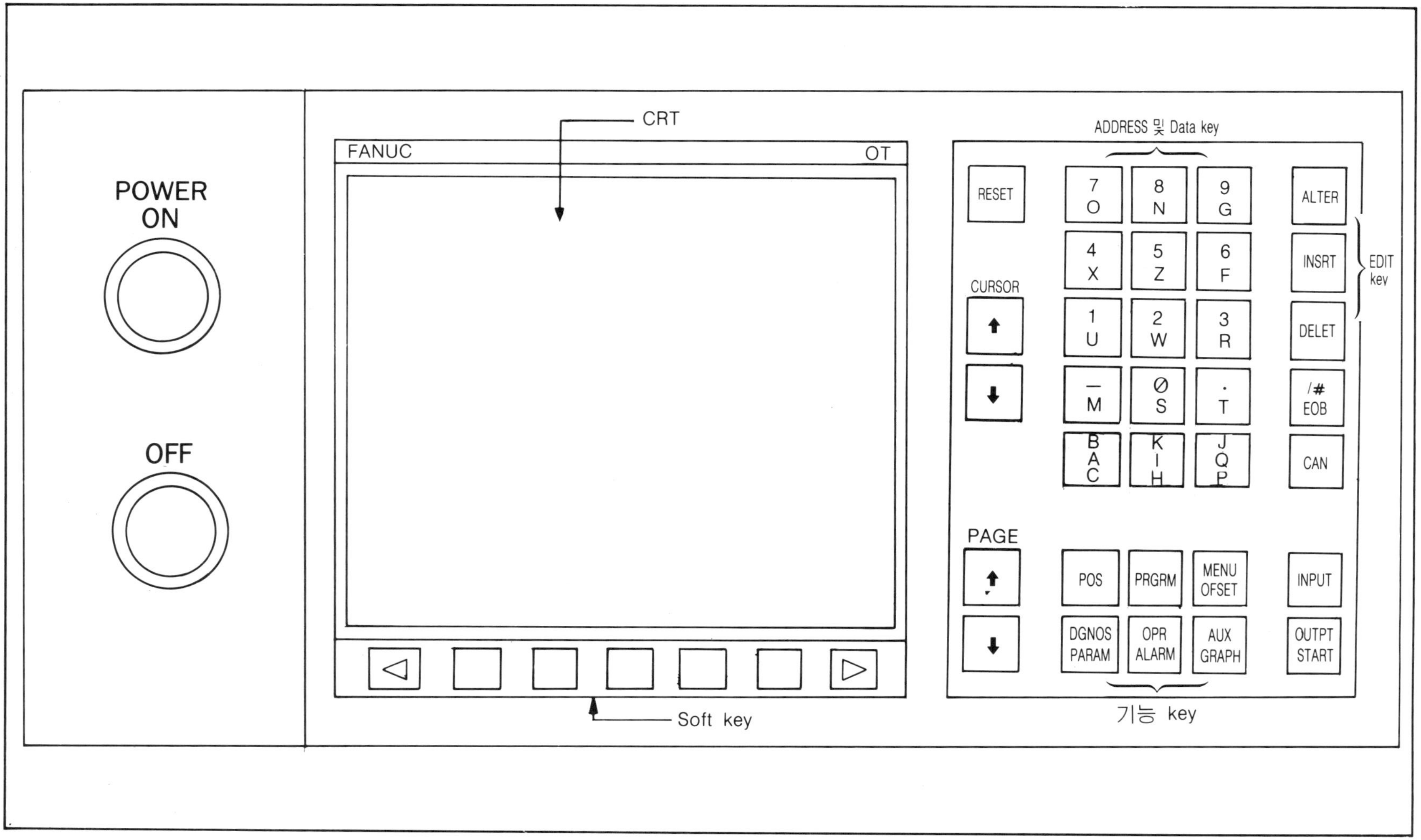

<CRT MDI PANEL>

* 단지 FANUC System 0T를 예로 들었음. System이 달라도 엇비슷하므로
한 System을 완벽하게 알고나면 다른 것도 문제될 것이 없을 것으로 생각함.

RESET : Alarm 해제시나 prg 지령을 원상 복귀할 때 또는 편집(EDIT) 모드에서 프로
그램을 첫머리로 돌려 놓을 때 등등

CURSOR

↑
↓ : 누르면 화면상의 커셔(—)가 이동한다.

PAGE

↑
↓ : 누르면 다음장의 화면으로 바뀐다.

ADDRESS / DATA key: 알파벳, 수치 등을 입력하는데 사용한다.

POS : 현재 위치 표시

PRGRM : 프로그램 내용 및 프로그램 화면 표시

MENU
OFSET : 공구 보정 화면 표시

PARAM
DGNOS : 파라메타(변수) 및 자기 진단 표시

OPR
ALARM : Alarm(이상경고)표시

AUX
GRAPH : GRAPHIC 표시← 선택사양 기능임

ALTER : 어드레스나 수치를 변경할 때 사용

INSRT : 어드레스나 수치를 삽입할 때나 새로이 입력시

DELET : 어드레스나 수치를 삭제할 때

/ #
EOB : 빗금(/)삽입시, 절맺음(;)사용시

CAN : 잘못 타자된 Address나 수치를 취소할 때

INPUT : MDI에서 자료 및 주소 입력시 OFSet에서 또는 파라메타에서 수치 입력시

OUTPT
START : MDI에서 자료(DATA) 및 주소(ADDRESS) 입력 후 수행시킬 때 사용

Soft Key : option(선택)사양임, 없는 경우가 많음

<화면 표시 예>

현재위치(POS)

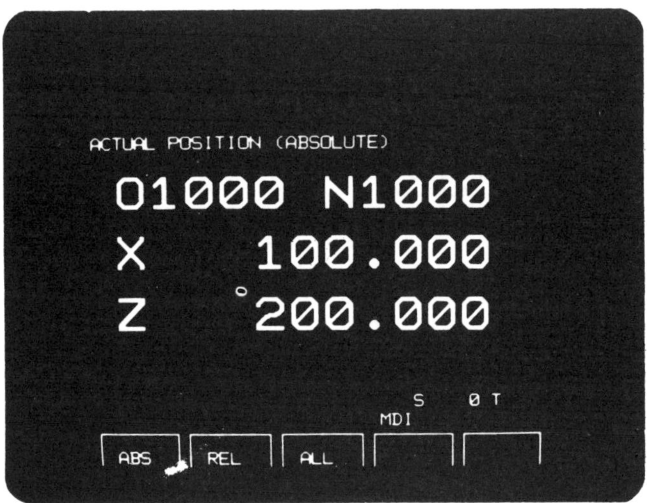

<절대치>

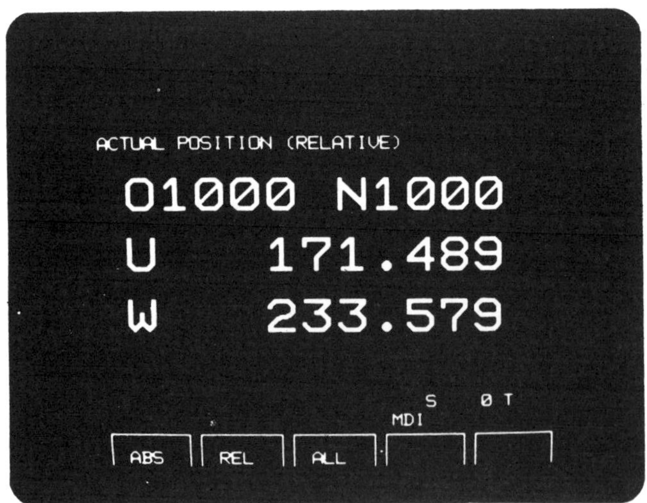

<증분치>

program(PRGRM)

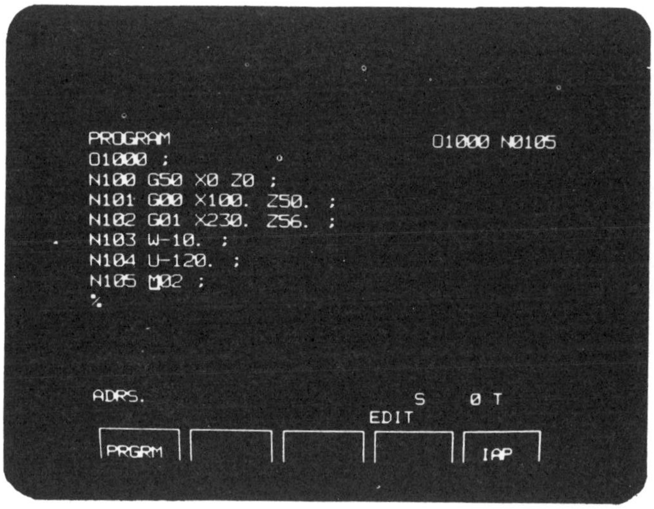

```
PROGRAM                        O1000 N0105
O1000 ;
N100 G50 X0 Z0 ;
N101 G00 X100. Z50. ;
N102 G01 X230. Z56. ;
N103 W-10. ;
N104 U-120. ;
N105 M02 ;
%


ADRS.                        S    0 T
                       EDIT
  PRGRM                            IAP
```

MENU
OFSET

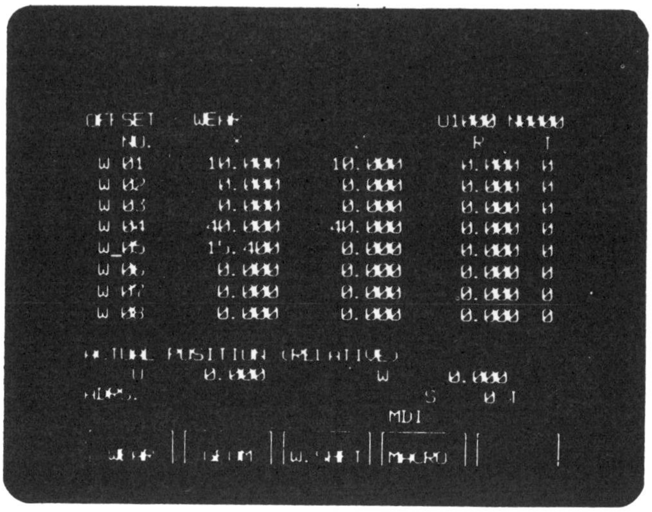

```
OFSET   WEAR              U1000 N00000
     NO.       X                    R     T
  W 01    10.000      10.000     0.000   0
  W 02     0.000       0.000     0.000   0
  W 03     0.000       0.000     0.000   0
  W 04   -40.000     -40.000     0.000   0
  W 05    15.000       0.000     0.000   0
  W 06     0.000       0.000     0.000   0
  W 07     0.000       0.000     0.000   0
  W 08     0.000       0.000     0.000   0

ACTUAL POSITION (RELATIVE)
     U      0.000         W      0.000
ADRS.                        S    0 T
                       MDI
  WEAR   GEOM   W. SFT   MACRO
```

파라메타 DGNOS
PARAM

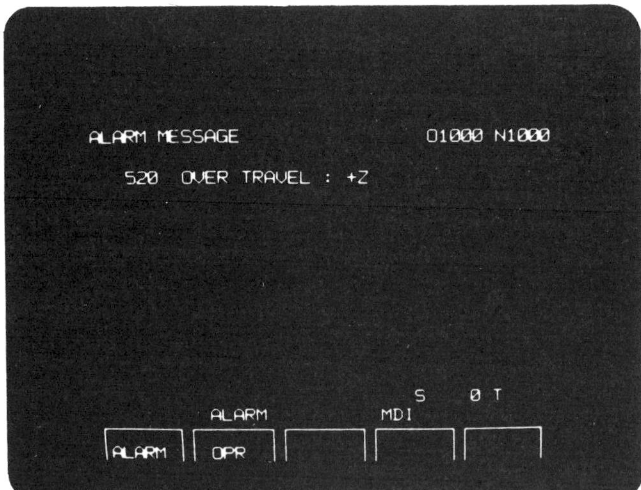

Alarm(이상경고) OPR
ALARM

그래픽

AUX
GRAPH

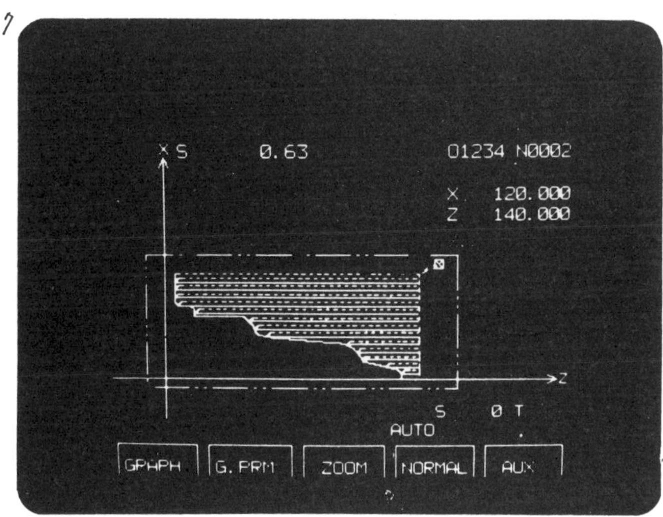

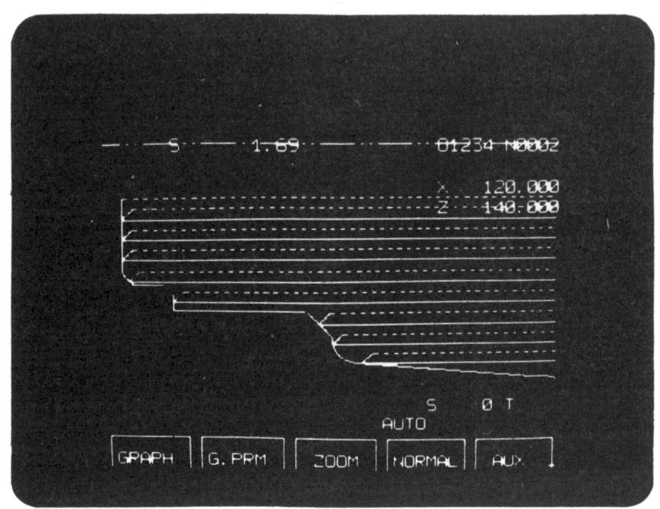

내경바이트의 떨림,
"땅땅 하모니"로 해결해 보세요!

내경바이트의 떨림을 방지하는 방법에는 두 가지가 있습니다. 첫째, 근본적으로 떨림을 발생하지 못하게 억제하는 것이고, 둘째, 발생한 떨림을 완화시키는 것입니다.

첫 번째 방법은 설명할 필요도 없이 짧고 튼튼한 홀더를 사용하면 됩니다. 문제는 길게 튀어 나와야 되는 두 번째 방법이 기술자들의 골칫덩어리입니다.

그렇다면 발생한 진동을 어떻게 완화시킬 수 있을까요? 여기서는 우리가 시중에서 손쉽게 구할 수 있는 일반적인 홀더를 기준으로 설명하는 것이니 초경바나 방진바에 대해서는 잠시 접어두겠습니다.

이제부터 저를 따라 해보세요. 명칭은 **"땅땅 하모니"**라고 하겠습니다. 제게서 배운 사람들은 공구를 장착할 때 멀리서 봐도 한눈에 알 수 있습니다. 들고 있는 렌치나 스패너로 내경홀더를 **"땅땅"** 때립니다. 여러분도 이제부터는 **"땅땅"** 때리게 될 터이니 멀리서 서로 보기만 해도 한가족이라는 사실을 알 수 있을 것입니다.

우리나라 아니, 세계 최초로 아름다운 소리를 감상하면서 공구의 조건을 맞추는 방법을 제시하는 것입니다. 아래 소개하는 글을 읽으면서 미리 감을 잡기 바랍니다.

몇 년 전에 친구들과 술을 한 잔 하면서 이런저런 얘기를 나누다가 문구류 금형을 하는 친구가 고민스런 푸념을 하더군요. 깊은 내경을 가공할 때 떨림 때문에 골치가 아프다고…. 친구 중에는 문구 금형을 하는 사람이 셋이 있는데 모두 베테랑입니다. 가끔 가서 일하는 모습을 보면 나더러 해보라고 해도 나는 사실 그렇게 못할 것 같습니다. 볼펜이나 샤프펜슬 같은 문구를 사출해 내는 금형을 만드는 일이어서 내경 가공이나 드릴 작업은 눈에도 잘 보이지 않습니다. 바이트는 대부분 10파이 미만의 초경봉을 사다가 프로젝터(전자확대경)로 비추어보면서 연삭을 해서 사용을 합니다. 그런데 이들도 가장 큰 고민이 내경의 떨림을 잡는 것이었습니다.

그 자리에서 설명을 해 주고 내일 그대로 실행해 보라고 했습니다. 일단 바이트를 터렛에 장착하고 볼트로 고정하기 전에 볼트 조이는 공구(렌치 혹은 스패너)로 살짝 때려 보면 소리가 날텐데 어떤 느낌의 소리가 나는지. 분명히 "투~욱 또는 티~익" 할 것이니 이제부터 고정 볼트를 조이되 방금 들었던 소리를 유지할 수 있도록 아주 살짝만 조여라. 바이트가 부하를 받아서 뒤로 물러나지 않을 정도로. 또 부하를

받아서 돌아가지 않을 정도로 사알짝! 너희들 같이 아주 작은 제품들은 더욱 유리하다. 왜냐하면 절입량을 아주 조금씩 주기 때문에 거의 고정 볼트를 조이지 않아도 될 정도일 것이다. 뒤로 물러나는 것은 걱정할 필요가 없다. 뒤쪽에 커버를 막아 버리고 홀더를 거기에 밀착시키면 될 터이니 그냥 홀더를 슬리브에 올려놓았다는 기분으로 작업을 하면 틀림없이 떨지 않을 것이다.

다음 날 친구에게서 전화가 왔습니다. "가르쳐 준 대로 했더니 안 떨고 정말 기가 막히네. 우리는 10년 넘게 이런 금형 작업을 하면서도 떨림을 해결 못해서 고생을 했는데, 이런 기막힌 방법이 있었다니 정말로 놀랍다."

"땅땅 하모니" 여러분! 이제 감이 잡혔겠지요? 발생한 채터링(떨림)을 완화시키는 것이 키포인트입니다. 지금 여러분의 내경 홀더가 떤다면 렌치로 홀더의 머리 쪽을 살짝 쳐서 아름다운 소리를 감상해 보세요. "따~앙" 하고 맑은 소리가 울려 퍼지나요? 그것은 우리와 같이 내경 절삭가공을 하는 데는 쥐약입니다. 거의 대부분의 사람들이 바이트가 떨면 볼트를 있는 대로 세게 잠그는데, 그러면 더 떨게 됩니다. 소리가 한 옥타브 올라가서 "따르르" 하던 것이 "띠리리" 하고 소리가 납니다. 이제 과거의 고정 관념은 완전히 버리고 기억하세요.

✔ 떨면 풀어라.

떨면 고정 볼트를 조이지 말고 푸십시오. 푸는 데도 순서가 있습니다. 왼쪽, 즉 바이트 머리 쪽 고정 볼트부터 과감히 푸십시오. 그러면서 렌치로 탁탁 쳐서 짧고 둔탁한 소리가 나는지 확인하면서 조정을 하십시오.

✔ 뒤로 밀리거나 돌아가지 않을 만큼 조정을 하면서 나름대로 감각을 익혀라.

또 한 가지 병행할 것은 왼손에는 렌치를, 오른손으로는 핸들을 잡고 제품을 살짝 절삭하면서 왼손으로 앞쪽 고정볼트부터 풀면서 또는 조금씩 조이면서 완벽한 조건을 잡습니다. 요령을 알고 나면 내경 가공에 대한 자신감이 생깁니다.

"땅땅 하모니" 가족 여러분! 꼭 훌륭한 기술자가 되기 바랍니다.

요령을 간단하게 다시 정리하면,

▸ 떨면 풀어라(앞쪽부터).
▸ 땅땅 때려서 둔탁한 소리가 나도록 고정시켜라.
▸ 노즈 R이 작은 것을 사용하라.
▸ 바이트 고정 볼트로 조절이 안 되면 터렛에서 내경 홀더 블록의 볼트도 적당히 풀어서 진동을 완화시키는 공간을 마련하라.

HP. 010-3272-5123

제10장

부록

제10장

부록

G code 일람표

標準 G code	特殊 G code	Group	機　　能
G 00	G 00		位置決定（急速移送）
G 01	G 01	01	直線補間（切削移送）
G 02	G 02		円弧補間 CW
G 03	G 03		円弧補間 CCW
G 04	G 04	00	Dwell
G 10	G 10		Data 設定
G 20	G 20	06	Inch Data 入力
G 21	G 21		mm Data 入力
G 25	G 25	08	主軸變動檢出 OFF
G 26	G 26		主軸變動檢出 ON
G 27	G 27		Reference 點復歸 check
G 28	G 28		Reference 點에의 復歸
G 30	G 30	00	第 2 Reference 點復歸
G 31	G 31		Skip 機能
G 32	G 33	01	나사切削
G 36	G 36		自動工具補正 X
G 37	G 37	00	自動工具補正 Z
G 40	G 40		Nose R 補正 Cancel

標準 G code	特殊 G code	Group	機　　能
G 41	G 41	07	Nose R 補正左
G 42	G 42		Nose R 補正右
G 50	G 92	00	座標系設定, 主軸最高速度設定
G 65	G 65		Custom Macro 呼出
▼ G 68	▼ G 68	04	對向工具台用 Mirror Image ON
▼ G 69	▼ G 69		對向工具台用 Mirror Image OFF
G 70	G 70	00	仕上 Cycle
G 71	G 71		外徑荒削 Cycle
G 72	G 72		端面荒削 Cycle
G 73	G 73		閉 Loop 切削 Cycle
G 74	G 74		端面 Peck Drilling Cycle
G 75	G 75		外徑, 內徑 Peck Drilling Cycle
G 76	G 76		複合形 나사切削 Cycle
G 90	G 77	01	外徑, 內徑旋削 Cycle
G 92	G 78		나사切削 Cycle
G 94	G 79		端面旋削 Cycle
G 96	G 96	02	周速一定制御
▼ G 97	▼ G 97		周速一定制御 Cancel
▼ G 98	▼ G 94	05	分當移送
▼ G 99	▼ G 95		回轉當 移送
—	G 90	03	Absolute 指令
—	G 91		Incremental 指令

(注 1) 主軸의 最高速度設定(G 50)은 周速一定制御(option)가 있는 경우 可能함.

(注 2) ▼ 의 記號는 電源投入時, ▼ 가 붙은 G Code의 狀態가 되는 것을 나타냄.

(注 3) 00 Group G Code는 Modal이 아닌 G Code를 나타내며, 指令된 Block에만 有效함.

(注 4) G Code 一覽表에 없는 G Code를 指令하면 Alarm이 表示됨. (No. 010)

(注 5) G Code는 다른 Group이면 몇 개라도 同一 Block에 指令할 수 있음. 같은 Group에 屬하는
　　　 G Code를 同一 Block에 2개以上 指令한 경우에는 뒤에 指令한 G Code 쪽이 有效함.

(注 6) G Code는 各各 Group 番號別로 表示되어 있음.

부록 2 NC 용어 해설

ABSOLUTE / INCREMENTAL SYSTEM 절대방식 / 증분방식 좌표계

기계의 이동위치를 표시하는데 일정한 원점으로부터의 좌표로 표시하는 절대방식의 프로그램도 가능하고, 이동 전 위치로부터 이동 후 위치까지의 거리와 방향으로 표시하는 증분 방식 프로그램도 가능하다.

LABEL SKIP STATUS 라벨도약상태

NC가 프로그램 테이프의 맨 처음 EOB코드까지의 라벨(도번, 자성일자 등) 영어를 뛰어넘고 프로그램 지령을 받아 들일 준비 상태에 있음을 의미

BUFFER STORAGE 바퍼저장

NC가 프로그램 지령을 읽고 수행하는 데는, 읽어 들이는 미소한 시간 때문에 지령절과 절간에 끊어짐이 생긴다. 그래서 NC는 수행중인 지령절의 다음 한 지령절을 미리 읽어들여 바퍼에 담아 놓는다.

BLOCK 지령절

몇 개의 단어(Word)가 모인 하나의 지령 단위로서, 이 단위가 모여 프로그램을 구성한다.

각 지령절 간에는 LF, CR 또는 * 나; 등의 END OF BLOCK (EOB)을 표시하는 글자로 한 지령절이 끝난 것을 구분한다.

SINGLE BLOCK OPERATION 단일 지령절 운전

이 기능 스위치를 켜고 운전개시 단추를 누르면 한 개의 지령절만 수행하고 다음 지령절로 넘어 가지 않고 프로그램 진행이 중단되는 기능.

프로그램 경로를 점검할 때 유용하다.

OPTIONAL BLOCK SKIP 선택적 지령절 도약

이 기능 스위치가 커져 있을 때는 빗금(/)으로 시작하는 지령절은 수행하지 않고 뛰어 넘는다.

OPTIONAL STOP 선택적 프로그램 정지

이 기능 스위치가 켜져 있으면, M01 지령절까지만 수행한 뒤 모든 프로그램 지령이 정지한다.

단 모달 자료나 좌표치 등은 계속 유효하다.

프로그램을 재개하려면 운전개시 단추를 다시 누르면 된다.

MODAL 모달(연속이해 지령)

이 지령은 한 번 지령되면 구태여 다시 지령하지 않더라도 계속 유효하고, 동일 성질을 나타내는 다른 지령에 의해서 변경된다.

FEED RATE OVERRIDE 이송속도 조절

프로그램으로 지령된 이송속도를 선택스위치로 가감하는 기능.
대개 0-200%까지의 20단계.
죠그 이송시는 백분율 대신 각 스위치 위치의 설정속도로 움직인다.

FEED HOLD 이송중지

자동운전 중 이 단추를 누르면 바로 기계 이송이 중지되고, M, S, T기능은 그대로 수행하는 채 프로그램 진행이 중단된다.
운전개시 단추를 다시 누르면 운전이 재개된다.

MANUAL DATA INPUT(MDI) 수동 자료 입력

테이프 또는 기억에 의한 반복 가능한 지령 대신에, 1회적으로 필요한 지령을 MDI 타자반을 두드려, 1개의 지령절씩 수동 입력하여 수행케 할 수 있다.

MANUAL ABSOLUTE 수동절대치(절대좌표계 보존)

이 기능 스위치를 켜고 자동운전을 재개하면, 수동운전 중의 이동량이 가산된 절대좌표치가(수동 절대치가)자동운전 모드에서 유효하게 되어, 프로그램 절대좌표계가 보존되나, 이 기능 스위치를 끄고 자동운전 모드로 넘어 가면 수동이동량 만큼 절대좌표계가 이동한다.

부록 3   TURNING INSERT 규격 선정법

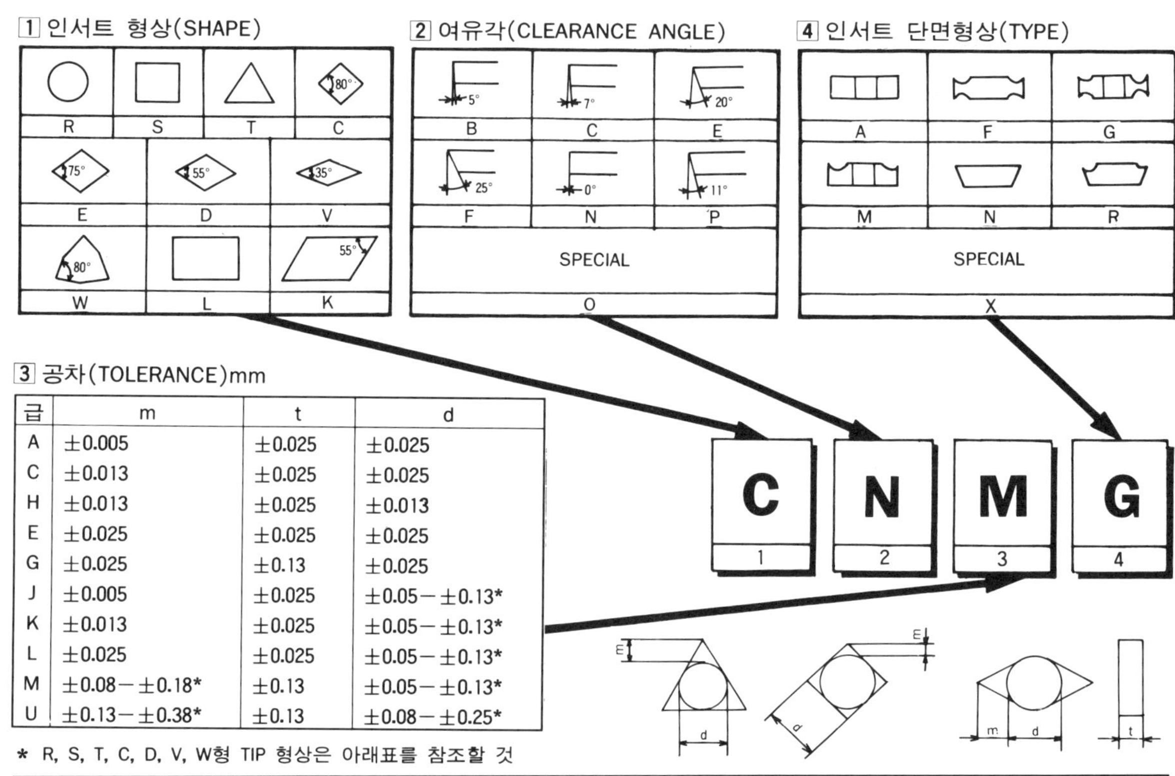

1 인서트 형상(SHAPE)

R	S	T	C
(80°)			
E	D	V
(75°)	(55°)	(35°)
W	L	K
(80°)		(55°)

2 여유각(CLEARANCE ANGLE)

B	C	E
5°	7°	20°
F	N	P
25°	0°	11°
SPECIAL		
O		

4 인서트 단면형상(TYPE)

A	F	G
M	N	R
SPECIAL		
X		

3 공차(TOLERANCE)mm

급	m	t	d
A	±0.005	±0.025	±0.025
C	±0.013	±0.025	±0.025
H	±0.013	±0.025	±0.013
E	±0.025	±0.025	±0.025
G	±0.025	±0.13	±0.025
J	±0.005	±0.025	±0.05－±0.13*
K	±0.013	±0.025	±0.05－±0.13*
L	±0.025	±0.025	±0.05－±0.13*
M	±0.08－±0.18*	±0.13	±0.05－±0.13*
U	±0.13－±0.38*	±0.13	±0.08－±0.25*

C N M G
1 2 3 4

* R, S, T, C, D, V, W형 TIP 형상은 아래표를 참조할 것

d	m				d	
	M급			U급	J, K, L, M급	U급
	TIP형상 S, T, C, W	TIP형상 D	TIP형상 V	TIP형상 S, T	TIP형상 S, T, C, W, R	TIP형상 S, T
5.0					±0.05	
5.56	±0.05				±0.05	
6.0					±0.05	
6.35	±0.08			±0.13	±0.05	±0.08
7.94	±0.08				±0.05	
8.0					±0.05	
9.525	±0.08	±0.11	±0.15	±0.13	±0.05	±0.08
10					±0.05	
12					±0.08	
12.7	±0.13	±0.15		±0.20	±0.08	±0.13
15.875	±0.15			±0.27	±0.10	±0.18
16					±0.10	
19.05	±0.15			±0.27	±0.10	±0.18
20					±0.10	
25					±0.13	
25.4	±0.18			±0.38	±0.13	±0.25
31.75	±0.18			±0.38	±0.13	
32					±0.13	

5 내접원 크기 (IC SIZE) mm

	통상기호	소형기호
3.969	—	5
4.762	—	6
6.35	2	—
9.525	3	—
12.700	4	—
15.875	5	—
19.050	6	—
25.400	8	—

6 두께 (THICKNESS) mm

두께	통상기호	소형기호
1.59	—	2
2.38	—	3
3.18	2	4
4.76	3	
6.35	4	
7.94	5	—
9.53	6	—

7 노즈반경 (NOSE RADIUS) mm

NOSE RADIUS	기호
0	0
0.2	0
0.4	1
0.8	2
1.2	3
1.6	4
2.0	5
2.4	6

8 칩브레카 형상 (CHIP BREAKER SHAPE)

기호	용 도
KA	경(輕)절삭용
A	경(輕)절삭용
B	경(輕)절삭(CERMET전용)
무	중(中)절삭용
D	중(中)절삭(CERMET전용)
KC	중(中)절삭용
KE	중(中)절삭용
KM	중(中)절삭용
S	STAINLESS전용
P	중(重)절삭용
KH	중(重)절삭용
H	중(重)절삭용

ASA CODE

5	6	7	8
4	3	1	
12	04	04	

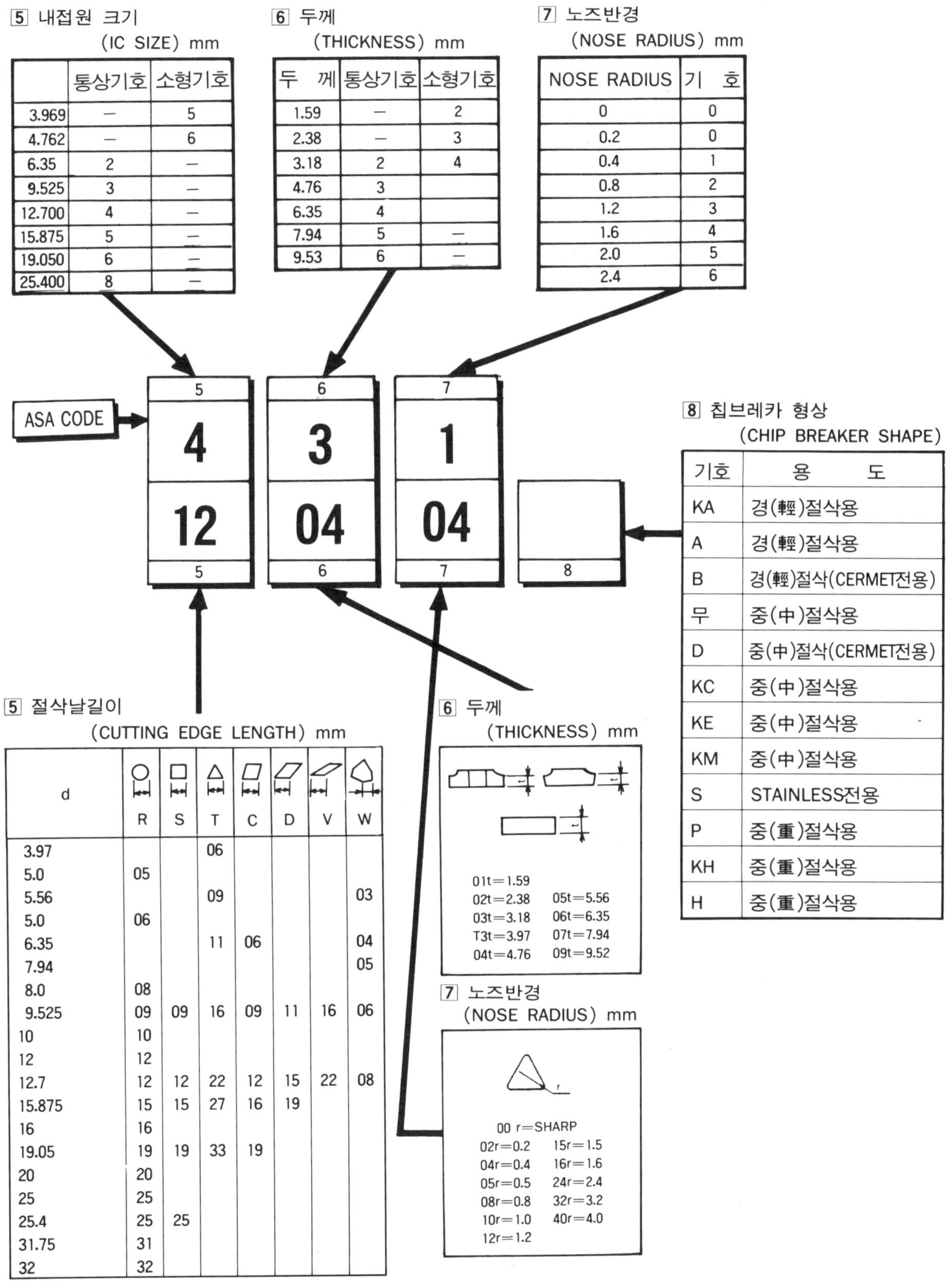

5 절삭날길이 (CUTTING EDGE LENGTH) mm

d	R	S	T	C	D	V	W
3.97			06				
5.0	05						
5.56			09				03
5.0	06						
6.35			11	06			04
7.94							05
8.0	08						
9.525	09	09	16	09	11	16	06
10	10						
12	12						
12.7	12	12	22	12	15	22	08
15.875	15	15	27	16	19		
16	16						
19.05	19	19	33	19			
20	20						
25	25						
25.4	25	25					
31.75	31						
32	32						

6 두께 (THICKNESS) mm

7 노즈반경 (NOSE RADIUS) mm

부록 4 TURNING TOOL HOLDER 규격 선정법

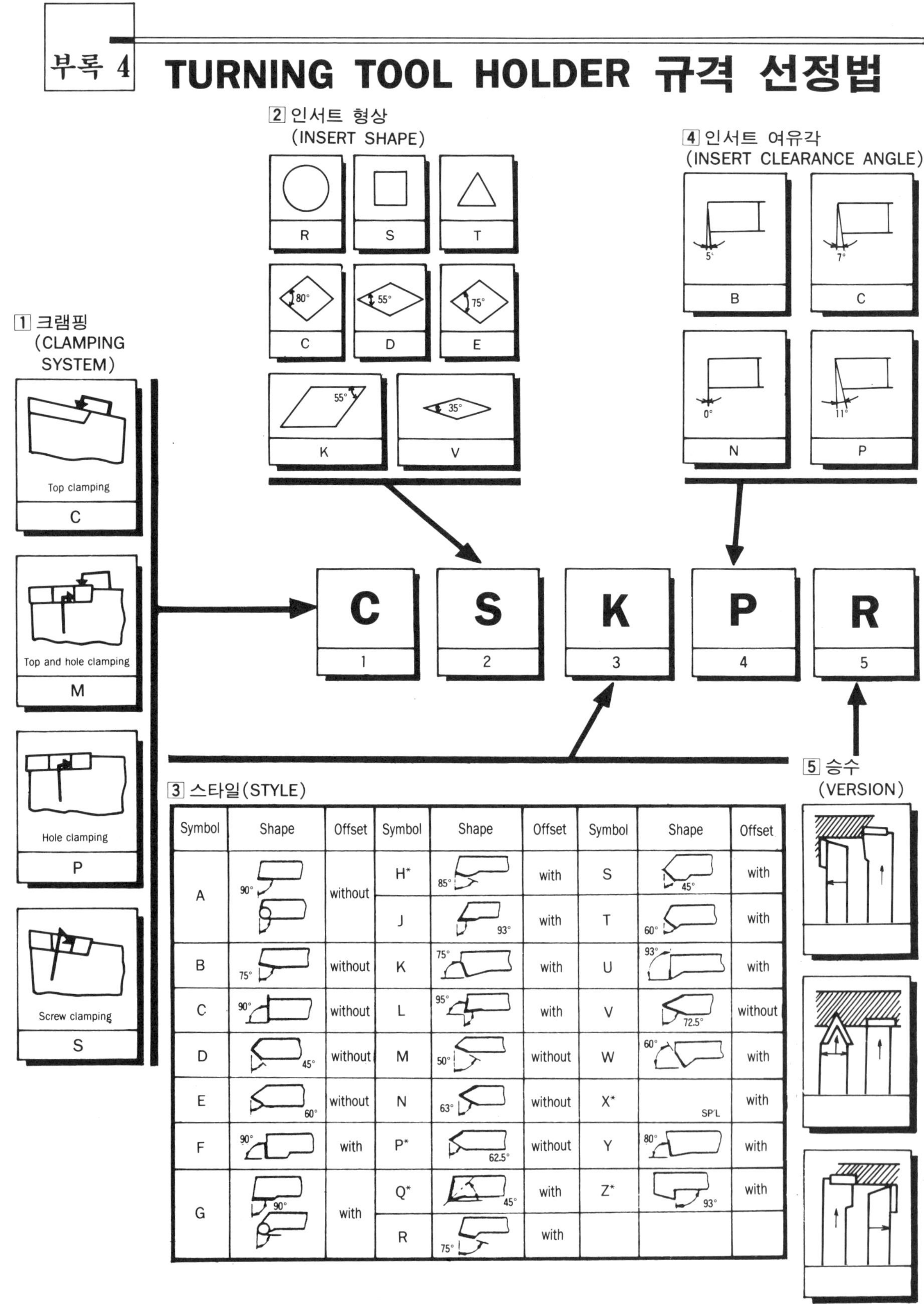

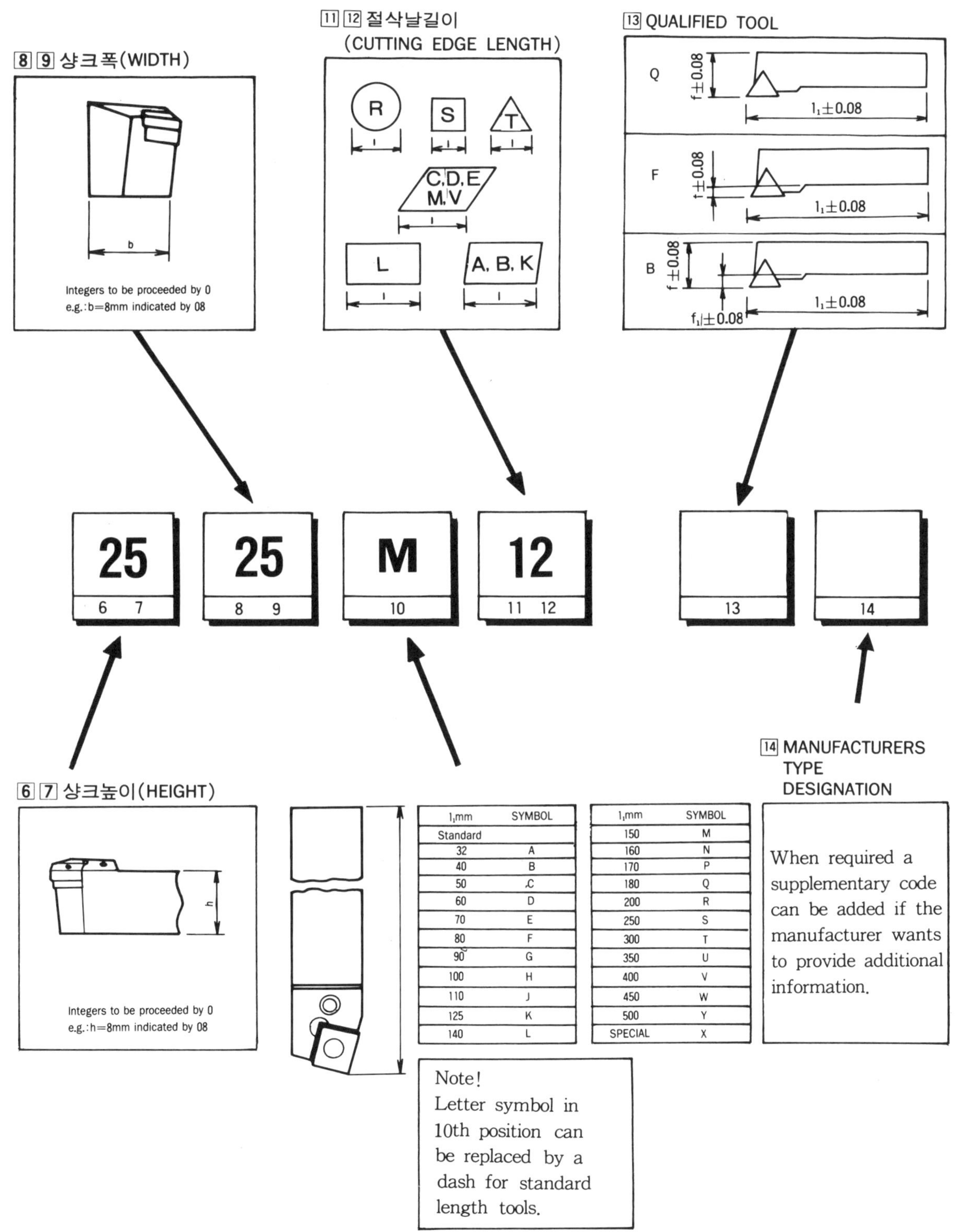

l₁mm	SYMBOL	l₁mm	SYMBOL
Standard		150	M
32	A	160	N
40	B	170	P
50	C	180	Q
60	D	200	R
70	E	250	S
80	F	300	T
90	G	350	U
100	H	400	V
110	J	450	W
125	K	500	Y
140	L	SPECIAL	X

Note!
Letter symbol in 10th position can be replaced by a dash for standard length tools.

부록 5 내경용 TURNING TOOL HOLDER
（BORING BAR 규격선정법）

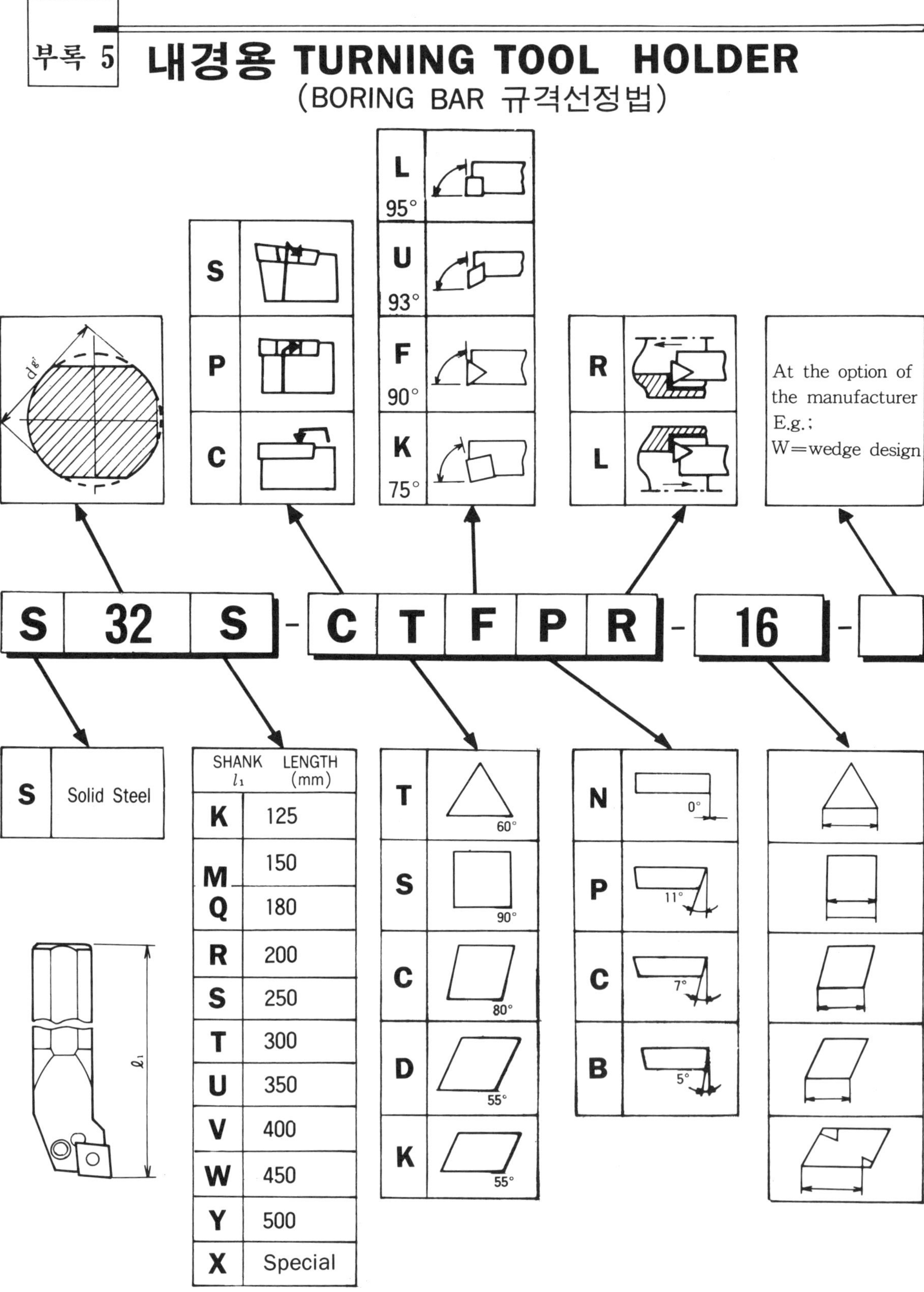

부록 6 툴링 예

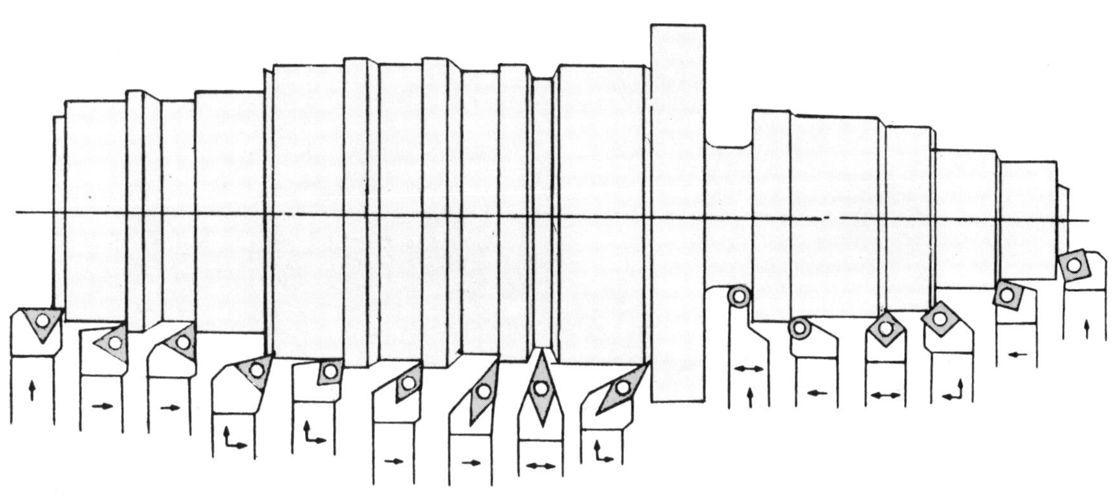

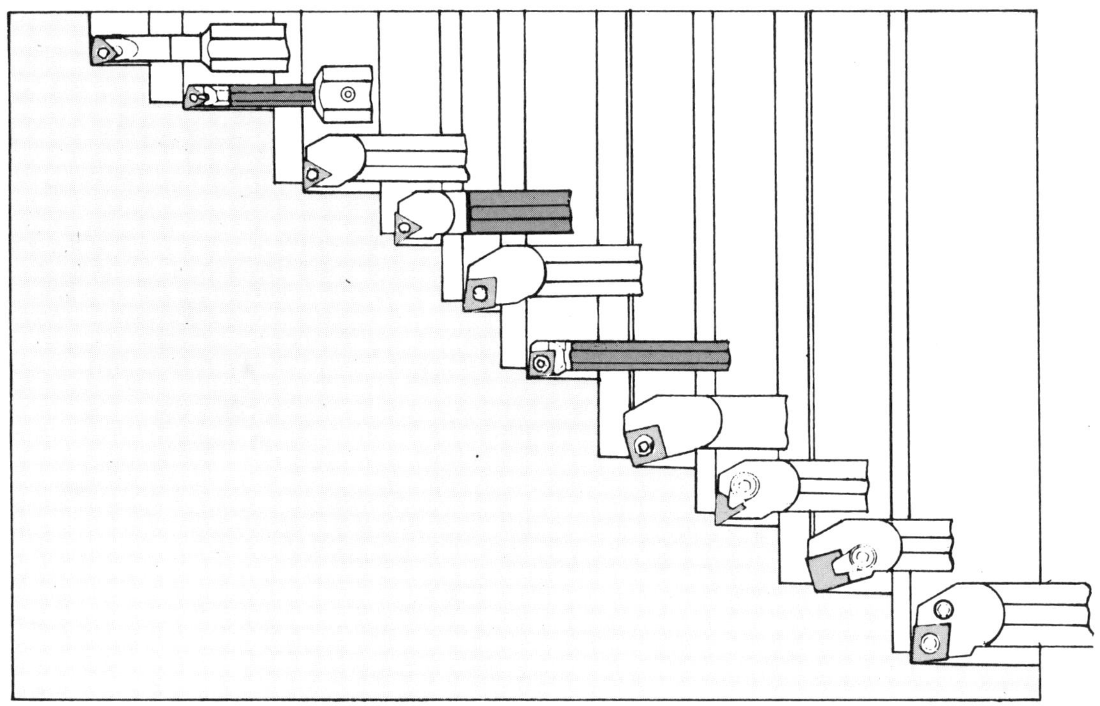

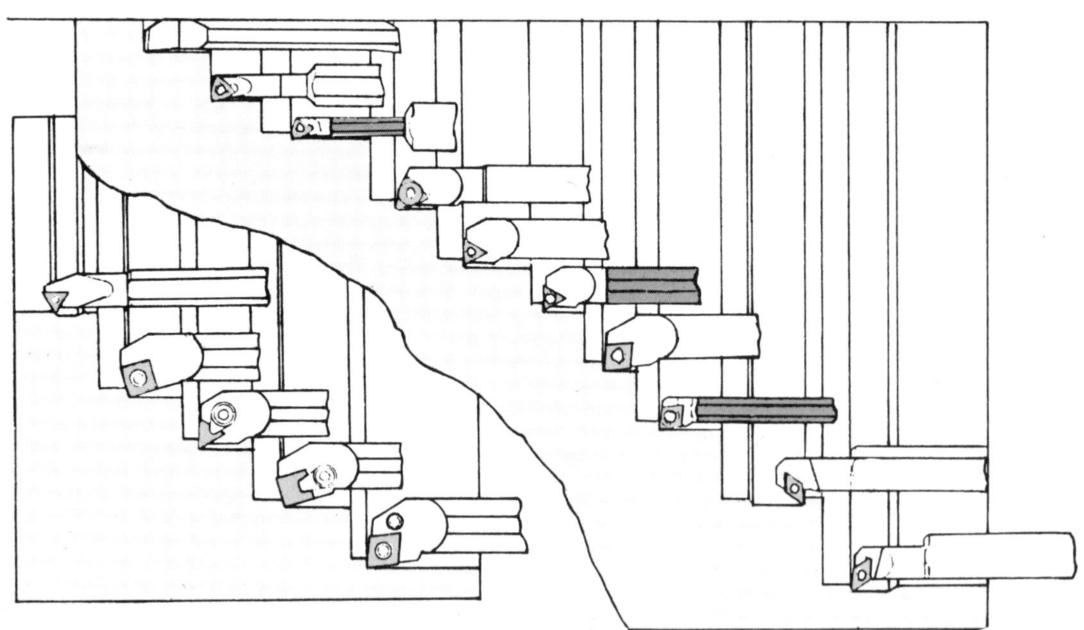

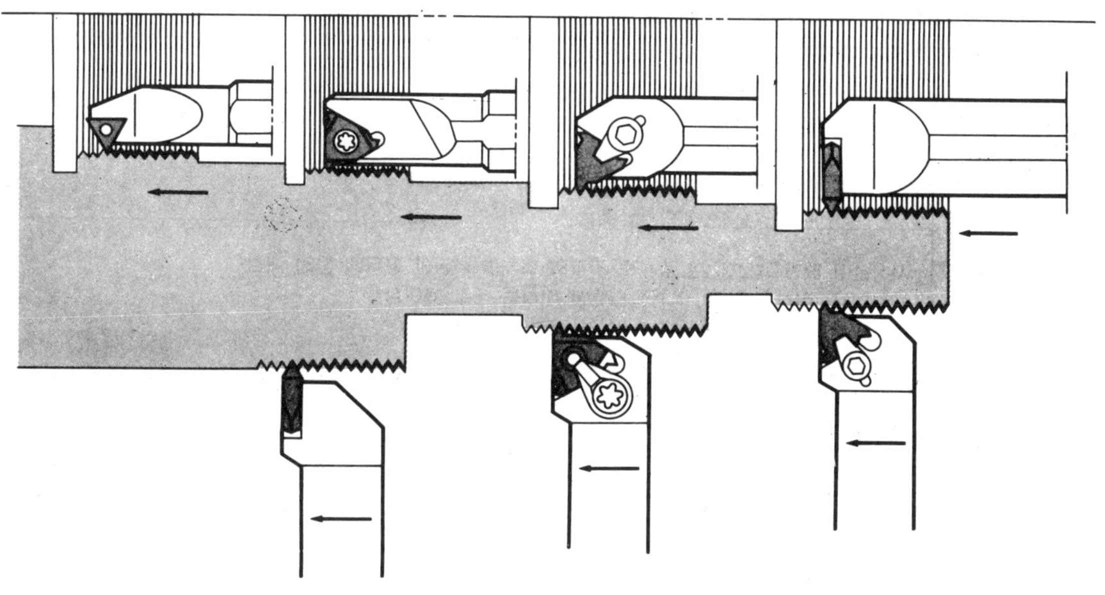

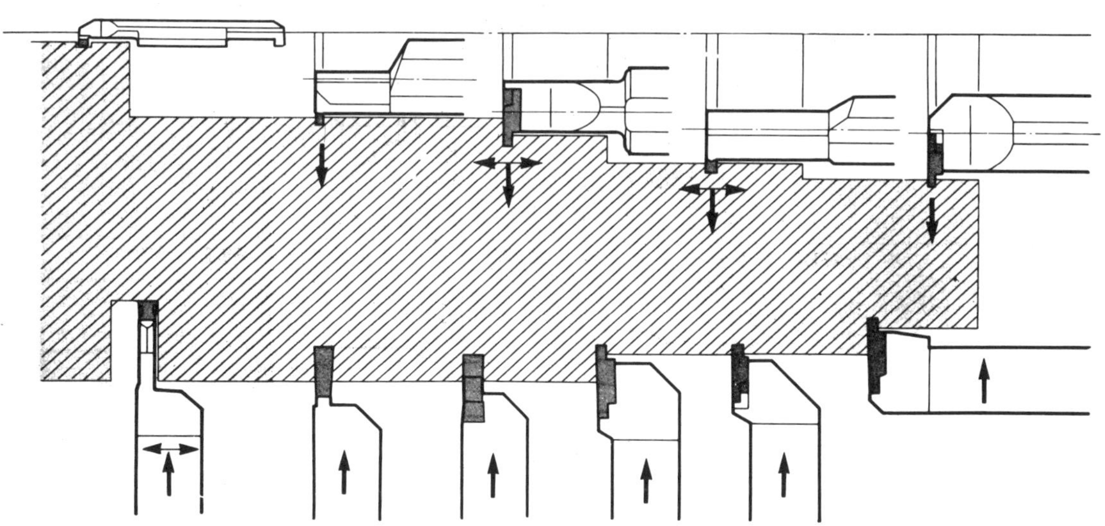

부록 7 절삭조건

절삭조건

재 질	구 분	절삭깊이 d(mm)	절 삭 속 도 V(m / min)	이송속도 f(mm / rev)	공구재질
탄 소 강 60kg / ㎟ (인장강도)	황 삭 중 삭 정 삭 나 사 홈 파 기 센 타 드 릴 드 릴	3~5 2~3 0.2~0.5	130~160 150~220 180~270 100~120 90~110 1000~1600 rpm ~25	0.2~0.3 0.13~0.2 0.05~0.12 0.03~0.12 0.02~0.1 0.05~0.15	P 10~20 〃 P 01 ~10 P 10~20 〃 SKH 2 SKH 9
합 금 강 140kg / ㎟	황 삭 정 삭 홈 파 기	3~4 0.2~0.5	100~140 140~180 70~100	0.15~0.3 0.05~0.15 0.02~0.05	P 10~20 〃 〃
주 철 HB 150	황 삭 정 삭 홈 파 기	2~4 0.2~0.5	120~150 140~180 80~110	0.2~0.3 0.1~0.15 0.05~0.1	K 10~20 K 01~10 K 10~20
알 루 미 늄	황 삭 정 삭 홈 파 기	2~4 0.2~0.5	400~1000 700~1600 350~1000	0.15~0.3 0.05~0.12 0.15	K 20 〃 〃
청 동 황 동	황 삭 정 삭 홈 파 기	1~3 0.2~0.5	150~300 200~500 150~200	0.15~0.35 0.15 0.05~0.1	K 10 〃 〃
스텐레스스틸	황 삭 정 삭 홈 파 기	2~3 0.2~0.5	90~130 140~180 60~90	0.15~0.25 0.05~0.12 0.03~0.1	P 10~20 P 01~10 P 10~20

(주) 1) Coating 처리된 공구의 사용에 대한 조건임.

2) 공구의 형상 및 각도에 따라 절삭 조건이 변경됨.

3) 각 공구 Maker에서 추천하는 추천치는 이보다 더 높을 수 있음.

부록 8 나사절삭테이타

■ 나사가공 절삭횟수(S 45 C를 초경공구로 나사가공하는 경우)

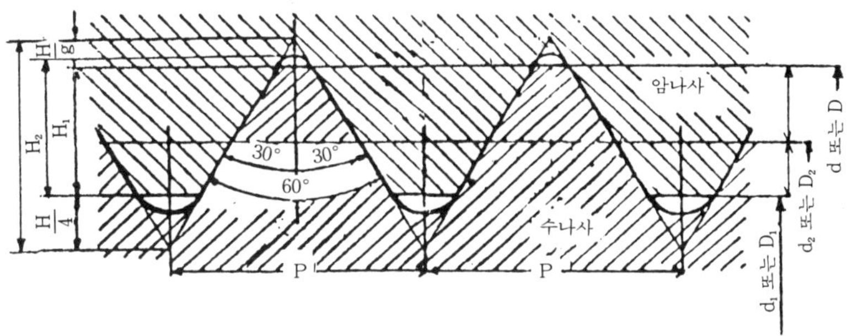

$$H=0.866025\ P$$
$$H_1=0.541266\ P$$
$$d_2=d-0.649519\ P$$
$$d_1=d-1.082532\ P$$
$$D=d$$
$$D_2=d_2$$
$$D_1=d_1$$

나사절약 데이타(참고치 단위 : mm) <미터나사>

핏 치	P	1.0	1.25	1.5	1.75	2.0	2.5	3.0	3.5	4.0	4.5	5.0
절삭깊이	H2	0.6	0.74	0.89	1.05	1.19	1.49	1.79	2.08	2.38	2.68	2.98
구석반경	R	0.07	0.09	0.11	0.13	0.14	0.18	0.22	0.25	0.29	0.32	0.36
	1	0.25	0.30	0.30	0.30	0.30	0.30	0.35	0.35	0.35	0.40	0.45
나	2	0.20	0.20	0.20	0.25	0.25	0.28	0.30	0.35	0.35	0.33	0.35
	3	0.10	0.11	0.14	0.16	0.20	0.24	0.26	0.30	0.30	0.30	0.32
사	4	0.05	0.08	0.12	0.12	0.14	0.20	0.22	0.25	0.26	0.28	0.30
	5		0.55	0.08	0.10	0.11	0.15	0.18	0.20	0.23	0.25	0.25
절	6			0.05	0.07	0.08	0.11	0.13	0.15	0.20	0.22	0.25
	7				0.05	0.06	0.09	0.10	0.12	0.17	0.20	0.20
삭	8					0.05	0.07	0.08	0.10	0.14	0.15	0.17
	9						0.05	0.07	0.08	0.10	0.12	0.15
횟	10							0.05	0.08	0.10	0.10	0.15
	11							0.05	0.05	0.08	0.08	0.10
수	12								0.05	0.05	0.08	0.10
	13									0.05	0.05	0.08
	14										0.05	0.06
	15										0.05	0.05

<유니파이 나사 >

산　수	r.p.1	24	20	18	16	14	12	11	10	8	6
피　치	P	1.658	1.270	1.411	1.588	1.814	2.117	2.309	2.540	3.175	4.233
절삭깊이	H2	0.68	0.81	0.90	1.02	1.16	1.36	1.479	1.63	2.03	2.71
구석반경	R	0.15	0.17	0.19	0.22	0.25	0.29	0.32	0.35	0.44	0.58
나사절삭횟수	1	0.25	0.25	0.3	0.3	0.3	0.3	0.3	0.3	0.3	0.40
	2	0.2	0.2	0.25	0.25	0.25	0.25	0.25	0.25	0.25	0.30
	3	0.15	0.18	0.2	0.2	0.2	0.22	0.22	0.22	0.25	0.30
	4	0.08	0.1	0.1	0.15	0.15	0.18	0.18	0.18	0.2	0.25
	5		0.08	0.05	0.1	0.12	0.16	0.16	0.16	0.2	0.25
	6				0.02	0.1	0.12	0.14	0.14	0.18	0.25
	7					0.04	0.08	0.12	0.12	0.16	0.25
	8						0.05	0.08	0.11	0.14	0.20
	9							0.05	0.08	0.12	0.20
	10								0.08	0.1	0.10
	11									0.08	0.10
	12									0.05	0.06
	13										0.06

참고) 일반적으로 나사 가공시에는 황삭에서 정삭까지 몇 번이라도 동일한 통로로 나사 절삭을 한다.

나사절삭 시작은 주축에 연결되어 있는 Position Coder로 부터 1회전 신호를 검출하면서부터 이동을 시작하기 때문에 여러 번 나사절삭을 해도 동일한 시작점에서 작업이 시작되므로 가공 경로는 동일하게 된다.

따라서 황삭에서 정삭까지 주축 회전수는 항상 일정해야 한다.

대체로 나사 가공시 Servo계통의 가감속 시간 관계로 생기는 불완전 나사부위 δ_1과 δ_2의 거리는 다음과 같이 구할 수 있다.

$$\delta_1 = 3.6 \times \frac{L \times n}{1800} \quad (K)$$

$$\delta_2 = \frac{L \times n}{1800}$$

여기서　K: 나사의 허용오차

L: 나사의 Lead

n: 주축 회전수

δ_1: 나사의 시작점

δ_2: 나사의 종료점

부록 9 미터 가는나사의 규격

■ 미터 가는나사의 기준치수

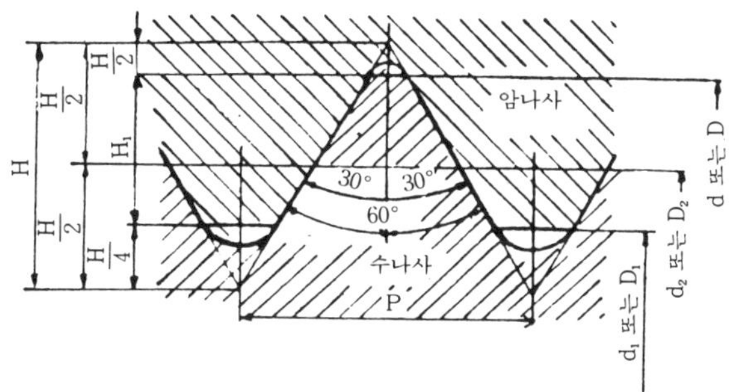

$$H=0.866025\,P \quad d_2=d-0.649519\,P \quad D=d$$
$$H_1=0.541266\,P \quad d_1=d-1.082532\,P \quad D_2=d_2$$
$$D_1=d_1$$

(단위 : mm)

나사의 호칭	피 치 P	접 촉 높 이 H_1	암 / 수 골지름D / 바깥지름d	나 / 나 유효지름D_2 / 유효지름d_2	사 / 사 안지름D_1 / 골 지 름d_1
M1. ×0.2	0.2	0.108	1.000	0.870	0.783
M1.1×0.2	0.2	0.108	1.100	0.970	0.883
M1.2×0.2	0.2	0.108	1.200	1.070	0.983
M1.4×0.2	0.2	0.108	1.400	1.270	1.183
M1.6×0.2	0.2	0.108	1.600	1.470	1.383
M1.8×0.2	0.2	0.108	1.800	1.670	1.583
M2 ×0.25	0.25	0.135	2.000	1.838	1.729
M2.2×0.25	0.25	0.135	2.200	2.038	1.929
M2.5×0.35	0.35	0.189	2.500	2.273	2.121
M3 ×0.35	0.35	0.189	3.000	2.773	2.621
M3.5×0.35	0.35	0.189	3.500	3.273	3.121
M4 ×0.5	0.5	0.271	4.000	3.675	3.459
M4.5×0.5	0.5	0.271	4.000	4.175	3.459
M5 ×0.5	0.5	0.271	5.000	4.615	4.459
M5.5×0.5	0.5	0.271	5.500	5.115	4.959
M6 ×0.75	0.75	0.406	6.000	5.553	5.188
M7 ×0.75	0.75	0.406	7.000	6.513	6.188
M8 ×1	1	0.541	8.000	7.350	6.917
M8 ×0.75	0.75	0.406	8.000	7.513	7.188
M9 ×1	1	0.541	9.000	8.350	7.917
M9 ×0.75	0.75	0.406	9.000	8.513	8.188
M10 ×1.25	1.25	0.677	10.000	9.188	8.647
M10 ×1	1	0.541	10.000	9.350	8.917
M10 ×0.75	0.75	0.406	10.000	9.513	9.188
M11 ×1	1	0.544	11.000	10.350	9.917
M11 ×0.75	0.75	0.406	11.000	10.513	10.188
M12 ×1.5	1.5	0.812	12.000	11.026	10.376
M12 ×1.25	1.25	0.677	12.000	11.188	10.647
M12 ×1	1	0.541	12.000	11.350	10.917
M14 ×1.5	1.5	0.812	14.000	13.026	12.376
M14 ×1.25	1.25	0.677	14.000	13.188	12.647
M14 ×1	1	0.541	14.000	13.350	12.917
M15 ×1.5	1.5	0.812	15.000	14.026	13.376
M15 ×1	1	0.541	15.000	14.350	13.917
M16 ×1.5	1.5	0.812	16.000	15.026	14.376
M16 ×1	1	0.541	16.000	15.350	14.917

부록10 관용테이퍼 나사와 평형나사의 규격

■ 관용테이퍼 나사와 평행나사

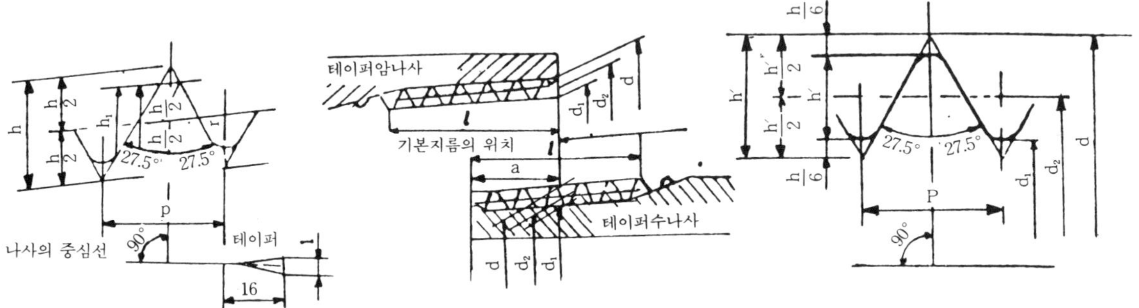

$$p=\frac{25.4}{n} \quad h=h'=0.96024p \quad h_1=0.64033p \quad r=r'=0.13728p$$

(단위 : mm)

나사의호칭 mm(in)		배관용 가스관 근사 안지름	배관용 가스관 바깥 지름	나 사 산 수 (25.4에 대한)n	테이퍼나사 (PT)		평행나사 (PF)		수 나 사 바깥지름 d / 암 골지름 d	유효지름 d_2 / 나 유효지름 d_2	골 지름 d_1 / 사 안지름 d_1	유효 나사 부의 길이 l	관끝 에서 의 거리 a
					둥글기 높 이 h	산 의 r	산 의 높 이 h'	둥글기 r'	골지름 d	유효지름 d_2	안지름 d_1		
PT PF	$6(\frac{1}{8})$	6.5	10.5	28	0.581	0.12	0.581	0.12	9.728	9.147	8,566	8	3.97
PT PF	$8(\frac{1}{4})$	9.2	13.8	19	0.856	0.18	0.856	0.18	13.157	12.301	11,445	11	6.01
PT PF	$10(\frac{3}{8})$	12.7	17.3	19	0.856	0.18	0.856	0.18	16.662	15.806	14,950	12	6.35
PT PF	$15(\frac{1}{2})$	16.1	21.7	14	1.162	0.25	1.162	0.25	20.955	19.793	18.631	15	8.16
PT PF	$20(\frac{3}{4})$	21.6	27.2	14	1.162	0.25	1.162	0.25	26.441	25.279	24,117	17	9.53
PT PF	$25(1)$	27.6	34.0	11	1.479	0.32	1.479	0.32	33.249	31.770	30,291	19	10.39
PT PF	$32(1\frac{1}{4})$	35.7	42.7	11	1.479	0.32	1.479	0.32	41.910	40.431	38,952	22	12.70
PT PF	$40(1\frac{1}{2})$	41.6	48.6	11	1.479	0.32	1.479	0.32	47.803	46.324	44,845	22	12.70
PT PF	$50(12)$	52.9	60.5	11	1.479	0.32	1.479	0.32	59.614	58.135	56,656	26	15.88
PT PF	$65(2\frac{1}{2})$	67.9	76.3	11	1.479	0.32	1.479	0.32	75.184	73.703	72,226	30	17.46
PT PF	$80(3)$	80.7	89.1	11	1.479	0.32	1.479	0.32	87.884	86.405	84,926	34	20.64
PT PF	$90(3\frac{1}{2})$	93.2	101.6	11	1.479	0.32	1.479	0.32	100.330	98.851	97,372	35	22.23
PT PF	$100(4)$	105.3	114.3	11	1.479	0.32	1.479	0.32	113.030	111.551	110,072	40	25.40
PT PF	$125(5)$	130.8	139.8	11	1.479	0.32	1.479	0.32	138.430	136.951	135,472	44	28.58
PT PF	$150(6)$	155.2	165.2	11	1.479	0.32	1.479	0.32	163.830	162.351	160,872	44	28.58

[주] 축선에 대하여 테이퍼로 된 것을 PT관, 평행으로 된 것을 PF관이라고 한다. 그리고 PT와 PF기호는 필요
에 따라 생략해도 좋다.

부록11 주요공식

분류	계산공식		비고

주축	절삭속도 "V"	$V=\dfrac{\pi \cdot D \cdot N}{1000}$	V. 절삭속도
			  (m / 분)
			N. 주축속도(rpm)
			π. 숫자π(3.1416)
			D. 제품직경
			  (mm)

	주축속도 "N"	$N=\dfrac{V \cdot 1000}{\pi \cdot D}$	
	공구노즈위치 "ϕD"	$D=\dfrac{V \cdot 1000}{\pi \cdot N}$	

이송	최대절삭이송 "F"	$F=\dfrac{5000}{N}$	F. 회전당 이송율
			  (mm / rev)
			f. 분당 이송율
			  (mm / 분)
			L. 총절삭길이
			  (깊이)

	접근이송율 "F"	$F \leqq \dfrac{2000}{N}$	
	분당이송율	$f=F \times N$	
기계공작시간	절삭시간 "T"	$T=\dfrac{\pi \cdot D \cdot L}{V \cdot F \cdot 1000}=\dfrac{L}{N \cdot F}$	T. 시간

나사산 절삭	나사산 리이드	$L=n \times P$	L. 나사산 리이드
			P. 나사산 피치
			n. 나사산 번호
			N. 주축속도
			δ_1 불충분한 나사산 부분
			  (기계공작 전)
			δ_2 불충분한 나사산 부분
			  (기계공작 후)

	리드한계	$L(P) \leqq \dfrac{5000}{N}$	
	주축속도한계	$N \leqq \dfrac{5000}{L(P)}$	
	주축속도 및 나사산 리이드간의 관계	$5000 \geqq L(P) \times N$	
	불충분한 나사산 부분	$\delta_1=0.002 \times N \times L(P)$ $\delta_2=0.00055 \times N \times L(P)$	
	나사산 절삭깊이(직경) "t"		
	1. 미터나사산 60°	0.6495xPx2	유니파이 및 휘트워드 나사산 피치를 밀리미터로 변환
	2. 유니파이 나사산 60°	0.6134xPx2	
	3. 휘트워드 나사산 55°	0.6403xPx2	
마무리 표면 거칠기	공구이송율 및 공구노즈 반경에 기초한 표면 거칠기 $Hamx=\dfrac{F^2}{8 \cdot R}$ 표면거칠기 및 공구노즈반경에 기초한 이송율 $F=\sqrt{8R \cdot Hmax}$		Hmax 최대표면거칠기 F. 이송율(mm / rev) R. 공구노즈반경
전력 및 절삭깊이	절삭에 필요한 전력 "KW" $KW=\dfrac{K \cdot t \cdot F \cdot V}{6120 \times 0.8}$ 최대절삭깊이 "t" $t=\dfrac{6120 \times 11KW}{K \cdot V \cdot F} \times 80\%$ 필요한 마력 "HP" $HP=\dfrac{KW}{0.75}$		K. 특수절삭저항 t. 절삭깊이(mm) F. 이송율(mm / rev) V. 절삭속도(m / 분) 모터효율 80%

 TAPER 절삭의 보정표

(X′값은 반경치이므로 직경으로 환산하여 사용)

$\theta°$ \ NOSE R	R=0.4			R=0.8			R=1.2		
	X′	Z′	Z″	X′	Z′	Z″	X′	Z′	Z″
1	0.0070	0.3966	0.4035	0.0139	0.7931	0.8070	0.0209	1.1896	1.2105
2	0.0138	0.3931	0.4070	0.0275	0.7861	0.8140	0.0412	1.1791	1.2210
3	0.0205	0.3896	0.4105	0.0409	0.7791	0.8210	0.0613	1.1686	1.2315
4	0.0270	0.3861	0.4140	0.0540	0.7721	0.8280	0.0810	1.1581	1.2419
5	0.0335	0.3826	0.4125	0.0670	0.7651	0.8350	0.1005	1.1476	1.2524
6	0.0399	0.3761	0.4210	0.0794	0.7581	0.8420	0.1196	1.1372	1.2629
7	0.0462	0.3756	0.4245	0.0923	0.7511	0.8490	0.1384	1.1266	1.2734
8	0.0523	0.3721	0.4280	0.1046	0.7441	0.8560	0.1569	1.1161	1.2839
9	0.0584	0.3686	0.4315	0.1168	0.7371	0.8630	0.1752	1.1056	1.2945
10	0.0644	0.3650	0.4350	0.1287	0.7301	0.8700	0.1931	1.0951	1.3050
11	0.0703	0.3615	0.4386	0.1406	0.7230	0.8771	0.2109	1.0845	1.3156
12	0.0761	0.3580	0.4421	0.1522	0.7160	0.8841	0.2283	1.0739	1.3262
13	0.0819	0.3545	0.4456	0.1637	0.7089	0.8912	0.2456	1.0633	1.3368
14	0.0875	0.3509	0.4492	0.1750	0.7018	0.8983	0.2625	1.0527	1.3474
15	0.0931	0.3474	0.4527	0.1861	0.6947	0.9054	0.2792	1.0421	1.3580
16	0.0986	0.3438	0.4563	0.1972	0.6876	0.9125	0.2957	1.0314	1.3687
17	0.1040	0.3402	0.4599	0.2080	0.6804	0.9197	0.3120	1.0206	1.3795
18	0.1094	0.3367	0.4634	0.2188	0.6733	0.9267	0.3282	1.0100	1.3901
19	0.1147	0.3331	0.4670	0.2294	0.6662	0.9339	0.3441	0.9992	1.4008
20	0.1200	0.3295	0.4706	0.2399	0.6590	0.9411	0.3598	0.9885	1.4116
21	0.1251	0.3259	0.4742	0.2502	0.6518	0.9483	0.3753	0.9776	1.4224
22	0.1302	0.3223	0.4778	0.2604	0.6445	0.9555	0.3906	0.9668	1.4333
23	0.1353	0.3187	0.4814	0.2705	0.6373	0.9628	0.4058	0.9559	1.4442
24	0.1403	0.3150	0.4851	0.2805	0.6300	0.9701	0.4207	0.9450	1.4551
25	0.1452	0.3114	0.4887	0.2904	0.6227	0.9774	0.4356	0.9340	1.4661
26	0.1501	0.3077	0.4924	0.3001	0.6154	0.9487	0.4502	0.9230	1.4771
27	0.1549	0.3040	0.4961	0.3098	0.6080	0.9921	0.4647	0.9120	1.4881
28	0.1597	0.3003	0.4998	0.3193	0.6006	0.9995	0.4790	0.9009	1.4992
29	0.1664	0.2966	0.5035	0.3288	0.5932	1.0069	0.4932	0.8897	1.5104
30	0.1691	0.2929	0.5072	0.3382	0.5857	1.0144	0.5073	0.8785	1.5216
31	0.1737	0.2891	0.5110	0.3474	0.5782	1.0219	0.5212	0.8673	1.5328
32	0.1783	0.2853	0.5147	0.3566	0.5706	1.0294	0.5349	0.8560	1.5441
33	0.1829	0.2816	0.5185	0.3657	0.5631	1.0370	0.5485	0.8446	1.5555
34	0.1874	0.2777	0.5223	0.3747	0.5555	1.0446	0.5620	0.8332	1.5669
35	0.1918	0.2739	0.5262	0.3836	0.5478	1.0523	0.5754	0.8217	1.5784
36	0.1962	0.2701	0.5300	0.3924	0.5401	1.0600	0.5886	0.8101	1.5899
37	0.2006	0.2662	0.5339	0.4012	0.5324	1.0677	0.6018	0.7985	1.6015
38	0.2050	0.2623	0.5378	0.4099	0.5246	1.0755	0.6148	0.7869	1.6132
39	0.2093	0.2584	0.5417	0.4185	0.5168	1.0833	0.6277	0.7751	1.6250
40	0.2135	0.2545	0.5456	0.4270	0.5089	1.0912	0.6405	0.7633	1.6368
41	0.2178	0.2505	0.5496	0.4355	0.5009	1.0991	0.6532	0.7514	1.6487
42	0.2219	0.2465	0.5536	0.4439	0.4930	1.1071	0.6658	0.7394	1.6607
43	0.2261	0.2425	0.5576	0.4522	0.4849	1.1152	0.6783	0.7274	1.6727
44	0.2303	0.2384	0.5616	0.4605	0.4768	1.1233	0.5907	0.7152	1.6849
45	0.2344	0.2344	0.5657	0.4687	0.4687	1.1314	0.7030	0.7030	1.6971

θ° \\ NOSE R	R=0.4			R=0.8			R=1.2		
	X′	Z′	Z″	X′	Z′	Z″	X′	Z′	Z″
46	0.2385	0.2303	0.5598	0.4777	0.4605	1.1396	0.7155	0.6909	1.7094
47	0.2424	0.2264	0.5740	0.0854	0.4522	1.1479	0.7271	0.6783	1.7218
48	0.2466	0.2220	0.5781	0.4931	0.4439	1.1562	0.7397	0.6658	1.7343
49	0.2504	0.2178	0.5823	0.5008	0.4355	1.1646	0.7511	0.6532	1.7469
50	0.2545	0.2135	0.5866	0.5090	0.4270	1.1731	0.7634	0.6405	1.7596
51	0.2584	0.2093	0.5908	0.5168	0.4185	1.1816	0.7752	0.6277	1.7724
52	0.2623	0.2049	0.5951	0.5246	0.4099	1.1902	0.7869	0.6148	1.7853
53	0.2662	0.2006	0.5995	0.5323	0.4012	1.1989	0.7985	0.6017	1.7983
54	0.2700	0.1962	0.6038	0.5400	0.3924	1.2077	0.8099	0.5886	1.8115
55	0.2739	0.1918	0.6083	0.5478	0.3836	1.2165	0.8216	0.5754	1.8247
56	0.2778	0.1874	0.6127	0.5556	0.3747	1.2254	0.8334	0.5620	1.8381
57	0.2816	0.1829	0.6172	0.5631	0.3657	1.2344	0.8447	0.5485	1.8516
58	0.2853	0.1783	0.6218	0.5705	0.3566	1.2435	0.8558	0.5439	1.8652
59	0.2891	0.1737	0.6263	0.5781	0.3474	1.2527	0.8671	0.5211	1.8790
60	0.2929	0.1691	0.6310	0.5857	0.3382	1.2619	0.8785	0.5072	1.8929
61	0.2966	0.1644	0.6357	0.5931	0.3288	1.2713	0.8897	0.4932	1.9069
62	0.3004	0.1597	0.6404	0.6007	0.3197	1.2807	0.9010	0.4790	1.9211
63	0.3041	0.1549	0.6452	0.6081	0.3098	1.2903	0.9121	0.4647	1.9354
64	0.3077	0.1501	0.6500	0.6153	0.3002	1.2999	0.9229	0.4502	1.9400
65	0.3114	0.1452	0.6549	0.6228	0.2904	1.3097	0.9342	0.4356	1.9645
66	0.3150	0.1403	0.6598	0.6300	0.2805	1.3196	0.9450	0.4208	1.9793
67	0.3187	0.1353	0.6648	0.6373	0.2705	1.3295	0.9560	0.4058	1.9943
68	0.3223	0.1302	0.6698	0.6445	0.2604	1.3396	0.9668	0.3906	2.0094
69	0.3259	0.1251	0.6750	0.6517	0.2502	1.3499	0.9766	0.3753	2.0248
70	0.3295	0.1200	0.6801	0.6589	0.2399	1.3602	0.9883	0.3598	2.0403
71	0.3331	0.1147	0.6854	0.6661	0.2294	1.3707	0.9992	0.3441	2.0560
72	0.3367	0.1094	0.6907	0.6734	0.2188	1.3813	1.0101	0.3282	2.0719
73	0.3403	0.1041	0.6960	0.6805	0.2081	1.3920	1.0207	0.3121	2.0880
74	0.3438	0.0986	0.7015	0.6875	0.1972	1.4029	1.0313	0.2958	2.1043
75	0.3474	0.0931	0.7070	0.6947	0.1862	1.4139	1.0421	0.2793	2.1208
76	0.3510	0.0875	0.7126	0.7019	0.1750	1.4251	1.0528	0.2625	2.1376
77	0.3544	0.0819	0.7182	0.7088	0.1637	1.4364	1.0632	0.2455	2.1546
78	0.3580	0.0761	0.7240	0.7160	0.1522	1.4479	1.0740	0.2283	2.1718
79	0.3616	0.0703	0.7298	0.7231	0.1406	1.4595	1.0846	0.2108	2.1892
80	0.3650	0.0644	0.7357	0.7301	0.1288	1.4713	1.0951	0.1931	2.2069
81	0.3686	0.0584	0.7417	0.7371	0.1168	1.4833	1.1056	0.1751	2.2249
82	0.3721	0.0523	0.7478	0.7441	0.1046	1.4955	1.1161	0.1569	2.2432
83	0.3756	0.0462	0.7539	0.7511	0.0923	1.5078	1.1266	0.1384	2.2617
84	0.3791	0.0399	0.7602	0.7581	0.0797	1.5204	1.1372	0.1196	2.2805
85	0.3826	0.0335	0.7666	0.7651	0.0670	1.5331	1.1477	0.1004	2.2996
86	0.3861	0.0270	0.7730	0.7722	0.0540	1.5460	1.1582	0.0810	2.3196
87	0.3896	0.0205	0.7796	0.7792	0.0409	1.5592	1.1687	0.0613	2.3388
88	0.3932	0.0138	0.7863	0.7863	0.0275	1.5726	1.1794	0.0412	2.3589
89	0.3967	0.0070	0.7931	0.7934	0.0139	1.5862	1.1901	0.5208	2.3793
90									

부록13

선삭(TURNING)공구

● BITE의 공구 형상

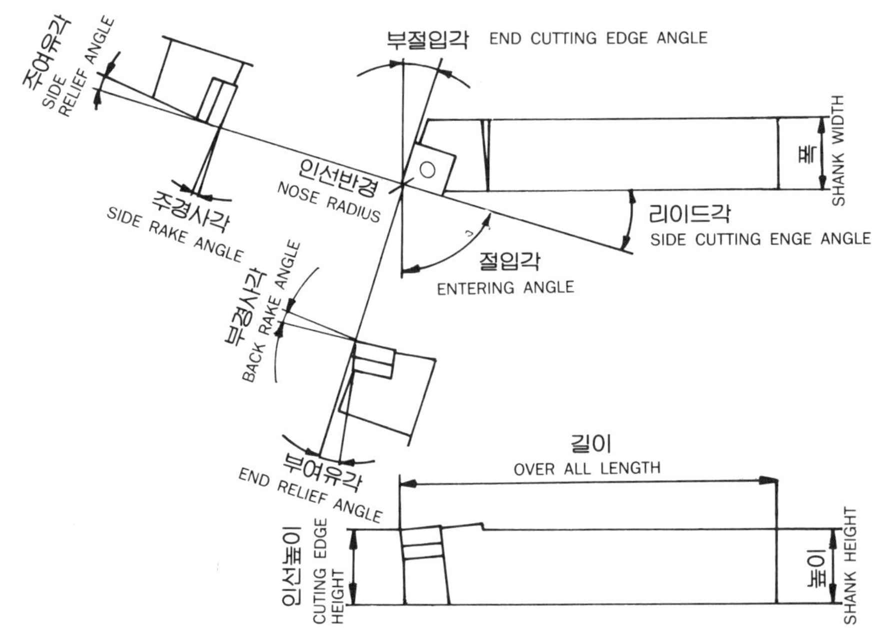

1. 절삭조건의 선정과 절삭저항

1) 절삭속도의 선정

· 절삭속도의 계산식

① 회전수에서 절삭속도를 구하는 경우

$$V = \frac{\pi \times D \times N}{1000} \quad (m / min)$$

② 절삭속도에서 회전수를 구하는 경우

$$N = \frac{1000 \times V}{\pi \times D}$$

N: 회전수(rpm)
V: 절삭속도(m / min)
D: 가공물 외경(mm)
π: 원주율(3.14)

2) 소요동력 구하는 방법

$$W = \frac{Q \times Ks}{60 \times 102 \times \eta} = \frac{V \times f \times d \times Ks}{60 \times 102 \times \eta}$$

$$Hp = \frac{W}{0.75}$$

W: 소유동력(Kw)
Q: Chip의 체적(cm³)
V: 절삭속도(m / min)
f: 이송(mm / rev)
d: 절삭깊이(mm)
η: 기계효율(0.7~0.85)
Hp: 소요마력
Ks: 피삭재 비절삭 저항(kg / mm³)

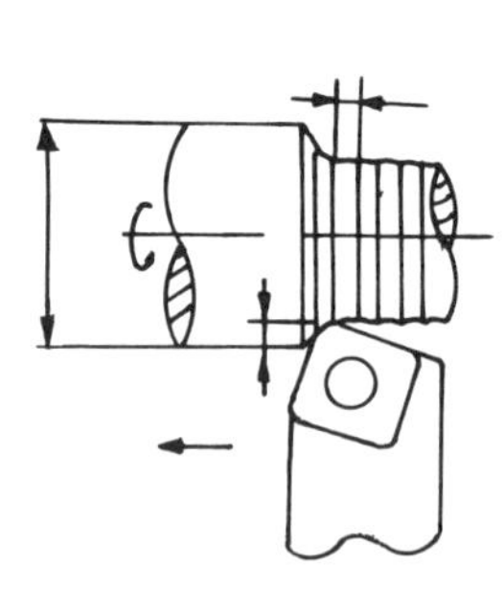

<피삭재별 비절삭저항(Ks)>

피 식 재		경 도 (HB)	Ks 비절삭저항(kg / mm)
강 (Steel)	탄소강 (저)	100~150	220
	탄소강 (중)	120~180	250
	탄소강 (고)	200~250	275
	합금강 (연)	120~200	265
	합금강 (중)	250~300	300
	합금강 (경)	300~350	350
	고속도강 (연)	150~250	290
	스텐레스강 (300)	150~200	325
	스텐레스강 (400)	175~225	300
	주 강 (탄소강)	225	215
	주 강 (합금강)	150~250	230
	주 강 (스텐레스강)	150~300	265
	고경도강	H_RC 500이상	560

피 식 재		경 도 (HB)	Ks 비절삭저항(kg / mm)
주철	회주철 (저)	150~225	115
	회주철 (고)	200~300	150
	가단주철	110~250	175
	구상흑연주철 (연)	125~200	125
	구상흑연주철 (경)	200~300	190
	칠드주철	H_RC40~60	400
비철	알루미늄합금 (주조)		100
	동합금 (압연)		140
	동합금 (연)		140
	동합금 (중)		210

3. 절삭저항

① 절삭저항의 3분력

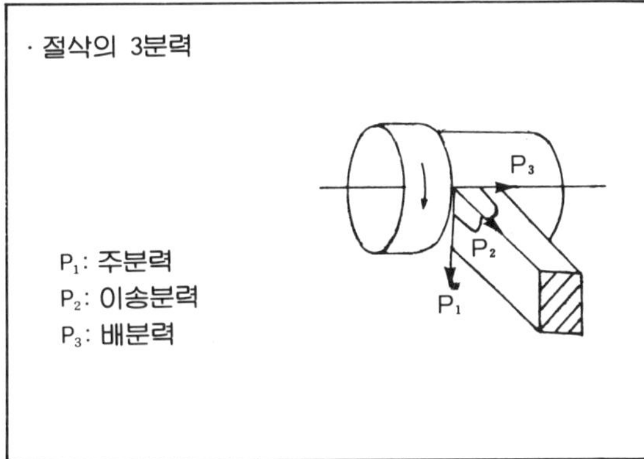

· 절삭 저항 계산식

$P = A \times Ks$

P : 절삭저항(kg)

A : 절삭면적(mm^2)

Ks : 비절삭저항 (kg / mm^2)

$A = d \times f$(선삭 경우)

A : 절삭면적(mm^2)

d : 절삭깊이(mm)

f : 이송량(mm / rev)

$A_{max} = d \times fz$(밀링 경우)

A : 최대절삭면적(mm^2)

d : 절삭깊이(mm)

fz : 날당이송량(mm / 날)

② 절삭저항에 영향을 미치는 요소

(절삭면적과 절삭저항)

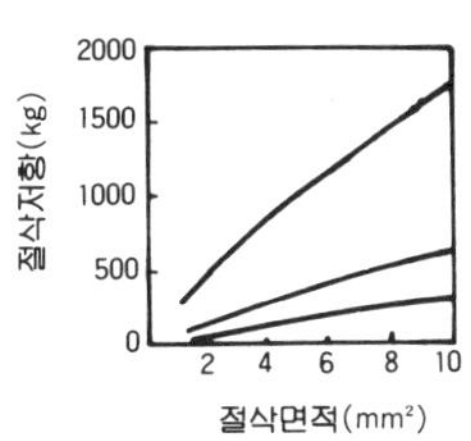

(절삭속와 절삭저항)

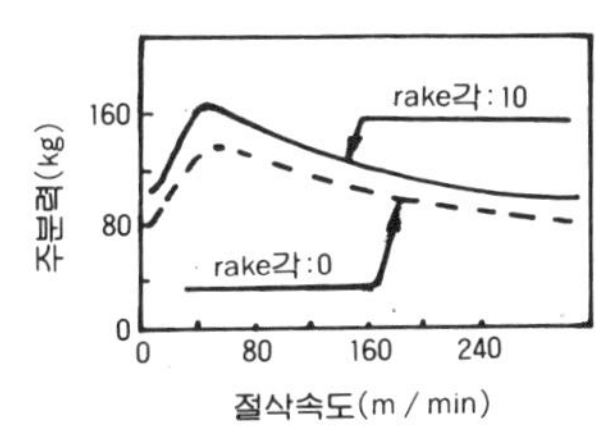

(경사각과 절삭저항)

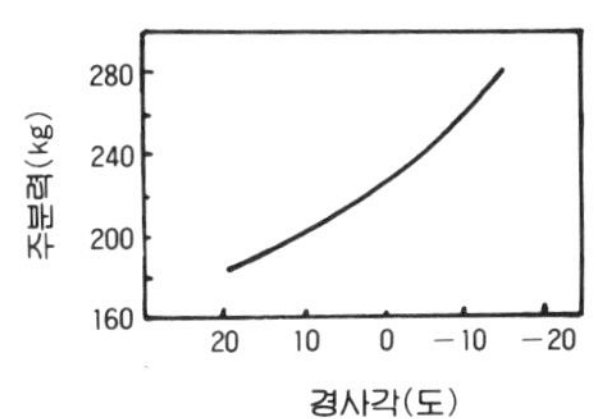

2. 刃先 형상과 그 영향

1) 경사각(Rake Angle)과 절삭저항과의 관계

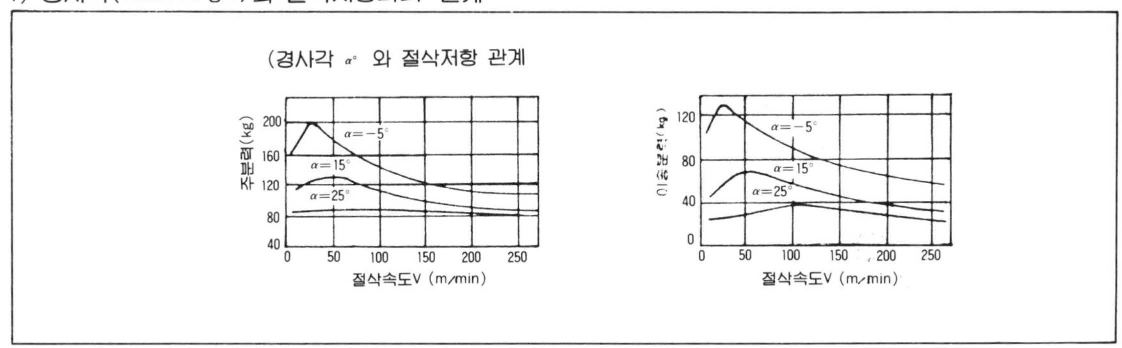

2) 리이드각(Lead Angle)의 영향

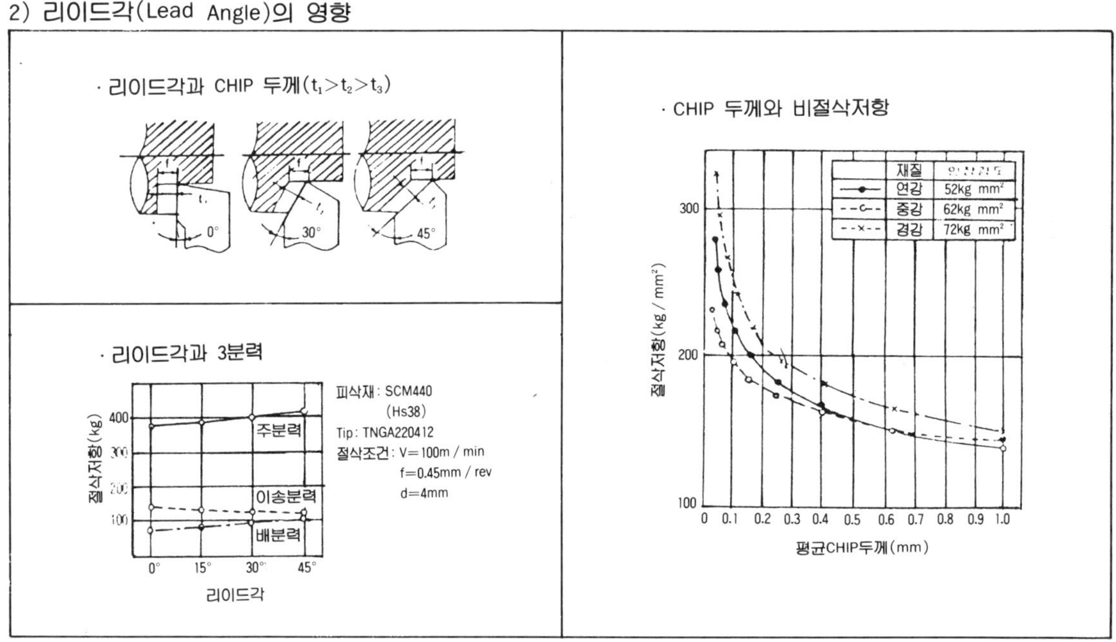

3) 인선 반경의 영향 (Nose Radius)

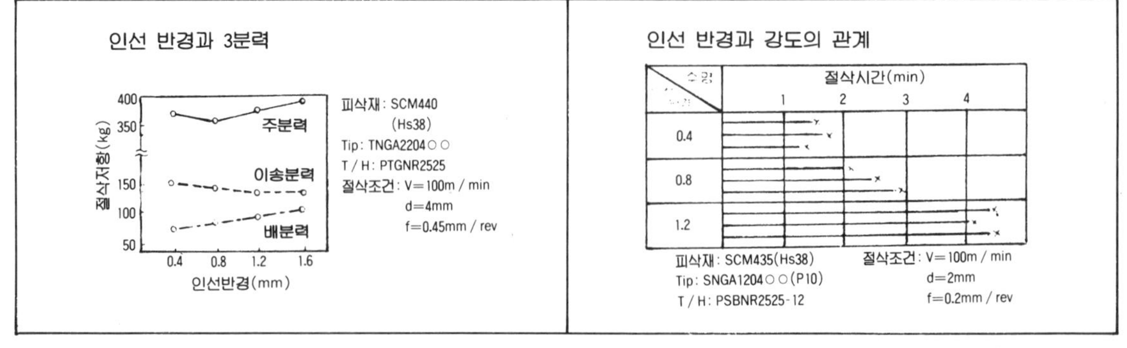

4) 여유각(Clearance Angle)의 영향

공구의 여유면과 피삭재의 마찰을 적게 하기 위한 것으로 너무 크거나 작아도 공구 수명이 짧아진다.

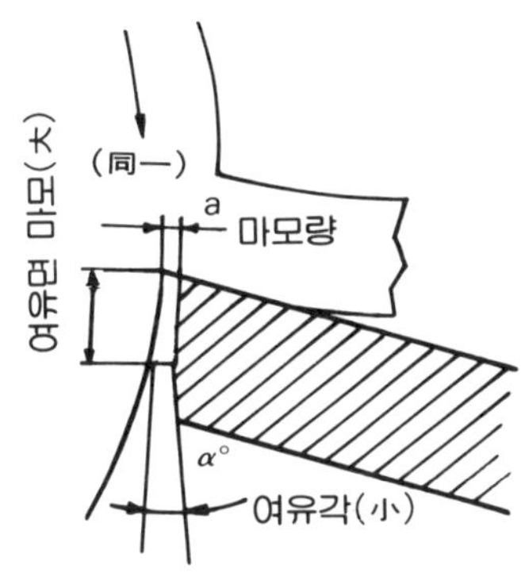

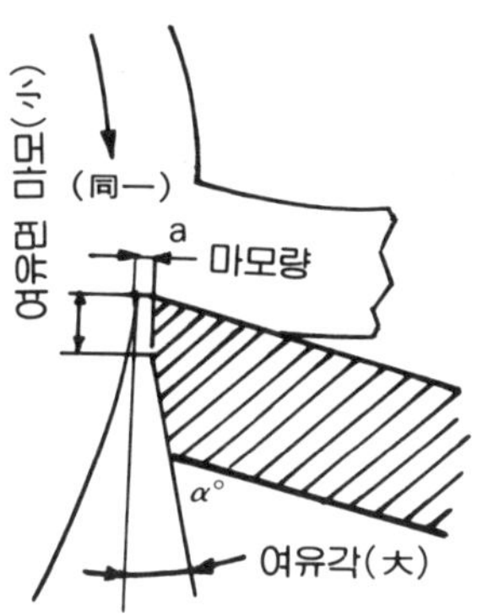

① 여유각이 크면 여유면 마모가 감소
② 여유각이 크면 인선강도가 저하

여유각이 **작을** 경우	여유각이 **클** 경우
○ 고경도 피삭재	○ 연질의 피삭재
○ 인선의 강도를 필요로 할때	○ 가공경화가 쉬운 피삭재

■ 공구여유각의 변화와 마모량의 관계

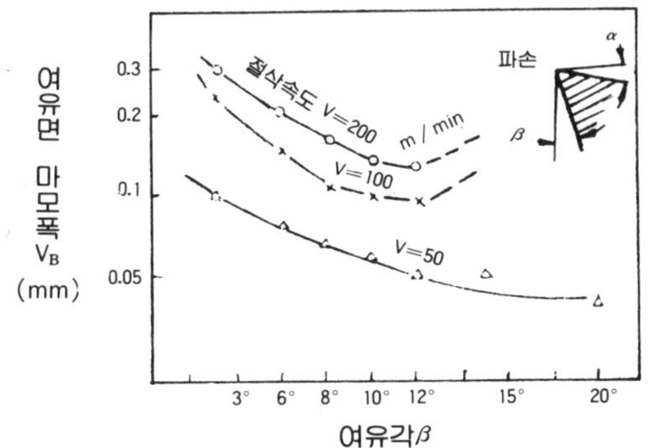

절삭조건: 피삭재 SNCM1(H_B 200)
T.P재종: P 20
절삭깊이: 1mm 이송: 0.32mm rev. 절삭시간: 20分

3. 공구 사용시 주의사항

1) 가공면 조도의 요인과 대책

- 이론상 가공면 조도

$$Rmax = \frac{f^2}{8r}$$

Rmax : 가공면 조도(mm)
f : 이　송(mm / rev)
r : 인선반경(mm)

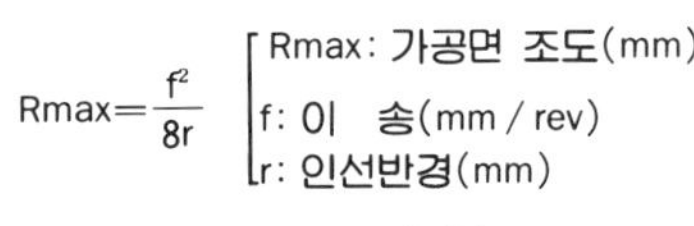

- 실제 가공면 조도

  강(Steel)의 경우
  　이론조도×1.5~3배
  주철의 경우
  　이론조도×3~5배

- 가공면 조도 향상 대책

  ① 인선 반경을 크게 한다.
  ② 절삭속도, 이송량의 적정화
  ③ Insert 재종의 적정화

- 인선 반경과 이송속도에 따른 가공면 조도의 변화

이송 \ 인선반경	0.4	0.8	1.2
0.15			
0.26			
0.46			

2) 구성 인선의 발생과 대책

- 절삭날에 피삭재 입자가 고온, 고압에 의해 응착되어 성장

  보통 1 / 500 ~ 1 / 300초 주기로 발생

- 구성인선의 영향

  ① 가공면 조도 및 정도의 감소
  ② 절삭날의 Chipping 발생

- 구성인선의 방지 대책

  ① 절삭속도, 이송속도를 증가
  ② 양질의 절삭유를 사용
  ③ Coating, Cermet 재종 사용
  ④ 경사각을 증가(30°)

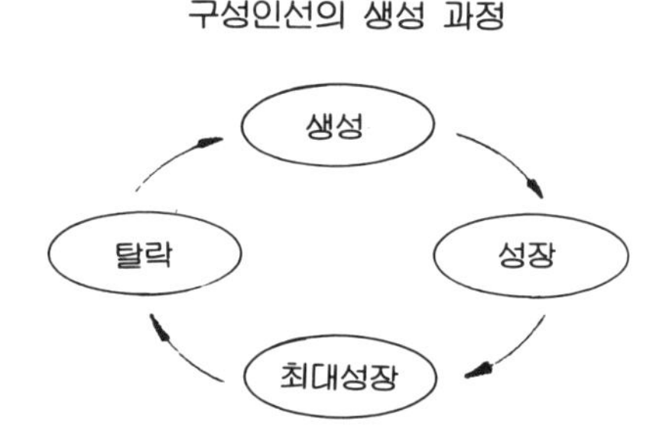

3) 인선처리의 종류와 효과

형　상	명　칭
	Honing
	Nega Land
	복합 Honing
	Sharp Edge

r : Honing량
θ : Nega Land Angle
Q : Nega Land폭

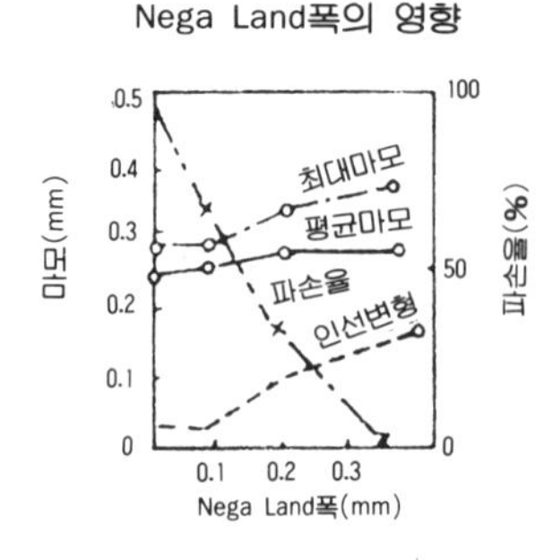

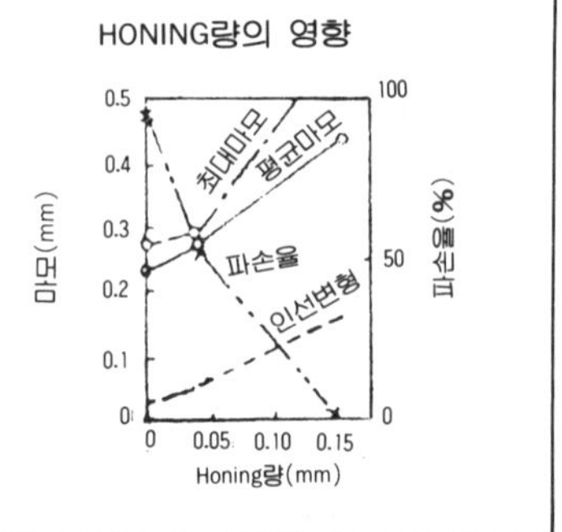

4. CHIP처리성

1) Chip 형상의 분류와 영향

① Chip형상의 분류

절입 \ 구분	A	B	C	D	E
大					
小					
Curl	Curl 없음	$\ell \geqq 50mm$	$l \geqq 50mm$	1 Curl전후	1 Curl 이하

② Chip형상의 영향

구 분	판 정	내 용
A형	불 량	공구와 피삭재에 Chip이 감겨서 문제가 발생한다.
B형	불 량 (일부양호)	자동화 Line에서는 반송시 등에 문제 발생 보통 Lathe(1인 1대)의 경우 양호
C형	양 호	Chip의 비산이 없으면 가장 양호
D형	양 호	Chip의 비산이 없으면 양호
E형	불 량	보통 Lathe(1인 1대)의 경우 문제가 많다. 자동화 Line에서는 허용되는 경우가 있다.

2) Chip 처리에 영향을 미치는 요인

① 절삭조건

- 이송
- 절삭깊이
- 절삭속도

이중에서 첫째로 영향이 있는 것은 이송이고 다음은 절삭깊이, 절삭속도의 순이다.
이송은 Chip의 두께에 비례한다.
절삭깊이는 Chip의 폭에 비례한다.
이송, 절삭깊이는 최적치(유효범위)가 있다.
절삭속도는 Chip두께에 반비례한다.

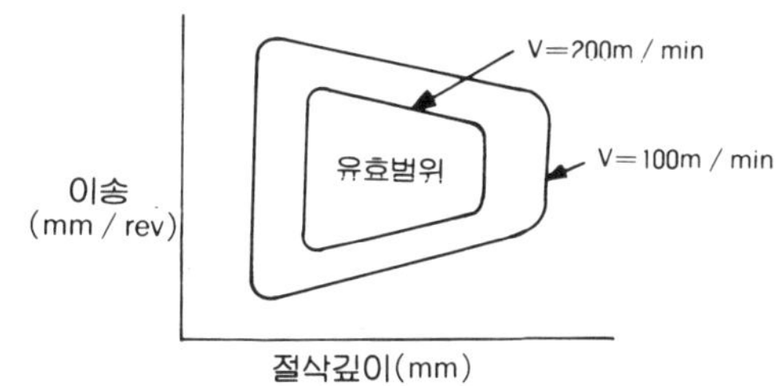

② 피삭재

- 합금원소
- 경도
- 열처리 상태

이것은 Chip의 두께와 Curl 얕음에 관계한다.
연강이 경강보다 Chip두께가 두껍다.
경강이 연강보다 Curl이 쉽다.
Curl이 없는 Chip은 두께가 얇다.

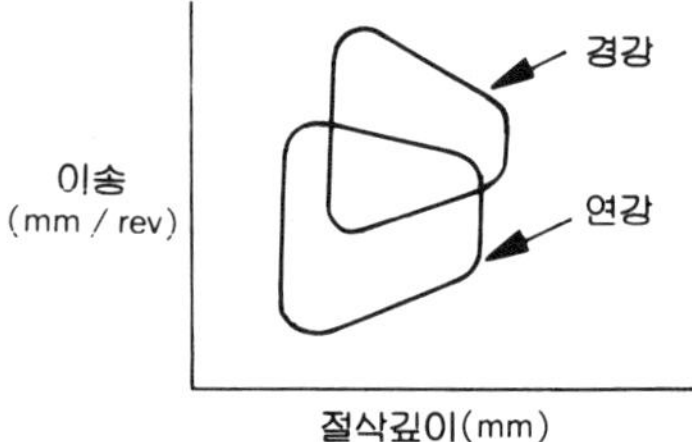

③ 공구형상

- 리이드(Lead Angle)각
- 인선 반경(Comer Radius)

리이드 각은 Chip의 두께와 폭에 관계한다.
리이드 각이 적은 것이 Chip Breaking에 유리하다.
인선반경은 Chip 두께와 폭 및 유출방향에 관계한다.
사상에서는 적은 인선반경 황삭에서는 큰 인선반경이 유리하다.

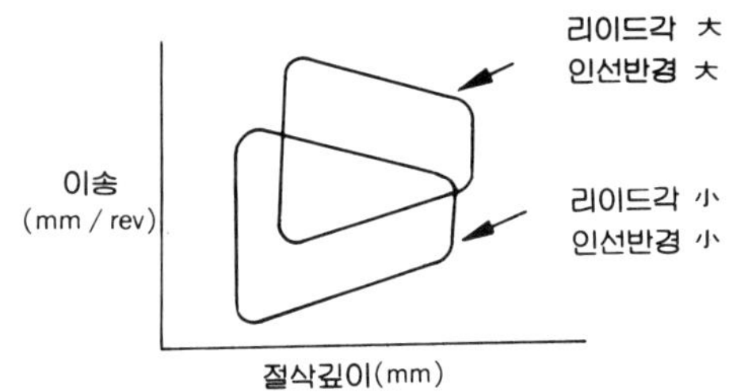

④ Chip-Breaker형상

- 경사각(Rake Angle)
- Chip Breaker폭
- Chip Breaker깊이

경사각은 Chip 두께에 반비례한다.
Chip Breaker폭은 이송에 비례해서 선택한다.
저이송에는 폭이 좁고 고이송에는 폭이 넓다.
Chip Breaker깊이는 이송에 역비례 하는 것에 선택한다.
저이송에서는 깊게, 고이송에서는 얕게

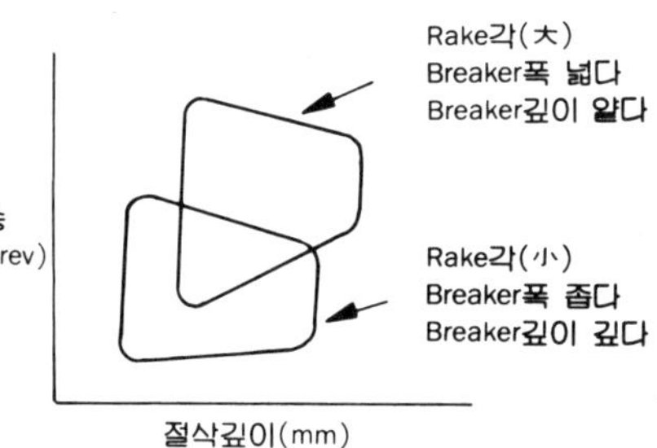

⑤ 절삭유

습식이 건식보다 유효범위가 넓다. 특히
저이송 영역에서 Curl이 쉽게 된다.

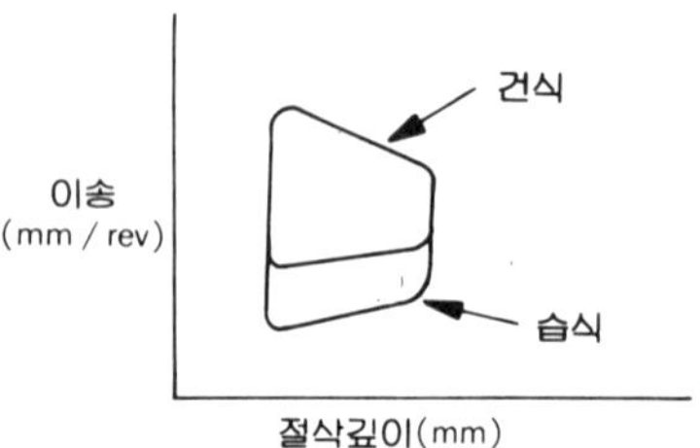

3) CHIP 처리 대책 방법

① 절삭 조건의 적정화

- 이송(f)의 증가
- 절삭깊이(d)의 증가
- 절삭속도(v)를 감소

② 피삭재의 적정화

- 쾌삭강의 사용
- 열처리에서 Curl이 쉽게 된다.

③ 공구 형상의 적정화

- 리이드 각을 적게 한다.
- 인선 반경을 적게 한다.

④ Chip-Breaker 형상의 적정화

- Rake 각을 적게 한다.(연강의 경우 반대로 크게 한다)
- Chip-Breaker폭을 좁게 한다.(Chip이 휘감기는 경우 반대로 넓게 얕게 한다)
- Chip-Breaker깊이를 깊게 한다.

⑤ 절삭유의 사용

4) CHIP-BREAKER 기본 선택 방법

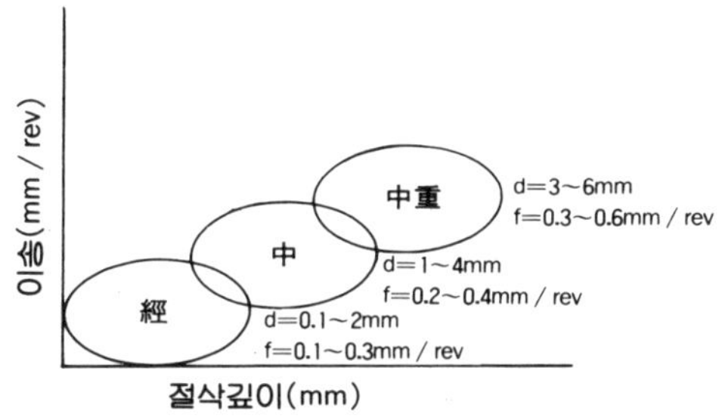

■ 절삭 조건에서 經, 中, 中重 영역에 3분류

사상 절삭: f=0.1~0.3mm / rev
d=0.1~2mm

보통 절삭: f=0.2~0.4mm / rev
d=1~4mm

황삭 절삭: f=0.3~0.6mm / rev
d=3~6mm

부록14 이론(기하학적) 조도

조도는 설정된 절삭 조건에서 얻을 수 있는 최소치입니다.
다음식으로 구할 수 있습니다.

ⅰ) $Rmax = \dfrac{f^2}{8R} \times 10^3$

$(f \leqq 2R\,\sin\gamma)$

ⅱ) $Rmax = R(1 - \cos\gamma + T\cos\gamma - \sin\gamma\,\sqrt{2T - T^2}) \times 10^3$

$2R\,\sin\gamma \leqq f \leqq \dfrac{R\{1 - \sin(\beta - \gamma)\}}{\cos\beta}$

f: 이송(mm / rev)
γ: 前切刃角(deg)
T: fsin γ / R
R: 코너변경(mm)
β: 橫切刃角(deg)

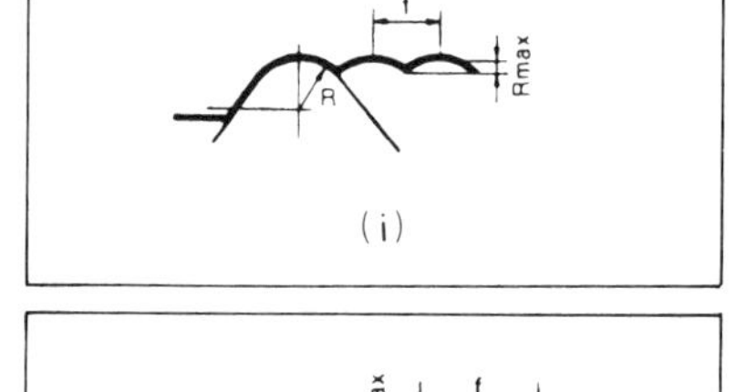

(ⅰ)

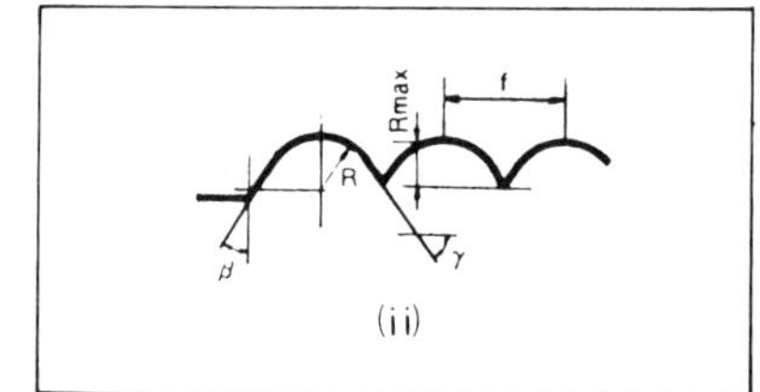

(ⅱ)

각종 표면조도를 구하는 방법과 삼각기호 표시와의 관계

種類	記　號	구하는 방법	說　明　圖
최대높이	Rmax	단면 곡선중 기준길이 ℓ내에서 최대높이를 구하고 이것을 미크론 단위로 나타냄. 흠으로 간주되는 유별나게 높은 산이나 골은 제외한다.	
＋점 평균조도	Rz	단면곡선중 기준길이 ℓ내에서 높은쪽으로부터 3번째 점과 낮은쪽으로부터 3번째 통과하는 2개의 평행선의 차이를 측정하여 미크론 단위로 나타냄.	
중심선평균조도	Ra	단면곡선을 중심선에서 뒤집어 사선을 그은 부분의 면적을 길이로 나눈 값이다. 일반적으로 중심선 평균 거칠기 측정기로 눈금을 읽는다.	

Rmax	Rz	Ra	L	三角記號
0.1S	0.1Z	0.025a		
0.2S	0.2Z	0.05a	—	
0.4S	0.4Z	0.10a		▽▽▽▽
0.8S	0.8Z	0.20a	0.25	
1.6S	1.6Z	0.40a		
3.2S	3.2Z	0.80a	0.8	▽▽▽
6.3S	6.3Z	1.6a		
12.5	12.5Z	3.2a		
			2.5	▽▽
25S	25Z	6.3a		
50S	50Z	12.5a		
				▽
100S	100Z	25a		

참고 및 인용자료

1. FANUC System OT 매뉴얼
2. 相崎一男著 NC 공작기계 활용 Data Book (技術評論社. 1980.)
3. 김정두著 NC기계공작법 (학문사. 1988.)
4. 대우중공업 (주), (주)통일, (주)화천기공사, 기아기공, 동협정밀, 미야노 NC 매뉴얼 및
   교육용자료.
5. 대한중석 카다로그.

기초 이론부터 현장 응용까지
CNC 실무지침서

CNC 선반

1992. 2. 20. 초 판 1쇄 발행
2013. 11. 1. 초 판 27쇄 발행
2015. 2. 6. 초 판 28쇄 발행
2017. 5. 10. 초 판 29쇄 발행
2019. 2. 20. 초 판 30쇄 발행
2022. 3. 7. 초 판 31쇄 발행

지은이 | 정진식
펴낸이 | 이종춘
펴낸곳 | BM ㈜도서출판 성안당

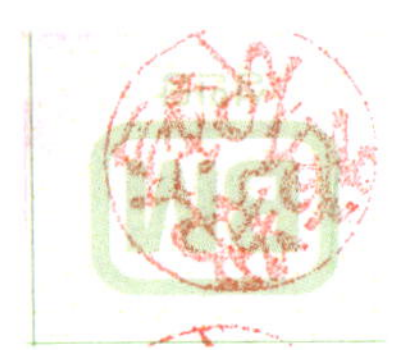

주소 | 04032 서울시 마포구 양화로 127 첨단빌딩 3층(출판기획 R&D 센터)
     | 10881 경기도 파주시 문발로 112 파주 출판 문화도시(제작 및 물류)
전화 | 02) 3142-0036
     | 031) 950-6300
팩스 | 031) 955-0510
등록 | 1973. 2. 1. 제406-2005-000046호
출판사 홈페이지 | www.cyber.co.kr
ISBN | 978-89-315-1983-9 (93550)
정가 | 25,000원

이 책을 만든 사람들
책임 | 최옥현
진행 | 이희영
교정·교열 | 문 황
전산편집 | 이다혜
표지 디자인 | 박현정
홍보 | 김계향, 이보람, 유미나, 서세원
국제부 | 이선민, 조혜란, 권수경
마케팅 | 구본철, 차정욱, 나진호, 이동후, 강호묵
마케팅 지원 | 장상범, 박지연
제작 | 김유석